Natürlich gesund

Anmerkung des deutschen Verlages:

Teile des amerikanischen Originaltexts, die US-amerikanische gesetzliche Vorschriften und Regelungen beschrieben, z. B. zur Deklaration von Inhaltsstoffen in Lebens- und Futtermitteln oder zur Futterherstellung, wurden von Verlag und Übersetzerin nach ausführlicher Recherche sowie bestem Wissen und Gewissen an deutsche bzw. EU-Regelungen angepasst, um dem Leser die für ihn relevante Information zu bieten. Gleiches gilt für die Erwähnung von Markennamen von US-amerikanischen Produkten oder Medikamenten, die hier nicht erhältlich sind; hier haben wir nach Entsprechungen gesucht oder die Inhaltsstoffe beschrieben. Evtl. daraus entstandene Fehler oder Ungenauigkeiten sind nicht der Autorin anzulasten.

Titel der amerikanischen Originalausgabe: Dr. Khalsa's Natural Dog, erschienen bei Companion House Books (ein Imprint von Fox Chapel Publishing Inc.), East Petersburg, PA; USA

Ins Deutsche übersetzt von Dr. Jeanette Ludwig

Konrad-Zuse-Straße 3 • D 54552 Nerdlen/Daun
Telefon: 06592 957389-0
www.kynos-verlag.de

Gedruckt in Lettland

ISBN 978-3-95464-217-5

Bildnachweis: S. 316

Inhaltsverzeichnis

Widmung

Für meine Mutter und meinen Vater, und für Sam und Lucy, die ihre Liebe und Schokolade mit mir teilten.
Als Dank und Hilfe für alle Hunde und Katzen habe ich Deserving Pets Everyday Essentials gegründet.
Das 21. Jahrhundert steht im Zeichen der Krankheitsvorbeugung.

Stimmen zur 1. Auflage von Dr. Deva Khalsas *Natürlich gesund*

„Dr. Khalsa's Ansatz für die Hundeernährung mit frischem, vollwertigem Futter ist eine Erfolgsformel, die von einer Handvoll anderer Kollegen – auch von mir – und einem ausgewählten Kreis kommerzieller Futterhersteller geteilt wird. Die Rezepte des Hunderestaurants sind köstlich! Dieses Buch ist eine lebendige und informative Lektüre für alle, die ihre Hunde lieben!"

Dr. med. vet. W. Jean Dodds
President, Hemopet

„Dr. Khalsa hat ein Buch von unschätzbarem Wert geschrieben, um Hunde gesund zu erhalten und ihnen bei der Genesung von einer Vielzahl gesundheitlicher Probleme zu helfen. Ihr ganzheitlicher integrativer Ansatz zur Gesunderhaltung und Therapie ist ein willkommener Beitrag für die moderne Tiermedizin und dient dem Wohl von Hunden auf der ganzen Welt."

Dr. Michael W. Fox
Tierarzt, Publizist und Autor von *Dog Body, Dog Mind*

„*Natürlich gesund* ist das umfassendste Buch über ganzheitliche Hundeversorgung im 21. Jahrhundert. Dr. Deva Khalsa ist in Amerika eine Vorreiterin für ganzheitliche Tiermedizin und eine dynamische internationale Dozentin. Durch ihre jahrelange Erfahrung mit ganzheitlicher Therapie und energetischer Ernährung hat sie die unschätzbaren Kenntnisse erlangt, die notwendig sind, um Hundebesitzer alles Wissenwerte über die Erhaltung optimaler Gesundheit, Lebensqualität und Langlebigkeit ihrer Tiere lehren zu können."

Dr. med. vet. Joanne Stefanos
Autor von *Animals and Man: A State of Blessedness*

Vorwort

Als in den 1970er Jahren die ganzheitliche Tiermedizin in den USA aufkam, haben Deva Khalsa und ich den tierärztlichen Geist in diese Bewegung eingebracht. Heute nennt man uns „die Altvorderen" – darauf bin ich noch immer stolz. Für mich war Deva nie nur „eine von uns", sondern immer ein Mensch, den ich respektierte, den ich um Rat fragte, von dem ich lernte und den ich schon damals wirklich bewunderte als einen von den wenigen, die „es drauf hatten". Es gibt zwei Arten der medizinischen Ausbildung: Bei der einen wird Medizin gelernt und bei der Behandlung eines Patienten routinemäßig abgespult. Bei der zweiten Art wird Medizin gelernt, verstanden, verinnerlicht und schließlich im gleichen Kontext für die Besserung des Patienten angewendet. Deva verkörpert die zweite Art. Sie kennt, fühlt und praktiziert das Heilen, Patient für Patient. Noch wichtiger ist, dass sie auch immer ihr eigener Patient war. Sie haben es vielleicht unzählige Male gehört: „Tu, was Du sagst" oder „Lass Deinen Worten Taten folgen". Genau das hat sie getan und tut es bis heute. In den Jahrzehnten, seit ich Deva kenne, ist sie kaum gealtert. Sie strahlt. Sie verkörpert Gesundheit. Wenn das bei Ihnen auch der Fall ist, müssen Sie nicht geheilt werden – aber Sie können sicher andere heilen, wenn dies nötig ist.

Devas Buch ist ein Spiegel der unglaublichen spirituellen Energie eines wahren Heilers. Wenn Sie dies „ganzheitlich" nennen wollen, verwenden Sie den Begriff in seiner vollen Bedeutung – er umfasst nicht nur den ganzen Patienten, sondern das gesamte Bild – Geist, Körper, Seele, Umgebung, die Mensch-Tier-Beziehung und nicht zuletzt den guten alten gesunden Menschenverstand. Lernen Sie aus diesem Buch nicht nur die simple Anwendung der Methoden, sondern verstehen Sie seinen Inhalt, verinnerlichen Sie ihn und wenden Sie ihn an. Es ist wirklich nicht kompliziert. Es ist einfach und simpel. Gut gemacht, Deva, meine Verehrung und Bewunderung sind Dir stets sicher.

Dr. Marty Goldstein

Autor von *The Nature of Animal Healing: The Definitive Holistic Medicine Guide to Caring for Your Dog and Cat*

Einleitung

Der Scottie, der Fernsehen schaute

Es war einmal ein Scotchterrier, der in einem Rudel mit anderen Scotchterriern lebte. Er mochte seine Hundebrüder und -schwestern nicht besonders, aber er liebte es, fernzusehen. Seine Menschen hatten einen Super-Großbild-Fernseher, der zufällig einen sehr großen und leicht zu bedienenden Knopf für die Programmwahl besaß.

Sein Tagesablauf bestand daraus, auf dem Sofa zu liegen und fernzusehen. Er mochte nur Tiersendungen. Wenn eine Tiersendung zu Ende war und ein anderes Programm, zum Beispiel eine Spielshow anfing, sprang er vom Sofa, ging zum Fernsehgerät und wechselte den Kanal, bis er eine andere Sendung mit Tieren gefunden hatte.

Seine Besitzer brachten ihn zu mir und baten um eine Akupunkturbehandlung gegen seine steifen Gelenke. Beim nächsten Besuch nach zwei Wochen fragte ich: „Wie geht es ihm?“ und sie sagten: „Das können wir gar nicht sagen. Er liegt den ganzen Tag herum und schaut Fernsehen. Er ist immer noch steif, wenn er aufsteht und sich bewegt.“

Er bekam weitere Akupunkturen, ich fragte vorher jedes Mal „Wie geht es ihm?“ und erhielt immer die gleiche Antwort. Beim vierten Besuch meinten die Besitzer: „Er scheint gar nicht auf die Behandlung anzusprechen.“ Ich dachte nach und sagte: „Ich glaube, sein Problem ist das Fernsehen. Ziehen Sie jeden Tag für eine oder zwei Stunden den Stecker heraus (er wusste, wie man das Gerät anstellt), leinen Sie ihn an und machen mit ihm einen flotten Spaziergang.“ Außerdem stellte ich seine Ernährung auf 70 % Gemüse mit nur 30 % seines normalen gesunden Trockenfutters um.

Einen Monat später berichteten seine Besitzer, er sei ein neuer Hund geworden, der sich gut bewegte. Er mochte das andere Futter, freute sich auf den Spaziergang und hatte immer noch genug Zeit zum Fernsehen.

In diesem Buch finden Sie einen Weg zu einer besseren Gesundheit für Ihren Hund. Es kann so einfach sein, wie ihm das richtige Futter zu geben und ihm etwas Bewegung zu verschaffen. Natürlich braucht man, um die richtige Diät zu finden, ein paar Überlegungen und die Vertrautheit mit einigen Fakten über Ernährung. Alles zusammen wird Ihren Hunden zu einer besseren Gesundheit verhelfen und die Zahl der Tierarztbesuche reduzieren. Nicht, dass ich etwas gegen Tierärzte hätte – ich bin ja selbst einer. Aber ich wurde Tierärztin, um meine Patienten gesünder zu machen, und zu diesem Zweck ist mein Buch eine große Hilfe.

Zu lernen, was Ihren Hund bei guter Gesundheit hält, wird Sie von mancher Verwirrung befreien und Ihnen zu einem gesundem Hund verhelfen, der Sie noch viele Jahre begleitet.

Genießen Sie die Reise!

Wenn Sie einen majestätischen Berg oder einen stillen See anschauen, sehen Sie die ganze Pracht der Natur. Beim Spielen mit unseren Hunden staunen wir über ihre Lebensfreude. Die Schönheit und Vielfalt des Lebens umgibt uns. Jedes Lebewesen auf dieser Erde verfügt über ein System, das sein Leben erhält – eine komplexe Maschine, aktiv und voller Energie. Wie gut Sie diese Maschine pflegen, bestimmt darüber, wie gesund Ihr Hund ist und wie lange er leben wird.

Wir kommen aber nicht um die Tatsache herum, dass die Menge an Aufmerksamkeit, die Sie Ihrem Hund widmen können, von vielen anderen Dingen beeinflusst wird. Wenn Sie zu den Glücklichen gehören, die genug Zeit für ihren Hund haben, wird sich auch Ihre Lebensqualität steigern. Und wenn Sie zu der wachsenden Zahl der Menschen gehören, die auf nährstoffarme und mit Zusatzstoffen belastete, verarbeitete Lebensmittel zugunsten naturbelassener Nahrung verzichten, dann möchten Sie wahrscheinlich auch Ihre Haustiere (die schließlich auch Familienmitglieder sind) in diese Lebensweise mit einbeziehen.

Das Kochen ist eine Möglichkeit, seine Liebe zu anderen Menschen auszudrücken. Unsere zweibeinigen Freunde schätzen gutes Essen und auch unsere vierbeinigen Freunde lieben es. Wenn Sie für Ihren Hund kochen möchten, kann dies auch ein Akt der Liebe sein und Ihre Familienbindung verstärken.

Teil I

Essen, um zu leben

1. Diese besondere Verbindung

So lange ich zurückdenken kann, habe ich mich in der Gegenwart von Hunden immer gut und irgendwie sicher gefühlt. Ich habe ihnen immer vertraut. Hunde scheinen so zuverlässig, ehrlich und aufrichtig zu sein. Sie haben alle guten Qualitäten, die wir bei anderen Menschen zu finden hoffen und nur wenige der schlechten Eigenschaften, auf die wir in unserer eigenen Spezies gelegentlich stoßen.
Wie viele andere Kinder auch habe ich die Frösche, Schmetterlinge und Eichhörnchen bestaunt, die in meiner kleinen Welt auftauchten. Ich habe versucht, verlassene Babyvögel aufzuziehen und „streunende" Katzen gerettet, die in Wirklichkeit den Nachbarn gehörten. Aber mein Interesse für Tiere ging doch über die natürliche Neugier von Kindern hinaus. Noch bevor ich meine Gedanken in Worten ausdrücken konnte, habe ich realisiert, dass Tiere in meiner Welt etwas Besonderes waren. Ich konnte im Garten sitzen und die Zusammenarbeit der Ameisen in der Kolonie beobachten. Am Morgen meines zweiten Geburtstags habe ich nicht an Geschenke und Kuchen gedacht, sondern sorgfältig Ameisen eingesammelt und in einen Schuhkartondeckel gesetzt. Ich wollte sie an einen „sicheren" Ort bringen, damit meine Mutter sie nicht mit kochendem Wasser tötet, bevor die Partygäste ankommen.
Besonders zu Hunden fühlte ich eine spezielle Verbindung. Wenn meine Eltern mich im Kinderwagen durch die Stadt schoben, rief ich den Hunden, die spazierengeführt wurden, ein fröhliches „Hallo, wie geht's?" zu. Nur die Hunde verstanden, dass ich sie grüßte, aber nicht die Menschen am anderen Ende der Leine. Tatsächlich grüßten die Hunde zurück, aber das schien niemand außer mir zu hören.

Ich wusste nicht, dass ich die uralte Verbindung zwischen Menschen und Hunden einging, die so fest und so alt wie eine Urkraft ist. Um diese spezielle Verbindung zu erklären, haben Wissenschaftler über die Domestizierung von wolfsähnlichen Vorfahren unseres modernen Hundes spekuliert. Obwohl sie nicht einer Meinung sind, wie und wann dies geschah, stimmen sie dennoch überein, dass diese spezielle Verbindung zwischen Menschen und Hunden existiert. Ich selbst liebe die Sichtweise folgender indianischen Legende:

Einst sahen wir alle Tiere als Unseresgleichen an und hatten großen Respekt vor allen Lebensformen. Aber eines Tages trieb der Große Geist eine Kluft zwischen die Menschen und die Tiere. Diese Kluft war anfangs schmal. Der Hund blickte zum Menschen und war unsicher, ober er bleiben oder zu den anderen Tieren gehen sollte. Dann hüpfte er zu seinen tierischen Freunden. Als der Graben weiter wurde, sprang er unentschlossen zwischen den Welten der Menschen und der Tiere hin und her. Schließlich, im letzten Moment, bevor die Kluft zu breit wurde, nahm er einen großen Anlauf und schloss sich für immer den Menschen an. Hier ist er bis heute geblieben.

Gemeinsame Entwicklung

Die Beziehung zu unseren „besten Freunden" entwickelte sich schrittweise im Laufe der Zeit und mit wechselnden Bedürfnissen beider Spezies über Jahrtausende. Obwohl wir Menschen heute keine Hunde mehr brauchen, um Säbelzahntiger zu vertreiben, verlassen wir uns auf ihre Bereitwilligkeit und nutzen ihre natürlichen Talente auf vielfache Weise zu unseren Gunsten. Therapie- und Assistenzhunde helfen Menschen mit vielerlei Behinderungen. Rettungshunde arbeiten mit den Ersthelfern bei Erdbeben und Überflutungen zusammen. Polizeihunde spüren Sprengstoff auf und suchen vermisste Kinder. Der starke Bernhardiner, der sich durch alpine Schneeverwehungen kämpft und der fleißige Border Collie, der eine Schafherde umrundet, sind typische Beispiele für den Dienst- und Arbeitseifer von Hunden.

Hunde brauchen kein spezielles Training und keinen zweckmäßig gezüchteten Körper, um für Menschen eine Rolle zu spielen. Der Westie, der den Haushalt bei Ankunft der Post alarmiert, der Golden Retriever, der schwanzwedelnd auf die Heimkehr seines jungen Freundes von der Schule wartet, der Beagle, der sich am Bett einkringelt, wenn Mama eine Grippe hat – sie alle erfüllen wichtige Aufgaben, um das Wohlbefinden des von ihnen gewählten Rudels zu steigern. Jede „Arbeit" hält den Hund gesund und unversehrt. Sie stärkt seinen Körper, beschäftigt den Kopf und stärkt die Bindung zum Menschen. Wie sonst kann man erklären, warum Hunde ihr Leben riskieren (und manchmal verlieren), um Menschen zu helfen, wenn nicht wegen der Bindung zu ihrer erweiterten Familie? Wenn wir einem Hund unser Herz öffnen, bekommen wir ganz direkt und auf elementare Weise die Chance, unsere ferne Vergangenheit zu erfahren. Der Kopf wird klar, unsere Sinne werden schärfer, unsere Emotionen zugänglich und unser Geist wird erfrischt, wenn wir mit unseren vierbeinigen Freunden entspannen. Wenn Sie spüren möchten, was ich meine, gehen Sie einfach mit Ihrem Hund spazieren. Plötzlich können Sie die frische Luft riechen, die Schönheit der Umgebung wahrnehmen und die Abenteuerlust Ihres Hundes teilen, selbst, wenn Sie jeden Tag den gleichen Weg gehen. Lassen Sie zu, von einer Welle von Liebe überschwemmt zu werden, wenn Sie mit einem vertrauten und vertrauenden Begleiter unterwegs sind.

Ich bedauere jeden, der nie die bedingungslose Liebe eines Hundes kennengelernt hat. Zu viele Menschen sind so sehr mit ihrem Leben beschäftigt, dass sie vergessen, was Leben eigentlich bedeutet. Unsere Hunde erlauben uns einen direkten und beeindruckenden Einblick in unser wirkliches Leben in einer Welt, in der die Freude der Seele oft vernachlässigt wird.

Die tiefe Bindung, die wir mit unseren Hunden eingehen, entstammt aus einer spirituellen Quelle. Hunde verknüpfen uns mit einer spirituellen – wenn Sie so wollen: göttlichen – Dimension, die jedem von uns innewohnt; einer Dimension in unserem Leben, von der wir uns in einer Welt scheinbar endlosen Lärms immer weiter entfernen.

Sowohl die Geschichte des Garten Eden als auch die erwähnte indianische Legende erinnern uns daran, dass wir einst Teil der „Familie" aller Lebewesen waren, Teil eines harmonischen Ganzen. Heute hören wir klingelnde Handys statt singender Vögel. Wir verbringen mehr Zeit im Verkehr als unter den Sternen. Kein Wunder, dass wir uns oft leer und erschöpft fühlen; wir haben den Kontakt zum Pulsschlag unseres Lebens verloren.

Ein Weg, sich wieder damit zu verbinden und uns wieder aufzuladen, ist die Beziehung zu Hunden, zu verlässlichen Führern, die uns helfen, wieder eins zu werden mit uns selbst, mit anderen, mit der Welt um uns herum und mit dem, was auch immer jenseits davon liegen mag.

Beste Freunde

Unser Hund leiht uns sein verständnisvolles Ohr, wenn wir einen Zuhörer brauchen und eine stützende Schulter, wenn wir uns anlehnen möchten. Wenn unser emotionaler Zug in eine destruktive Richtung fährt, kann unser Hund ihn in eine positivere Richtung lenken. Unser Hund weiß, wenn wir glücklich sind und freut sich mit uns. Machen Sie sich bewusst, dass selbst, wenn Ihre Stimmung minütlich schwankt, Hunde Sie niemals verurteilen oder kritisieren oder Ihnen Ratschläge erteilen werden; sie lieben einfach und hören vorbehaltlos zu.

Die Wurzel des Wortes Emotion ist „motion" – Bewegung, und Hunde können emotionale Berge bewegen. Harte Jungs, die niemals weinen, vergießen Tränen, wenn ihr alter Hundefreund stirbt und ständig unter Strom stehende Workaholics entdecken den Duft der Rosen (oder eines Feuerhydranten), wenn sie sich von ihrem Hund führen lassen. Im Laufe der Jahre hat es mein Herz erwärmt, wenn normalerweise ruhige oder kontrollierte Hundehalter aus ihrem Schneckenhaus herauskommen und ihre unzensierten Gefühle für ihre Hunde ausdrücken. Menschen, die sonst jeden Extra-Kilometer vermeiden, fahren Stunden, um ihren kranken Hund zur Behandlung zu bringen.

Ein ganz besonderes Vorbild

Hunde rufen nicht nur Gefühle hervor, sie modellieren sie auch. Aufrichtig und nicht selbstbezogen tragen sie ihr Herz auf dem Fell. Sie zeigen ihre Emotionen deutlich, ohne Berechnung oder versteckte Pläne und reagieren spontan auf die aktuelle Situation. Hunde sind nicht nachtragend. Wie würde unser Leben aussehen, wenn wir unsere Familie beim Nachhausekommen immer mit echter Freude begrüßen könnten, egal wie hart der Tag war, sofort vergeben, wenn uns jemand ungeschickt auf den Schlips getreten hat oder zugeben, dass wir in einem schweren Sturm Schutz brauchen?

Hunde sind mit der Natur verbundener als wir Menschen. Sie haben keine Isolierschichten in Form von Häusern, Autos und Kleidung

um sich herum. Ihr Pfoten berühren den Boden, ihre Nasen und Augen und Ohren reagieren auf das feinste Laubrascheln. Wenn wir ihrem Weg folgen und so vorsichtig gehen wie sie, haben wir die Chance, uns mit der natürlichen Welt vertraut zu machen. Dies versetzt uns in Ruhe und Staunen.

Während die „zivilisierte" Welt ununterbrochen Forderungen an uns stellt, teilt die Natur nur ununterbrochen ihre überwältigende Schönheit mit uns. Sie erwartet keine Rückkehr und zeigt uns, dass wir alle Mitglieder einer friedvollen Welt sind. Deshalb fühlt es sich so gut an, einen Regenbogen zu betrachten, einem Kolibri beim Schwirren zuzuschauen oder im Meer zu waten: Unsere Seele wird durch diese Geschenke, die sie zum Aufblühen braucht, berührt.

Hunde erweitern nicht nur unsere Bewusstsein für die Welt um uns herum, sie helfen uns auch, uns auf andere einzustellen. Gerade, weil sie keine Menschen sind, lehren sie uns, die Verschiedenheit wertzuschätzen und die Toleranz für andere zu kultivieren, so anders diese auch sein mögen.

Seelische Unterstützung

Menschen fällt es oft schwer, zu entscheiden, wer sie sind und sie neigen dazu, sich über ihren Beruf und ihren Besitz zu definieren. Hunde verfügen über einen unerschütterlichen spirituellen Kern, ohne durch Irrelevantes abgelenkt zu werden. Sie sehen unser Wesen und akzeptieren und schätzen jeden von uns als das einzigartige Geschöpf, das wir wirklich sind. Sie schaffen es, dass wir uns geliebt fühlen und im Gegenzug die liebevollen Wesen werden, die wir in ihren Augen sind. Gönnen wir uns fünf Extraminuten für ein Ballspiel mit unserem Hund, auch wenn wir erschöpft sind, trainieren wir nicht nur unseren Körper, sondern auch unsere Seele. Und je stärker unsere seelischen Muskeln werden, desto leichter können wir sie auch in all unseren Beziehungen einsetzen.

Natürlich sind Hunde keine Götter (das wären, wenn überhaupt, Katzen – zumindest glauben sie das!). Aber Hunde haben eine einzigartige Fähigkeit, unsere schlummernden Seelen aufzuwecken und uns daran zu erinnern, dass wir Zweibeiner mit unseren beweglichen Daumen uns unserem unterentwickelten Geruchssinn auch integrale Bestandteile der natürlichen Welt sind.

Die Poesie der Hundekommunikation

Hunde konfrontieren uns mit neuen Formen der Kommunikation. Sie verbessern unsere Fähigkeiten, subtile Hinweise wie die Körpersprache oder den Gesichtsausdruck zu interpretieren. Dies fördert unsere Empathie, die sich entwickelt, wenn wir die Bedürfnisse eines anderen nicht nur erkennen, sondern sie über unsere eigenen stellen. So verhalten sich Hunde – und das nicht zufällig – gegenüber uns Menschen.

Einige meiner Hundepatienten haben zu lächeln gelernt, und sie wissen natürlich auch, in welchen sozialen Kontexten man lächelt. Üblicherweise „grinsen" sie beim Hallosagen oder um Freude zu zeigen. Ihre Besitzer müssen Uneingeweihten oft erklären, dass ihre Hunde nicht knurren oder die Zähne fletschen, sondern nur lächeln.

T.S. Eliot hat einmal gesagt: „Wahre Poesie kann sich mitteilen, auch ehe sie verstanden ist." Genauso ist es mit Hunden. Sie müssen sie nicht in dem Sinne verstehen, in dem Sie die Bedeutung eines gesprochenen Wortes verstehen, um ihre Gefühle, Wünsche und Bedürfnisse zu begreifen – und umgekehrt.

Clevere Hunde

Den Begriff „dummes Tier" können wir vergessen. Obwohl bei Hunden wie beim Menschen verschiedene Arten von Intelligenz vorkommen, die je nach Rasse und Individuum variieren, sind sie in einer Reihe komplexer kognitiver Funktionen sehr schnell, wie beispielsweise darin, neue Informationen zu verarbeiten, zu analysieren, Schlussfolgerungen zu ziehen und für die Zukunft einzuplanen (etwa, wenn ein Hund in Erwartung eines Spaziergangs seinem Besitzer die Leine bringt). All diese Funktionen sind eine Trainingseinheit in der Mensch-Hund-Beziehung. Hunde haben sogar schon „Fremdsprachen" gelernt. Manche Forscher glauben, dass Hunde einige hundert gesprochene Wörter verstehen – nicht den Klang, sondern die speziellen Wörter – und sogar unterschiedliche Nuancen der Betonung unterscheiden können.

Sozialarbeiter

Hunde sind durch ihre evolutionäre Entwicklungsgeschichte schon mit einer natürlichen Höflichkeit und mit Respekt gegenüber einer sozialen Ordnung ausgestattet. In ihrer Beziehung zum Menschen habe sie ihre sozialen Fähigkeiten einfach auf ein anderes Rudel übertragen. So, wie sie in der Wildnis Freund und Feind unterscheiden können, wissen sie zum Beispiel, welcher Mensch Spaß verspricht oder welcher eine Aufmunterung braucht. Oder sie spüren, ob es besser ist, einen Fremden mit einem Schlabberkuss, einem höflichen Schwanzwedeln oder den blanken Zähnen zu begrüßen. Diese Fähigkeiten machen sie zu effektiven „Sozialarbeitern".

Sie sind auch soziale Eisbrecher. Hunde erleichtern Einsamkeit und vermitteln sozial isolierten Menschen, wie etwa Pflegeheimbewohnern, Eingesperrten und Gefängnisinsassen, ein Zugehörigkeitsgefühl. Wenn Kinder mit ihren Hunden als Gästen einen Kaffeeklatsch veranstalten, üben sie den sozialen Austausch im späteren Leben. Die Selbstachtung, Disziplin und Einsatzbereitschaft, die sie bei der Betreuung eines Hundes entwickeln, sind die Basis für eine Reihe von Fähigkeiten, die notwendig sind, um verantwortungsvolle Mitglieder der Gesellschaft zu werden.

Zusammen durchs Leben

Hunde sind immer bei uns und begleiten uns in jeder Lebensphase. Wenn es uns gutgeht, geht es ihnen auch gut; sie erfahren ihre eigene Würde und Großzügigkeit, wenn sie uns die Gelegenheit geben, diese Eigenschaften bei uns selbst zu entdecken. Vor allem durch ihre Verbindung zum Menschen können sie zu ihrem wahren Selbst gelangen: ein Hund zu sein. Durch liebevolle Zuwendung vermitteln wir ihnen, dass wir respektieren, wer sie sind und wie sie sind. Wenn sie ein Stöckchen holen, sprudeln sie vor Aktivität und Zusammengehörigkeitsgefühl über. Wenn sie Blinden die Augen ersetzen, kommen sie in Kontakt mit ihrer Zuverlässigkeit und Selbstlosigkeit. Das Kuscheln auf dem Sofa lässt sie in Anhänglichkeit schwelgen, das Anbellen eines Zustellfahrzeugs spricht ihr Verantwortungsbewusstsein an und wenn sie das saftige Lammsteak nicht vom Tisch stehlen, können sie ihre Vertrauenswürdigkeit unter Beweis stellen.

An welche spirituelle Macht Sie auch immer glauben – Hunde verbinden uns mit ihr. Sie vertrauen auf einen göttlichen Funken Energie, der unseren ausgebrannten Geist transformiert und unseren Weg durchs Leben antreibt. Durch unsere Verbindung mit Hunden zapfen wir eine grenzenlose Quelle von Sinn und Zweck an, einen vitalen Strom der Weisheit und Werte wie Mitgefühl, Aufopferung, Integrität, Hoffnung und Loyalität.

Hunde können uns als Vorbilder dienen - sowohl durch die Art und Weise, wie sie ihr eigenes Leben leben als auch durch die Chancen, die sie unserem Leben eröffnen. Es gibt viele Berichte über Hunde, die ihr Leben riskieren, um unseres zu retten und die auf anderen Wegen Charakterzüge gezeigt haben, die sie bei Menschen bewundern. Hunde verstehen die Ganzheitlichkeit allen Lebens viel besser als wir und wissen, dass das Wohl des Ganzen vom Beitrag jedes Einzelnen abhängt.

Bewunderung für eine vergessene Welt

Wir nehmen viele Zeichen und Klänge der Natur wahr, wenn wir mit unseren Hunden spazierengehen. Unbewusst stellen wir uns auf eine Welt ein, die wir größtenteils vergessen haben, die uns aber mit ihrer Lebendigkeit und Schönheit erhält und erfüllt. Mit dieser Welt setzt sich der zeitgenössische Autor Thom Hartmann in seinem Buch The Last Hours of Ancient Sunlight[1] auseinander:

„Hast Du ein bewusstes Leben?" sagte ich leise und sah den Ahorn und die Fichte an ... Ich fragte mich, ob der ganze Wald mir antworten würde: „Wir leben", aber stattdessen empfand ich ein starkes Gefühl individueller Lebendigkeit bei jeder Lebensform, die ich anschaute. Jeder Baum, jeder Vogel und das Eichhörnchen, der Erdboden unter meinen Füßen wimmelnd von Mikroorganismen, jeder schien mir seine individuelle Lebendigkeit zu versichern. Wie die einzelnen Musiker in einem Symphonieorchester spielten sie zusammen und erschufen einen wunderschönen Klang. Wenn Sie lernen, mit anderen Lebewesen zu kommunizieren, helfen Sie tatsächlich dabei, eine verlorene Kunst der Menschheit wiederzuentdecken – eine intuitive Fähigkeit, die antike Kulturen noch kennen, die aber durch die Entwicklungen der Zivilisation, Technologie und Wissenschaft überdeckt wurde.
Ich streckte meine Handflächen aus, stellte mir vor, wie mein Leben mit dem Leben des Waldes um mich herum verschmilzt und war ergriffen davon, das Leben der Erde zu berühren.

1 *Anm. d. Übers.: deutsch: Thom Hartmann, Unser ausgebrannter Planet. Von der Weisheit der Erde und der Torheit der Moderne. Riemann-Verlag, München, 2000*

Hunde befähigen uns, die Schönheit dieses Universums wieder zu schätzen, voll und ganz im Augenblick zu lieben und zu leben. Wenn wir uns aufeinander einlassen, entwickeln wir uns in Richtung einer Ganzheit, zu einer vollständigeren Version von uns selbst - so, wie Bäume voller wachsen, wenn sie ihre Zweige zum Licht strecken. Haben Sie einmal eine so tiefe Verbundenheit mit Ihrem Hund empfunden, wird die Saat durch ihre Beziehung genährt und erblüht zu einer Liebe, die Ihr Leben für immer verändert. Es hat mein Leben mit Sicherheit verändert und unendlich bereichert.

Ich erinnere mich nicht mehr an die Geschenke zu meinem zweiten Geburtstag, aber das Geschenk der Ameisen bewahre ich bis zum heutigen Tag. Es war die Grundlage für die Wahl, die ich getroffen habe, als ich eine andere Herangehensweise an die Tätigkeit des Heilens wählte, nämlich einen Weg, der durch Respekt vor dem Leben geprägt wurde. Dieses Geschenk ist das Gleiche, das jedem von uns jeden Tag durch unsere spezielle Verbindung mit Hunden angeboten wird: Wenn wir uns füreinander öffnen, können wir unsere Grenzen überwinden und mit dem Geist in Kontakt kommen, der uns alle erhält und verbindet.

Unterschätzte Hunde

Eine Studie, die im Mai 2007 im Journal of Current Biology veröffentlicht wurde, bewies den Forschern, dass Hunde überraschende mentale Fähigkeiten besitzen. Sie konnten etwas, von dem man zuvor annahm, dass nur Menschen dazu in der Lage sind: das Konzept einer Situation zu verstehen und zu entscheiden, ob und wann man das Verhalten nachahmt.

Guinness, eine Border Collie-Hündin, wurde darauf trainiert, mit ihrer Pfote einen Holzstab wegzustoßen, um eine Belohnung zu bekommen. Drei Hundegruppen nahmen an der Studie teil. Die Kontrollgruppe hatte keinen Kontakt zu Guinness. Als man ihnen den Versuchsaufbau zeigte, rochen sie das Leckerchen und schubsten den Holzstab mit ihren Schnauzen weg, um an die Belohnung zu gelangen. Die Schnauze ist das vielseitigste Werkzeug, das einem Hund zur Verfügung steht, also ist es ganz natürlich, dass er sie einsetzt.

Eine andere Hundegruppe beobachtete Guinness, wie sie das Leckerchen mit ihrer Pfote holte, aber sie hatte dabei einen Ball im Maul. Als diese Gruppe an der Reihe war, ergatterten 80 % der Hunde die Belohnung mit Hilfe ihrer Schnauze. Die letzte Gruppe konnte Guinness zusehen, wie sie mit ihrer Pfote und freiem Maul (ohne Ball) an die Belohnung gelangte, und 83 % benutzten ebenfalls eine Pfote. Die Gruppe, die beobachtet hatte, wie Guinness sich mit einem Ball im Maul das Leckerchen holte, nahm an, dass sie wegen des Balls ihre Schnauze nicht einsetzen konnte und deshalb die Pfote benutzte. Da die Hunde der Gruppe selbst aber keinen Ball im Mund hatten, nahmen sie den einfacheren Weg – und wählten die Schnauze.

Dieses Experiment verblüffte viele Forscher. Er zeigte, dass die Hunde alle Nuancen von Guinness' Verhalten wahrnahmen und übereinstimmend entschieden, welche Methode die beste sei. In anderen Worten, die Hunde analysierten die Situation. Und während die Forscher noch mit offenem Mund dastehen, versuche ich Wörter wie „Gassi“ und „raus“ zu vermeiden und achte auf meine Körpersprache, damit meine Hunde nicht merken, was ich vorhabe.

2. Zur Geschichte der Hundefütterung

Der wahre Beginn der Mensch-Hund-Beziehung war möglicherweise ein Jagdarrangement zu beiderseitigem Vorteil, bei dem beide Parteien die Nahrung teilten. Frisches Fleisch war für das Überleben einer jagenden Gesellschaft notwendig. Im Laufe der Zeit spielten die Hunde eine größere Rolle und wurden für viele Zwecke eingesetzt, vom Töten von Schädlingen und Nagern bis hin zum Kämpfen in der Schlacht in voller Rüstung. Einige Hunde hüteten Schafe, während andere gegen Bullen kämpften. Die Schoßhunde, die den französischen und englischen Adel unterhielten, hatten die angenehmen Jobs.

Genau wie die Rolle des Hundes im Laufe der Zeit veränderte sich auch seine Ernährung. Als wir vom Verzehr rohen Fleisches zu gekochten und zubereiteten Mahlzeiten fortschritten, waren unsere Hundefreunde an unserer Seite. Und als die geschriebene Sprache entwickelt wurde, muss das Wort „Reste" einen besonderen Platz im Hunde-Wörterbuch erhalten haben.

Der Speiseplan ändert sich

Bis zum 19. Jahrhundert haben unsere Hunde das gegessen, was wir auch aßen. Je wohlhabender der Besitzer, desto besser erging es dem Hund. Vor einigen hundert Jahren bestand das Futter eines typischen Hundes, der unter einfachen Menschen lebte, wahrscheinlich aus Brot, Kartoffeln und gekochtem Kohl, während die Elite und die Privilegierten ihre Hunde mit gebratener Ente und Kraftbrühe verwöhnten. „Speiseabfälle" war noch kein schlechtes Wort.

In der Mitte des 19. Jahrhunderts bemerkte der einfallsreiche James Spratt, dass streunende Hunde gierig den verschimmelten Schiffszwieback verschlangen, den die Seeleute auf den Pier geworfen hatten. Diese Beobachtung inspirierte ihn im Jahr 1860, den ersten kommerziellen Hundekeks zu entwickeln: *Spratt's Patent Meat Fibrine Dog Cakes*. Es dauerte nicht lange, bis ähnliche Produkte auf dem Markt erschienen. Die Verkäufer von Hundekuchen behaupteten, dass ihr Produkt jeglicher Hundekrankheit von Würmern bis Staupe vorbeuge und alles, was für die Hundegesundheit notwendig sei, enthielte. Sogar die besten Speiseabfälle, warnte Spratt, „ruinieren die Kraft der Verdauung … und machen ihn vor der Zeit alt und fett". Er behauptete „Frisches Fleisch kann das Blut des Hundes überhitzen". Ein Konkurrenzprodukt wie das *Medicated Dog Bread* des Tierarztes A. C. Daniels wurde damit beworben, es sei frei von den minderwertigen Zutaten anderer Hundekuchen, die „Verstopfung, Verdauungsstörungen und Hautkrankheiten" hervorriefen (vgl. Mary Elizabeth Thurston: *The Lost History of the Canine Race*, 1996).

Findige Unternehmer fanden einen neuen Verwendungszweck für Speiseabfälle und mischten schimmelige und ranzige Lebensmittel ins Hundefutter. Die einzigen Kosten waren die Herstellung, die Verpackung und die Werbung. Nahrung, die für Menschen ungeeignet war, wurde als die einzige gesunde Kost für Hunde verkauft! Daniels hatte Recht, damit zu werben, dass sein Futter im Gegensatz zur Konkurrenz weder Hautkrankheiten noch Verdauungsstörungen hervorriefe. Die Hunde waren nicht annähernd so gesund wie sie es waren, bevor dieser industrielle Abfall verkauft und von irregeführten Besitzern verfüttert wurde.

Die Hundebesitzer hatten nicht viel Zeit, um über die Ernährung ihrer Hunde nachzudenken, weil die Industrielle Revolution in vollem Schwung war. Aus historischer Sicht transformierte die Industrielle Revolution die Agrar- in die Industriegesellschaft. Waren, darunter auch Nahrung für Mensch und Tier, die bis dahin traditionell zuhause hergestellt wurden, wurden nun zunehmend in Fabriken produziert. Die Städte wurden rasch größer, weil die Menschen aus ländlichen Regionen in Städte zogen, um Arbeit zu finden. Die Zeit, die man früher für Haushaltsarbeiten aufwendete, wurde nun mit der Arbeit für einen Stundenlohn verbracht. Das Landleben mit Müttern, die mit Produkten aus eigenem Anbau für ihre Familien kochten, wurde schnell durch einen hektischen, modernen Lebensstil ersetzt.

Das Zeitalter der Werbung

Die Bevölkerung konzentrierte sich nun in Städten und die neuen Massen an Arbeitern mussten ihre Waren in Läden kaufen. Es bildeten sich neue Wirtschaftszweige, die miteinander um Kunden konkurrierten.

Werbung wurde in den Vereinigten Staaten erstmals ein eigener Berufszweig, als Volney B. Palmer im Jahr 1841 in Philadelphia eine Werbeagentur eröffnete. Im Laufe der Zeit wurde

die Werbung ausgefeilter und raffinierter und es wurden Millionen Dollar für Studien ausgegeben, um herauszufinden, was Konsumenten dazu bringt, ein Produkt zu kaufen. Die Phrase vom „Wahrheitsgehalt der Werbung" lässt uns gerne für tatsächlich für wahr halten, was wir in der Werbung sehen, aber die Wahrheit kann – besonders, wenn Forschungsergebnisse in der Werbung präsentiert werden – mehrdeutig sein.

Ich habe mich zum Beispiel immer über die *Milk Bone*-Werbung amüsiert, die behauptet, diese Leckerchen würden die Zähne des Hundes reinigen. De facto hatte die zitierte Studie lediglich gezeigt, dass Hunde, die nur Trockenfutter fressen, sauberere Zähne besitzen als Hunde, die nur Feuchtfutter fressen. Obwohl diese Aussage also zwar wahr ist, sagt sie nicht aus, dass Hundekekse wirklich die Zähne reinigen. Hundebesitzer können verwirrt reagieren, wenn man ihnen sagt, dass ihr Hund eine Zahnreinigung benötigt – er hat doch schließlich jeden Tag *Milk Bone* bekommen! Wenn sie skeptisch sind und mir nicht glauben wollen, schlage ich ihnen vor, sich zwei Wochen lang nicht die Zähne zu putzen und stattdessen zwei *Milk Bones* zu essen. Bis jetzt hat das noch niemand gemacht.

Heute werden jedes Jahr Millionen ausgegeben, um unsere Kaufentscheidungen und unser Denken über Hundefutter zu beeinflussen. Marktforscher wissen, wann Änderungen in der öffentlichen Wahrnehmung stattfinden und versuchen stets eifrig den Eindruck zu erwecken, dass sie uns den richtigen Weg weisen. Wenn der durchschnittliche Hundebesitzer sich darüber bewusst wird, dass viele Futtersorten bekannter Marken ungesunde Zutaten enthalten, werden die Rezepturen plötzlich „neu und verbessert".

Angeblich gesündere Produkte stehen plötzlich in den gleichen Regalen wie das Futter, das uns vorher fälschlicherweise als „ausgewogene Ernährung", die unser Hund braucht, verkauft wurde. Die Werbung informiert uns, dass nun wirklich Hühnchen in unserer Einkaufstasche ist. Aber wie zuvor sagen uns die Hersteller nicht, dass Hühnerabfälle wie Füße, Federn, Schnäbel und Augen den Hauptanteil des „echten Hühnerfleischs" in unserer Tasche ausmachen. Fotos von Gemüse zieren nun die Verpackungen von Hundefutter und einige prahlen mit Vitaminzugaben. Die Hersteller von Marken für den Supermarkt erhitzen und komprimieren üblicherweise diese Vitamine, sodass jeder verbleibende Vitamingehalt vernachlässigbar ist.

Mythen aus den Medien

Um die Mythen aufzudecken, die durch die großen Handelsketten verbreitet werden, müssen wir zunächst begreifen, in welchem Ausmaß wir getäuscht werden. Die meisten Hundebesitzer haben zu akzeptieren gelernt, was die Megakonzerne uns eingeredet haben – dass unsere Hunde nicht die gleiche Nahrung fressen dürften wie wir (abschätzig wird immer von „Speiseresten" gesprochen). Nichts könnte weiter von der Wahrheit entfernt sein und besser illustrieren, wie sehr Werbung unser Denken und unseren gesunden Menschenverstand untergraben kann. Ein guten Anfang können wir machen, indem wir uns einige weitverbreitete Glaubenssätze daraufhin anschauen, ob sie sinnvoll oder – was wahrscheinlicher ist – unsinnig sind.

Einer dieser Glaubenssätze besagt, dass jede einzelne Mahlzeit Ihres Hundes ernährungsphysiologisch ausgeglichen sein muss. In der Natur erreicht ein wildlebender Hund aber Ausgeglichenheit über die Zeit und nicht bei jeder Mahlzeit. In jedem Fall ist aber das meiste industrielle Hundefutter ohnehin nicht ausgeglichen und es herrscht ein eklatanter Mangel an einigen Inhaltsstoffen wie beispielsweise Gemüse, das notwendige Enzyme und Chlorophyll bereitstellt. Manche Hunde versuchen, dies durch Fressen von Gras zu kompensieren.

Eine andere unsinnige Behauptung ist, dass eine Veränderung der gewohnten Ernährung in jedem Fall das Verdauungssystem des Hundes durcheinander bringt. Diese Konditionierung durch die Medien hat sich fest in der öffentlichen Meinung verankert, aber sie stimmt einfach nicht. Unsere Hunde mit verschiedenen Nahrungsmitteln zu füttern und ihnen eine Vielzahl vollwertiger, gesunder Zutaten anzubieten, ist der gesündeste Weg. Es stimmt, dass Hunde, die viele Jahre das gleiche minderwertige Hundefutter fressen und dann plötzlich auf ein anderes minderwertiges Hundefutter umgestellt werden, mit Durchfall reagieren können. Es gibt auch Hunde mit einem gestörten Verdauungssystem, die von jeder Kleinigkeit Durchfall bekommen. Im Allgemeinen kommt der Verdauungstrakt eines gesunden Hundes aber mit neuem Futter zurecht. Tatsächlich erholen sich manche chronisch kranken Hunde, wenn man das Hundefutter absetzt und sie mit verschiedenen selbstgekochten Mahlzeiten füttert.

Ein anderer Mythos ist, dass Hunde strikte Fleischfresser seien und tierisches Protein ihre hauptsächliche oder einzige Nährstoffquelle sein müsse. Wie ein Mensch kann auch ein Hund Vegetarier sein und von Gemüse, Getreide, Leguminosen, Öl und Gewürzen oder als Lactovegetarier von Eiern und Milchprodukten zusammen mit Gemüse und Getreide leben.

Dr. T. Colin Campbell schrieb *The China Study*[2] , ein Buch, das die aufwändigste Studie aufarbeitet, die jemals über Krebs durchgeführt wurde. Dr. Campbell nahm an einer bahnbrechenden Studie teil, in der die Raten an krebsbedingten Todesfällen in 2.400 chinesischen Bezirken analysiert wurden. Die Forscher korrelierten die Krebs-Todesraten dann mit den lokalen Ernährungsgewohnheiten. Laboruntersuchungen vervollständigten die Daten der Feldstudie. Ein hoher Anteil an tierischem Protein in der Nahrung prädisponierte die Menschen für Krebs. Obwohl die Karzinogene in der Umgebung unsere zelluläre DNA verändern und den Zellen das Potenzial für eine Umwandlung in Krebszellen geben, ist es ein hoher Gehalt an tierischem Eiweiß, der das Gleichgewicht kippt und die Transformation zu Krebszellen in Gang setzt.

Weil viele Forschungsergebnisse auf zellulärer Ebene gewonnen wurden, treffen sie wahrscheinlich auch auf Hunde zu. Im Jahr 2006 habe ich eine Dokumentation gesehen, in der der Kommentator feststellte, dass heutzutage jeder zweite Hund an Krebs erkrankt – nicht eingeschlossen waren die Hunde, die aus un-

2 *Anm. d. Übers.: T. Colin Campbell und Thomas M. Campbell, China Study: Pflanzenbasierte Ernährung und ihre wissenschaftliche Begründung. 4. Aufl., Verlag Systemische Medizin, 2017*

bekannten Gründen zuhause sterben oder solche, die mit ungeklärten Diagnosen sterben. Zu einer proteinärmeren Ernährung zu wechseln kann das Krebsvorkommen bei unseren Hunden senken.

Hier gibt es keine Hunde namens E.T.

Tatsache ist, dass unsere Hunde keine Außerirdischen von einem fremden Planeten sind, die nur „spezielles Futter" aus Tüten oder Dosen fressen können. Sie brauchen Gemüse, vollwertiges Getreide und Protein hoher Qualität, genau wie wir. Eine gute Ernährung ist wichtig für Gesundheit, Wohlbefinden und Langlebigkeit Ihres Hundes und kann seine Fähigkeit verbessern, einer Erkrankung zu widerstehen oder sich von ihr zu erholen.

Wie oben erwähnt, lebte der Familienhund zu Vor-Hundefutter-Zeiten von der Freigiebigkeit seiner Familie. Da dies für die Menschen und ihre Hunde damals funktionierte, gibt es keinen Grund zu der Annahme, dass dies heute nicht der Fall sein sollte. Das heißt aber nicht, dass der Hund alles fressen sollte, was der Tisch bietet; bestimmte Sorten von „Menschenfutter" wie Schokolade, Weintrauben, Rosinen und Zwiebeln sollte man vermeiden. Darüber hinaus sind viele chemisch gefärbte industrielle Produkte, die für den menschlichen Verzehr bestimmt sind, weder für Menschen noch für Tiere geeignet. Schließt man diese Dinge aus, gibt es keinen Grund, warum Ihr Hund sich nicht an dem gleichen vollwertigen und nährstoffreichen Essen erfreuen sollte wie Sie.

Die Hundefutter-Rückrufe

Im März 2007 alarmierte ein massiver Rückruf von 60 Millionen Einheiten kontaminierten Hunde- und Katzenfutters Halter in den ganzen Vereinigten Staaten. Hundefutter-Rückrufe sind nichts Neues. Sie waren schon 1995, 1998, 2003 und 2005 vorgekommen. Der Rückruf vom März 2007 war aber auf bestürzende Weise anders, weil viele Hunde, die das verdorbene Futter aufgenommen hatten, schnell starben.

Die *Menu Foods of Canada* ist ein sehr großer Konzern, der Tierfutter für viele marktführende Marken herstellt. Er produziert Futter, das ich aus ganzem Herzen nicht empfehle, darunter auch Futtersorten, die einen Ruf als führende ganzheitliche Marken erworben haben und auch so vermarktet werden. *Menu Foods* stellt das Futter für viele Firmen her und verpackt und etikettiert es für sie. Der Rückruf vom März 2007 umfasste mehr als hundert Marken und Sorten, denen die Besitzer vertraut hatten.

Man nahm an, dass die Gifte in dem kontaminierten Futter mit einer einzigen Schiffsladung Weizen aus China zu Menu Foods in die USA gelangt waren. Tausende besorgter Hundebesitzer telefonierten mit ihren Futterfirmen und erlebten dabei einiges an Frustration. Viele Firmen, deren Futter Weizengluten aus China hätte enthalten können, riefen aber vorsichtshalber auch ihre Produkte zurück, obwohl in Zusammenhang mit ihrem Futter keine Erkrankungen oder Todesfälle aufgetreten waren.

Die *Environmental Protection Agency (EPA*[3]*)* hatte die Aufgabe, herauszufinden, welcher Inhaltsstoff im Futter die Hunde krank machte. Zuerst wurde das Rattengift Aminopterin verdächtigt. Einige Wochen später identifizierte die EPA den Schadstoff Melamin in dem Weizengluten, das Menu Foods in China gekauft hatte. Melamin ist ein Nebenprodukt einiger Pestizide, unter ihnen Cryomazin, ein weit verbreiteter Regulator des Insektenwachstums. Von Melamin abstammend wandelt sich Cryomazin wieder zurück zu Melamin, nachdem ein Tier es aufgenommen hat. Cryomazin wird auch von Pflanzen absorbiert und in Melamin konvertiert. Der Melamingehalt des Weizenglutens war sehr hoch und betrug erstaunliche 6,6 Prozent.

Im April 2007 berichtete die *New York Times*, dass die *Xuzhou Anying Biologic Technology Development Company*, eine der Firmen, die an der Verschiffung des giftigen Weizens beteiligt war, eine Untersuchung zur Feststellung der Melaminquellen durchgeführt hatte. Scheinbar erhöht die Zugabe einer kleinen Menge dieses Stoffs den Proteingehalt des Weizenglutens bei der Testung und damit den Wert der Ware. Wenn das Weizengluten mehr Protein enthält, kann der Hundefutterhersteller mit einem höheren Proteingehalt werben, ohne mehr für das teurere tierische Protein zu bezahlen.

Immer mehr Tierfutter wurde zurückgerufen – mehr Dosenfutter, Trockenfutter, Leckerchen und Kekse – in allen wurde das chinesische Weizengluten gefunden. Untersucher versuchten jeden Ort zu finden, an dem dieser Inhaltsstoff verwendet wurde und der Rückruf wurde ausgeweitet, weil immer mehr Produkte mit dem kontaminierten Weizengluten gefunden wurden.

Einige frühe Artikel berichteten, eine große Zahl Hunde und Katzen seien an dem vergifteten Futter gestorben und noch viel mehr ernsthaft an irreparablen Nierenschädigungen erkrankt. Obwohl viele Tiere nicht sofort starben, wurde ihr Leben verkürzt, bis letztendlich eine Nierenerkrankung zum Tod führte. In der Ausgabe von *USA Today* vom 23. Juli 2007 wurde die FDA[4]-Sprecherin Julie Zawisza zitiert: „Die traurige Wahrheit ist, dass wir wahrscheinlich niemals zuverlässig wissen werden, wieviele Tiere Opfer wurden." Die FDA hatte zu diesem Zeitpunkt bereits 18.000 Anfragen erhalten.

Melamin war nicht die einzige Verunreinigung, es wurde auch Cyanursäure gefunden. Beide Stoffe bilden bei der gemeinsamen Aufnahme im Körper Kristalle. Diese Kristalle reichern sich in den Nieren an und verursachen eine Niereninsuffizienz und bei einer Reihe bedauerlicher Fälle den Tod durch Nierenversagen. Die Lebenserwartung vieler Tiere mit Nierenschäden ist außerdem signifikant kürzer.

Einen Monat nach dem ersten Rückruf im März 2007 wurde zusätzlich zu Weizengluten auch kontaminiertes Reisprotein aus China mit einer Niereninsuffizienz bei amerikanischen Haustieren in Verbindung gebracht. Reisprotein ist viel teurer als Weizenprotein,

3 *Anm. d. Übers.: unabhängige Regierungsbehörde der USA zum Umweltschutz und zum Schutz der menschlichen Gesundheit*

4 *Anm. d. Übers.: FDA = Food and Drug Administration, die Lebensmittelüberwachungs- und Arzneimittelbehörde der USA*

und sogar einige hochangesehene Hersteller von ganzheitlichem Premiumfutter wurden damit konfrontiert, ihre Produkte zurückrufen zu müssen. Zur gleichen Zeit wurden Fälle von Nierenversagen bei südafrikanischen Haustieren mit exportiertem chinesischen Maisprotein assoziiert.

Der Bundesrichter Noel Hillman hatte bereits eine Woche vor dem Artikel in der USA Today einem Vergleich über 24 Millionen Dollar zugestimmt, mit der Tausende Besitzer von erkrankten oder verstorbenen Tieren entschädigt werden sollten. Dies zielte nicht auf den Ausgleich emotionaler Schäden oder Schmerzen und Leiden ab, sondern sollte die Besitzer wegen der Ausgaben, die mit der Erkrankung und dem Tod ihrer Tiere verbunden waren, entlasten. Der Hauptangeklagte, die *Menu Foods Inc.* und einige andere Produzenten hatten bereits über acht Millionen Dollar gezahlt, um früher eingegangene Forderungen zu regulieren.

Auf eigene Initiative führt Menu Foods ein Kurzzeit-Testprogramm durch. In einem Zeitraum von weniger als einem Monat starben sieben von vierzig Tieren, die mit dem kontaminierten Futter gefüttert worden waren, an Nierenversagen.

Schockierenderweise wurde im September 2008 ein weiterer Skandal mit kontaminiertem Milchpulver bekannt. Tausende chinesischer Kinder erkrankten an Nierenschäden, nachdem sie Milch aus Milchpulver getrunken hatten, das mit Melamin versetzt worden war – demselben Gift, welches man in Tierfutter gefunden hatte. Es wurden Milchbauern verdächtigt, die Milch für die Marke Sanlu-Säuglingsnahrung kontaminiert zu haben, um – wieder einmal – den Proteingehalt zu erhöhen. Das chinesische Gesundheitsministerium

wusste von der Verunreinigung der Milch, hielt aber die Information zurück bis Berichte über kranke Babys durchsickerten. Mehr als 60.000 chinesische Babys wurden krank, mehr als 6.000 mussten ins Krankenhaus und vier starben an den Folgen von Melamin in ihrer Säuglingsnahrung.

Genetisch modifiziertes Futter

Der renommierte Tierarzt und Autor Michael Fox konstatierte, dass zahlreiche Variationen von genetisch modifiziertem Reis (im Folgenden kurz „Gen-Mais" genannt) in Asien angebaut werden und wirft die Frage auf, ob sowohl Gen-Reis, -Mais oder -Weizen aus China als auch Gen-Mais und -Soja aus den Vereinigten Staaten an der tragischen Vergiftung beteiligt waren. In dem Tierfutter wurde auch das Rattengift Aminopterin gefunden, das auch als genetischer Marker für genetisch veränderte Nutzpflanzen, besonders Weizen, verwendet wird. Seiner Meinung nach gibt diese Tatsache einen deutlichen Hinweis darauf, dass Gen-Weizen, der aus China importiert und (noch) nicht für den menschlichen Verzehr zugelassen ist, von amerikanischen Herstellern ins Tierfutter gemischt wurde. Die Hersteller glaubten, Weizengluten oder Reisprotein gekauft zu haben, es handelte sich aber tatsächlich um Weizenmehl. Dieses Mehl war von chinesischen Produzenten mit Melamin und Cyanursäure versetzt worden, damit der Proteintest des Mehls hohe Ergebnisse liefert. Treffen diese beiden chemischen Substanzen in Hunde- oder Katzennieren aufeinander, bilden sich Kristalle, die zu tödlichem Nierenversagen führen können.

Die DNA stellt das Notenblatt dar, das die Teile des Körpers anweist, wie sie das Lied des Lebens spielen müssen. Jede Zelle spielt die Melodie, die für sie bestimmt ist. Jede Zelle spielt auch die spezifische Melodie des Körperorgans, in dem sie sich befindet. Zellen und Körper funktionieren mit der in ihnen enthaltenen DNA in Harmonie. Dies spiegelt sich auf unserem Planeten wieder, weil alle Lebewesen miteinander kooperieren und koexistieren. Über Millionen von Jahren wurden unzählige Kombinationen gespielt, bis zu denjenigen, die am besten funktionieren.

Über die Ländergrenzen hinweg sind gerade einige biowissenschaftliche Firmen dabei, diese genetische Musik und die Baupläne lebender Organismen (Pflanzen, Tiere und Mikroorganismen) zu stören und Patente zu sammeln, um ihren Profit zu steigern. Eine wachsende Zahl an Wissenschaftlern warnt davor, dass die heutige Technologie des Gen-Spleißens noch unausgereift ist. Bei dieser genetischen Manipulation werden die Gene nicht verwandter Spezies nach dem Zufallsprinzip miteinander kombiniert. Die Ergebnisse sind nicht vorhersehbar und daher gefährlich.

Das größte Experiment in der menschlichen Geschichte hat begonnen – mit der Erde als Versuchslabor und uns als Meerschweinchen. In heutiger Zeit sind einige wenige gigantische internationale Biotechnologie-Konzerne die Architekten des Lebens. Die amerikanischen Ureinwohner trafen wichtige Entscheidungen immer mit der Überlegung, welche Auswirkungen diese sieben Generationen später haben würden. Die Entscheidungen der Konzerne dagegen basieren darauf, wie sie heute profitieren können.

Versteckte Veränderungen

Ungefähr 70 % allen industriell hergestellten Futters in US-amerikanischen Supermärkten enthält nicht gekennzeichnete Gen-Produkte. Viele Gemüse und Früchte enthalten gespleißte Gene, um sie länger frischzuhalten, Insekten abzuwehren oder die Farbe zu verbessern. Gen-Soja für Säuglingsnahrung ist die Regel. Genetisch modifizierte Zutaten sind natürlich auch im Fertigfutter für Hunde.

Genetisch veränderte Sojabohnen, Raps, Mais und Kartoffeln sind in der abgepackten Nahrung in amerikanischen Supermarktregalen. In der Zutatenliste der industriell hergestellten Produkte versteckt sich ein Menü aus Gen-Kürbis, -Papaya, -Tomaten und -Milchprodukten. Allergien nahmen explosionsartig zu, nachdem sich Gen-Produkte in unsere Ernährung eingeschlichen haben.

Für den US-Amerikaner ist es sehr wahrscheinlich, dass er Gen-Soja zu sich nimmt, weil über 70 % des in den USA angebauten Sojas wegen der Herbizid-Resistenz modifiziert ist. Es gibt wenig oder keine gesetzliche Regelung und keine Kennzeichnungspflicht. Das Beste, was man tun kann, ist nach dem Hinweis „kein Gen-Soja“ oder einem Bio-Siegel auf der Verpackung zu suchen. In Nordamerika ist Soja, der als „organic Soya“ gekennzeichnet ist, garantiert nicht genetisch manipuliert oder mit Herbiziden behandelt.

Kennzeichnungspflicht für gentechnisch veränderte Lebensmittel in der EU

Anm. des dt. Verlages: In Deutschland und in der EU sind Lebensmittel und -zutaten sowie Futtermittel, die ein gentechnisch veränderter Organimus (GVO) sind oder daraus bestehen oder aus einem GVO hergestellt sind oder GVO enthalten, grundsätzlich kennzeichnungspflichtig. Keine Kennzeichnungspflicht besteht dagegen bei tierischen Lebensmitteln wie Fleisch, Milch, Eiern, wenn die Tiere gentechnisch veränderte Futtermittel erhalten haben. Über diesen Umweg gelangen gentechnisch veränderte Produkte versteckt auch ins Hundefutter. Gentechnisch verändertes Getreide wie Mais oder Soja ist aber auch als Inhaltsstoff im Hundefutter deklarationspflichtig – lesen Sie also aufmerksam die Deklaration der Inhaltsstoffe auf der Verpackung.
Ausführliche Informationen zur Kennzeichnungspflicht unter www.transgen.de oder auf www.ohnegentechnik.org.

Eine grausige Bettgeschichte

Es gibt zuviele Horrorgeschichten über gentechnisch veränderte Nahrungsmittel, um hier alle erzählen zu können, aber die Story des Nahrungsergänzungsmittels L-Tryptophan, das gegen Schlaflosigkeit oder Ängsten eingenommen wurde, bietet gleich einen doppelten Einblick in die Mechanismen der Gier der Konzerne und die Unterdrückung der Wahrheit über genetische Manipulation.

L-Tryptophan ist eine Aminosäure, die in proteinreichen Nahrungsmitteln wie Fleisch und Milchprodukten vorkommt. Pute enthält besonders viel Tryptophan und ist die Ursache dafür, warum so viele Menschen nach den Weihnachtsfeiertagen schläfrig sind. Trypthophan wird ins Gehirn transportiert, dort von Enzymen abgebaut und in Serotonin umgewandelt. Serotonin wird für die Neurotransmission gebraucht.

Es ist wichtig zu wissen, dass die Nahrungsergänzungen, die Sie und Ihr Hund aufnehmen, aus natürlichen oder synthetischen Quellen stammen können. Natürliche Quellen sind besser. Im Jahr 1989 starben 37 Amerikaner, nachdem sie ein spezielles L-Tryptophan-Präparat eingenommen hatten, 5.000 Menschen erlitten bleibende Schäden. Das verantwortliche Präparat kam aus einem Unternehmen, das genetisch veränderte Bakterien eingesetzt hatte, um L-Tryptophan herzustellen.

Nach dem Prozess aller Sammelklagen wurden den Opfern mehr als zwei Milliarden Dollar Entschädigung gezahlt. Aber die Presseberichterstattung über dieses Ereignis nannte niemals den wahren Grund dafür, dass das Leben unschuldiger Menschen zerstört wurde. Stattdessen wurden Nahrungsergänzungsmittel als gefährlich und unzuverlässig dargestellt. Die Presse hat die Öffentlichkeit nie darüber informiert, dass der wahre Grund der Einsatz von GM-Bakterien war, um dieses spezielle Produkt herzustellen. Jedes einzelne L-Tryptophan-Präparat wurde aus den Regalen entfernt und dieses Nahrungsergänzungsmittel war für die Menschen, denen es geholfen hatte, nicht mehr verfügbar.

Es gibt zwei wichtige Lektionen, die wir aus dieser Geschichte lernen können. Erstens: Betrachten Sie jede Nachricht, die sich auf die Umsätze eines prominenten Konzerns auswirken könnten, mit Vorsicht und stellen Sie eigene Recherchen an, um die Wahrheit herauszufinden. Zweitens: Konzerne ohne Moral produzieren „Frankensteinfutter" und übernehmen keine Verantwortung für dessen Auswirkungen auf das Gleichgewicht der Natur. Man scheint generell nur wenig Vorsicht im Umgang mit gentechnisch veränderten Produkten an den Tag zu legen, obwohl es durchaus Parallelen zu den Erfahrungswerten gibt, die man mit der Einführung neuer Tier- und Pflanzenspezies von einem Land in ein anderes gewonnen hat.

Was ist wirklich in der Packung?

Zurück zum Tierfutter. Im Rahmen der Rückrufaktion von 2007 kündigte ein Hersteller an, vier Futter mit Reisproteinkonzentrat, in dem Melamin nachgewiesen wurde, zurückzuziehen, obwohl das Verpackungsetikett Reis nicht aufgelistet hatte. Hundefutterhersteller sind gesetzlich verpflichtet, auf den Etiketten die Inhaltsstoffe ihres Futters zu deklarieren. Darüber hinaus ändern die meisten Tiernahrungsproduzenten die Anteile einiger Bestandteile von Charge zu Charge. Wenn sie die Rezeptur des Futters ändern, sind sie verpflichtet, diese Änderungen auf aktualisierten Etiketten zu deklarieren.

In Deutschland und der EU gelten sehr strenge Regeln für die Zulassung und Kontrolle nicht nur von Lebensmitteln, sondern auch von Heimtierfutter. Zuständig für die Umsetzung und Kontrolle der EU-Verordnung 2017/625 des Europäischen Parlaments und Rates über die amtlichen Kontrollen und Tätigkeiten zur Gewährleistung der Anwendung des Lebens- und Futtermittelrechts sind die Ministerien für Verbraucherschutz oder Ernährung und Landwirtschaft der einzelnen Bundesländer. Amtliche Kontrollen – auch mittels anonymer Proben – sind auf allen Stufen der Produktion und des Vertriebs möglich. Futtermittelhersteller müssen ein Zulassungsverfahren durchlaufen und sich registrieren, Details finden sich auf der Seite des Deutschen Verbands für Tiernahrung e.V. www.dvtiernahrung.de. So soll sichergestellt werden, dass Lebens- und Futtermittel nicht mit unzulässigen Stoffen oder gar toxischen Substanzen verunreinigt sind. Ein gewisser Grund-Qualitätsstandard ist also gewährleistet, trotzdem unterscheiden sich die einzelnen Futtersorten natürlich je nach ihrer Zusammensetzung in der Qualität. Hier hilft nur aufmerksames Lesen der Deklaration der Inhaltsstoffe auf der Verpackung.
Sollten in der Produktion versehentlich Fehler passiert sein und ein Futter verunreinigt oder verdorben sein, kann man sich auf Webseiten wie z. B. www.produktwarnung.eu über aktuelle Rückrufaktionen informieren.

Einige andere Hersteller waren in der gleichen Lage. Sie zogen Futter wegen Melamin-belasteter Inhaltsstoffe zurück, obwohl diese Zutaten nie auf den Etiketten aufgetaucht waren. Zusammengefasst scheint es, als seien die Bestandteile von Hundefutter nicht korrekt deklariert worden.

In einer früheren Rückrufaktion aus dem Jahr 2004 verursachte Hundefutter, das für Pedigree Pet Foods in Thailand hergestellt wurde, bei Hunderten von Welpen in asiatischen Ländern Nierenversagen, aber es wurde kein toxischer Inhaltsstoff nachgewiesen. Ein weiterer Tierfutterrückruf wurde 2003 durch ein unidentifiziertes Toxin ausgelöst. In diesen war ebenfalls Futter eines Vertragsproduzenten involviert, dessen Etiketten den Packungsinhalt falsch darstellten. Und 1998 erkrankten Haustiere durch Aflatoxin-kontaminiertes Futter. Aflatoxine zählen zu den stärksten Karzinogenen auf diesem Planeten.

Protein ist nicht gleich Protein

Auch wenn zum Beispiel der Proteingehalt eines Futters ordentlich auf dem Etikett angegeben ist – lassen Sie uns den Tatsachen ins Auge sehen: Der deklarierte Proteingehalt ist weit entfernt von der Qualität, dem Nährwert und dem Nutzen für den Körper, den beispielsweise ein Steak, eine Hühnerbrust oder ein Ei hat. Wenn die Produkte einmal verpackt sind, gibt es außerdem keine Möglichkeit mehr, nachzuweisen, ob sie tatsächlich die Inhaltsstoffe enthalten, die auf dem Etikett aufgelistet sind. Sie oder ich können eine großartige Suppe aus Gemüse und alten Lederschuhen kochen und unseren Gästen stolz den Proteingehalt berichten. Wie das Protein in unserer Suppe ist auch das Protein in vielen Hundefuttern von vernachlässigbarem Wert, weil es von schlechter Qualität und nahezu unmöglich zu verdauen oder zu verstoffwechseln ist.

Inhaltsstoffe

Während in den USA auch die Kadaver verendeter, kranker oder gar euthanasierter Tiere im Tierfutter landen dürfen, dürfen in der EU die Fleischanteile in Tierfutter nur von Tieren stammen, die zur Fleischerzeugung geschlachtet werden, also nicht etwa von Katzen oder Hunden, die beim Tierarzt eingeschläfert wurden. Dabei dürfen auch alle Produkte verarbeitet werden, die bei der Verarbeitung der Schlachttiere anfallen und nicht von Menschen verzehrt werden wie z. B. Lunge, Euter, Milz, Ohren, Schnäbel, Sehnen oder Knorpel. Diese werden üblicherweise als „tierische Nebenerzeugnisse" bezeichnet und können älteren Tieren mit gestörter Nieren- oder Leberfunktion schaden.

Auch die häufig auf Packungen zu findende Formulierung „Getreide und pflanzliche Nebenerzeugnisse" ist schwammig gefasst: sie enthält diverse Nebenprodukte, die bei der Verarbeitung vin pflanzlichen Nahrungsmitteln anfallen, und das kann von Weizenkleie über Grannen bis zu Erdnussschalen alles sein.

Wer es genau wissen und sichergehen möchte, wählt ein Futter, das alle Bestandteile einzeln auflistet (so genannte offene Deklaration – z. B. Mais, Gerste etc.), anstatt sie in einer „geschlossenen Deklaration" unter „Getreide und pflanzliche Nebenerzeugnisse" zusammenzufassen. Beide Deklarationsformen sind aber für Hundefutter gesetzlich erlaubt. Hinter unklar formulierten Futterbestandteilen können sich schwer verdauliche Stoffe, Zucker und Allergene verbergen.

Der Verbraucher kann etwas bewegen

Die Empörung der Verbraucher und die Arbeit couragierter ganzheitlicher Tierärzte führte zu signifikanten Änderungen der Art und Weise, wie Hundefutter heutzutage hergestellt wird. Sobald die Verbraucher realisierten, dass das üblicherweise eingesetzte Konservierungsmittel Ethoxyquin krebserregend ist und Fortpflanzungsprobleme verursacht, schrieben sie Beschwerden an Hundefutterhersteller und Regierungsvertreter. Als Konsequenz stellten die meisten Futterproduzenten in den frühen 1990er Jahren die Verwendung von Ethoxyquin für Hunde- und Katzenfutter ein. Ein Hersteller von tiermedizinischem Diätfutter fügte später erneut Ethoxyquin seinem Trockenfutter zu, gab aber im Herbst 2008 bekannt, dass er aufgrund von Beschwerden von Konsumenten und Tierärzten erneut darauf verzichtete.

Als Reaktion auf die Forderungen der Verbraucher nach gesundem Hunde- und Katzenfutter wurden viele neue Produktionen für gesünderes Tierfutter gegründet. Tatsächlich begann die Futterindustrie mit einer Selbstregulation, indem sie damit anfing, den Ethoxyquingehalt der Konkurrenzprodukte zu überprüfen und für ihr eigenes Futter damit warb, dass es frei von diesem Konservierungsmittel sei. Bei diesem Selbstregulierungsprozess stellte sich heraus, dass einige Hersteller unwahre Aussagen in ihrer Werbung gemacht hatten, was die Konkurrenzfirmen für die Vermarktung ihrer eigenen Produkte nutzten.

Obwohl man auch heute noch BHT und BHA als chemische Konservierungsmittel für Hundefutter verwendet, werden die meisten heute benutzten Konservierungsmittel nach einer gesünderen Philosophie ausgesucht. Vitamin C und E und Rosmarin werden gemeinhin von vielen Hundefuttermarken gebraucht, um die Haltbarkeit zu erhöhen.

Die Hundefutterkonzerne arbeiten daran, loyale und treue Kunden zu erzeugen. Dies ist ein einfacher Weg zu guten Geschäften. Die Ethoxyquin-Story zeigt den starken Einfluss, den Hundebesitzer ausüben können, wenn sie informiert sind und den Herstellern aktive Rückmeldungen geben.

Lassen Sie sich nicht irreführen

Zusammengefasst sind die Etiketten von Hundefutterdosen und -tüten kein zuverlässiger Indikator für den tatsächlichen Inhalt. Sowohl der Text als auch die Bilder werden entworfen, um die wahre Natur des Inhalts zu verbergen. Begriffe wie „hergestellt aus …“, die wahrheitsgemäß die Zutaten beschreiben, werden durch attraktive Bilder und eine Sprache ersetzt, die das Futter gesund und wohlschmeckend erscheinen lassen. Auch das Aussehen des Futters selbst soll täuschen. Halbtrockene Zubereitungen, die wirklicher Nahrung wie Fleisch- oder Käsebrocken ähneln, sind die größten Übeltäter. Diese Futter bestehen üblicherweise aus Protein schlechter Qualität, das beispielsweise mit Propylenglykol und Maissirup sowie einer Reihe schädlicher Konservierungsmittel und Farbstoffe aufgepeppt wurde.

Irreführende Beschreibungen werden seit Jahren von Supermarktmarken, die Abfälle verwenden, gebraucht. Produkte werden als

„natürlich“ bezeichnet oder damit beworben, dass sie Ergänzungen zum Wohle älterer oder arthritischer Hunde enthalten. In Wirklichkeit sind die Mengen an Vitaminen oder Gelenkzusätzen, die beschrieben werden, oft so winzig, dass sie für keinen Hund von irgendeinem Vorteil sind. Seien Sie vorsichtig bei großen Marken, die den Eindruck erwecken, gesund oder sogar ganzheitlich zu sein.

Nebenerzeugnisse:

Webster's Dictionary definiert Nebenerzeugnisse als „Derivat(e) aus anderen Produkten“. Dies umfasst Abfallprodukte wie Füße, Schnäbel, Zungen, Augen, Bindegewebe, Nussschalen und Zeitungspapier. Beispielsweise enthalten Nebenerzeugnisse von Geflügel oft Schnäbel und Augen, während typische Nebenerzeugnisse von Rindern aus Fell und Sehnen bestehen.

Wenn ein Konzern Millionen für die Bewerbung eines Produkts ausgibt, fließen die Kosten hierfür zu Ungunsten der Qualität in den Verkaufspreis ein. Im Wesentlichen zahlen Sie zum großen Teil mehr für die Werbung, die sie zum Kauf verlocken soll, als für den tatsächlichen Inhalt. Im Gegenteil bekommen Sie bei kleineren, ganzheitlichen und gesunden Marken wahrscheinlich deshalb mehr für Ihr Geld, weil diese eher in qualitative Zutaten investieren als in teure Werbekampagnen.

Das Gute vom Schlechten trennen

Nachdem Sie dies gelesen haben, möchten Sie sicher wissen, wie Sie Ihrem besten Freund vollwertige Mahlzeiten zubereiten können. Sie werden sicher bei Gelegenheit immer noch auf gekauftes Hundefutter zurückgreifen müssen. Die gute Nachricht ist, dass es viele Hundefuttermarken gibt, die für ihre gesunden Zubereitungsmethoden bekannt sind und die besonders darauf achten, die meisten der oben erwähnten schädlichen Zutaten zu vermeiden. Tatsächlich haben seit dem Rückruf von 2007 viele solcher Hersteller noch größere Anstrengungen unternommen, um sich zu vergewissern, wo ihre Zutaten herstammen, was in ihre Marken hineinkommt und was das Endprodukt beinhaltet. Hundefutterproduzenten wissen, dass ihr Ruf und ihre zukünftigen Verkaufszahlen von ihrer Integrität abhängen.

Bei Hundefutter kaufen Sie, was Sie bezahlen. Die kleineren Hersteller, deren Ziel es ist, gesundes Fertigfutter zu vertreiben, werden typischerweise über Mundpropaganda beworben und in kleineren, spezialisierten Tierbedarfsgeschäften verkauft. Ihr Geld wird eher in das Futter als in die Werbung gesteckt und trotzdem ist das Futter immer noch viel teurer als die billigen Supermarktmarken. Nehmen Sie meinen Rat an und schauen Sie sich nach solchen Qualitätsprodukten um, sie sind ihr Geld wert. Besseres Futter bedeutet langfristig auch weniger gesundheitliche Probleme.

Achten Sie auf Wörter, die darauf hinweisen, dass sich vollwertiges Futter in der Verpackung befindet. Besseres Futter enthält *Huhn* und nicht *Hühner-Nebenerzeugnisse* oder eine *Hühnermahlzeit* und *Rindfleisch* statt *Rinder-Nebenerzeugnisse.* Kaufen Sie auch keine *Geflügel-Nebenerzeugnisse* oder *Geflügelmahlzeiten.* Dasselbe gilt für *Fleisch* und *Fleisch-Nebenerzeugnisse.* Fleisch ist definiert als „das Fleisch eines essbaren Tieres". Wenn nur Fleisch gelistet ist, von welchen Tieren sprechen wir? Es ist besser, eine Packung Hundefutter zu kaufen, die *Weizen* listet und nicht *Weizenkleie, Weizengluten oder Weizenprodukte. Tomatentrester* und *Rübenmark* sind akzepable Zutaten, *Erdnussschalen* sind ein definitives No go. *Getreidefeinstkorn* ist genau so inakzeptabel wie *Maisgluten.* Sie möchten *Reis* auf dem Etikett lesen, aber nicht *Reismehl, Reiskleie* oder *Brauerei-Reis.*

Je allgemeiner die Bezeichnung ist, desto wahrscheinlicher ist eine unerwünschte Zutat. *Tierisches Fett* ist eine zu allgemeine Angabe und kann auch Restaurantfett meinen. *Tierisches Extrakt* bezeichnet den enzymatischen Abbau von tierischem Gewebe.

Es ist nicht im Interesse Ihres Hundes, Futter zu fressen, dass künstliche Farb- und Geschmacksstoffe oder toxische Konservierungsmittel wie Ethoxyquin, BHA oder BHT enthält. Achten Sie bei Feuchtfutter auf Fleischimitate, weil diese oft Propylenglykol enthalten, um ihnen ein feuchtes, fleischiges Aussehen zu geben – zusammen mit Zucker zur Geschmacksverstärkung.

Lassen Sie Ihre Wahl nicht von Bildern und Werbung auf der Verpackung beeinflussen. Seien Sie vorsichtig, wenn Gemüse auf der Verpackung von Supermarktfutter zusammen mit Wörtern wie *natürlich* tanzt. Wie besprochen, sind die gesunden Zusätze in solchen Marken wahrscheinlich nur in winzigen Mengen vorhanden und der Herstellungsprozess hat jede aktive Zutat im Futter zerstört.

Kaufen Sie Futter von Herstellern, die offen mit Tierhaltern kommunizieren und zögern Sie nicht, ihnen Ihre Fragen zu stellen. Sie können in Futtergroßhandlungen kaufen, aber suchen Sie nach deren hochwertigen, natürlichen und ganzheitlichen Produktion. Sie können auch in einer Hundefutterboutique Marken kaufen, deren Grundsatz die Bereitstellung von gesundem Futter ist.

Vergleichen Sie die ersten fünf Inhaltsstoffe auf der Zutatenliste und halten Sie Ausschau nach vollwertigen Nahrungsmitteln wie Huhn, Rind, Lachs, Wild, Weizen und Reis. Suchen Sie Produkte, die das ganze Gemüse und Getreide verwenden. Bio-Bestandteile sind noch vorteilhafter.

Es liegt an Ihnen, genauer zu suchen und mehr für bessere Produkte zu bezahlen. Wenn Sie Futter gefunden haben, das Ihrem Hund guttut, wird es das wert sein. Ihr Hund ist der wichtigste Indikator dafür, welches Futter für ihn am besten ist.

3. Ernährung für Einsteiger

Die wundersamen und vielfältigen Rhythmen der Natur beeinflussen alle Lebewesen. Jeder Organismus auf der Erde hat ein System, das ihn am Leben hält. Auch wenn jedes Lebewesen einzigartig ist, folgen die Körper von Hunden und Menschen den gleichen Konstruktionen der Natur. Die Lunge versorgt beim Atmen unseren Körper mit Sauerstoff, das Herz pumpt Blut durch die Gefäße in unsere Organe. Die Nieren konzentrieren Toxine und scheiden sie aus, während die Leber und das Verdauungssystem arbeiten, um uns zu ernähren. Um die enge Beziehung zwischen der Nahrung unseres Hundes und seiner Gesundheit zu verstehen, hilft das Wissen, wie diese Maschine – der Körper – funktioniert. Der Körper ist eine komplexe Maschine, die fleißig und voller Energie arbeiten möchte. Wie gut diese Maschine arbeitet, bestimmt die Gesundheit des Hundes.

Futter ist der Treibstoff für die Maschine; Ernährung ist eine Wissenschaft, die sich mit der Nahrung und ihren Einflüssen auf die Gesundheit beschäftigt. Ernährung bedeutet Lebenserhaltung. Gute Ernährung unterstützt das Leben; sie kann es erhalten und verlängern.

Nährstoffreiches Futter erhält Ihren Hund, verbessert seine Gesundheit und verlängert sein Leben. Gesundes Futter gleicht gutem Treibstoff, und weniger Toxine im Futter bedeuten weniger Reinigungsaufwand für das System. Wie gut die Bestandteile des Körpers funktionieren, entscheidet darüber, wie lange Ihr Hund lebt und wieviele Erkrankungen er in seinem Leben durchmachen muss. Ein gesunder Hund kann Krankheiten, Infektionen und Krebs erfolgreicher bekämpfen als ein bereits kränkelnder Hund.

Unser Hund benötigt Futter als Energie und Rohstoffe, um den Körper aufzubauen und zu erhalten. Bevor die Zellen das Futter verwerten können, muss es in Moleküle aufgespalten werden, die klein genug sind, damit die Zellen sie akzeptieren. Das Futter geht auf eine richtige Reise, bevor die Zellen es geeignet finden.

Der Verdauungstrakt

Die Story fängt im Maul Ihres Hundes an. Die Reise beginnt, wenn er das Futter kaut. Die Zähne zerkleinern das Futter und mischen es mit Speichel aus den Speicheldrüsen. Der Speichel enthält das bakterientötende Enzym Lysozym (daher stammt der alte Spruch, dass Hundespeichel dabei hilft, Bakterien zu vernichten). Meistens halten sich Hunde nicht lange damit auf, ihr Futter gründlich zu kauen – aber sie scheinen es trotzdem zu genießen.

Vom Maul gleitet das Futter durch die Speiseröhre in den Magen, dem Falten und Klüfte bei seiner Arbeit helfen. Die Verdauungssäfte mischen sich mit dem Futter und zerkleinern es weiter. Der Magen kann Wasser, aber kein Futter aufnehmen, daher wandert das Futter weiter in den Dünndarm.

Was sind Enzyme?

Der Begriff Enzym bezeichnet eine Gruppe organischer Substanzen, die als Katalysatoren die Geschwindigkeit vieler chemischer Reaktionen regulieren.

Der Dünndarm: Der lange, gewundene Weg

Der Dünndarm ist damit beschäftigt, das Futter zu absorbieren. Seine Arbeit wird durch seine Länge ermöglicht, die bei einem mittelgroßen Hund etwa sechs Meter beträgt. Die Dünndarmstraße ist so lang, dass sie unterwegs ihren Namen ändert: zuerst heißt sie Duodenum (Zwölffingerdarm), dann Jejunum (Leerdarm) und schließlich Ileum (Krummdarm). Sie endet am Dickdarm (Kolon).

Der Dünndarm hat Freunde – die Leber und die Bauchspeicheldrüse –, die ihn bei seiner Arbeit unterstützen. Sie liegen außerhalb des Dünndarms und geben Verdauungssäfte in ihn ab, die sich mit dem Futter mischen. Diese Säfte werden frühzeitig abgegeben, weil fast das gesamte Futter aus dem Dünndarm absorbiert wird. Der Dickdarm resorbiert nur das übriggebliebene Wasser.

Freundliche Bakterien: Die Guten mit den weißen Hüten

Der Dünndarm hat noch andere spezielle Helfer: In ihm leben freundliche Bakterien, die gegen die schlechten Bakterien kämpfen und sie in Schach halten. Viele freundliche Bakterien sterben bei dem Prozess, die Verdauung des Hundes zu unterstützen und ihn sauber und gesund zu halten. Ein Großteil des Kots besteht aus toten Bakterien und unverdauten Futterresten.

Viele unserer Erfahrungen mit Bakterien haben mit Erkrankungen zu tun. Obwohl manche Bakterien Krankheiten verursachen, leben auch viele Arten auf oder im Körper, die Krankheiten verhindern. Die Zahl der Bakterien, die mit dem Organismus Ihres Hundes verbunden sind, beträgt das Zehnfache der Körperzellen, und im Darm Ihres Hundes ist eine ausbalancierte Bakteriengemeinschaft extrem wichtig für seine Gesundheit. Die Darmbakterien schützen Ihren Hund vor krankheitsverursachenden Bakterien und versorgen ihn mit lebenswichtigen Nährstoffen wie beispielsweise Vitamin K oder B-Vitaminen, die der Körper nicht selbst herstellen kann.

Die Gemeinschaft der Bakterien und anderer Organismen, die im Darm leben, wird manchmal als normale Mikroflora oder Mikrobiota bezeichnet. Die freundlichen Bakterien nennt man auch intestinale Flora, gute Bakterien oder Probiotika. Stellen Sie sich diese Bakterien wie in einem alten Westernfilm als „die Guten mit den weißen Hüten“ vor, weil sie für eine gute Verdauung unverzichtbar sind. Die B-Vitamine, die sie produzieren, schützen vor Darmentzündungen und -störungen. Sie helfen auch bei der Aufrechterhaltung eines gesunden pH-Wertes im Körper und bekämpfen die gefährlichen krankheitsverursachenden Bakterien, die in den Darm eindringen. Außerdem unterstützen sie die Aufschließung des Futters, das der Hund frisst.

Es leben zig Millionen Bakterien im Darm Ihres Hundes. Im Naturkostladen können Sie manchmal auf Etiketten ihre lateinischen Namen lesen wie *Lactobacillus acidophilus, Lactobacillus bulgaris, Lactobacillus bifidus, Streptococcus faecium, Bifidobacterium bifidum, Lactobacillus casei* und *Lactobacillus salivarius.* Diese Bakterien sind hilfreich bei Mundgeruch, Aufblähung, Durchfall, Verdauungsstörungen, Dickdarmentzündung und sogar Verstopfung. Ein übler Geruch aus dem Maul ist eher ein Anzeichen für eine schlechte Verdauung als für schlechte Zähne. Wenn Sie gewohnheitsmäßig die Nahrung durch gute Bakterien ergänzen, erhalten und schützen Sie die Gesundheit Ihres Hundes und fördern sein Immunsystem. Besonders wichtig ist es, Ihrem Hund während und nach der Verabreichung von Antibiotika gute Bakterien zu geben. Antibiotika unterscheiden nicht zwischen den Bösen mit schwarzen Hüten und den Guten mit weißen Hüten. Die orale Nahrungsergänzung begrenzt die Schadwirkung der Antibiotika auf die intestinale Flora Ihres Hundes.

Im Naturkostladen finden Sie solche Nahrungsergänzungen als Flüssigkeiten, Pulver oder Kapseln. Sie können Ihrem Hund, egal ob groß oder klein, die gleiche Dosis geben, die Sie selbst einnehmen. Naturjoghurt, das es auch im Bioladen gibt, enthält diese guten Bakterien ebenfalls. Bedenken Sie, dass viele Joghurtmarken aus dem Supermarkt keine nützlichen Bakterien enthalten. Dort bekommen Sie aber Kefir, in dem sich eine ausreichende Zahl davon befindet. Geben Sie Ihrem Hund einen Teelöffel Kefir direkt ins Maul oder über das Futter. Alle oralen Probiotika helfen dabei, den Darm mit guten Bakterien zu besiedeln.

Die Leber: Der Wächter an der Schranke

Vor vierzig Jahren gab es im Reader's Digest eine Artikelserie mit dem Titel „Ich bin Joe's … (*fügen Sie den Namen eines Körperorgans ein*)". In den Artikeln diskutierten „sprechende" Körperorgane mit dem Leser, wer sie sind und welche Aufgaben sie haben. In diesem Stil werde ich Ihnen eine Einführung in die Leber Ihres Hundes „Spot" geben.

Ich bin Spots Leber. Ich bin das größte Verdauungsorgan in seinem Körper. Ich herrsche über ein riesiges Königreich, weil ich über 500 Funktionen besitze. Ich werde Sie nicht langweilen, indem ich alle aufzähle, aber ich erzähle ihnen etwas über meine Rolle in der Verdauung.

Ich wache über das verdaute Futter. Nachdem es zerkleinert und im Darm absorbiert wurde, verlässt es den Verdauungstrakt über das Blut, um für die Ernährung der Zellen in jedes Organ transportiert zu werden – aber nicht, bevor ich es genehmigt habe. Alles muss an mir vorbei, damit ich Giftstoffe oder Abfälle aus den verdauten Nahrungsbestandteilen entfernen kann. Das ist lebenswichtig. Ich besitze spezielle Zellen, die das toxische Material aufsammeln und binden, damit es Spot nicht krankmacht. Sobald meine Arbeit erledigt ist, werden die Nährstoffe im Eiltempo

vom Blut und den Blutzellen in alle anderen Körperzellen befördert. Auch wenn Spot Medikamente nimmt, muss ich die meisten von ihnen mit meinem Filtersystem entfernen.

In mir verlaufen kleine Kanäle (die Gallengänge), durch die die Galle in die Gallenblase fließt. Sie bilden zusammen ein verzweigtes Leitungssystem. Die Gallenblase verwendet die Galle zur Unterstützung der Verdauung und zur Fettemulsion. Einige Säugetiere, beispielsweise Pferde, besitzen keine Gallenblase, wohl aber Spot.

Ich fungiere auch als Speicher für viele Proteine und chemische Stoffe im Körper und sammle Reserven wie die fettlöslichen Vitamine A, E und D und bevorrate sie, bis Spot sie braucht. Ich kann aus den gespeicherten Nährstoffen auch eine Vielzahl an Proteinen herstellen, darunter auch einige, die im Immunsystem benötigt werden.

In unserer heutigen, belasteten Umwelt kann ich sehr überbeansprucht und müde werden. Gutes Futter und Vitamine helfen mir dabei, besser zu funktionieren, besonders grüne Nahrung, die Chlorophyll enthält. Mit ihrer Hilfe kann ich Zellen ersetzen, die kurzfristig geschädigt oder zerstört wurden. Diese Fähigkeit macht mich einzigartig, denn ich kann mich selbst reparieren und regenerieren.

Ich bestehe aus verschiedenen Abschnitten, die Lappen genannt werden. Wir arbeiten alle zusammen, um die Last zu teilen, denn wir haben einen anstrengenden Job. Werde ich durch Toxine und künstliche Gifte angegriffen, kann ich sehr beschädigt werden, und eine Fibrose kann ich nicht reparieren. Daher erleichtern gesundes Futter und ein gesundes Leben meine Arbeit sehr.

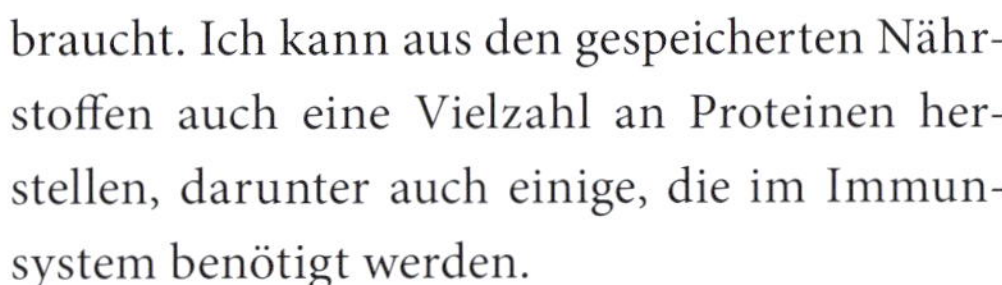

Die Zellen: Bauen Sie Ihr Traumhaus

Der Körper Ihres Hundes besteht aus Billionen Zellen. Sie sind in spezialisierten Geweben organisiert, die bestimmte Organe bilden, beispielsweise die Leber, die Nieren, das Herz, die Muskeln, die Nerven und die Haut. Jede Zelle gleich einer verkehrsreichen Miniaturstadt. Die Moleküle in der Zellstadt werden in einem nie endenden Strom von Ort zu Ort transportiert.

Die Mitochondrien liefern die Energie für den Antrieb der Zellmaschinerie, sie wandeln Zucker und andere Nährstoffe in einen Stoff um, der ATP (Adenosintriphosphat) genannt wird. ATP stellt eine Energiequelle für nahezu jeden zellulären Prozess dar. Tatsächlich wird die Energie aus den Zuckern, die die Zelle in ATP konvertiert, dazu verwendet, Proteine, Fette, Mineralien und Vitamine zu bewegen.

Um ein Haus zu bauen, brauchen Sie mehr als nur eine Energiequelle wie Strom. Sie benötigen auch Materialien wie Nägel, Stahl, Holz und Zement sowie Werkzeuge, zum Beispiel einen Hammer, eine Säge, eine Leiter und einen Schraubenzieher. Man kann eine Zelle mit einem mikroskopisch kleinen Haus vergleichen, das sich immer im Rohbau befindet. Die Zelle bildet sich kontinuierlich nach, und wenn sie dies nicht mehr kann, rückt eine neue Zelle mit den gleichen Fähigkeiten an ihre Stelle.

Zucker werden in der Zelle als Energiequelle gebraucht. Proteine stellen das Holz für die Konstruktion dar. Vitamine und Mineralien sind Nägel, Zement und Farbe, und Enzyme und Katalysatoren dienen als Hammer, Säge und Schraubenzieher. Andere Nährstoffe, die Antioxidantien, gehören zum Reinigungspersonal. Sie entfernen zellulären Rost, Abfall und Giftstoffe. Das Futter, das Ihr Hund frisst, ist nicht nur ein Energielieferant. Während der Zucker in der Nahrung als Energie benötigt wird, werden nahezu alle übrigen Bestandteile nährstoffreichen Futters verwendet, um die enzymatischen Prozesse zu erleichtern und den Körper aufzubauen und zu erhalten. Das Futter Ihres Hundes sollte alle Nährstoffe liefern, die seine Zellen brauchen. Mittlerweile wissen Sie, dass in den meisten industriell hergestellten Futtern der großen Konzerne die für die Gesundheit nötigen, essenziellen Nährstoffe nicht vorhanden sind.

Obwohl jede Zelle für sich genommen unabhängig ist, stellt sie auch ein Mitglied der Zellfamilie dar, die ein bestimmtes Organ bildet. Die Organe kooperieren wie ein hervorragend organisierter Betrieb, in dem sich alles um Ernährung dreht. Jede Zelle, jedes Organ und jedes Gewebe arbeitet in dem Geschäft des Lebens, und sie alle benötigen jede Art von Bausteinen, um am Leben zu bleiben. Je gehaltvoller ihr Lebensraum ist, desto besser geht es ihnen. Die zelluläre Umwelt Ihres Hundes wird zum großen Teil davon bestimmt, was er frisst.

Alle zellulären Prozesse – Botengänge, Materiallieferungen, Kommunikationsaufgaben, Produktherstellung und selbst die Reinigung nach der Party – können ohne die Hilfe von Nährstoffen nicht ausgeführt werden.

Extrazelluläre Flüssigkeit

Jede Zelle schwimmt in einem flüssigen Bad, der extrazellulären Flüssigkeit. Aus dieser Flüssigkeit absorbiert die Zelle die Nährstoffe, die sie für ihr Überleben braucht. Außerdem enthält das Bad die Abfälle, derer sich die Zelle entledigt. Zellen besitzen Pumpen, um den Abfall zu entfernen und in die extrazelluläre Flüssigkeit zu schleusen.

Im Mittelalter warfen die Menschen ihren Abfall üblicherweise aus dem Fenster und von dort gelangte er irgendwann zufällig in einen Fluss in der Ansiedlung. Als die ersten Siedler aus England nach Amerika kamen, tranken sie kein Wasser aus den bis dahin unberührten Flüssen und Seen, weil in England das Trinken von Flusswasser Krankheit und Unwohlsein verursachte. Stattdessen tranken sie ab-

Der pH-Wert

Die Abkürzung pH stehen für lateinisch potentia hydrogenii , „Stärke des Wasserstoffs". Der pH-Wert kann sauer oder alkalisch ausfallen. Sie haben in der Schule vielleicht Lackmuspapier verwendet, um den pH-Wert einer Lösung zu messen. Essig und Zitronensaft sind Säuren, also schmecken sie sauer. Backsoda ist alkalisch und schmeckt bitter.

gekochtes Wasser als Tee oder vergoren es zu Bier. Leider ist heute wahr geworden, was die frühen Siedler über das amerikanische Wasser annahmen, und wir müssen unser Wasser sorgfältig filtern, bevor wir es trinken.

Ein ähnliches Szenario herrscht in der Welt der Zellen. Pestizide, Arzneimittel, Chemikalien, Toxine und Gifte überschwemmen den Körper bis in die Zellen. Jede kleine Zelle macht unermüdlich weiter und arbeitet unaufhörlich, um ihre eigene Mini-Umwelt sauber zu halten. Eine Fülle von Antioxidantien in der Nahrung trägt viel dazu bei, im Flüssigkeitsbad der Zelle einen möglichst gesunden pH-Wert aufrecht zu erhalten.

Was ist der pH-Wert?

Der pH-Wert ist ein Maß für den relativen Säure- oder Laugengrad eines Materials oder einer Flüssigkeit und einer der wichtigsten Faktoren, die unsere Gesundheit und unsere Organfunktion beeinflussen. Der pH-Wert der extrazelluären Flüssigkeit im Körper unseres Hundes hängt von seinem Futter ab. Der Körper funktioniert am besten bei einem leicht basischen pH-Wert.

Die biologischen und chemischen Reaktionen im Körper werden durch Enzyme kontrolliert, die am besten bei einem optimalen pH-Wert arbeiten können. Es gibt verschiedene Systeme innerhalb des Organismus, die zusammen arbeiten und interagieren, um den pH-Wert in dem für den Körper gesündesten Bereich zu halten. Die Funktionen von Leber, Bauchspeicheldrüse, Gallenblase, Hormonen sowie anderen Organen und Systemen hängen von einer alkalischen Situation ab. Je basischer ihr Milieu ist, desto besser können sie arbeiten.

Warum ist der pH-Wert wichtig?

Eine Krankheitsdisposition hängt direkt mit einem Säure-Basen-Ungleichgewicht in der Umgebung unserer fleißigen Zellen zusammen. Fleisch, Geflügel und ähnliche Proteinquellen säuern den Organismus an. Wenn Fleisch verdaut wird, entstehen Schwefel und Phosphor und der Verdauungstrakt wird sauer. Fleisch enthält auch Stickstoff, der bei der Verdauung in Ammoniak umgewandelt wird. Dieses ist für Zellen toxisch und muss daher neutralisiert und ausgeschieden werden.

Um die Massen an Säuren und Toxinen bewältigen zu können, speichert der Körper Bikarbonat. Dieser Bikarbonatspeicher wird im Darm benötigt, um das saure Milieu dort zu neutralisieren. Wenn aber die Speicher vollständig in den Darm entleert werden, wird die Zellflüssigkeit sauer.

Drei Organe sind dafür verantwortlich die Extra-Säuren und die Toxine zu eliminieren, die im Körper gebildet werden: Nieren, Lunge und Leber. Hiervon ist die Leber am wichtigsten; sie kann vierzig Mal so viele Giftstoffe verarbeiten wie die Nieren. Zu viel Protein, besonders Protein schlechter Qualität, belastet die drei Organe sehr.

Die Ernährung stellt den wichtigsten Faktor dar, der den pH-Wert des Körpers beeinflusst. Wenn die Nahrung zu nährstoffreich ist, wird der Körper angesäuert und Leber und Nieren können die Belastung nicht mehr bewältigen. Der Organismus wird sauer und anfällig für viele Krankheiten. Praktisch alle degenerativen Erkrankungen einschließlich Arthritis, Nierenproblemen, Gallensteinen und Herzkrankheiten gehen mit einer starken Übersäuerung einher. Ein saures Milieu unterstützt auch die Krebsentstehung.

Wenn die Zellen durch eine saure Umgebung behindert werden, können sie ihre Aufgaben der Erhaltung und Reinigung sowie der Herstellung von zellulärem ATP nicht mehr erfüllen. Ihre Batterien leeren sich und es bilden sich Toxine – einschließlich Karzinogenen (krebserrgender Stoffe). Es folgen Veränderungen der DNA und Krebs sowie andere Krankheiten.

pH-Änderungen in der Nahrung

Der pH-Wert der Nahrung, die Sie und Ihr Hund zu sich nehmen, verändert sich durch die Verdauung. Beispielsweise ist Zitrone außerhalb des Körpers sauer, aber alkalisiert die Körperflüssigkeit nach der Verdauung. Umgekehrt säuert Milch, die außerhalb des Körpers basisch ist, den Organismus an.

Fleisch als Alleinfutter

Zwar lehne ich rohes Fleisch und Geflügel als Bestandteil einer vollwertigen Hundeernährung nicht ab, aber ich bin doch entschieden gegen eine Ernährung, die größtenteils aus rohem Fleisch und Knochen besteht. Eine solche Ernährung enthält sehr viele säurebildende Bestandteile und hat daher das Potenzial, einen Hund für Krankheiten zu prädisponieren und alle Organe zu belasten. Natürlich steht fest, dass es den meisten Hunden mit jeder Art hausgemachten Futters besser geht als mit industriellem Futter schlechter Qualität. Nach allem, was wir im Allgemeinen über Fertigfutter wissen, ist dies leicht einzusehen. Aber die Zusammensetzung der Nährstoffe im Futter eines Hundes muss ausgewogen sein, um seine Gesundheit zu unterstützen, und auch Getreide und Gemüse enthalten.

Wir wissen, dass Wildhunde und ihre Vetter, die Wölfe, sich zu einem großen Teil von rohem Fleisch ernähren. Aber es macht dennoch nur einen Teil ihrer Ernährung aus. Jagt und frisst ein Fleischfresser (etwa ein Wolf oder Kojote) einen Pflanzenfresser (wie einen Hirsch oder eine Antilope), so nimmt er mit dessen Magen und Darm ein wunderbares Sortiment an Gemüse und Getreide auf, die bereits passend für seinen Stoffwechsel vorverdaut sind. Ihr Hund frisst Gras, weil ihm nichts anderes zur Verfügung steht, während seine wilden Verwandten eine Vielzahl an Grünpflanzen verspeisen, wenn sie Lust auf etwas Chlorophyll haben.

Weil wir wissen, dass die Ahnen unserer Hunde Wildhunde und Wölfe sind, nehmen wir an, dass sie sich in erster Linie zu Karnivoren entwickelt haben, die hauptsächlich vom

Fleisch ihrer Beute leben. Wir vergessen, dass auch die Frühmenschen eine ähnliche Entwicklung vom Jäger und Sammler durchgemacht haben. In langen Wintern stand ihnen nur sehr proteinreiche Nahrung aus der Jagd zur Verfügung. Aber Sie selbst haben sich genetisch weit von beispielsweise einem Neandertaler entfernt und unsere Hunde haben eine noch größere genetische Distanz zu ihren frühen Vorfahren, weil ihre individuelle Lebenszeit kürzer und die Generationenfolge daher größer ist als bei uns. Es liegen viel mehr Generationen zwischen Ihrem Westie und einem Wolf als zwischen Ihnen und einem Neandertaler. Sie mögen nicht nur Gemüse und gekochtes Getreide, Sie brauchen es auch, um moderne Zivilisationskrankheiten zu vermeiden. Dies gilt auch für Ihren Hund.

Protein: Nicht mehr das perfekte Lebensmittel

Das Wort Protein stammt vom griechischen proteios ab und bedeutet „hauptsächlich". In den Kinderschuhen der Ernährungswissenschaft wurde Protein mit tierischen Erzeugnissen gleichgesetzt. Dieser Glaube blieb über mehr als hundert Jahre der Stand der Dinge: Die Reichen aßen Fleisch und die Unterklassen Getreide. Viel tierisches Protein muss also gut sein, oder? Die Antwort lautet *nein*!

Fakt ist, dass zuviel Protein nachweislich die Häufigkeit von Krebs, Diabetes, hohem Cholesterin und Bluthochdruck steigert, und all dies ist mit dem Verzehr von reichlich tierischem Protein verbunden. Seien Sie sich darüber im Klaren, dass nicht nur Rindfleisch, Huhn, Fisch, Eier und Milchprodukte Protein enthalten. Nehmen Sie bei Ihrem nächsten Einkauf im Supermarkt auch einige Lebensmittel mit, die nur Gemüse oder Getreide enthalten. Sehen Sie sich auf den Etiketten den Proteingehalt an. Getreide, Gemüse, Nüsse und Samen enthalten relevante Mengen an Protein.

Der Anteil an tierischem Protein muss in Ihrem Hundefutter nicht so hoch sein, wie man Sie gerne glauben lässt. Ich sage nicht, dass Ihr Hund Vegetarier werden soll, obwohl ich auch einige Hunde kennengelernt haben, denen es als Vegetarier prima geht. Ich sage nur, dass Sie viele Wahlmöglichkeiten haben und dass die meisten von uns darauf konditioniert wurden, zuviel tierisches Protein im Hundefutter zu bevorzugen.

Pflanzenproteine liefern alle Bausteine, die Ihr Hund braucht, um die benötigten Aminosäuren zu bilden. Es ist relativ simpel, Mahlzeiten für Hunde aus Getreide, Gemüse, Hülsenfrüchten, Nüssen und Obst zuzubereiten. Außerdem gibt es in vielen guten Tierfuttergeschäften vegetarisches Trockenfutter. Sie sind vielleicht überrascht, aber eine Tasse gekochter Spinat enthält 5 Gramm Protein, eine Tasse Sonnenblumenkerne aber 32 Gramm. Eine mittelgroße gebackene Kartoffel hat ungefähr 5 Gramm Protein. Ein Ei enthält 6 Gramm Protein und 85 Gramm Rinderhack 20 Gramm. Es reicht zu sagen, dass viele verschiedene Proteinquellen verfügbar sind. Denken Sie auch daran, dass das Protein in vielen Hundefuttern aus tierischen Quellen stammt, die mit Hormonen, Arzneimitteln und Toxinen kontaminiert sind.

In den letzten Jahren werden wir vermehrt darauf hingewiesen, dass eine gute Ernährung unsere Gesundheit verbessert, uns widerstandsfähiger gegenüber Krankheiten macht und Krebs verhindert. Werfen Sie beim nächsten Mal im Supermarkt einen Blick auf die Zeitschriften in der Nähe der Kassen. Die Topthemen populärer Magazine berichten davon, wie ein höherer Verzehr von Gemüse, Obst und Getreide zu einer besseren Gesundheit beiträgt. Die Schlagzeilen über Ernährung bei Krebs empfehlen regelmäßig gelbe, rote, orange und grüne Gemüse und Obst.

Die Gefahren einer proteinreichen Ernährung

Die Besitzer von Hunden großer Rassen werden davor gewarnt, ihren Welpen zu viel Protein zu geben. Sie glauben irrtümlicherweise, der Grund hierfür sei, dass die Welpen bei proteinreicher Nahrung zu schnell wachsen würden und es als Folge des schnellen Wachstums zu Knochenanomalien käme. Tatsächlich werden solche Störungen nicht nur durch ein beschleunigtes Wachstum verursacht, sondern auch infolge einer Ansäuerung durch zu viel Fleischprotein. Die Azidität der Körperflüssigkeiten führt zu einer Kalziumverarmung der Knochen und schwächt sie dadurch.

Sie können den Basengehalt des Hundefutters erhöhen, indem Sie grünes und gelbes Gemüse füttern. Gekochte Bohnen und Milchprodukte als Proteinquelle, gemischt mit Getreide und Gemüse, reduzieren die Proteingabe durch Fleisch und Geflügel. Auch Cranberry-Pulver (aus dem Bioladen oder online) erhöht den Basengrad des Körpers; Cranberry säuert den Urin (der aus dem Körper ausgeschieden wird) an. Die Zugabe von Probiotika zum Futter kann ebenfalls dazu beitragen, einen alkalischeren pH-Wert zu erhalten.

Krankheit beginnt und endet in der Zelle

Es ist wichtig zu verinnerlichen, dass der moderne Hund nicht mehr wie seine Vorfahren und Artverwandten in einer unberührten Umwelt lebt. Heute sind sowohl die Nahrung als auch die Umwelt von Mensch und Hund gleichermaßen mit Toxinen belastet, die unsere Gesundheit bedrohen. Einer von zwei Hunden erkrankt an Krebs. Allergien sind häufig. Chronischer Durchfall kommt regelmäßig vor. Organe versagen zu früh. Der moderne Hund braucht eine richtig ausbalancierte Ernährung und zusätzliche Nährstoffe, um den korrekten pH-Wert zu fördern und dem für einen gesunden Organismus benötigten Bedarf seiner Zellen nachzukommen.

Ein wichtiger Fakt über Krankheit ist, dass sie sich nicht in einem Augenblick entwickelt. Wenn bei einem Hund beispielsweise Krebs diagnostiziert wird, ist dieser nicht innerhalb eines Tages, Monats oder sogar Jahres entstanden. Er hat sich allmählich über einen langen Zeitraum gebildet. Hunde (und Menschen) können über Monate oder sogar Jahre vollkommen gesund erscheinen, bevor eine Krankheit ein kritisches Stadium erreicht. Unter Umständen befindet sich zum Zeitpunkt der Diagnose der Körper schon in einer ernsten Krise.

Warum entdecken wir Krankheiten nicht eher? Das liegt daran, dass sie auf einer zellulären, mikroskopischen Ebene entstehen. Seit dem Aufkommen molekularer und DNA-Studien ist sich die Forschung heute absolut si-

Was sagt uns ein grasfressender Hund?

Um uns die Ernährungsbedürfnisse eines Hundes besser vorstellen zu können, schauen wir uns zunächst an, was sein Cousin ersten Grades, der Kojote, frisst. Einige sagen, Fleisch sei alles, was ein Fleischfresser braucht, aber in der Wildnis wird die komplette Beute verzehrt. Dies beinhaltet den Darm und den Magen der Beute, die mit vorverdautem Gemüse und Getreide gefüllt sind. Das Fressen von Leber, Nieren und Herz ist für den Jäger wichtig, weil diese Organe qualitativ hochwertige, leicht verdauliche Nährstoffe liefern. Wildhunde und Kojoten kauen in der Wildnis auch auf pflanzlichem Material herum. Sie wissen von Natur aus, welche Pflanzen gesund und verdaulich sind. Obwohl man sie nicht grasen sieht, fressen sie gelegentlich gesundes Grün in Ergänzung zum Verschlingen eines Pflanzenfressers. Der Wolf ist tatsächlich ein Allesfresser und frisst Getreide, Pflanzen und Protein.

Hunde brauchen oder haben sogar Heißhunger auf Chlorophyll als Entgifter, Reiniger und Deodorant. Ihr Hund versucht vielleicht, diesen Hunger durch Grasfressen zu stillen. Dies kann gefährlich sein, wenn es mit Pestiziden behandelt wurde. Üblicherweise erbrechen Hunde unverdauliches Gras in einer gelblichen Flüssigkeit oder es kommt unverändert am anderen Ende wieder heraus. Dies liegt daran, dass das grüne Gras unserer Rasen nur dekorativ ist und nicht als Hundefutter angezüchtet wurde. Brokkoli, Sprossen, Schnittbohnen, Kohl und andere grüne Gemüse sind, wenn sie leicht gedämpft oder fein gehackt wurden, für den Hund gesund und verdaulich.

cher, dass sich die Ereignisse auf der zellulären Ebene schließlich im gesamten Organismus widerspiegeln. Eine Zelle wird krank und steckt die nächste Zelle an. Dies wiederholt sich immer und immer wieder im gesunden Körper. Aber wenn sich die Zellschädigungen häufen und die Zellen nicht über die notwendigen Nährstoffe für die Reparatur verfügen, sterben sie entweder ab oder verlieren ihre ursprüngliche Funktionsfähigkeit.

Die Natur hat die Zellen erschaffen, lange bevor Chemikalien für den Rasen, toxische Reinigungsprodukte, giftige Konservierungsmittel oder vom Menschen erfundene Karzinogene auf unserem Planeten auftauchten. Wir kaufen heute „Quellwasser" in Flaschen, aber die Plastikflaschen selbst geben Chemikalien an das ehemals reine Wasser ab. Mit jedem Jahrzehnt, das verstreicht, brauchen wir mehr Wissen und Arbeit, um gesund zu bleiben. Glücklicherweise versucht die Erforschung von Vitaminen und Antioxidantien damit Schritt zu halten und einen Ausgleich zu schaffen.

Unsere Hundefreunde haben glücklicherweise Zellen im Körper, die unermüdlich arbeiten, um zu überleben. Als Bezahlung für ihre Arbeit sollten sie ein großes Honorar aus naturnahen Nährstoffen und einen Mitarbeiterstab aus Vitaminen, Mineralien und Kräutern erhalten. Stattdessen bekommen sie Konservierungsmittel, industriell verarbeitetes Futter und unwirksame Vitamine, die nicht absorbiert und genutzt werden können, sowie viele Toxine, die sie ausscheiden müssen. Eine gesündere Nahrung wird sich mit Sicherheit positiv auswirken.

Unsere Beziehung zu unseren Hundefreunden ist im Laufe der Jahrhunderte gewachsen und hat sich weiterentwickelt. Mit ihrer Freundlichkeit und bedingungslosen Liebe geben sie uns eine unersetzliche emotionale Unterstützung. Es ist an der Zeit, ihnen für ihre guten Taten zu danken. Wir können ihnen unsere Liebe auf eine Weise zeigen, die sie sehr leicht verstehen – Futter. Geben Sie ihnen einfache, leichte und nährstoffreiche Mahlzeiten, deren Zubereitung Ihnen – wie ich hoffe – Spaß macht. Es ist Zeit für eine Veränderung, und jetzt ist ein guter Zeitpunkt dafür!

4. Für die Hundegesundheit kochen

Meine Großmutter liebte es, für ihre Familie zu kochen. Natürlich lieferten die Ferien einen willkommenen Anlass. Als Kind habe ich oft neben dem großen, bunten Glasfenster in der Diele gestanden, um die wunderbaren Aromen in mich aufzusaugen, die aus ihrer Küche drangen. Während meine Verwandten ins Haus strömten, stand ich ganz still und all meine Sinne nahmen die köstlichen Düfte von frisch gebackenem Brot, Mehlspeisen, selbstgemachten Nudeln und Zimt auf. Die Küche meiner Großmutter war mit Liebe für ihre Familie gefüllt und ich habe diese Erinnerung für immer gespeichert.

Heute haben wir Schnellgerichte, Essen zum Mitnehmen und Mikrowellen. Wir haben auch Großmütter, die aber wahrscheinlich zur Arbeit unterwegs sind. Wie Bob Dylan sagte: „Die Zeiten ändern sich." Trotzdem ist die Wertschätzung von selbstgekochten Mahlzeiten nicht verloren gegangen.

Wenn ich Zeit hatte, das Lieblingsessen für meine jungen Zwillingssöhne zu kochen, habe ich mich immer sehr darüber gefreut, ihre Augen vor Liebe und Vorfreude aufleuchten zu sehen. Als wir mit den kleinen Kindern in unser neues Haus umzogen, brachten fürsorgliche Nachbarn einen Korb selbstgebackener Leckereien. Diese freundliche Geste verwandelte den Stress des Umzugs in das Gefühl, willkommen zu sein und in Freude über unser neues Leben. Mein Mann ist heute noch glücklich, wenn unsere Söhne sich über den Kuchen freuen, den er für sie gebacken hat.

Kochen ist eine Möglichkeit, mit der Menschen ihre Liebe zueinander ausdrücken. Nicht nur unsere zweibeinigen Freunde schätzen leckere Imbisse oder Mahlzeiten, unsere vierbeinigen Freunde freuen sich darüber genauso. Wenn Sie für Ihren Hund kochen möchten, kann dies ein Akt der Liebe und ein besonderer Weg zur Bindung sein. Eine weitere Möglichkeit, zu einer Familie zu werden!

Liebe und Zusammengehörigkeit

Die Mahlzeiten können ein Höhepunkt des Familienlebens sein, weil der Esstisch ein Platz ist, an dem die Ereignisse des Tages miteinander geteilt werden. Wir entspannen uns und lassen den Stress entweichen, während wir uns unterhalten und necken. Der Duft der Speisen und die Geräusche des Gelächters öffnen uns und lassen uns die Gesellschaft der Anderen genießen.

Wir können eine Menge über unseren Hund und unsere Beziehung zu ihm lernen, wenn wir unser Verhalten beim Essen beobachten. Wie wir wird auch unser Hund vom Duft des Essens angelockt; er fühlt sich aber auch durch die Freude und Zusammengehörigkeit unserer Gruppe angezogen. Unsere Hunde lassen sich schnell in unser „Rudel" hineinziehen, sie reagieren auf unser Gelächter und lesen unsere glückliche, entspannte Körpersprache. Sie wollen unsere Gesellschaft genießen und Teil des Augenblicks sein, weil sie uns als Rudelmitglieder ansehen.

Der Morse-Code

Wir Menschen realisieren weder, wie viele Signale und Botschaften wir in der Interaktion mit unseren Hunden kontinuierlich geben, noch wie klug Hunde im Lesen unserer nichtverbalen Zeichen sind. Wenn meine Hundepatienten zum ersten Mal in meine Klinik kommen, sind sie verständlicherweise nervös und aufgeregt. Ich gähne einige Male und erkläre den Besitzern den Grund: Hunde gähnen, um sich selbst zu beruhigen, und mein Gähnen ist ein Zeichen für sie, sich abzuregen. (Wenn Ihr Hund Angst vor Blitz und Donner hat, versuchen Sie beim nächsten Gewitter zu gähnen und beobachten was passiert!) Manchmal vergesse ich die Erklärung und die armen Besitzer denken, sie würden mich zu Tode langweilen. Wenn ich die Situation aufkläre, lachen wir zusammen und die Hunde entspannen sich noch mehr.

Hunde scheinen fähig zu sein, über sich selbst zu lachen, wie wirklich weise Menschen. Wer kann jemals einen Hund vergessen, der – wenn eine laute Blähung aus seinem Hinter-

teil entwichen ist – sich fragend nach seinem Schwanz umguckt und komisch amüsiert erscheint? Und der dann wedelt und glücklich zusieht, wie seine Familie in lautes Gelächter ausbricht. Statt sich verlegen zu verstecken, wedelt er noch heftiger und freut sich, Teil des Spaßes und der Belustigung zu sein. Kein Wunder, dass die Beziehung zu unserem Hund Stress reduzieren kann. In der Tat ist Lachen die beste Medizin!

Die richtige Wahl

Eine alte Weisheit – leicht verändert auf unsere Hunde übertragen – sollte in Stein, oder besser in Knochen, gemeißelt werden: Der Weg zum Herzen eines Hundes führt durch den Magen. Wenn Sie den Weg zum Herzen Ihres Hundes finden möchten und bereit sind, seine Ernährung zu verbessern, wird Ihnen dieses Buch dabei helfen, stressfrei zu gesünderem Futter überzugehen. Vielleicht haben Sie nicht viel freie Zeit. Oder vielleicht kochen Sie nicht gern. Trockenfutter, Dosenfutter, tiefgefrorene Fleischmahlzeiten (mit oder ohne Getreide und Gemüse), Fertiggerichte und mehr kann man von Herstellern kaufen, die qualitativ gute Produkte anbieten. Viele hiervon sind aus für Menschen geeigneten oder Bio-Zutaten zusammengesetzt. Vielleicht haben Sie auch drei kleine Kinder, einen kleinen Hund und eine Menge Reste. Es ist leichter als Sie denken und dauert nur Minuten, aus Resten gesunde Mahlzeiten für Ihren Hund zu kombinieren.

Sie entscheiden selbst, welcher Speiseplan der beste für Sie ist. Viele von uns haben in der Woche viel zu tun, aber am Wochenende freie Zeit. Wie auch immer Ihr Terminkalender aussehen mag, es gibt einen Weg für Sie und viele Optionen zur Auswahl; Sie werden sicher eine Möglichkeit finden, die gut zu Ihnen und Ihrem Hund passt. Egal, welchen Weg Sie einschlagen möchten, werde ich Ihnen bei der Nahrungsumstellung Ihres Hundes helfen. Möchten Sie die Mahlzeiten selbst zubereiten, haben Sie in diesem Buch jede Menge Rezepte zur Hand.

Wenn wir uns entscheiden, unseren Hund natürlich zu ernähren, fügen wir Ihrem und unserem Leben ein Pfund mehr Liebe, eine Tasse mehr Spaß und einen Teelöffel mehr Aufregung hinzu. Haben Sie Ihr Vorhaben umgesetzt, ist ihr Preis ein glücklicherer und gesünderer Hund.

Einige von uns vemissen den Verlust von süßen Nachspeisen und Pommes frites, wenn wir uns für eine gesündere Ernährung für uns selbst entscheiden, aber Ihr Hund wird die köstlichen Mahlzeiten, die wir ihm servieren, genießen. Manches von dem guten Essen, das er schon so lange Zeit gerochen hat, wird schließlich ihm gehören. Die Mahlzeit kann für Ihren Hund sogar ein besonderes Ereignis werden!

Hunde müssen fressen, was man ihnen vorsetzt, und die meiste Zeit war das Futter nicht annähernd so köstlich und vielfältig wie unser eigenes Essen. Bedenken Sie, dass die Nase Ihres Hundes fünfhundert Mal mehr Sinneszellen besitzt als Ihre eigene. Hunde können einen Geruch aus einer Meile Entfernung wahrnehmen. Wenn Sie den köstlichen Duft dieser gegrillten Rippchen riechen, wie gut müssen sie erst für Ihren Hund duften!

Fragebogen zu Problemfaktoren

1. Wie viel Freizeit haben Sie?
   A) Keine. B) Begrenzt. C) Viel!

2. Wie viel freien Platz haben Sie im Kühlschrank?
   A) Keinen. B) Begrenzt. C) Viel!

3. Wie viel freien Platz haben Sie im Gefrierschrank?
   A) Keinen. B) Begrenzt. C) Viel!

4. Kochen Sie gerne?
   A) Nein! B) Wenn ich Lust dazu habe. C) Ja!

5. Wieviel können Sie für Hundefutter ausgeben?
   A) So wenig wie möglich. B) Ich muss auf mein Budget achten. C) Was auch immer es kostet.

6. Wieviele Reste haben Sie normalerweise?
   A) Keine. B) Genug für den nächsten Tag. C) Viele!

7. Ernähren Sie sich selbst gesund und ausgewogen?
   A) Manchmal denke ich darüber nach. B) Ich gebe mir Mühe. C) Gewissenhaft.

8. Wieviele Hunde haben Sie?
   A) Mehr als drei. B) Zwei oder drei. C) Einen.

9. Wieviel wiegt Ihr Hund? Wieviel wiegen Ihre Hunde?
   A) 25 kg oder mehr. B) 10 bis 25 kg. c) Unter 25 kg.

Die Weisheit, zu erkennen, was Sie tun können und was nicht

Was bedeutet das alles für den Alltag? Müssen wir jetzt viel planen oder besonders zubereitetes Bio-Fleisch, Bio-Getreide und Bio-Gemüse vorkochen? Manche engagierte Hundebesitzer tun genau das. Aber den meisten Menschen lässt ihre Lebensweise nur wenig Raum, um für ihre eigenen Ernährungsansprüche zu sorgen, von denen des Hundes ganz zu schweigen. Bevor ich nach Neuseeland umsiedelte, ließ mein voller Teminkalender mir nur selten genug Zeit, um für meine Hunde zu kochen, so sehr ich sie auch liebte. Nun habe ich mehr Zeit und genieße es, für sie zu kochen, und sie lieben es auch.

Egal, wie viel oder wenig freie Zeit Sie haben – es ist möglich, gute Mahlzeiten für Ihren Hund zuzubereiten. Als Erstes müssen Sie Ihren persönlichen „Problemfaktor" ergründen, die Grenzen Ihrer Möglichkeiten für den Hund zu kochen. Wenn Sie hier nicht ehrlich zu sich selbst sind, riskieren Sie, dass sich das, was eine liebevolle Bemühung sein sollte, zu einem riesigen Zeitdruck für Sie auswächst, wo Sie doch schon kaum alle übrigen Punkte Ihrer Alltagsplanung schaffen. Wollen Sie vermeiden, dass Ihnen der Gang zum Lebensmittelgeschäft oder Fleischer für Ihren Hund zur Last wird, dann füllen Sie den Fragebogen auf Seite 50 aus. Er wird Ihnen eine Richtschnur geben, wie Sie auf bequeme Art die Ernährung Ihres Hundes ändern können.

Sie müssen eine Menge Faktoren berücksichtigen, um die Wahl zu treffen, die am besten zu Ihrem Lebensstil passt. Dazu zählen Ihre Zeit, Ihre Finanzen, den Platz in Ihrer Küche und Ihrem Kühlschrank, die Zahl und Größe der Hunde in Ihrem Haushalt, ob Sie Kinder haben, wo Sie leben (Stadt oder Land), die Einkaufsmöglichkeiten in Ihrer Umgebung und Ihr Interesse am Kochen, Zubereiten und Bevorraten von Mahlzeiten.

Plan A

Wenn Sie die meisten Antworten in Spalte A gegeben haben, folgen Sie Plan A. Im Wesentlichen umfasst dieser Plan ein gesundes Trockenfutter als Basis und eine Ergänzung durch ein gutes Vitamin-Mineral-Präparat, Speisereste und vielleicht etwas frisch gekochtes oder tiefgefrorenes Gemüse. Gesunde Reste sind beispielsweise eine Vielzahl Gemüsesorten, Kartoffeln, Nudeln und Käse, Spaghetti mit einfacher oder Fleischsoße, Fleisch-, Fisch- oder Geflügelstücke ohne gekochte Knochen, Suppe oder vielleicht eine Scheibe Brot. Nicht geeignet sind übriggebliebene Geflügel- oder Fleischknochen, zuckerhaltige Süßspeisen, Fleischfett oder -knorpel, Schinkenfett oder verdorbenes, verschimmeltes Essen. Erinnern Sie sich daran, dass der Proteingehalt eines guten Trockenfutters ausreichend ist, also ist eine Futterergänzung mit Getreide oder Gemüse gesünder für Ihren Hund als Fleischreste.

Ein leichter Start für Plan A ist das Zufügen von gekochtem, tiefgefrorenem Gemüse. Es gibt auch viele vorgeschnittene und gefrorene Gemüsekombinationen in Tüten. Geben Sie beispielsweise eine Blumenkohl-Brokkoli-Möhren-Mischung zum täglichen Hundefutter. Kochen Sie die ganze Packung (nicht in der Mikrowelle!), fügen Sie vielleicht etwas Olivenöl hinzu und geben Sie täglich eine Portion: 1/2 Tasse für einen kleinen Hund, 1 Tasse für einen mittelgroßen Hund und 1 bis 1 1/2 Tassen für einen großen Hund. Gehen Sie einen Schritt weiter und verwenden gefrorenes Bio-Gemüse – noch besser frisches Gemüse oder frisches Bio-Gemüse. Frisches Gemüse kann man fein zerkleinern und über das Trockenfutter streuen. Unabhängig davon, welche Art Gemüse Sie nehmen: Vermeiden Sie Zwiebeln!

Ideen für Toppings

Fragen Sie sich, was Sie mit Ihrem alten Brot tun sollen? Im Rezeptteil finden Sie viele einfache und gesunde Rezepte für Toppings mit Brot – trockenes Brot eignet sich gut hierfür. Es gibt auch Rezepte für Muffins und Brote, die als gesundes Topping über Trockenfutter gekrümelt werden können. Man kann sie wochenlang einfrieren und bei Bedarf auftauen.

Plan B

Haben Sie überwiegend in Spalte B geantwortet, ist Plan B der richtige für Sie. Plan B konzentriert sich mehr auf selbstgekochtes Hundefutter. Vielleicht verwenden Sie einige der Rezepte, die wir Ihnen später im Buch vorschlagen, mit der Option, ein gesundes Trockenfutter zu geben, wenn es Ihnen besser passt. Sie können den Speiseplan variieren, indem Sie an hektischen Tagen ein gesundes Trockenfutter mit Gemüse und Resten mischen, gelegentlich ein leckeres Topping über das Futter geben und etwas Freizeit reservieren, um das Futter für ein paar Tage vorzukochen, beispielsweise einen Eintopf (von dem Sie auch Portionen einfrieren können). Im Rezeptteil „Das Hunde-Restaurant" in diesem Buch finden Sie viele Optionen für leichte, gesunde und oft preiswerte Eintöpfe und Aufläufe. Die Rezepte für schnelle Mahlzeiten sind leicht zuzubereiten und bestehen nur aus ein paar Basiszutaten.

Plan C

Haben Sie meistens in Spalte C geantwortet, folgen Sie Plan C. Dieser Plan sieht selbstgekochtes oder rohes Futter vor. Die Nahrung für Ihren Hund kann vollständig aus Mahlzeiten bestehen, die Sie für ihn zubereiten, sei es gekocht oder roh. Dieses Buch versorgt Sie mit vielen leckeren und nährreichen Rezepten, die Sie auf dem Herd oder im Backofen vorbereiten können. Es gibt auch einen Abschnitt über Rohfutter, das Sie bestellen können, entweder abgepackt und verzehrfertig oder roh eingefroren. (Viele Rohfutter-Regimes sind etwas streng damit, was und wann Sie füttern sollten.) Denken Sie daran, auch wenn Sie Plan C befolgen und regelmäßig für Ihren Hund kochen, ist es sehr gut, ihm im Notfall ein gesundes Trockenfutter zu geben, bis Sie zur Ihrer Kochroutine zurückkehren können.

Für alle Pläne

Alle Pläne sollten durch ein Vitaminpräparat ergänzt werden. Behalten Sie im Auge, dass es kein unmögliches Engagement bedeutet, wenn Sie mit Ihrem Hund Ihre Verpflegung teilen möchten. Ein flexibler Ansatz wie im „wirklichen Leben" ist immer am besten, genauso, wie Sie es wahrscheinlich mit Ihren menschlichen Familienmitgliedern handhaben. Im Idealfall möchten Sie jede Mahlzeit für Ihre

Familie selbst zubereiten und nur die besten und gesündesten Zutaten verwenden, aber das heißt nicht automatisch, dass Sie auch immer die Zeit und Muße dafür haben. Es mag Tage geben, an denen Sie einfach ein paar Fertiggerichte aus dem Gefrierschrank nehmen oder eine Pizza bestellen.

Dies gilt auch für die Ernährung Ihres Hundes. Es muss keine „Alles oder nichts"-Situation sein. An einem Tag füllen Sie seinen Napf einfach mit gesundem Trockenfutter, am nächsten Tag geben Sie ihm etwas von dem Essen ab, das Sie für Ihre Familie gekocht haben und am übernächsten Tag bekommt er eine Kombination aus Resten und Trockenfutter. Einer meiner Freunde hatte einen Hund, der alles, was ihm vom Familienessen serviert wurde (egal, wie sehr er es liebte) mit ein paar Stückchen Trockenfutter aus seinem Napf bedeckte, bevor er einen Bissen nahm. Vielleicht hatte er zuviel ferngesehen und versuchte nun das, was er ergattert hatte, vor der Hundefutterwerbung zu verstecken.

Sie können Ihre Speisereste einer guten Verwendung zuführen, ohne sie wegzuwerfen oder im Kühlschrank zu lagern, wo sie wahrscheinlich nach hinten wandern und drei Wochen später in versteinertem oder verfaultem Zustand im Abfall landen. Sie werden sehen, dass Ihr Hund die meisten Dinge liebt wie Sie selbst – Haferflocken und andere Cerealien, Joghurt, Obst, Gemüse, Fleisch, Geflügel und Eier – all dies können Sie entweder zum Trockenfutter oder als separate Mahlzeit geben.

Ausbalancieren

Wenn Sie Ihren Hund mit vielen verschiedenen Lebensmitteln füttern, muss nicht unbedingt jede Mahlzeit vollständig und ausgewogen sein. Über einen Zeitraum von zwei Wochen hat die Vielfalt für eine Balance gesorgt.

Beispiel-Szenarien

Donna hat zwei Labrador Retriever und drei kleine Kinder. Sie hat keinen Job, aber sie scheint immer auf dem Sprung zu sein. Nachdem sie über die Trockenfutter gelesen hatte, die hier empfohlen werden, wollte sie es mit ihren Hunden versuchen. Ihre Kinder essen normalerweise Gemüse, Yamswurzeln, Kartoffeln, Nudeln und andere Lebensmittel nicht auf. Statt die Reste wegzuwerfen, bewahrt sie sie in Plastikbehältern auf und gibt jedem ihrer Hunde eine Tasse gekochtes, gefrorenes Mischgemüse zusammen mit übriggebliebenen Makkaroni und Käse und anderen Speiseresten zum Futter. Sie versorgt sie auch mit einem hochwertigen Multivitamin-Mineralstoff-Präparat. Donna ist ein typischer Vertreter unserer Plan A-Säule.

Vicky hat drei Möpse und eine Vollzeitstelle, möchte aber trotzdem für ihre Hunde kochen. Sie kocht sehr gern, hat aber nicht genug Geld, um fertige gesunde Hundemahlzeiten kaufen zu können. Daher kocht sie zwei Mal in der Woche für ihre Hunde einen großen Topf Futter nach einem der Rezepte in diesem Buch. Viele der Zutaten in ihrer Küche wie Haferflocken und Naturreis kann sie in größeren Mengen kaufen und gut lagern. Ihr Metzger legt ihr Hühnerhälse und Hackfleisch zu einem guten Preis zurück. Vicky kann die Angebote beobachten und den Menüplan wöchentlich ändern. Jeder große Topf reicht für ihre drei Möpse drei Tage. Wenn sie in der Klemme steckt oder das Futter knapp wird, zaubert sie eine Schnellmahlzeit. Sie gibt ihren Hunden ebenfalls ein gutes Multivitamin-Mineralstoff-Präparat. Vicky entspricht dem Plan B-Profil.

Martha, deren Kinder auf dem College sind und nicht mehr zu Hause leben, hat drei Golden Retriever. Als engagierte Mutter ist sie daran gewöhnt, für ihre Familie gute Mahlzeiten zuzubereiten und möchte dies auch für ihre Hunde tun. Sie zieht Rohfutter vor, möchte aber nicht ununterbrochen für das Hundefutter einkaufen. Daher bestellt sie das Rohfutter von einem zuverlässigen Händler und füttert ihre Hunde damit. Auch bereitet sie eingeweichtes oder gekochtes Getreide und Extra-Gemüse vor, um den Proteingehalt des Futters in einem gesunden Bereich zu halten. Martha kauft ein spezielles Kalziumpräparat oder füttert Eierschalen und gibt ein gutes Multivitamin-Mineralstoff-Präparat. Martha ist eher der Plan C-Typ.

Gillian hat einen Sohn im Teenager-Alter, ist eine wundervolle Köchin und liebt es, ihre Zeit in der Küche zu verbringen. Sie hat viel Kühlraum und Zeit, um für ihre drei Bulldoggen zu kochen. Sie kocht nach den Rezepten dieses Buchs für ihre Hunde. Zweimal wöchentlich bereitet sie große Portionen, friert sie in Gefrierbeuteln ein und taut sie bei Bedarf auf. Sie denkt auch daran, ihren Hunden täglich ein Multivitamin-Mineralstoff-Präparat zu geben und findet es einfach, Plan C zu befolgen.

Mein Ehemann Monty ist ebenfalls ein fabelhafter Koch, der gerne in der Küche ist. Er ist auch sehr beschäftigt. Bevor wir nach Neuseeland umsiedelten, haben wir gutes Trockenfutter zusammen mit Speiseresten gefüttert. Gesundes Trockenfutter ist aber in Neuseeland extrem teuer, wohingegen gesunde Fleischerzeugnisse vom Lamm und Huhn ausdrücklich für Tiere verkauft werden und gesund und preiswert sind. Monty kocht große Mengen der herzhaften Eintöpfe, während die Hunde mit sehr glücklichen Gesichtern neben dem Backofen sitzen. Wir haben aus finanziellen Gründen von Plan A zu Plan C gewechselt, sind zufrieden und es macht uns Freude. Wenn man den Proteingehalt auf einem idealen Level hält und Haferflocken, Reis, Kartoffeln und Olivenöl in größeren Mengen kauft, sind diese gesunden Mahlzeiten sehr erschwinglich. Vergrößern Sie Ihre Kühlmöglichkeiten ein bißchen und alles ist gut.

Jedes der geschilderten Szenarien führt zu einem unmittelbaren gesunden Nutzen für die Hunde. Glänzende Augen und Fell, weniger Haarausfall und grenzenlose Energie liefern einen unwiderlegbaren Beweis für die Vorteile einer guten Ernährung.

Ein weiser Rat

Vermeiden Sie es, Ihren Hund vom Tisch zu füttern – oder unter dem Tisch, wie man es von Kindern kennt –, wenn Ihr Hund nicht während der Essenszeiten zur Plage werden soll. Wenn Sie von Ihrem Essen etwas abgeben wollen, tun Sie dies an einem Platz, der etwas vom Esstisch entfernt ist, vielleicht bevor oder nachdem alle anderen gegessen haben. Es ist wichtig, Ihren Hund in seinem eigenen Napf zu füttern und nicht vom Tisch. Lassen Sie ihn außerdem nicht beobachten, wie Sie sein Futter direkt vom Tisch in seine Schüssel füllen. Nehmen Sie das Essen immer mit in die Küche und warten Sie ein paar Minuten, bevor Sie es in seinen Napf geben und ihm servieren.

Hundefutter kaufen

Wegen der geschilderten Rückrufaktionen sind viele Hundebesitzer misstrauisch geworden und verdächtigen nun viele oder gar alle Hundefutterhersteller. Wir alle haben Zweifel wegen der tatsächlichen Bestandteile des Futters führender Marken und es gibt gute Gründe, auch in Zukunft mit weiteren Rückrufen zu rechnen. Glücklicherweise gibt es geeignete neue Lösungen für dieses Dilemma.

Es gibt heute Hundefutter, das weit nützlichere Zutaten enthält und aus qualitativ hochwertigeren Bestandteilen hergestellt wird als die herkömmlichen Marken. Die Hundefuttermarken, die ich empfehle, werden von verantwortungsbewussten Unternehmen erzeugt, deren Produkte Vitamine und verschiedene Kombinationen besonders gesunder Zutaten enthalten, aber weder toxische oder krebserzeugende Zusatz- oder Konservierungsstoffe noch ekelerregende Nebenerzeugnisse.

Einige Hersteller vermarkten nur Trockenfutter, während andere sowohl Trocken- als auch Feuchtfutter sowie Hundekuchen und Snacks anbieten. Man findet sogar vorbereitetes Futter, das Sie für Ihren Hund fertigkochen können. Andere beliefern Sie mit rohem Bio-Fleisch oder ganzen Hundemahlzeiten, entweder gekocht oder roh. Es gibt auch einige Marken für Bio-Trockenfutter, das Gemüse wie Möhren und Erbsen, Getreide wie Gerste und Hafer, Obst wie Heidelbeeren und Äpfel sowie Vitamine enthält. Verschiedene Unternehmen haben auch rein vegetarische Trockenfutter auf den Markt gebracht. All diese Produkte unterscheiden sich deutlich von den schädlichen Mischungen aus Chemikalien und Nebenerzeugnissen der Standardfutter.

Diese Futter sind für die Hunde sehr schmackhaft und sprechen auch uns Menschen an. Wenn Sie sich beispielsweise für ein gesundes Dosenfutter entscheiden, werden Sie

eine sehr erfreuliche Änderung gegenüber den fettigen und übelriechenden Produkten feststellen, die Sie im Supermarkt kaufen können. Dies erleichtert es auch Kindern, den Hund zu füttern, weil Sie nicht mehr durch den Geruch abgeschreckt werden.

Üblicherweise werden Sie diese gesunden Hundefutter nicht bei Ihrem nächsten Einkauf im Supermarkt finden, sondern wahrscheinlich eher in gesundheitlich orientierten Futtergeschäften, Praxen ganzheitlich arbeitender Tierärzte und unabhängigen, Boutique-ähnlichen Hundeläden. Große Ketten für Heimtierbedarf bieten auch eine Auswahl solcher Futter an. Viele Marken sind per Mail oder Online bestellbar.

Diese progressiven Futtermarken stellen eine ideale Lösung für diejenigen von uns dar, die – wie ich – einen hektischen und prallgefüllten Alltag haben, und für Tage, an denen Ihre eigene Mahlzeit nur aus einer nach Hause mitgebrachten Pizza besteht.

PYREX
PYREX
PYREX

5. Futter komponieren

Auch wenn es stimmt, dass das, was für Sie gut ist, in den meisten Fällen auch für Ihren Hund gut ist, gibt es dennoch Umstände, in denen es nicht besonders günstig ist, Ihre Mahlzeiten mit dem Hund zu teilen. Dann müssen Sie vielleicht ein bißchen Extra-Aufwand betreiben, um Ihrem Freund Essen auf Bestellung anbieten zu können. Hierfür möchte ich Ihnen einige Tipps geben.

Sie wollen für Ihren Hund die Vorteile einer Ernährung, die so viele Nährstoffe und immunanregende Substanzen wie möglich enthält und gleichzeitig die Aufnahme toxischer oder krankheitsfördernder Bestandteile reduziert oder verhindert. Das Wohlergehen Ihres Hundes hängt davon ab, was Sie ihm in den Napf füllen. Darüber hinaus ist die beste Zeit dafür, eine Krankheit in Schach zu halten, die Zeit, bevor sie eine Chance hat, sich zu entwickeln. Genau das kann eine gesunde Ernährung leisten.

Gemüse, Obst, Getreide und Kräuter sind Nährstoffquellen, die Ihr Hund aus kommerziellem Hundefutter einfach nicht bekommt. Denken Sie daran, dass Gemüse und Früchte „lebendige" Zutaten sind, reich an Enzymen, Vitaminen, Mineralien und anderen Nährstoffen, die durch Erhitzen und Verarbeitung verschwinden. Neben ihrem Nährwert besitzen sie das Qualitätsmerkmal der Frische, das heißt sie sind das Gegenteil der „toten" Produkte, die von den Herstellern kommerziellen Futters verkauft werden. Daher sollten Sie immer, wenn Sie die Zeit haben, dem Futter beispielsweise zerkleinerte Möhren zufügen oder dem Hund einen in Scheiben geschnittenen Brokkolistrunk als Snack geben. Dies versorgt ihn mit notwendigen Nährstoffen und hilft die Lücke zu füllen, die verarbeitetes oder gekochtes Futter hinterlässt. Die Stoffwechselwege der Enzyme in vielen Organen des Hundes brauchen Vitamine und Mineralien, die nur frisches Futter bereitstellen kann. Daher empfehle ich dringend, dass eine „richtige Nahrung" eine Vielzahl dieser Substanzen und zusätzlich eine Vitaminergänzung enthalten sollte.

Es ist auch wichtig zu beachten, welchen Anteil jede Kategorie von „richtigen Nahrungsmitteln" im Hundefutter einnimmt. Heutzutage ist die Behauptung sehr populär, Hunde sollten überwiegend oder ausschließlich rohes Fleisch essen. Diese Behauptung beruht auf der Prämisse, dass der Wolf der engste Verwandte unserer Hunde ist und daher Hunde quasi Wölfe sind. Tatsächlich wurden Hunde vor über zehntausend Jahren domestiziert und begannen ein Leben zu führen, das sich deutlich vom Leben ihrer wilden Wolfsverwandten unterscheidet. In zehntausend Jahren kann sich genetisch viel verändern – und genau das scheint passiert zu sein. Unsere Hunde haben sich parallel mit uns dazu entwickelt, unser Essen verdauen zu können. Schon vor langer Zeit haben es Adaptationen ihrer Gene den Vorfahren moderner Hunde ermöglicht, Stärke zu verdauen und zu assimilieren.

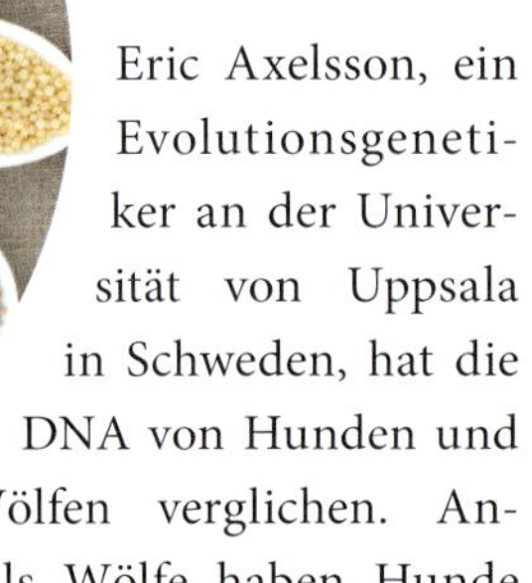

Eric Axelsson, ein Evolutionsgenetiker an der Universität von Uppsala in Schweden, hat die DNA von Hunden und Wölfen verglichen. Anders als Wölfe haben Hunde Gene entwickelt, um Stärke verdauen zu können. Hunde besitzen bis zu 30, Wölfe aber nur 2 Kopien des Gens, das für die Bildung von Amylase verantwortlich ist. Dieses Protein startet den Abbau von Stärke im Darm. Die Vielzahl von Amylase-Genen ist beim Hund 28 Mal aktiver, ein Zeichen dafür, dass Hunde Stärke um ein Vielfaches besser verdauen können als Wölfe.

Ein weiteres Gen kodiert ein anderes Enzym, die Maltase, die ebenfalls für die Stärkeverdauung wichtig ist. Es wurde gezeigt, dass Hunde eine deutlich längere Version des Verdauungsenzyms Maltase produzieren. Tatsächlich gibt es die gleiche verlängerte Version auch bei Pflanzenfressern wie Rindern und Kaninchen, und sie sorgt für eine effizientere Stärkeverdauung. Genetiker und Evolutionsbiologen fanden diese Entdeckung sehr faszinierend.

Fazit ist, dass Hunde Stärke verdauen können und sich an eine Ernährung angepasst haben, die einer ausgewogenen menschlichen Ernährung sehr ähnlich ist. Aufgrund meiner dreißigjährigen klinischen Erfahrung kann ich sagen, dass Kohlenhydrate gut für Hunde sind. Nach meiner Meinung brauchen Hunde, wie wir Menschen, eine Kombination aus Fleisch, Stärke und Gemüse, um den grundsätzlichen Ernährungsbedarf zu erfüllen. Wenn Hunde nur Protein fressen, fehlen ihnen wichtige Vitamine und sie können Mangelerscheinungen erleiden. Vitamine und Mineralien sind die Werkzeuge, die die Zellen benötigen, um sich selbst zu reparieren und Krankheiten vorzubeugen. Vitamine sind reichlich in bunten Früchten und Gemüse enthalten. Stärke wie Süßkartoffeln liefert ebenfalls viele gesunde Vitamine und Mineralien. Getreide wie Gerste und Naturreis stellt gesunde Kohlenhydratkomplexe und Rohfaser zusammen mit Vitaminen und Mineralien bereit. Haferflocken, Reis, Gerste, Süßkartoffeln und andere stärkehaltige Lebensmittel sind nicht nur gut zu füttern, sondern auch besonders gesund für Ihren Hund. Ich muss zugeben, dass ich nur wenig Zeit hatte, für meine Hunde zu kochen, als meine Zwillinge klein waren. Viele Menschen sind sehr beschäftigt und können nicht die Zeit aufbringen, für ihre Hunde zu kochen. Daher möchte ich Ihnen in diesem Kapitel viele Optionen und Auswahlmöglichkeiten anbieten, damit Sie ein Futter komponieren können, das zu Ihrem Terminkalender und zu Ihrem Hund passt.

Wenn Sie sich dafür entscheiden, eine Mahlzeit aus Resten zu erstellen, müssen Sie wissen, was Ihr Hund fressen kann und wie Sie das Futter für ihn appetitlich gestalten. Im Folgenden werden Sie lernen, gesundes Futter zuzubereiten, das für Ihren Hund verlockend ist. Wir kennen alle den Hund, der sein fettiges, duftendes Dosenfutter liebt, welches ihm routinemäßig unter das Trockenfutter gemischt wird. Die meisten dieser feinen Burschen und Mädel werden aber mit absolut unmissverständlicher Freude zu selbstgemachtem Futter oder auch nur zur Ergänzung eines gesünderen Trockenfutters mit einem nährstoffreichen Topping wechseln.

Glauben Sie mir, auch wenn es Ihrem Hund anscheinend mit konventionellem Futter gutgeht, können und werden Sie keinen Fehler begehen, wenn Sie ihn durch selbst zubereitete Mahlzeiten noch gesünder machen. Und dies ist unabhängig davon, ob Sie Kalorien zählen oder präzise Mengen abmessen. Sie können durch dieses Vorgehen keinen Fehler machen.

Portionen und Proportionen

Die traditionelle Formel für Mengenanteile im Futter ist die „Drittel-Regel", d.h. Sie füttern Ihrem Hund täglich jeweils ein Drittel Protein, Gemüse und Getreide. Diese Formel wurde sehr lange Zeit angewendet. Aufgrund aktueller Forschungsergebnisse empfehle ich heute ein Fünftel Protein, zwei Fünftel Gemüse und zwei Fünftel Getreide. Das Protein in Ihrem Futter ist qualitativ hochwertig und auch Getreide enthält Protein. Sowohl der Anteil als auch die Art des Proteins muss im Hinblick auf die optimale Gesundheit berücksichtigt werden. Zum Beispiel enthalten die Toppings im Rezeptteil dieses Buches absichtlich wenig Protein. Wenn liebevolle Hundebesitzer das kommerzielle Futter durch mehr Fleisch oder Geflügel, das beträchtliche Mengen an Protein aufweist, ergänzen, tun sie der Gesundheit ihres Hundes keinen Gefallen.

Die Größe der Mahlzeiten

Wie groß sollten die Mahlzeiten für Ihren Hund sein? Sie können sich nach der Tabelle unten als Basisregel richten, um die tägliche Portion für Ihren Hund zu bestimmen. Wenn Ihr Hund körperlich aktiv ist, erhöhen Sie die Menge. Wie wir Menschen hat auch jeder Hund seinen eigenen Grundumsatz. Es ist am besten, das Gewicht und den Hunger Ihres Hundes im Auge zu behalten und die Mengen zu ändern, wenn es nötig ist.

Hunde sind in vielerlei Hinsicht wie wir. Es gibt welche, die alles essen, worauf sie Hunger haben und eine perfekte Figur besitzen und andere, die trotz vernünftigen Essens zu schwer sind. Hunde wie Menschen neigen

Körpergewicht und Portionen

Gewicht (kg)	Tägliche Menge Trockenfutter (wenn Sie nur Trockenfutter füttern)	Tägliche Menge gekochtes Futter (Wenn Sie nur gekochtes Futter füttern)
7	1 ½ Tassen	1 ½ – 2 Tassen
12	2 Tassen	1 ¾ – 2 ½ Tassen
20	3 Tassen	2 ½ – 3 ½ Tassen
30	4 Tassen	4 – 4 ½ Tassen
45	6 Tassen	5 – 7 Tassen

dazu, im Alter an Gewicht zuzulegen. Einige Menschen und Hunde treiben regelmäßig Sport und andere liegen den ganzen Tag herum. Die Kombination aus Stoffwechsel und Lebensstil beeinflusst stark, wieviel Futter Sie Ihrem Hund geben sollten.

Wiegen Sie Ihren Hund, bevor Sie die Ernährung umstellen, um einen Bezugspunkt zu haben. Wenn er zu schwer ist, wird er anfangs wegen der Ballaststoffe, Rohfaser und Frische etwas Gewicht verlieren. Wenn sich sein Gewicht einpendelt, wird sich herausstellen, ob Sie ihm etwas weniger oder mehr geben müssen, um ein wünschenswertes Gewicht zu halten. Die Tabelle gibt Ihnen nur eine Richtlinie für den Anfang.

Hinweise für die Portionierung

Ein Hund muss seine tägliche Ration nicht auf einmal fressen. Hunde sind Rudeltiere und fressen gerne, wenn auch ihre Familie isst, normalerweise morgens und abends – Frühstück und Abendessen. Ein Zwanzig-Kilo-Hund kann beispielsweise zum Frühstück 1 ¼ Tassen Haferflocken und etwas Joghurt oder eine „Muffin-Mahlzeit" (siehe Rezeptteil) bekommen. Später am Tag bekommt er dann 2 ¼ Tassen von einem Eintopf, den Sie im Rezeptteil finden.

Auf den meisten Packungen mit gesundem ganzheitlichem Hundefutter finden Sie eine Tabelle mit den empfohlenen Fütterungsmengen. Da sich die Futter im Grad ihrer Konzentrierung sowie im Rohfaser-, Ballaststoff-, Öl- und Fettgehalt unterscheiden, können auch die vorgeschlagenen Rationen von Marke zu Marke voneinander abweichen. Entnehmen Sie daher bei solchem Trockenfutter die Portionsgrößen für Ihren Hund den Angaben auf dem Etikett. Ziehen Sie die Produkttabellen den Daten aus der obigen Tabelle vor, die nicht alle Variationen der Inhaltsstoffe berücksichtigen kann.

Wenn Sie selbst für Ihren Hund kochen, müssen Sie daran denken, dass Zutaten wie Öl kalorienreich sind, während Gemüse als „Weight Watcher" dient. Frisst Ihr Hund viel und bleibt trotzdem dünn, können Sie dem Futter mehr Olivenöl und andere gesunde hochkalorische Lebensmittel zufügen, während für übergewichtige Hunde das Gegenteil der Fall ist. Nehmen Sie die Portionstabelle als Anhaltspunkt und beobachten Sie die Gewichtsentwicklung mit Hilfe einer Waage und des äußeren Erscheinungsbildes Ihres Hundes. Ideen für spezielle Mahlzeiten zur Gewichtskontrolle finden Sie im Rezeptteil.

Frisches Gemüse

Gemüse versorgt Hunde mit essenziellen Nährstoffen, die sie wahrscheinlich nicht aus anderen Quellen bekommen. Beispielsweise unterstützt das Chlorophyll in grünem Gemüse die Durchspülung und Reinigung der Leber, eines Organs, welches für die Gesundheit Ihres Hundes lebenswichtig ist und das auch von anderen Substanzen und Enzymen im Gemüse profitiert. Gemüse trägt auch zu einer guten Balance des pH-Wertes bei, der durch einen Proteinüberschuss aus dem Gleichgewicht gerät. Außerdem enthalten Blattgemüse wasserlösliches Kalzium, das im Gegensatz zum schlecht resorbierbaren Kalzium aus getrockneten Knochen oder Muschelschalen dem Körper rasch zur Verfügung steht. Gekochtes oder fein zerkleinertes Gemüse ist für Hunde leichter verdaulich.

Meine Hunde lieben rohe Brokkolistrünke und tragen sie weg, um sie mit großem Genuss zu verspeisen. Da ich hauptsächlich die Röschen esse, sind wir beide im Namen der Gesundheit auf der Gewinnerseite. Möhren wollen sie nur gekocht essen. Tatsächlich sind rohe Möhren für Hunde schwer verdaulich und verlassen den Körper meist so, wie sie hineingelangt sind, daher koche ich Möhren immer. Denken Sie auch an die Fressgewohnheiten Ihres Hundes. Wenn Sie daran gewöhnt sind, jeden Tag geschmacksverstärkte, würzige Kartoffelchips zu essen, wird Ihnen gedämpftes Gemüse fade und uninteressant vorkommen. Nun gut, ungewürztes gedämpftes Gemüse ist immer uninteressant, unabhängig von Ihren Gewohnheiten. Ich würze mein Gemüse gerne mit Butter und Salz. Hunde mögen Salz nicht besonders gerne, also salzen Sie ihr Futter nicht, um den Geschmack zu verbessern. Bei Butter sieht es aber ganz anders aus: Sie ist in einer Hundemahlzeit immer willkommen.

Vorteile von Knoblauch

Viele haben Angst, Knoblauch sei für Hunde giftig. Er hat aber in moderaten Mengen viele Vorteile. Knoblauch im Hundefutter schützt vor Flöhen. Wenn wir viel Knoblauch essen, dünsten wir ihn schnell im Schweiß aus. Hunde schwitzen nicht so wie wir, bei ihnen wird der Knoblauch allmählich über das Hautfett ausgeschieden. Es dauert einige Zeit, bis sich diese Knoblauchessenz bildet und ihren flohabweisenden Effekt entfaltet. Der Trick ist, den Hund mit einer seifenfreien Waschlösung (wie beispielsweise Kastilienseife) zu baden, um das Hautfett nicht auszuwaschen.

Empfohlene und nicht empfohlene Gemüse

Hier finden Sie Empfehlungen, welche Gemüse Sie füttern sollten und welche nicht.

Empfohlen

- Spargel
- Rosenkohl
- Bete (in kleinen Mengen)
- Bohnen*
- Brokkoli
- Möhren
- Blumenkohl
- Sellerie
- Blattkohl
- Gurken
- Grünkohl
- Kelp
- Linsen*
- Knoblauch**
- Grüne Bohnen
- Pastinaken
- Erbsen
- Kartoffeln
- Kürbis
- Seealgen
- Sprossen
- Kürbis (alle Sorten)
- Schnittbohnen
- Tomaten
- Rüben
- Yamswurzeln

* Weichen Sie Bohnen oder Linsen über Nacht ein. Das Wasser abgießen, das Gemüse abspülen und weichkochen.
** in moderaten Mengen

Nicht empfohlen

- Zwiebeln in nennenswerten Mengen (ein wenig kann zum Würzen verwendet werden)
- Zwiebelsuppe

Empfohlene und nicht empfohlene Früchte

Hier finden Sie Empfehlungen, welche Früchte Sie füttern sollten und welche nicht.

Empfohlen

- Äpfel
- Avocados
- Bananen
- Beeren
- Feigen
- Melonen (einschließlich Wassermelone)
- Orangen
- Pfirsiche
- Birnen

Obststücke können roh gegeben werden, und ein Apfelviertel oder ein Stück Wassermelone trägt zur pH-Regulierung bei heißem Wetter bei.

Nicht empfohlen

- Weintrauben*
- Rosinen

* Studien haben gezeigt, dass das Fressen von Weintrauben oder Traubenhaut für Hunde toxisch sein kann und sie davon schwer erkranken oder sterben können.

Überlegt man es sich genau, haben Hunde viel von kleinen Kindern, wenn es um Gemüse geht. Wie kleine Kinder benötigen manche Hunde ein bißchen Verführung, um sie aus ihrer Junk-Food-Routine zu locken. Viele Hunde genießen bestimmte Gemüsesorten, während andere mit etwas Nachhilfe im Laufe der Zeit lernen, sie zu lieben. Leicht weich gedämpftes Gemüse, das in Butter oder Olivenöl geschwenkt und großzügig mit Parmesankäse bestreut wurde, wird nur selten abgelehnt. Sie können das Kochwasser für Gemüse auch mit Rinder- oder Geflügelknochen (die später weggeworfen werden) würzen oder einen Brühwürfel in den Topf geben. Dies gibt dem Gemüse eine fleischige Geschmacksnote. Einen fleischigen Geschmack erzielen Sie auch, indem Sie ein Gläschen Hühnchen- oder Rindfleisch-Babynahrung mit Wasser verdünnen und unter das gedämpfte Gemüse mischen.

Es funktioniert auch gut, das Gemüse zu hacken oder kleinzuwürfeln, leicht zu dämpfen und mit Trockenfutter zu mischen. Ich mische Gemüse oft mit gekochtem Getreide und Olivenöl und gebe es über das Trockenfutter.

Wurzelgemüse wie Möhren und Pastinaken kann man auch in Scheiben schneiden, mit Olivenöl und Knoblauchpulver beträufeln, im Ofen bei 120 Grad 45 Minuten backen und abkühlen lassen. Meine Hunde lieben diese Snacks. Rohes Gemüse in Würfeln oder feinzerhackt ist schnell in etwas Butter oder Olivenöl angedünstet. Sie können das leicht gekochte Gemüse auch mit etwas Käse bestreuen. Zusammengefasst wird Gemüse am besten akzeptiert, wenn man es unter vorbereitete Mahlzeiten wie einen Eintopf oder Auflauf mischt.

Reste eignen sich hervorragend, um dem Hundefutter Gemüse zuzufügen. Gerichte wie Rahmspinat, gebackene Yamswurzeln oder Süßkartoffeln, gekochter Kürbis mit Butter und Gemüseeintöpfe, die die Familie nicht aufgegessen hat, können eingefroren und zu den Mahlzeiten Ihrer Hunde aufgetaut werden. Die meisten Hunde mögen Kartoffeln gern. Geröstete Kartoffelspalten mit Olivenöl und Knoblauch sind immer willkommen.

Meine Hunde lieben Nori-Algen. Dies sind flache Seetangblätter, die man für Sushirollen verwendet. Die Algen sind eine ausgezeichnete Mineralienquelle.

Frisches Obst

Je jünger ein Hund ist, wenn Sie ihm Obst anbieten, desto leichter lernt er, es zu lieben. Äpfel sind zuverlässige Favoriten. Schneiden Sie einfach einen Apfel in Scheiben und geben Ihrem Hund ein paar Stückchen. Wenn er unsicher ist, schälen Sie den Apfel und versuchen es noch einmal. Sie können auch Würfel schneiden und die Stückchen in etwas Hühner- oder Rinderbrühe geben, um Ihren Hund zu einem Versuch zu überreden. Bei mir zuhause sind auch schon immer Bananen der große Hit. Aus Bananen und Naturjoghurt mischen Sie einen leckeren schnellen Imbiss oder eine ganze Mahlzeit.

Wassermelonenscheiben sind an einem heißen Sommertag grandios. Papayas sind gut für die Verdauung und frische Papayas oder Mangos können zu einem Cerealienmix hinzugefügt werden. Viele Hunde mögen auch eine Scheibe Avocado gerne.

Sieht Ihr Hund Sie zweifelnd an, wenn Sie ihm Obst anbieten, geben Sie nicht auf. Versuchen Sie es einige Male und peppen Sie es wenn nötig auf, um ihm den ersten Schritt zu erleichtern.

Biologische Produkte

Toxische Pestizide werden routinemäßig während der Produktion verwendet und können für die Hundegesundheit genau so schädlich sein wie für unsere eigene Gesundheit. Daher sollten Sie es sich angewöhnen, so oft wie möglich ökologische Produkte zu kaufen, die ohne giftige Chemikalien angebaut werden. Andersfalls sollten Sie Obst und Gemüse immer sorgfältig waschen und abspülen. Es gibt auch Produkte, die speziell dafür entwickelt wurden, Obst und Gemüse zu reinigen; man erhält Sie im Allgemeinen im Supermarkt oder in Bioläden.

Man nimmt an, dass Bio-Feldfrüchte weit mehr Vitamine und Nährstoffe enthalten als konventionell angebaute Kulturen. Die Anbaumethoden von Biobauern umfassen die Wiederherstellung der Bodengesundheit und der Nährstoffe, die durch Übernutzung des Landes und durch starke Düngung verloren gegangen sind. Durch den Nichtgebrauch von Pestiziden trägt die biologische Landwirtschaft nicht zur Belastung von Wasser, Boden und Luft mit Toxinen bei, die unsere Gesundheit und die Gesundheit unserer Kinder und Haustiere bedrohen. Die Kultivierung von genetisch veränderten Feldfrüchten, die Umweltschützern große Sorgen macht, wird im Ökolandbau ebenfalls vermieden.

Getreide

Wir wissen, dass der Hund von Natur aus nicht als reiner Fleischfresser vorgesehen ist; er braucht auch Kohlenhydrate, um in Topform zu sein. Daher ist Getreide in verschiedenen Formen ein wichtiger Bestandteil einer gut ausgewogenen Hundeernährung – so lange Sie nicht versuchen, ihn mit rohem Getreide zu füttern.

Gesunde Produkte aus verarbeitetem Getreide, wie beispielsweise Vollkornbrot, -cerealien und -cracker eignen sich gut als Zugabe zu Ihrem Hundefutter. Dünne Vollkornbrotscheiben oder -stücke, im Backofen bei 95 Grad 30 Minuten geröstet, ergeben ausgezeichnete Leckerchen, die Ihr Hund gerne knabbern wird. Reste von Nudeln, wie Spaghetti oder Penne, werden ihn sicher auch zum Wedeln bringen.

Unverarbeitetes Getreide besteht aus dem vollen naturbelassenen Korn. Instant-Haferflocken sind nicht unverarbeitet, wohl aber geschrotete Haferflocken. Vollkorn ist voller Nährstoffe und immer intakt. Auch wenn unverarbeitetes Bio-Getreide wie Haferflocken, Gerste, Naturreis, Hirse, Amaranth und Quinoa wichtige Nährstoffe enthalten, kann ein Hund sie leider roh nicht leicht verdauen, weil Fleischfresser einen kürzeren Dam besitzen als Pflanzenfresser.

Getreide, das für den Hund bestimmt ist, sollte normalerweise länger und mit mehr Wasser gekocht werden als für Menschen. Für sich kochen Sie beispielsweise Naturreis 45 Minuten und verwenden 2 Tassen Wasser auf 1 Tasse Reis. Naturreis für Hunde sollte eine Stunde 15 Minuten in mehr Wasser gekocht werden. Wenn Sie Getreide über Nacht ein-

Empfohlene Kochzeiten von Getreide für Hunde

Getreide (1 Tasse)	Wasser (Tassen)	Kochzeit
Amaranth	3 ½	35 Minuten
Gerste	4	70 Minuten
Basmatireis	2 ¼	20 Minuten
Naturreis	3	75 Minuten
Buchweizen	2 ½	30 Minuten
Couscous	1 ½	7 Minuten
Hirse	3 ½	40 Minuten
Haferflocken	2–3	15 Minuten
Hafer (geschrotet)	3 ½	60 Minuten
Quinoa*	3 ½	30 Minuten
Weizenkörner	4 ½	120 Minuten
Weizen (geschrotet)	2 ½	30 Minuten

Kochtipps: Lassen Sie Getreide langsam in kochendes Wasser rieseln, damit das Wasser weiterkocht. Rühren Sie nur so viel, dass das Getreide feucht wird. Reduzieren Sie die Hitze und lassen Sie das Getreide im geschlossenen Topf nur leise köcheln und rühren Sie nicht zuviel, um ein Zermatschen zu vermeiden.

* Spülen Sie vor dem Kochen Quinoa unter kaltem Wasser gründlich ab, um die natürliche bittere Umhüllung zu entfernen.

weichen, können Sie die Kochzeit am nächsten Tag verringern. Haferflocken, die ungefähr 12 Stunden eingeweicht wurden, müssen gar nicht mehr gekocht werden. Im Allgemeinen sind Haferflocken für Hunde leichter verdaulich als Naturreis. Auch wenn Hafer das einzige Getreide ist, das nur eingeweicht werden muss, glaube ich, dass er durch Kochen leichter zu verdauen ist.

Wenn Sie möchten, können Sie Getreide für Ihren Hund in Fleisch-, Hühner- oder Fischbrühe kochen, um ihm mehr Geschmack zu geben. Getreide und Gemüse kann man zusammen kochen und zu einem hochwertigen kommerziellen Trockenfutter geben. Das kommerzielle Futter enthält ausreichend Protein, und es besteht keine Notwendigkeit mehr tierisches Protein zuzufügen. Noch besser ist ein Eintopf aus Getreide, Gemüse und Fleisch oder Geflügel, der in Tagesrationen portioniert werden kann. Hierfür kochen Sie am besten das Getreide zuerst und heben dann gedämpftes oder gehacktes Gemüse unter.

Weizenkleie

Weizenkleie ist ein gutes Hausmittel sowohl bei Verstopfung als auch bei Durchfall. Die Kleie reizt den Darm nicht und kann einfach über das Futter gestreut werden. Geben Sie einfach einen Teelöffel zu den Eintopf- oder Auflaufmahlzeiten.

Hinweis: Wenn Sie eine Verstopfung mit Weizenkleie behandeln wollen, muss Ihr Hund zusätzlich viel Wasser trinken. Eine Verstopfung kommt bei Hunden nicht besonders häufig vor. Leidet Ihr Hund unter chronischer Verstopfung, stellen Sie ihn bitte dem Tierarzt für eine gründliche Untersuchung vor.

Sie haben auch die Möglichkeit, vorgefertigte Getreidemischungen zu verwenden, die heutzutage von einigen Herstellern angeboten werden und im spezialisierten Futterhandel oder online erhältlich sind. Obwohl jedes dieser Produkte seine eigene Rezeptur hat, enthalten typische Mischungen Hafer- und Roggenflocken, Weizenkeime, Bulgur, Sesamkörner, Dinkelflocken und Haferstroh. Normalerweise sind auch Gemüse wie Kartoffeln, Alfalfa, Erbsen, Möhren, Bete, Kürbis und Brokkoli und gesunde Zutaten wie Knoblauch, Löwenzahnwurzeln, Ingwer, Rosmarin, Petersilie und Pfefferminze enthalten. Sie müssen der Mischung nur noch Wasser und vielleicht etwas Protein hinzufügen.

Eier und Milchprodukte

Wenn Ihr Hund zu der Sorte gehört, die sich für ein Lieblingsleckerchen auf den Boden wirft, wird er für Eier und Käse einen Salto schlagen. Hunde können aus diesen Lebensmitteln – wie auch aus anderen Milchprodukten – viele Vorteile ziehen.

Eidotter enthalten zum Beispiel gesundheitsfördernde Fettsäuren wie Omega-3, die das Herz schützen und gut für Haut und Fell sind. Außerdem enthalten Eier hochwertiges, gut verdauliches Protein.

Eier können gekocht oder roh gefüttert werden. Anders als Menschen sind Hunde relativ unempfindlich gegenüber Salmonellen, die in rohen Eiern enthalten sein können. Wenn Sie Ihrem Hund drei oder mehr Eier täglich geben, würde ich Ihnen trotzdem raten, ein paar davon zu kochen, weil rohes Eiweiß die Aufnahme des wichtigen Vitamins Biotin behindern kann.

Weil Hunde in Sachen des Geschmacks von Eierschalen anderer Meinung sind als Menschen, schlage ich vor, ein Ei zwei bis drei Minuten zu kochen und dann das ganze Ei inklusive Schale zu zerquetschen und dem Hund zu geben. Weil ich sehr gerne Omelettes zum Frühstück esse, habe ich oft viele Dotter und Schalen übrig. Ich gebe ein bisschen Butter in eine Pfanne und die etwas zerkleinerten Schalen hinzu. Die Eigelbe schlage ich kurz, gieße sie über die Schalen und wende, wenn die erste Seite der Masse fest ist. Nach dem Abkühlen teile ich das Dotter-Omelett in Stücke und gebe es meinen Hunden als morgendliche knusprige Eigelbsnacks.

Ein mit gehackter Petersilie und Gemüse gefülltes und mit Käse gekröntes Omelett kann eine ideale Mahlzeit für Ihren Hund sein und stellt eine gute Möglichkeit dar, Gemüse in sein Futter zu schmuggeln. Hunde lieben Eier in jeder Form, egal ob als Rührei, pochiert oder hartgekocht.

Weil Hunde nicht wie wir Menschen an Verdickungen und Verhärtungen ihrer Arterien (Arteriosklerose) leiden, spielt ein hoher Cholesterinspiegel bei ihnen keine Rolle und Sie müssen keine Angst vor Problemen durch den Verzehr von Eiern oder Milchprodukten haben. Entspannen Sie sich also und lassen Sie ihn ein Futter genießen, das ihm nützt und Freude macht.

Mundgeruch

Nicht nur schlechte Zähne verursachen Mundgeruch beim Hund. Jeden Tag ein bisschen Joghurt kann Mundgeruch reduzieren, der auf eine schlechte Verdauung zurückzuführen ist. Zähne und Maulhöhle Ihres Hundes sollten untersucht werden, wenn das Problem andauert.

Viele Käsesorten werden Ihren Hund zum Wedeln bringen. Die Favoriten sind Schweizer Käse, Hüttenkäse, Frischkäse und Ricotta. Keiner dieser relativ milden Käse verursacht irgendwelche Verdauungsstörungen. Anders als Fleisch, das stickstoffhaltige Abbauprodukte enthält, die die Nieren belasten, stellen Milchprodukte wie Hüttenkäse ausgezeichnete Quellen für Protein und Kalzium dar. Ich empfehle auch Joghurt und Kefir sehr. Kefir finden Sie im Supermarkt in der Nähe von Joghurt, er ist flüssiger als Joghurt und sehr schmackhaft. Beide Produkte sind leicht verdaulich und können Durchfall vorbeugen.

Die nützlichen Bakterienkulturen in Milchprodukten sind sehr gesund für den Verdauungstrakt. Achten Sie darauf, Joghurt zu kaufen, der diese guten Mikroorganismen enthält, weil sie in Joghurt mit Mischkulturen oft nicht in ausreichender Zahl vorhanden sind.

Milchpulver ist eine konzentrierte Quelle für Protein, Kalzium, Riboflavin und andere Nährstoffe. Wenn Sie es in eine Cerealien-basierte Mahlzeit mischen, geben Sie Ihrem Hund einen preiswerten Proteinschub.

Denken Sie daran, dass Milchprodukte eine ausgezeichnete Quelle für Protein und Kalzium sind. Deren Protein ist für die Nieren schonender als Fleischprotein, weil dieses zu stickstoffhaltigen Endprodukten abgebaut wird. Viele kommerzielle Futter, die für Hunde mit Nierenproblemen entwickelt wurden, enthalten Milchprodukte als hauptsächliche Proteinquelle.

Fleisch

Nun haben wir uns schon eine Vielzahl an hundefreundlichen Lebensmitteln angesehen und es ist an der Zeit, sich mit dem Futter zu beschäftigen, das viele Leute immer noch als Hauptnahrung für Hunde ansehen: Fleisch.

Kochen oder nicht kochen?

Derzeit wird sehr kontrovers diskutiert, ob die so genannte Rohfütterung für Hunde besser ist als zubereitete Nahrung, die wir Menschen bevorzugen. Wie in den meisten Debatten gibt es Argumente für beide Seiten, aber im Kern dreht es sich doch darum, welche Ernährung für die individuelle Situation Ihres Hundes am besten ist. Die meisten Meinungen, die ich gehört habe, beruhten auf der persönlichen Erfahrung der Besitzer.

Viele Besitzer berichten, dass ihre Hunde durch die Rohfütterung gut gedeihen. Es gibt eine Vielzahl von Ernährungsplänen als Hilfestellung und auch Daten aus solider Forschung und Analyse der populärsten Rohfütterungsmethoden. Beispielsweise kommt eine Studie zum Ergebnis, dass das Kalzium-Phosphor-Verhältnis und der Zinkgehalt von Rohfutter unzureichend ist. Daher ist eine Nahrungsergänzung unbedingt notwendig[5].

Zunächst muss betont werden, dass Hunde im Allgemeinen besser als Menschen dafür ausgestattet sind, mit rohem Fleisch zurechtzukommen. Es gibt in ihrem Verdauungstrakt wirksamere Abwehrmechanismen gegen Parasiten und Bakterien wie *E. coli* und Salmonellen, die uns krank machen.

Dies trifft aber nicht unbedingt auf alle Hunde zu, besonders bei den älteren verlangsamt sich die Verdauung und es werden weniger Verdauungssäfte produziert. Daher würde ich nicht empfehlen, einen Senior, der an gekochtes und verarbeitetes Futter gewöhnt ist, auf Rohfütterung umzustellen. Das Gleiche gilt für Hunde mit einem geschwächten Immunsystem. Vorsichtig wäre ich auch, zu Verdauungsproblemen neigenden Hunden mit rohem Fleisch oder Geflügel zu füttern. Wenn Sie nicht sicher sind, ob Ihr Hund auf die genannten schädlichen Mikroorganismen unempfindlich reagiert, würde ich einen Kompromiss vorschlagen, wie das Fleisch leicht zu dämpfen oder in einem Extrakt aus Grapefruitkernen zu marinieren, um gegen die pathogenen Keime vorzugehen.

Abgesehen davon kann ein Hund durchaus von ungekochtem Fleisch profitieren. Rohfleisch enthält Nährstoffe wie beispielsweise essenzielle Fettsäuren, die durch Kochen zerstört werden. Es gibt viele Geschichten über Hunde, die sich auf wundersame Weise von schweren Erkrankungen erholten, nachdem sie auf Rohfütterung umgestellt wurden. Im Gegensatz hierzu habe ich auch von vielen Hunden gehört, denen es nach der Umstellung

5 *Freeman, L. M.; Michel, K. E., "Evaluation of Raw Food Diets for Dogs," Journal of American Veterinary Medical Association, Vol. 218, No. 5, 2001*

Vermeiden Sie die Mikrowelle

Ich rate Ihnen, Ihr Hundefutter nicht in einer Mikrowelle zu erhitzen, weil dies viele wichtige Nährstoffe zerstört. Beispielsweise werden alle Enzyme in Getreide und Gemüse schon durch zwei Sekunden Mikrowellenbestrahlung vernichtet. Durch die Verwendung von Plastikgeschirr können außerdem Plastikmoleküle auf das Futter übergehen.

miserabel ging. Einige dieser Hunde wurden schrecklich dünn, ohne Muskelmasse und mit sehr schlechtem Fell. Für solche Hunde wäre eine gekochte Nahrung mit Getreide oder auch ein gesundes Trockenfutter wesentlich besser. Jeder Hund hat seinen eigenen individuellen Stoffwechsel.

Nach jahrelanger Forschung komme ich zu dem Schluss, dass eine Ernährung, die nur aus rohem Fleisch besteht, alles andere als ideal ist. Das Buch *China-Study – Wissenschaftliche Begründung für eine vegane Lebensweise* von T. Colin Campbell erbrachte Beweise für eine erhöhte Krebsinzidenz durch einen erhöhten Verzehr von tierischem Protein und Protein aus Milchprodukten. Es zeigte sich, dass ein saures Zellmilieu (beispielsweise durch viel tierisches Protein) die Anfälligkeit für Krankheiten und Krebs gegenüber einem alkalischen Milieu steigert. Das Gehirn, die Schilddrüse und die Leber brauchen Kohlenhydrate, um optimal arbeiten zu können. Gemüse ist eine lebendige Nahrungsquelle für Enzyme und pflanzliche Nährstoffe, die vor Krebs und anderen Krankheiten schützen.

Wenn Sie Ihren Hund roh füttern wollen, müssen Sie nicht das Fett von den Fleischstücken entfernen (ein Fettgehalt von 20 – 30 Prozent ist gut). Hunde leiden nicht an menschlichen Problemen wie verstopften Arterien, Bluthochdruck und hohen Cholesterinwerten und profitieren sogar von gesättigtem Fett. Dennoch sollten dicke Fettauflagerungen vor dem Kochen entfernt werden, da sich diese durch das Erhitzen in ungesundes Schmalz wandeln.

Es ist eine gute Idee, rohes Fleisch vor der Verfütterung an Ihren Hund für 14 Tage einzufrieren. Diese Zeit reicht aus, um in der Muskulatur und in den Organen lebende Parasiten abzutöten. Sollten Sie sich für Kochen entscheiden, können Sie das Fleisch backen, sieden oder grillen, nachdem Sie das Fett abgeschnitten und vielleicht etwas Bio-Olivenöl sowie Getreide, Gemüse und Kräuter zugefügt haben.

Fleisch, beispielsweise vom Rind oder Lamm, ist gekocht oder roh eine gute Quelle für Proteine, Vitamine und Mineralien. Fleisch vom Schwein oder Kaninchen muss dagegen immer gekocht werden, da sich die Hunde sonst mit Krankheiten wie der Trichinose (verursacht durch den Parasiten *Trichinella spiralis*) infizieren könnte. Darüber hinaus sollte Schweinefleisch nur in kleinen Mengen gefüttert und nicht als Hauptnahrung verwendet werden.

In einigen Gegenden in den USA – wie den Rocky Mountains und dem oberen Mittelwesten – zeigte Rotwild ähnliche Krankheitszeichen wie der „Rinderwahnsinn". Noch so langes Kochen oder Einfrieren kann die Prion-

„Proteine" nicht zerstören, die diese Krankheit verursachen. Das Lexikon definiert ein Prion als infektiösen Proteinpartikel, der – anders als ein Virus – keine Nukleinsäure enthält und weder durch extreme Hitze noch Kälte abgetötet wird.

Geflügel

Geflügelfleisch, vorzugsweise Hühnchen, deckt den Proteinbedarf sehr gut. Es steht im Hinblick auf die leichte Verdaulichkeit an zweiter Stelle hinter Eiern. Achten Sie darauf, Ihrem Hund keine gekochten Hühnerknochen zu geben, weil diese splittern und den Darm perforieren können. Ausnahme von dieser Regel ist die Wirbelsäule einschließlich des Halses, die aus Knorpel bestehen und daher für den Hund sicher gekaut und geschluckt werden können.

Putenfleisch enthält sehr viel Tryptophan; diese Aminosäure ist ein natürlicher Tranquilizer mit beruhigender und sedierender Wirkung. Daher fühlen wir uns nach dem großen Festtags-Truthahnessen so träge und schläfrig. Während der Feiertage sehe ich häufig Hunde im „Truthahnrausch". Putenfleisch kann als Ergänzung zu Eintöpfen und Trockenfutter gefüttert werden. Dies gilt auch für Federwild wie Fasan, Ente oder Wachtel, wenn verfügbar.

Innereien

Bio-Fleisch stammt von Tieren, die je nach Zertifizierung des Bio-Labels frei von Pestiziden, Hormonen, Antibiotika, Steroiden und anderen toxischen Substanzen – die in konventionellem Fleisch zu finden sind – aufgezogen und gefüttert werden. Ich empfehle Bio- Fleisch und Geflügel nicht nur für Hunde, sondern auch für ihre „fleischfressenden" Besitzer.

Innereien-Fleisch wird aus tierischen Organen wie Leber, Nieren, Herz und Muskelmagen gewonnen. Man bekommt es beim Metzger häufig zu sehr günstigen Preisen. Jedoch sollten Innereien nicht öfter als ein bis zwei Mal pro Woche gefüttert werden und nicht die Hauptnahrung Ihres Hundes darstellen.

Die Herkunft der Leber, die Sie an Ihren Hund verfüttern wollen, ist sehr wichtig, weil die Leber mehr toxische Hormone und Substanzen enthält als jedes andere Organ. Zur Erinnerung: Die Leber entgiftet den Körper. Zum Beispiel werden kommerziell gehaltene Hühner mit Hormonen und Antibiotika gefüttert und leben in Ställen, die mit Pestiziden eingesprüht werden. All diese Stoffe werden durch die Leber entfernt und in ihr gespeichert. Wenn Ihr Hund Hühnerleber frisst, frisst er auch die Hormone, Antibiotika und Pestizide, die die Hühner aufgenommen haben.

Vorsicht vor Hundekot bei Rohfütterung

Studien haben bewiesen, dass E. coli und Salmonellen den Verdauungstrakt passieren und mit dem Kot ausgeschieden werden. Sie sollten daher aufpassen, wenn Sie den Kot eines Hundes entsorgen, der mit rohem Fleisch gefüttert wurde. Achten Sie auch auf ein Ansteckungsrisiko bei Ihren Kindern, die im Garten spielen, und beseitigen Sie die Hinterlassenschaften Ihres Hundes so bald wie möglich.

Ich empfehle Ihnen, Leber von Bio-Hühnchen und eher Leber von Kälbern als von Rindern zu verwenden. Kühe waren allein aufgrund ihrer längeren Lebensdauer auch länger Giftstoffen ausgesetzt. Innereien vom Schaf können ebenfalls gefüttert werden, weil Schafe weniger Kontakt mit toxischen Substanzen haben als andere kommerzielle Nutztiere. Der einzige Grund, den ich mir vorstellen kann, um einen Hund mit Leber zu füttern, ist eine Anämie; in diesem Fall würde ich Ihnen zu Bio-Leber raten.

Fisch

Sie können keine bessere Proteinquelle für Ihren Hund finden als Fisch – besonders weißen Fisch wie Flunder und Tilapia oder Kaltwasserfische wie Lachs, Makrele und Forelle. Letztere enthalten auch viele Omega-3-Fettsäuren.

Aber es gibt einige Vorbehalte, an die Sie denken müssen: Der erste ist, dass Fisch niemals roh an Hunde verfüttert werden sollte. Ihr Hund könnte sich mit den Parasiten infizieren, die roher Fisch manchmal beherbergt. Zweitens müssen Sie alle Knochen entfernen, weil sie den Darm schädigen oder sogar perforieren können. Drittens: Während sich Lachs- und Makrelenkonserven gut für Hunde eignen, gilt dies nicht für Thunfisch in Dosen. Dieser kann die Fähigkeit des Hundes reduzieren, einige fettlösliche Vitamine zu nutzen. Denken Sie auch daran, dass Thunfisch und Schwertfisch sehr quecksilberhaltig sind. Aus diesem Grund empfiehlt die amerikanische Regierung, dass schwangere Frauen Thunfisch und Schwertfisch überhaupt nicht und Kinder diese Fische nicht öfter als einmal in der Woche essen sollten. Auch wenn solche Empfehlungen nicht für Hunde existieren, können sie auch ohne die Wirkungen von Quecksilber leben. Ich plädiere für frischen Tilapia aus Fischzuchtanlagen, der vergleichsweise billig ist und für Dosenlachs, der sich gut lagern lässt und den man für eine schnelle Mahlzeit rasch zur Hand hat.

Nährhefe

Nährhefe, auch bekannt als Bierhefe, ist eine ausgezeichnete Quelle für Protein, B-Vitamine und Eisen. Bezogen auf das Gewicht enthält Bierhefe fast drei Mal so viel Protein wie Rindfleisch, aber wir nehmen Bierhefe nicht in so großen Mengen zu uns. Die meisten Hunde lieben Bierhefe, weil sie fleischig riecht und schmeckt. Es gibt sie als Flocken oder feingemahlenes Pulver, und man kann sie zu jeder Hundemahlzeit hinzufügen. Seien Sie aber vorsichtig, wenn Ihr Hund an Allergien der Haut oder Verdauungsorgane leidet, denn Nährhefe wirkt hochgradig allergen.

Halten Sie Ihren Hund gut geölt

Sie können eine ganze Reihe von Ölen für die Hundefütterung verwenden. Die Supermarktregale sind voll von verschiedenen Ölsorten. Einige eignen sich für bestimmte Zwecke besser als andere und einige sind gesünder als andere – zu Letzteren zählen Oliven-, Walnuss-, Haselnuss- und Kokosnussöl. Gesunde Öle enthalten einfache ungesättigte und andere heilsame Fette. Weil Olivenöl überall erhältlich und am preisgünstigsten ist, empfehle ich es zum allgemeinen Gebrauch.

Olivenöl

Für die Hundeküche empfehle ich besonders Olivenöl – speziell kaltgepresstes, natives Olivenöl. Es enthält viele Fettsäuren und oxidative Substanzen, ist sehr gut magenverträglich und hilft bei der Aufrechterhaltung des Vitamin-E-Spiegels.

Öle sollten nach Anbruch im Kühlschrank aufbewahrt werden, um sie vor dem Zerfall durch Hitze oder Licht zu schützen. Manchmal kann man Olivenöl in einem Pappkarton kaufen; dieser enthält einen Plastikbeutel mit Öl, der am Verschluss befestigt ist. Wenn man Öl entnimmt, kollabiert der Beutel und hält die Luft vom Öl fern. Eine solche Olivenölbox hält sich außerhalb des Kühlschrank länger frisch. Bei der Aufbewahrung im Kühlschrank verfestigt sich das Olivenöl, verflüssigt sich aber bei Raumtemperatur wieder.

Je nach Größe und Fellqualität des Hundes kann man ihm täglich einen Teelöffel bis einen Esslöffel Olivenöl über das Futter träufeln. Es ist wunderbar für das Fell. Sie können es auch zum Kochen verwenden. Im Allgemeinen entstehen durch den Zerfall anderer gebräuchlicher Öle während des Kochens Substanzen, die nicht gut verdaulich sind. Dies gilt nicht für Olivenöl und es ist das einzige Öl, das Sie verwenden sollten, wenn Sie für Ihren Hund kochen. Ich benutze Unmengen von Olivenöl und Rosmarin in meinem Hundefutter, und ihr Fell glänzt. Hunde lieben Olivenöl im Futter.

Kokonussöl

Kokosnussöl war einmal ein wesentlicher Bestandteil der amerikanischen Ernährung. Die Nahrungsmittelindustrie sah Kokosnussöl als das beste Öl zum Backen und Kochen an. Als jedoch während des Zweiten Weltkriegs Japan den größten Teil des Südpazifik und die Philippinen besetzte, waren die USA von der Versorgung mit Kokosnussöl abgeschnitten. Die Amerikaner mussten alternative Öle zum Kochen finden und viele mehrfach ungesättigte Öle begannen, den Markt zu erobern.

Kokosnüsse und ihr Öl werden als „funktionale Lebensmittel" eingestuft, weil sie außer ihrem ausgezeichneten Nährwert viele Vorteile für die Gesundheit bieten. Kokosnussöl besitzt deutlich mehr heilende Kräfte als jedes andere Öl und wird in der traditionellen Medizin der Asiaten und Pazifikinsulaner extensiv verwendet. Es wird weltweit zur Behandlung einer großen Vielzahl medizinischer Probleme eingesetzt, einschließlich Abszesse, Asthma, Haarausfall, Bronchitis, Prellungen, Verbrennungen, Erkältungen, Verstopfung, Husten, Durchfall, Ohrenschmerzen, Fieber, Grippe, Zahnfleischentzündung, Gonorrhoe, Gelbsucht, Nierensteine, Hautinfektionen, Zahnschmerzen, Tuberkulose, Tumoren und mehr.

Die Kokospalme wird von den Pazifikinsulanern so sehr für Ernährung und Medizin wertgeschätzt, dass sie sie „Baum des Lebens" nennen.

Auch die moderne Medizin bestätigt, dass Kokosöl in der einen oder anderen Form Viren, Bakterien und Hefen abtötet, vor Osteoporose schützt, die Symptome von Morbus Crohn und Magengeschwüren lindert, Zahnausfall verhindert, die Schilddrüsenfunktion unterstützt, Nierensteine auflöst und Adipositas vorbeugt.

Erst vor kurzem hat die moderne medizinische Wissenschaft die Geheimnisse der wunderbaren Heilkraft der Kokosnuss enthüllt. Die Forscher haben herausgefunden, dass der Schlüssel zu Gesundheit und Gewichtsverlust die Länge der im Kokosnussöl enthaltenen Fettsäuren ist. Kokosnussöl enthält die so genannten mittelkettigen Fettsäuren. Diese unterscheiden sich von den häufigeren langkettigen Fettsäuren, die in anderen pflanzlichen Ölen vorkommen. Pflanzenöle werden normalerweise als Fett im Körper gespeichert, während das Kokosnussöl vom Organismus schnell zur Energiegewinnung verbrannt wird.

Dies ist in etwa so, als würden Sie Kleinholz zu einem großen feuchten Stamm in den Kamin geben.

Kokosnussöl ist die reichste in der Natur vorkommende Quelle für mittelkettige Fettsäuren. Diese Fettsäuren regen nicht nicht nur den Stoffwechsel des Körpers an, was zu Gewichtsverlust führt, sie besitzen auch spezielle heilende Eigenschaften. Die dominierende Fettsäurekette in Kokosnussöl ist die Laurinsäure, deren Wert kürzlich wissenschaftlich nachgewiesen wurde. Mit Ausnahme der Muttermilch ist Kokosnussöl die bedeutendste Quelle für Laurinsäure und mittelkettige Fettsäuren. Die mittelkettigen Fettsäuren ähneln den Fetten der Muttermilch und beide haben wunderbare Heilkräfte. Wenn Laurinsäure mit der Muttermilch oder mit Kokosnussöl aufgenommen wird, bildet sich das Monoglyzerin Monolaurin, das verschiedene Arten von Bakterien und Viren sowie Protozoen wie beispielsweise Giardien zerstört. Monolaurin wird in den Vereinigten Staaten in Tablettenform verkauft, und ich nehme es immer ein, um einer Grippe oder Erkältung vorzubeugen oder diese im Keim zu ersticken. Als sich herumsprach, wie wirksam es ist, stand es in meiner Praxis nicht mehr lange im Regal. Hunde lieben Kokosnussöl als Zutat in ihrem Futter. Der tägliche Verzehr führt zu einem glänzenden Fell mit weniger Haarausfall und Geruch. Es unterstützt auch die Schilddrüsenfunktion Ihres Hundes und optimiert seinen Stoffwechsel. Man findet es in jedem Bioladen. Kokosnussöl sollte im Kühlschrank aufbewahrt werden. Täglich ein halber Teelöffel reicht für einen mittelgroßen Hund und Sie kommen lange mit einem Glas Kokosnussöl aus.

Knochen: Mit Vorsicht zu genießen

Ja, es ist in Ordnung, dass Ihr Hund einen oder zwei Knochen genießt. Es ist sogar wünschenswert, wenn es die richtige Art von Knochen ist. Ich rede über markhaltige Knochen wie die großen Oberschenkel- oder Bein- oder Fußknochen des Rindes, die praktisch unmöglich abzuschlucken sind und die nicht splittern. Trotzdem sollten Sie sich immer vergewissern, dass ein Knochen für Ihren Hund groß genug ist. Er sollte immer nach einer Mahlzeit gegeben werden, damit der Hund ihn nicht auf leeren Magen frisst. Das Knochenmark kann anfangs für einige Hunde ein wenig zu reichhaltig sein, daher sollten Sie zuerst einen Teil des Knochenmarks – wenn nicht alles – entfernen. Wenn sich Ihr Hund daran gewöhnt hat, können Sie mehr im Knochen belassen.

Hühnerhälse können auch als Belohnungen für mittelgroße Hunde oder als Snack für kleine Hunde verwendet werden, weil sie aus Knorpel bestehen und nicht splittern. Hühnerhälse bekommen Sie beim Metzger oder in der Fleischabteilung der meisten Supermärkte. Sie können Sie entweder roh füttern oder im vorgeheizten Backofen bei 180 Grad für fünfzehn bis zwanzig Minuten backen. Nach dem Abkühlen geben Sie kleinen Hunden etwa 2 cm lange Stücke oder lassen Ihren mittelgroßen Hund auf einem ganzen Hals herumkauen. Sie können mehrere Knochen gleichzeitig vorbereiten und die überzähligen für später einfrieren.

Weil ein ganzer Hühnerhals für große Rassen klein ist, sollten Sie darauf achten, dass Ihr großer Hund ihn nicht auf einmal herunterschluckt. Wie Hühnerhälse besteht auch die Wirbelsäule von Hühnern mehr aus Knorpel als aus Knochen, sie ist leicht verdaulich und splittert nicht. Obwohl Hühnerhälse und -rückenknochen roh gefressen werden können, geben Sie sie nicht einem Hund, der keine Erfahrungen mit Knochen hat. Es ist denkbar, dass er ein Stück verschluckt, das zu groß ist, um den Magen zu passieren.

Die gute Nachricht: Das Kauen auf einem Knochen stimuliert das Zahnfleisch und entfernt Zahnbeläge wie eine Art Zahnbürstenersatz. Es ist sicherlich einem Zahnarztbesuch mit Ihrem Hund vorzuziehen. Zusätzlich trainiert Ihr Hund seine Kaumuskeln.

Jedoch kann die falsche Art von Knochen zu vielen Problemen führen – einige sind nur unangenehm, wie das Einklemmen von Stücken zwischen den Zähnen, andere sind gefährlich, wie Stücke, die im Magen bleiben oder die Darmwand perforieren. Die gefährlichsten Knochen sind solche, die splittern oder verschluckt werden können, wie gekochte Knochen von Huhn und Pute und Knochen in Steaks und Lamm-, Kalbs-, Rinder- oder Schweinekoteletts.

Sie müssen darauf achten, dass ein Knochen nicht zu klein wird. Wenn dies der Fall ist, tauschen Sie ihn gegen einen neuen. Außerdem kann sich ein Hund, der sich zu enthusiastisch mit seinem Knochen beschäftigt, manchmal einen Zahn abbrechen. Daher sollten Sie einen Hund, der zum ersten Mal einen Knochen frisst, sorgfältig beobachten. Wenn Ihr Hund aber sicher auf seinen Knochen kaut, entspannen Sie sich und genießen die Tatsache, dass seine Zähne und sein Zahnfleisch dadurch gesünder werden.

6. Die Heilung liegt im Napf

Wenn ich an die Geschichte der Kräuter und anderer Gewürze denke, fällt mir das Wort „exotisch" ein: gefährliche Seereisen, bunte Kulturen, geheime Landkarte mit Gewürzrouten, Gefahren und Spannung. Der Handel mit Gewürzen begann vor mehr als dreitausend Jahren. Zuvor hatten schon die alten Ägypter ihre Kenntnisse über Kräuter aufgezeichnet und katalogisiert, und ein chinesischer Kaiser hatte „Das große Buch einheimischer Kräuter" geschrieben. Viele Pflanzen, die er in diesem Buch erwähnte, werden bis heute in chinesischen pflanzlichen Zubereitungen verwendet.

Zuerst kontrollierten arabische Händler die Handelswege nach Indien im Vorderen Orient und damit den Gewürzhandel. Nachdem man die Seerouten entdeckt hatte, wurde Ägypten zum Hauptumschlagsplatz für Gewürze. Später riss Venedig den Handel zwischen Vorderem Orient und Europa an sich. Viele Länder wurden durch Geschäfte mit Gewürzen sehr reich.

Als Venedig exorbitante Preise forderte, suchten Portugal und Spanien zunächst ost- und später westwärts nach neuen Routen. Bei seiner ersten Reise im Jahr 1492 suchte Christoph Kolumbus nicht nach einem neuen Kontinent, sondern nach einem kürzeren Seeweg nach Indien, um zu dessen Gewürzen Zugang zu bekommen. Seine Expedition wurde hauptsächlich von Gewürzhändlern finanziert, denn im Handel waren Gewürze noch wertvoller als Gold.

Die Geschichte berichtet über den großen Wert von Kräutern und Gewürzen. Jede Region hatte Pflanzen und Kräuter, die für das jeweilige Gebiet und Klima typisch war. Die Länder waren sehr motiviert, neue Routen für den Gewürzhandel zu entdecken und zu kontrollieren, weil die Kräuter kostbar waren. Gewürze bedeuteten das große Geschäft.

Ein Großteil ihres Wertes bestand nicht in den Vorteilen für die Nahrungszubereitung, sondern in ihrem medizinischen Nutzen. Die Redewendung „das Gewürz des Lebens" kann wörtlich genommen werden. Mit wenigen Ausnahmen wurden die heute bekannten Gewürze schon im Altertum verwendet und spielten in der Medizin eine wichtige – manchmal magische – Rolle. Bevor industriell hergestellte Medikamente aufkamen, wurden üblicherweise pflanzliche Arzneimittel verordnet. In diesem Kapitel werden wir etwas von dem überlieferten Wissen über Kräuter wiederentdecken und lernen, wie wir sie verwenden können, um die Gesundheit unserer Hunde zu verbessern.

Die Welt der pflanzlichen Medizin

Die Pflanzenheilkunde ist vermutlich so alt wie die Menschheit selbst; die Entdeckung vieler Gewürze geht der Gründung der frühesten Zivilisationen voraus. Die ersten Menschen lernten den Umgang mit Kräutern durch Versuch und Irrtum und gaben ihr Wissen von einer Generation zur nächsten weiter. Die alten Araber, Babylonier, Chinesen, Griechen, Römer, Hebräer und Perser waren mit der Praxis der Pflanzenheilkunde vertraut. Die Chinesen entwickelten eine systematische Methode zur Verschreibung pflanzlicher Medizin. Aus ihrer Sicht spiegelt der Körper die Natur wider und ist mit der Lebensenergie Qi (sprich: tschi) gefüllt. Krankheit ist ein Zeichen, dass der Fluss des Qi aus dem Gleichgewicht geraten ist. Heiler verwenden Kräuter, um die Balance des Qi wiederherzustellen und den Patienten zur Gesundheit zurückzuführen. Es wurden Kombinationen von chinesischen Kräutern zusammengestellt, die eine tiefgreifende und starke heilende Wirkung entfalten. In diesen Kombinationen ergänzen die Bestandteile einander. Es entsteht ein synergistischer Effekt, der ein größeres Heilungspotenzial entfaltet als die Wirkungen der ganzen Blätter oder der ganzen Pflanze für sich genommen. Die chinesische Kräutermedizin ist sehr wirksam zur Behandlung von Krankheiten und verdient unsere Anerkennung und unseren Respekt.

Auch in Indien entwickelte sich ein komplexes Wissen über Pfanzenmedizin. Die indische Ayurvedamedizin gehört zu den ältesten und anspruchsvollsten Systemen ganzheitlicher Medizin. Sie unterscheidet zwischen verschiedenen Stoffwechseltypen. Ein Arzt beobachtet, ob der Patient in einem Bereich einen Überschuss oder Mangel aufweist und stellt das Gleichgewicht mittels Diät und Kräutern wieder her.

Vertreter der europäischen Signaturenlehre glauben, dass die Merkmale und die Struktur einer Pflanze Ähnlichkeiten mit dem Problem aufweisen, das mit ihrer Hilfe behandelt werden kann. Nach dieser Lehre eignen sich Pflanzen mit einer gelben Signatur, wie der Löwenzahn, für Leberprobleme wie beispielsweise eine Gelbsucht, bei der sich das Weiße der Augen und die Haut wegen eines Leberversagens gelb färbt. Den Blättern der Bete mit ihren roten Adern wird eine blutreinigende Wirkung zugesprochen. Die Beeren des Weißdorns (*Crataegus*) sind tiefrot und herzförmig und können daher bei Herzproblemen helfen. Ginsengwurzeln sehen aus wie ein menschlicher Rumpf mit Armen und Beinen und dienen daher als Tonikum fur den gesamten Organismus. Blätter und Querschnitt der Frucht von *Gingko biloba* ähneln dem Gehirn und werden bei Gedächtnisverlust eingesetzt.

Die westliche Pflanzenmedizin geht auf die überlieferte Verwendung von Medizinpflanzen in Europa zurück und bezieht auch Kräuter ein, die amerikanische Ureinwohner einsetzten. Der westliche Ansatz sieht den Körper als ein System aus Organen an und vertritt die Meinung, dass Zellen im Gleichgewicht gehalten werden müssen.

Jede Kultur hat ihre eigenen geheiligten und allgemein gebräuchlichen Kräuter. Im Laufe der Zeit haben sich aber alle über die ganze Welt verbreitet. Wir können heute in einen Naturkostladen gehen und Kräuter kaufen, die vor Jahrhunderten wertvoller waren als Gold.

In allen Formen der Pflanzenheilkunde ist die Wiederherstellung der Balance und Harmonie des Körper das oberste Ziel, weil diese Balance der Schlüssel zur Erhaltung und Wiederherstellung der Gesundheit ist. Die Weltgesundheitsorganisation schätzt, dass heute mehr als 80 % der Weltbevölkerung auf Kräuter zur Gesundheitsvorsorge vertrauen.

Die Notwendigkeit von Kräutern

Über Jahrhunderte und in allen antiken Kulturen gehörten Heilkräuter zum Alltag. Kurkuma, der Hauptbestandteil eines indischen Currys, enthält ein natürliches Antioxidans und eine antientzündliche Substanz, das Kurkumin, das gegen Arthritisschmerzen hilft. Eines der wertvollsten Gewürze, das im alten Indien gehandelt wurde, ist Zimt – eine weitere vielverwendete Zutat der indischen Küchen. Heute weiß man, dass Zimt zur Blutzuckerregulation bei Diabetikern beitragen kann, während Kümmel- und Fenchelsamen – ebenfalls indische Gewürze – die Verdauung fördern.

Auch mediterrane Kulturen verwendeten Heilkräuter regelmäßig als Gewürze in ihrer Ernährung. Wilder Oregano und Rosmarin wirken antiseptisch. Rosmarin unterstützt darüber hinaus das endokrine Gleichgewicht und trägt bei unseren Hunden zu einem gesunden Fell bei.

Tiere besitzen Instinkte, die sie dazu bringen, spezielle Pflanzen aufzunehmen, um ihre Krankheiten zu kurieren. Im Frühjahr grasen Pferde und Schafe Pflanzen auf der Wiese, die Darmparasiten abtöten. In Naturdokumentarfilmen kann man oft beobachten, dass Tiere gezielt bestimmte Pflanzen fressen.

Der Körper Ihres Hundes hat ein eingebautes System, das ihn bei guter Gesundheit erhält. Diese System arbeitet in einer sehr kraftvollen, geradezu wundersamen Weise, um Ihren Hund von Krankheiten und Gesundheitsstörungen zu heilen. Es ist effizienter und effektiver als jeder Computer. Dieses facettenreiche System benötigt aber Enzyme, Mineralien und Vitamine, um seinen Job gut ausüben zu können. Unsere Haushunde brauchen Nahrungsergänzungen, weil sie nicht mehr an der natürlichen Nahrungskette teilhaben können, die sie ununterbrochen mit frischem Futter versorgt. Viele Hunde leiden unter den gleichen Erkrankungen wie wir Menschen und profitieren von Kräutern in ihrer Nahrung. Jeder Körper, ob Mensch oder Hund, muss das Material erhalten, das seine Systeme für Reparaturen benötigen.

Eine antike Honorarvereinbarung

Im alten China wurde der Doktor bezahlt, wenn der Patient gesund war. Wenn der Patient krank wurde, stellte er die Zahlungen ein, aber es wurde vom Arzt erwartet, seine Zeit und Kenntnisse einzusetzen, den Patienten wieder zu heilen. Stellen Sie sich einmal vor, wie eine solche Honorarvereinbarung die Praxis der modernen Medizin verändern würde!

Unsere ersten Heilmittel

Kräuter sind wirklich konzentrierte Nahrungsquellen. Seit Kräuter zur Ernährung gehören, erkennt der Körper ihre Nährstoffe und nutzt sie, um auf natürliche Weise die Gesundheit zu fördern. Eine Heilpflanze bietet eine Fülle an Nährstoffen, die ausgewogen und leicht absorbierbar sind. Heute brauchen wir Kräuter mehr denn je, weil der Großteil unserer Nahrung auf ausgelaugten Böden angebaut wird. Um eine gute Ernte zu erhalten, haben sich die Landwirte auf massenproduzierte Agrarerzeugnisse umgestellt und das bedeutet den Einsatz von Fungiziden, Pestiziden und Tonnen an Wachstumsförderern. Dies führt aber zu einer „leeren Ernte". Den Produkten im Supermarktregal fehlen die Nährstoffe, die für die Zellen lebensnotwendig sind. Kräuter in der Nahrung helfen (ebenso wie Bio-Lebensmittel) beim Ersatz und Ausgleich.

Kräuter enthalten vom Körper nutzbare, natürliche Vitamine und Mineralien und versorgen den Körper mit den Bausteinen, die er für die Heilung braucht.

Partner für die Gesundheit

Die persönliche Philosophie entscheidet darüber, ob sich jemand für Kräuter oder verschreibungspflichtige Medikamente zur Behandlung entscheidet. Diejenigen, die Kräuter wählen, vertrauen auf die angeborene Intelligenz des Körpers für die Selbstheilung und Regeneration und sie glauben, dass Kräuter den Körper mit den für eine Heilung fehlenden Substanzen versorgen. Kräuter stammen aus der Natur und unser Körper weiß seit Langem, wie man deren Geschenke nutzt.

Kräuter tragen dazu bei, das Immunsystem zu stimulieren und die Balance des Körpers zu regulieren. Dies steht in einem krassen Gegensatz zur Wirkungsweise von Antibiotika. Das Antibiotikum, das in den Blutstrom gelangt, tötet Bakterien im Organismus und hinterlässt dabei toxischen Abfall. Das Endresultat dieser Therapie ist ein geschwächtes Immunsystem. Pflanzenmedizin erhöht die Leistungsfähigkeit des Immunsytems und – noch wichtiger – stärkt den Körper und seine Widerstandskraft. Kräuter ernähren den Körper und regen die Heilung von Geweben an.

Vielleicht kennen Sie die weitverbreite Heilpflanze Echinacea, die häufig als Schub für das Immunsystem verwendet wird, um eine Erkältung oder Influenza im Keim zu ersticken. Es ist wichtig, den Unterschied in der Wirkungsweise von Antibiotika und Heilpflanzen zu kennen.

Der therapeutische Effekt von Heilkräutern beruht auf deren Fähigkeit, die Funktionen des Körpers so zu unterstützen, dass er sein Problem effektiv korrigieren kann. Kräuter werden oft als Alternative zu Medikamenten angeboten. Das ist gut, denn wenn sie anstelle anderer Arzneimittel verwendet werden, stärken sie Ihre oder Ihres Hundes Selbstheilungskräfte. Natürlich verbessert sich dadurch auf lange Sicht auch die allgemeine Gesundheit, denn ein weiserer Körper funktioniert besser.

Es ist wichtig, darauf zu hinzuweisen, dass Heilpflanzen als Assistenten wirken. Der Körper wird ihnen die Substanzen entziehen, die er braucht. Sie sind keine Wundermittel.

Der ganze Kuchen, nicht nur ein Stück

Wenn ein Pharmakonzern eine Substanz, die sie für den „aktiven Inhaltsstoff" hält, extrahiert und aufreinigt, dann besitzt sie diesen einzelnen Wirkstoff und kann exorbitante Preise dafür verlangen. Aber oft ist die Einnahme des „aktiven Inhaltsstoffs" mit einer Vielzahl an Nebenwirkungen verbunden, die nicht gerade beruhigend wirken, wenn man sich das Kleingedruckte in der Packungsbeilage durchliest.

Jede Heilpflanze besitzt eine einzigartige Kombination von Inhaltsstoffen, die erst im Zusammenspiel ihre Wirkung entfalten. Wenn dieser gesunde Cocktail zerlegt wird, befindet sich jeder isolierte Inhaltsstoff nicht mehr im Gleichgewicht. Ohne die übrigen Inhaltsstoffe und in verändertem Zustand führt er zu unerwünschten Wirkungen. Die synergistische Qualität des vollständigen Heilkrauts ist verlorengegangen. Selbstverständlich hat kein Pharmakonzern irgendein Interesse an der ganzen Heilpflanze, weil man diese nicht patentieren und besitzen und mit ihr keinen Profit machen kann. Es ist auffallend, dass pharmazeutische Drogen offensichtlich nicht heilen können, wie viele Menschen wissen, die Monat für Monat für Monat ihre Rezepte erneuern lassen.

Viele pflanzliche Zubereitungen sind im Bioladen erhältlich. Flüssige Pflanzenextrakte können Ihrem Haustier leicht zugeführt werden. Versuchen Sie, alkoholfreie Extrakte zu finden, weil die meisten Hunde den Geschmack von Alkohol nicht mögen. Heilkräuter und pflanzliche Kombinationen gibt es auch als Tabletten, die Sie in leckerem Käse oder Butter verstecken können, wenn Sie möchten.

Wie sicher sind Heilpflanzen?

Ja, manche Heilpflanzen sind sehr giftig. Sokrates wurde gezwungen, sein Leben durch einen Schierlingstrunk zu beenden. Wenn sie jedoch mit Verstand für nützliche Zwecke eingesetzt werden, sind pflanzliche Zubereitungen sehr sicher. In Wirklichkeit sind die meisten pflanzlichen Arzneimittel heutzutage sehr viel sicherer als pharmazeutische Drogen. (Nebenwirkungen von Medikamenten sind die vierthäufigste Todesursache von hospitalisierten Patienten in den Vereinigten Staaten.)

Während die pharmazeutische Industrie in einem Heilkraut nach dem aktiven Inhaltsstoff sucht, verwendet der Kräuterkundige das ganze Blatt, die Wurzel oder die gesamte Pflanze. Nebenwirkungen sind bei pflanzlichen Zubereitungen selten, obwohl zu viele Heilkräuter auf einmal bei Hunden Durchfall auslösen können. Die Kräuter, deren Anwendung Sie in diesem Kapitel lernen werden, sind aber sehr sicher. Kräuter besitzen definitiv eine pharmakologische Wirkung, und wir werden nur solche Heilpflanzen vorstellen, die sicher und unkompliziert in den Speiseplan Ihres Hundes einbezogen werden können.

Reinigung und Vorbeugung

Die Forschung hat gezeigt, dass Hunde besonders den Geschmack von Salz nicht lieben. Sie schätzen aber den Geschmack vieler unserer Küchenkräuter, wenn diese ihrem gekochten Futter zugegeben werden (Einfaches Streuen über das Trockenfutter war bei meinen Hunden noch nie ein Hit.) Mein Mann und ich kochen Eintöpfe, Aufläufe und Pudding für unsere Hunde und wie ich schon erwähnt habe, fügen wir routinemäßig Rosmarin und viel Olivenöl hinzu. Ich führe das glänzende Fell meiner Hunde auf diese zwei Bestandteile zurück. Durch den Rosmarin duftet ihr Futter so gut und verbessert dessen Geschmack.

Viele Kräuter, die im Lebensmittelgeschäft erhältlich sind, können Sie zum selbstgekochten Futter für Ihren Hund geben. Sie sorgen für ein wunderbares Aroma und geben der Mahlzeit eine persönliche Note. Sie können aber auch körperliche Symptome und Probleme erleichtern.

Sowohl Kümmel als auch Fenchelsamen unterstützen die Verdauung. Sie helfen bei Flatulenz und Darmkrämpfen. Fenchel unterstützt auch die Laktation. (Tipp: Guinness und

andere dunkle Biere stimulieren die Milchproduktion ebenfalls. Dieser Tipp hat niemals gute Ergebnisse verfehlt – und einige hochgezogene Augenbrauen, wenn ich es vorgeschlagen habe!). Spargel und Petersilie sind gut für den Harnapparat. Petersilie wirkt auch diuretisch und bei Nierenentzündungen. Salbei lindert Hautprobleme und wirkt antibakteriell bei Entzündungen in der Mundhöhle.

Basilikum beeinflusst die Lunge positiv und hat neben antiviralen und antibakteriellen Eigenschaften einen abschwellenden Effekt. Oregano unterstützt bei Atemwegserkrankungen. Estragon ist angezeigt bei Kolitis, Ischiasbeschwerden und Parasiten. Im Allgemeinen sind die meisten dieser Kräuter einfach gesund und wohlschmeckend und eignen sich gut als Zusatz zu Ihrem Hundefutter.

Da unser Thema die Heilung aus dem Napf ist, können wir auch einige nützliche Lebensmittel erwähnen. Gurken können geschält und in Scheiben geschnitten werden, und eine Gurkenscheibe auf jedes Augenlid gehalten reduziert Augenentzündungen. Mit Grünkohlblättern kann man gut juckende Hautbereiche („Hot Spots“) verbinden. Dafür klopfen Sie das Kohlblatt mit einem hölzernen Fleischklopfer, bis der Saft auftritt und bringen das Blatt auf die entzündete Stelle auf. Sie werden sich wundern – das Kohlblatt wird warm und der entzündete Bereich kühlt ab. Hamamelis aus der Zaubernusspflanze wirkt auch gut, wenn man es auf entzündete Haut oder Füße sprüht oder sie damit betupft. Eine Paste aus Backsoda, verdünnt mit Wasser, beruhigt ebenfalls gereizte Hautstellen.

Der Kräutergarten

Im Mittelalter gehörte zu fast jedem Kloster ein Arzneigarten mit den Kräutern, die man zum Kochen und als Medizin benötigte. Ein Kräutergarten kann die Stimmung aufhellen und Energie verleihen.

Ich liebe es, in meinem Kräutergarten zu arbeiten. Es ist ein wohliges Gefühl, mit den Händen vorsichtig über die Pflanzen zu streichen und sich am Duft zu erfreuen. Allein die Atmosphäre des Gartens versetzt mich in eine bessere Stimmung.

Ihr Kräutergarten kann so anregend sein! Dort zu arbeiten, ist ein guter Grund, wieder in Kontakt mit der Natur zu kommen und etwas frische Luft zu schnappen. Auch Ihr Hund wird die Zeit im Freien genießen. Arrangieren Sie doch eine bequeme Sitzgruppe in der Nähe des Gartens, dann können Sie während der Sommermonate seinen Duft genießen, während Sie dort sitzen und an einer Tasse Kräutertee nippen.

Frische Kräuter beinhalten eine viel höhere Konzentration an Phytochemikalien (die Bestandteile der Pflanzen, die unser Körper zur Ernährung verwendet, wenn wir sie verspeisen) als die getrockneten Kräuter in den Gläsern im Supermarktregal. Es ist eine Freude, mit frisch gepflückten Kräutern zu kochen. Ich genieße es, im Sommer nach draußen zu gehen und mir die Pflanzen zum Kochen frisch zu pflücken.

Es macht auch Spaß, am Ende der Saison die Gartenkräuter zu trocknen. Ernten Sie die Kräuter am Höhepunkt ihrer Blüte, bevor Sie anfangen zu welken. Hängen Sie von jedem Kraut kleine Bündel zum Trocknen auf und verwenden Sie die getrockneten Kräutern in den Wintermonaten, um Tee zuzubereiten oder verwenden Sie sie für Ihre eigenen oder die Hunde-Mahlzeiten. Sie können auch Mischungen und Spülungen herstellen und die Kräuter auf vielfache Weise genießen.

Durch das Nutzen von Pflanzen als Heilmittel fügen wir uns wieder in den Zyklus der Natur ein. Sie werden überrascht sein, wie viele der typischen Gartenpflanzen medizinische Pflanzen sind. Zum Beispiel ist der Sonnenhut, auch Purpursonnenhut oder Echinacea genannt, eine typische Gartenpflanze. Er gibt dem Immunsystem einen kräftigen Impuls und wird gerne genommen, wenn eine Erkältung oder Grippe im Anzug ist. Ein anderes Beispiel für eine gebräuchliche Heilpflanze ist Hypericum oder Johanniskraut. Diese blassgrüne Pflanze mit hübschen gelben Blüten hilft bei Depressionen und besitzt antivirale Eigenschaften.

Im nächsten Abschnitt lernen Sie, einen Garten von einem Quadratmeter Größe anzulegen, der sie während der Vegetationsperiode mit Heilkräutern versorgt. Die Samen und Pflanzen sind leicht erhältlich; ich bevorzuge im Allgemeinen Pflanzen. Dieser Garten ist eine Gruppenarbeit, denn Sie pflegen ihn und Ihre Hunde fressen die Kräuter. Natürlich können auch Sie und Ihre menschlichen Familienmitglieder sich beteiligen und die Kräuter selbst essen.

Die Kräuter, mit denen wir uns beschäftigen, werden seit Jahrhunderten als natürliche Heilpflanzen und zur Erhaltung der Gesundheit genutzt. Sie sind sicher und leicht anwendbar und dienen auch in der Küche als Gewürze. Neben der Verbesserung des Geschmacks der Nahrung besitzen sie auch heilende Kräfte. Es ist immer am besten, frische Kräuter zu nehmen, aber verwenden Sie sie zum Kochen sparsam, weil sie eine starke Wirkung entfalten.

Viele Kräuter treiben jedes Jahr erneut aus. In sehr kalten Klimazonen schützt eine Abdeckung aus Heu oder Sackleinen empfindlichere Arten. Andere, wie die Kamille, breiten sich rasch aus, können aber auch leicht kontrolliert werden.

Wussten Sie schon?

Der Preis für einen Sklaven im alten Ägypten waren sieben Kilogramm Knoblauch.

Die Knoblauch-Frage

Das Liliengewächs Knoblauch erfreut sich weltweiter Anerkennung und Verwendung. Unter den ältesten kultivierten Pflanzen wird Knoblauch seit langem wegen seiner krankheitsabwehrenden Eigenschaften geschätzt. Schon in fünftausend Jahre alten Sanskrit oder chinesischen medizinischen Schriften werden die Vorteile von Knoblauch beschrieben. Bei vielen antiken Völkern, wie den Ägyptern, Babyloniern, Griechen und Römern gehörte Knoblauch zu den geschätzten Grundnahrungsmitteln. In Ägypten bezahlte man für einen gesunden männlichen Sklaven sieben Kilogramm Knoblauch. Heute wird Knoblauch auf der ganzen Welt angebaut. Obwohl er hauptsächlich als Gewürz verwendet wurde, feiert er ein Comeback als wirksames natürliches Heilmittel. Die moderne Forschung hat gezeigt, dass Knoblauch antimykotisch (pilzhemmend), antibiotisch, antiviral, antiparasitär und gegen Krebs wirkt.

Seit die Menschen Knoblauch verwenden, haben sie auch ihre tierischen Begleiter damit gefüttert. Jedoch wird die Sicherheit von Knoblauch für den Hund in Frage gestellt. Wissen ist Macht, und der kluge Hundebesitzer sollte alle Fakten sammeln, bevor er diese phantastische Zwiebel meidet.

Knoblauch ist als Gewürz für Tierfutter zugelassen, aber die amerikanische Lebensmittel- und Arzneimittel-Überwachungsbehörde FDA listet Knoblauch in ihrer Giftpflanzen-Datenbank. Studien weisen darauf hin, dass Knoblauch die roten Blutkörperchen von Hunden schädigen kann, wenn er in exzessiven Mengen (5 Gramm ganzer Knoblauch pro Kilogramm Körpergewicht des Hundes) gefüttert wird.

Was ist gesund und was ist exzessiv? Wo verläuft die Grenze, bis zu der Knoblauch gesund ist, denn wir wissen, dass Knoblauch für Ihren Hund supergesund ist? Auf der Basis der Studie, die auf der Webseite der FDA publiziert wurde, müsste ein durchschnittlicher Golden

Retriever (35 kg) fünf ganze Knoblauchknollen oder etwa 75 Knoblauchzehen fressen, bevor seine roten Blutzellen Schaden nehmen. Oder ein Hündchen von 5,5 kg müsste 30 g Knoblauch fressen, d. h. etwas weniger als eine ganze Knolle oder acht bis zehn Zehen.

Die Fakten sprechen für die Sicherheit von Knoblauch: Kennen Sie jemanden, der Hunden soviel Knoblauch in einer Mahlzeit vorsetzt? Weiterhin wurde in den letzten 22 Jahren kein einziger Fall einer Knoblauch-Nebenwirkung berichtet. Das amerikanische National Animal Supplement Council (NASC) dokumentiert gewissenhaft Nebenwirkungen und schwere Nebenwirkungen, die aus der Verwendung natürlicher Produkte resultieren. Eine schwere Nebenwirkung ist folgendermaßen definiert: „Eine Nebenwirkung mit einem vorübergehenden, schwerwiegend beeinträchtigenden Effekt (z. B. ein Tier vorübergehend über kurze Zeit funktionsunfähig machen, etwa ein Krampf) oder einem nicht-vorübergehenden (d. h. dauerhaften) gesundheitlichen Effekt." Neunhundert Millionen Knoblauchdosen in einem Zeitraum von 22 Jahren führten nur zwei Mal zu einer schwerwiegenden Nebenwirkung, und beide Ereignisse waren nicht zweifelsfrei durch Knoblauch verursacht, sondern hätten auch auf andere Inhaltsstoffe der Mischung zurückgeführt werden können. Dies beweist zweifelsfrei ein so geringes Risiko der Knoblauchverwendung, dass es einfach statistisch nicht signifikant ist. Das ist zusammengefasst die ganze Wahrheit über Knoblauch.

Was ist die Moral von der Geschichte? Knoblauch ist gut für unsere Hunde, und Mäßigung ist der Schlüssel für eine gute Gesundheit.

Signifikant sind aber all die positiven Forschungsergebnisse, die den medizinischen Nutzen von Knoblauch belegen. Von allen vermeintlichen Vorteilen ist die natürliche antibiotische Wirkung vermutlich am besten bekannt. Berichte hierüber reichen weit in die Geschichte zurück, und 1858 berichtete Louis Pasteur, dass Knoblauch Pilze und Bakterien abtöten kann. Moderne Forscher haben die Wirksamkeit von Knoblauch und Antibiotika verglichen und herausgefunden, dass Knoblauch eine antibakterielle Breitspektrum-Wirkung besitzt. Darüber hinaus scheinen Bakterien – anders als bei vielen Antibiotika – keine Resistenz gegenüber Knoblauch zu entwickeln. Wegen der großen Zunahme an Antibiotikaresistenten Bakterien werden die antimykotischen, antiviralen und antibakteriellen Eigenschaften von Knoblauch heute besonders geschätzt. Er steigert auch die allgemeine Aktivität des Immunsystems, besonders auch die Aktivität der Killerzellen, d. h. der Zellen, die eindringende Bakterien und Krebszellen erkennen und zerstören.

Es gibt ein Geheimnis hinsichtlich der Heilkräfte von Knoblauch. Der wirksamste medizinische Bestandteil mit dem größten gesundheitlichen Nutzen in Zusammenhang mit Knoblauch ist das Allicin. Knoblauch selbst

Warzenentfernung

Zerdrücken Sie Knoblauch und lassen ihn einige Stunden auf die Warze einwirken. In einigen Fällen verkleinert sich die Warze oder verschwindet.

enthält aber kein Allicin. Es muss erst ein chemischer Prozess stattfinden, damit sich das Allicin bildet. Wenn Knoblauch zerkleinert wird, reagiert eine in ihm enthaltene Aminosäure mit einem Enzym und Allicin entsteht. Sie müssen eine Knoblauchzehe fein hacken oder zerdrücken und einige Minuten abwarten, bis die chemische Reaktion abgeschlossen ist. Außerdem ist Allicin bei der Exposition gegenüber Luft und Hitze unstabil, also sollten Sie nicht länger als zwanzig Minuten warten, bevor Sie den gesunden rohen Knoblauch zu Ihrem Hundefutter geben. Ich kann mir nicht helfen, aber ich denke an den guten alten, selbstgemachten Cäsar-Salat, bei dem man kurz vor dem Servieren rohen Knoblauch zerdrückt und zufügt. Das ist gesünder für mich, als ich früher dachte!

Während Kochen das Allicin zerstört, behalten andere Inhaltsstoffe im gekochten oder pulverisierten Knoblauch ihre positiven gesundheitlichen Effekte. Bestimmte Bestandteile wirken als Antioxidantien und tragen zur Ausschwemmung von Toxinen bei. Wenn Sie für Ihren Hund kochen, ist es vollkommen ungefährlich, Knoblauch zum Würzen und zur Verbesserung der Gesundheit zuzufügen (solange es nicht 75 Zehen pro Mahlzeit sind!). Außerdem füttert man Hunden Knoblauch, um einer Flohbesiedlung vorzubeugen. Es gibt viele Produkte auf dem Markt, die ihn nur zu diesem Zweck enthalten. Wenn man Knoblauch als Flohschutzmittel einsetzen möchte, ist es wichtig, Kastilienseife oder ein seifenfreies Shampoo zu verwenden. Hunde schwitzen nicht wie wir Menschen und das Knoblauch-„Aroma" (aus den schwefelhaltigen Inhaltsstoffen, die für die meisten medizinischen Wirkungen verantwortlich sind) verbindet sich mit dem Fett aus den Talgdrüsen des Hundes. Es dauert mehrere Wochen, bis die Knoblauchbestandteile das Hautfett durchsetzt haben; ein detergentes Shampoo entfernt das Fett und Sie stehen wieder am Anfang.

Eine Unmenge an Studien gibt Hinweise darauf, dass das Allicin im Knoblauch die Krebsentstehung hemmt. Da Krebs bei amerikanischen Hunden die Todesursache Nummer eins ist, lassen Sie uns fleißig Knoblauch füttern! Kaufen Sie eine Knoblauchpresse oder hacken Sie den Knoblauch sehr fein und lassen Sie ihn etwa 15 Minuten ruhen. Dann mischen Sie ihn mit einem Teelöffel gekochten, abgekühlten Rinder- oder Geflügelhack und geben das Ganze über das Hundefutter. Voila – ein Mahl für einen König oder Pharao!

Der tägliche Verzehr von Knoblauch unterstützt den Organismus wie kein anderes Heilkraut. Er unterstützt den Verdauungstrakt, indem er zur Erhaltung und Wiederherstellung der guten Bakterien im Darm beiträgt und Würmer vertreibt. Auch kann er hilfreich zur Behandlung der Ringelflechte sein und sich an der Regulierung des Blutzuckerspiegels beteiligen.

Man verwendet Knoblauch am besten frisch, und Ihr Hund wird frischen Knoblauch in seinem Futter lieben. In Bioläden gibt es Knoblauch auch in Tabletten- oder Kapselform und im Supermarkt als Pulver, aber diese Form hat die meiste Wirkung verloren. Wenn Sie frischen Knoblauch nehmen, reicht täglich eine halbe Zehe für einen kleinen Hund und eine Zehe für einen mittelgroßen oder großen Hund. Sie können Knoblauch als Ganzes geben oder ihn kleingehackt unter das Futter mischen. Beim Kochen für Ihren Hund ergänzen Sie Ihre Rezepte durch Knoblauch; er wird seiner Gesundheit immer noch nutzen. Knoblauch kann bei vielen Rezepten in diesem Buch als Gewürz verwendet werden.

Andere Wohltäter aus dem Garten

Aloe vera

Seit Jahrhunderten haben viele Kulturen in Griechenland, Rom, China und Indien die Aloe vera-Pflanze eingesetzt, um Verbrennungen und Wunden zu heilen. Aloe stammt aus dem tropischen Afrika, wo es als Gegenmittel für Pfeilgiftwunden verwendet wurde.

Jedes Blatt enthält eine gelähnliche Substanz, die zur raschen Geweberegeneration bei Wunden und Verbrennungen beiträgt. Dieses Gel scheint die Heilungsrate in der zellulären Matrix zu erhöhen und Entzündungen zu bremsen und enthält antibiotische und koagulierende Verbindungen. Es ist nützlich zur Behandlung von Pilzinfektionen der Haut und stoppt den Juckreiz bei Insektenstichen. Die orale Einnahme von täglich 1–2 Teelöffeln stärkt den Verdauungstrakt.

Aloepflanzen gibt es in den örtlichen Gärtnereien und Gartenzentren und sie brauchen zuhause nur wenig Pflege. Stellen Sie eine Aloepflanze in einem Terrakottatopf auf Ihr Fensterbrett und schauen Sie ihr beim Wachsen zu. Das Gel aus dieser Pflanze ist wirksamer als das Gel, das Sie im Laden kaufen. Die aktiven Inhaltsstoffe bleiben nach dem Abschneiden der Blätter weniger als drei Tage aktiv.

Juckreizstillung

Aloe-Gel kann lokal auf juckende Hautstellen Ihres Hundes aufgetragen werden. Es eignet sich ausgezeichnet für allergische Hunde mit Hot Spots.

Sie erhalten das frische Gel, indem Sie ein Blatt entfernen und es aufspalten. Geben Sie die grüngefärbte, klare, geleeartige Innenseite des Blattes auf Verbrennungen, Wunden, Pilzinfektionen und Insektenstiche. Wenn Sie nur einen Teil des Blattes verwenden, können Sie den Rest im Kühlschrank aufbewahren.

Calendula

Die lebhaften Farben seiner Blüten sind Grund genug, um Calendula anzupflanzen. Sie verdient aber auch einen Platz in Ihrem Garten wegen ihrer medizinischen Eigenschaften, die schon im alten Rom erkannt wurden. Die Pflanze ist ein Favorit der Kräuterkundigen wegen ihrer nahezu magischen Wirkung bei der Wundheilung. Calendula kann Bakterien effektiver behindern als viele Antibiotika und hat den Vorteil, antientzündlich zu wirken und gleichzeitig das Wachstum neuer gesunder Zellen zu fördern. Es wirkt auch gegen Pilzinfektionen, ist ideal für die Erste Hilfe-Behandlung und eignet sich gut als antiseptische Lösung.

In Europa sind Calendulablüten regelmäßig als Bestandteile von Salben und Cremes zur Behandlung von Schnittwunden, leichten Verbrennungen, Entzündungen, wunden Stellen und Bienenstichen zu finden. Calendula ist eine langblühende, leicht anzuzüchtende einjährige Pflanze, die etwa 30 cm hoch wird. Die Blüten haben einen Durchmesser von 4 bis 10 cm und ihre Farbe reicht von Buttergelb bis Tieforange.

Calendula – ein antikes Kraut

Die gemeine Ringelblume oder Calendula officinalis ist seit der Antike bekannt. Der Name Calendula bezieht sich auf das Blühschema der Pflanze, die an den Calenden, d. h. dem Neumond jedes Monats, blüht und officinalis auf den „offiziellen" medizinischen Wert.

Calendula-Aufguss

Möchten Sie Ihren eigenen Calendula-Aufguss herstellen, verwenden Sie am besten nur die Blütenblätter, um eine größere Wirksamkeit zu erhalten. Ernten Sie die Blütenblätter von Frühsommer bis zum späten Herbst. Sie können auch getrocknet und später als Tee verwendet werden, oder Sie mischen die Blüten in selbstgemachte Seife oder mischen sie mit Olivenöl. Um einen Tee zuzubereiten, gießen Sie eine Tasse kochendes Wasser über 1–2 Teelöffel Blütenblätter und lassen Sie den Tee 15 Minuten ziehen. Der Tee kann innerlich bei Gastritis oder Mundgeschwüren und Zahnfleischentzündungen angewendet werden. Äußerlich wirkt er als Kompresse antiseptisch und entfaltet heilende Wirkungen an der Haut. Er ist auch sehr gut zum Stillen von Juckreiz.

Die Heilkraft der Calendula zeigt sich in der folgenden Anekdote. Vor vielen Jahren brachte eine Freundin ihren Hund zu mir, weil sein linkes Vorderbein von einem Kieslaster überfahren wurde. Die Haut, Muskeln und Sehnen der unteren Vorderseite des Beins waren abgeschält worden und, um das Ganze noch schlimmer zu machen, war Kies in die Wunde eingedrungen. Es schien am besten zu sein, Hauttransplantationen durchzuführen, aber meine Freundin hatte keine finanziellen Mittel für eine aufwändige Behandlung. Wir entschieden uns dafür, dass ich den Kies entfernte und die Wunde reinigte. Unter meiner Anleitung verband sie die Wunde täglich frisch mit gut durchfeuchteten Calendula-Bandagen. Bis zum Ende des Monats war die gesamte Wunde abgeheilt und das Bein sah normal aus. Es war keine Transplantation erforderlich und auch das Fell wuchs vollständig nach.

Ich muss zugeben, dass Calendula wegen seiner Vielseitigkeit mein Lieblingskraut ist. Zusätzlich zu seinen antimykotischen und antibakteriellen Wirkungen eignet es sich ausgezeichnet für die Haut juckender Hunde und stoppt einen Hot Spot manchmal im Handumdrehen. Für Hot Spots verwende ich einen starken Aufguss aus den Blättern und gebe ihn regelmäßig auf das betroffene Gebiet.

Calendula ist in Bioläden als Salbe, Einreibung und Tinktur leicht erhältlich. Mit Hilfe eines Tupfers, der im Aufguss oder der Tinktur getränkt wurde, kann die Wundheilung beschleunigt werden.

Kamille

In Gärtnereien bekommt man oft deutsche und französische Varietäten der Kamille. Sie hat einen beruhigenden Effekt. Fügen Sie dieses Kraut dem Hundefutter in der nervösen Pubertät hinzu. Es hilft als Tee auch dabei, die Schmerzen während des Zahnens zu ertragen und fördert den Schlaf bei älteren Tieren, die nachts herumwandern. Im letzteren Fall sollte das Tier den Tee unmittelbar vor der Schlafenszeit bekommen.

Kamille unterstützt die Verdauungsfunktionen und die Leber. Sie verschafft Erleichterung bei Flatulenz, Dyspepsie und Darmreizungen und beruhigt den Magen. Sie regt auch den Appetit an, reinigt das Blut und unterstützt die Pankreasfunktion.

Ein starker Kamillentee heilt Hautausschläge und -reizungen und ist sehr nützlich für allergische Hunde mit Juckreiz. Auch beschleunigt er die Wundheilung und reduziert Entzündungen und Schwellungen. Sie können

Kamillenrezept

Gehackte Kamillenstückchen – 1 bis 3 Esslöffel sind reichlich – können selbstgekochten Mahlzeiten zugefügt werden. Die Blüten und Blätter sind die besten Teile der Pflanze. Um Tee zu bereiten, übergießen Sie zwei Teelöffel getrockneter oder frischer Blätter oder Blüten mit zwei Tassen kochendem Wasser und lassen den Tee zehn Minuten ziehen. Bei Verdauungsproblemen kann dieser Tee zu oder nach den Mahlzeiten gereicht werden.

Nicht nur Ihr Hund profitiert von Kamillentee. Genießen Sie selbst eine Tasse und entspannen Sie sich!

ihn zum Futter geben oder direkt auf der Haut anwenden. Frische Kamille ist auch ein ausgezeichnetes Insektenrepellent.

Kamille kann während des ganzen Sommers geerntet werden. Pflücken Sie Blüten und Blätter, wenn sie frei von Tau sind. Trocknen Sie das Kraut rasch, damit es seinen reichen, intensiven Duft behält, aber trocknen Sie es nicht bei zu heißen Temperaturen. Eine selbstgetrocknete Blume kann mehr Aroma entfalten als ein kommerzieller Teebeutel.

Cranberries

Cranberries sind mehr als eine traditionelle Beigabe zum Festtagsessen. Aktuelle Studien belegen ihre Wirksamkeit bei der Behandlung von Harnwegsinfektionen. Es ist seit Langem bekannt, dass Cranberries den Urin ansäuern. Bakterien können pH Änderungen nicht überleben. Aber Cranberries helfen auch noch auf andere Weise bei Harnwegsinfektionen: Sie enthalten ein Polysaccharid namens Mannose, das den Bakterien die Fähigkeit nimmt, sich an der Zellauskleidung der Harnwege anzuheften. Die Bakterien binden sich eher an die Cranberry-Mannose als an die Zelloberflächen und werden mit dem Urin ausgeschieden. Sowohl Cranberries als auch Heidelbeeren, die zur gleichen Familie gehören, halten Bakterien von der Anheftung an die Blasenwand fern.

Zusätzlich eignen sich Cranberries ausgezeichnet als allgemeines Gesundheitstonikum, das den Säure-Basen-Haushalt (pH) des Körpers reguliert. Viele Hunde nehmen zuviel Protein und Getreide zu sich und ihre Körperazidität steigt an. Cranberries bewirken ein gesünderes alkalisches Milieu im Körper und eine gesündere Ansäuerung des Urins. Die Zugabe gekochter Cranberries zur Nahrung unterstützt einen gesünderen, alkalischeren Status. Frische und gefrorene Cranberries sind vier Mal wirksamer als Cranberrysaft, und Cranberrysaft-Konzentrat ist 27 Mal wirksamer.

Löwenzahn

Statt sich über den vielen Löwenzahn auf Ihrem Rasen zu ärgern, sollten Sie lieber einen gesunden Tee daraus zubereiten und die Leber Ihres Hundes entgiften. Löwenzahn ist vergleichsweise neu auf dem Gebiet der Kräutermedizin. Er erschien in Europa in der Mitte des 15. Jahrhunderts und die erste Erwähnung von Löwenzahn als Heilmittel stammt aus dem 7. Jahrhundert in China. Die Chinesen verwenden die ganze Pflanze, während die westliche Kräutermedizin eher die Wurzeln oder Blätter einsetzt.

Löwenzahn ist ein wirksames Diuretikum und eine der besten Kaliumquellen. Pharmazeutische Diuretika schwemmen Kalium aus dem Körper und leeren die Kaliumspeicher. Die Löwenzahnwurzel fungiert als sehr effektives Diuretikum, welches überschüssige Flüssigkeit aus dem Körper entfernt und Kalium ersetzt, das während dieses Prozesses verlorengeht. Sie ist ein wundervolles Beispiel dafür, wie ein komplexes Heilkraut funktioniert. Löwenzahn kann verwendet werden, um die Entwässerung zu erleichtern, insbesondere bei Herzproblemen.

Löwenzahn reduziert Stauungen in der Leber und kann bei Gelbsucht helfen. Sowohl die Wurzeln als auch die Blätter können für medizinische Zwecke genutzt werden. Die Blätter

Weitere Ideen für Löwenzahn

Geben Sie 2–3 Esslöffel Löwenzahnblätter in einen Topf mit einer Tasse Wasser, bringen Sie es zum Kochen, lassen Sie es 15 Minuten sanft simmern und dann abkühlen. Geben Sie einem mittelgroßen Hund drei Mal täglich einen Esslöffel der Flüssigkeit. Einen Aufguss oder Tee bereitet man, indem man heißes Wasser über die Blätter gießt und die Mischung 5 bis 30 Minuten ziehen lässt.

wirken verdauungsfördernd und als Lebertonikum. Die Wurzel dient als reinigendes Tonikum bei Gallensteinen, Gelbsucht, Obstipation und zur Leberentgiftung. Löwenzahn erhöht auch die Magensekretion zur Förderung der Verdauung.

Das Beste an diesen Kräutern ist, dass sie auch vorbeugend angewendet werden können. Etwas gehackter Löwenzahn in der Nahrung reinigt eine relativ gesunde Leber und macht sie sogar gesünder.

Hacken Sie ein paar frische Blätter und mischen Sie sie unter eine leckere Mahlzeit für Ihren Hund. Da sie bitter schmecken können, sollten Sie sie anfangs sparsam verwenden. Saft aus Löwenzahnblättern kann in einem Entsafter hergestellt werden. Geben Sie einem mittelgroßen Hund hiervor dreimal täglich einen Viertel Teelöffel. Der frische Saft wirkt stärker entwässernd als ein Tee aus getrockneten Blättern. Man kann auch eine flüssige Tinktur im Bioladen kaufen. Einige Male pro Tag ein paar Tropfen beseitigen überschüssige Flüssigkeit bei Hunden mit Herzproblemen. Auch Löwenzahnkapseln und -extrakte sind im Bioladen erhältlich.

Verwenden Sie keinen Löwenzahn von einem Rasen, der mit Herbiziden eingesprüht wurde. Dies wirkt unserem Ziel eines gesünderen Organismus entgegen. Ungespritzte Blätter können zu jedem Zeitpunkt während der Wachstumsperiode geerntet werden. Frische Blätter werden oft in der Obst- und Gemüseabteilung der Supermärkte verkauft. Kommerziell erhältlicher Löwenzahn ist weniger bitter als der Löwenzahn, der auf Ihrem Rasen wächst.

Echinacea (Purpursonnenhut)

Die amerikanischen Ureinwohner verwendeten dieses Heilkraut, um Fieber, Wunden und sogar Schlangenbisse zu behandeln. Die Indianer der großen nordamerikanischen Prärien benutzen es wegen seiner Wundheilungskraft und seiner Fähigkeit zur Aktivierung des Immunsystems.

Natürlich begriffen die frühen Siedler dies und nahmen Echinacea bei Erkältungen und Infektionen. Später nahm der deutsche Forscher Dr. Gerhard Madaus Samen mit nach Europa, untersuchte das Heilkraut wissenschaftlich und wies seine immunstimulierenden Eigenschaften nach. Heute ist Echinacea das wichtigste freiverkäufliche Arzneimittel in Deutschland.

Echinacea ist die bekannteste pflanzliche Medizin. Sie wird von vielen Menschen wegen ihrer Wirksamkeit bei bakteriellen und viralen Attacken eingenommen, sobald sie merken, dass eine Erkältung im Anzug ist. Der Purpursonnenhut, aus dem Echinacea stammt, wird häufig als dekorative Gartenpflanze gepflanzt, weil man sich seiner heilenden Eigenschaften nicht bewusst ist. Vielleicht haben auch Sie schon diese weitverbreitete, langstielige lila Blume in einem Garten bewundert, ohne zu wissen, dass sie die Quelle für das populäre pflanzliche Heilmittel ist.

Obwohl einige Leute über den ganzen Winter Echinacea nehmen, um keine Grippe zu bekommen, ist der beste Zeitpunkt frühzeitig zu Beginn eines Fiebers oder einer Infektion. Als meine Zwillingsjungen noch Babies waren, habe ich beim Auftreten von Fieber oder einer Erkältung sofort eine ganze Sonnenhutpflanze aus dem Garten geholt. Nachdem ich Wurzel und Blüte für 10 – 15 Minuten habe köcheln und dann etwas abkühlen lassen, habe ich etwas Honig zugefügt. Jeder Junge bekam eine Tasse des Tees und wurde dann schlafen gelegt. Beim Erwachen war das Fieber abgeklungen.

Echinacea kann auch lokal angewendet werden und hat in Studien an Meerschweinchen eine beschleunigte Wundheilung gezeigt. Ein Aufguss aus der Wurzel kann bei leichteren Kratzern und Schnittwunden helfen.

Manche sagen, dass die frische Pflanze wirksamer ist als das getrocknete Kraut und ich stimme dem voll und ganz zu. Darum ist es so schön, die Pflanze in Ihrem eigenen Garten wachsen zu sehen. Natürlich gibt es Echinacea in allen Formen im Bioladen, als Tinktur, Tabletten und Kapseln.

Echinacea als Immunbooster

Um das Immunsystem kräftig anzuregen, geben Sie 1 – 2 Teelöffel der Wurzel und eine gehackte Blüte in zwei Tassen Wasser und bringen es langsam zum Kochen. Lassen Sie es 10 – 15 Minuten simmern und geben Sie einem mittelgroßen Hund drei Mal täglich einen Teelöffel. Machen Sie sich keine Sorgen über eine Anpassung der Dosis an die Körpergröße des Hundes. Die Wurzel ist das am häufigsten bei Infektionen und Entzündungen verwendete Pflanzenteil. Sie ist besonders hilfreich bei wiederkehrenden Nieren- und Blaseninfektionen.

Fenchel

Fenchel ist eine wunderbare Verdauungshilfe und wird aus diesem Grund seit Jahrhunderten in Australien und Spanien verwendet. Fen-

Fencheltee

Gießen Sie zwei Tassen kochendes Wasser über 2 Teelöffel Fenchelsamen. Lassen Sie den Tee 15 Minuten ziehen und geben sie ¼ bis ½ Tasse der abgekühlten Mixtur über die Hundemahlzeit. Übriggebliebener Tee kann im Kühlschrank aufbewahrt und später verwendet werden.

chelsamen, nach der Mahlzeit eingenommen, unterstützen die Verdauung. Die Samen werden auch seit vielen Jahren benutzt, um Darmparasiten zu vertreiben. Fencheltee unterstützt die Entgiftung des Körpers und reinigt Körperzellen und -gewebe. Die Pflanze selbst kann feingehackt und zu selbstgekochtem Hundefutter gegeben werden. Die Samen können als Tee zubereitet oder dem Futter zugefügt werden.

Lavendel

Die Lavendelpflanze ist für ihre entspannende und beruhigende Wirkung bekannt. Eine bedeutsame Indikation für Hunde ist die Reduzierung von exzessiver Talgbildung oder Hautfett. Lavendel wirkt wie ein Zauber bei manchen dieser liebenswerten, aber müffelnden Hunde. Bei diesen vermehren sich Bakterien in dem reichlich vorhandenen Hauttalg, und das Bakterienwachstum in dem fettigen Fell ist verantwortlich für den muffigen Geruch alter Schuhe, der manchen Hunden entströmt.

Eine Lavendelspülung nach dem Bad oder etwas Lavendeltee ins Fell gesprüht verringert die Talgbildung, reduziert die Bakterien und hält den Geruch in Grenzen. Ein zusätzlicher Vorteil ist die antientzündliche und analgetische Wirksamkeit, die den Juckreiz minimiert. Lavendel ist vorteilhaft für Hautirritationen oder Wunden, weil es die Geweberegeneration anregt und die Wundheilung beschleunigt. Darüber hinaus sind die zarten lila oder weißen Blüten wunderschön anzusehen und duften herrlich.

Lavendelspülung

Für eine Spülung übergießen Sie ½ Tasse gehackten Lavendel mit 4 Tassen kochendem Wasser. Nach 30 Minuten Ziehen sieben Sie den Tee und geben ihn in ein sauberes Gefäß oder in eine Sprühflasche. Frieren Sie ein, was Sie nicht innerhalb von fünf Tagen verbrauchen können. Verwenden Sie eine Spülung mit dem Tee nach dem Baden Ihres Hundes und die Sprühflasche zwischendurch zur Auffrischung.

Petersilie

Das Kraut Petersilie ist reich an Mineralien und unterstützt die Verdauung. Im Hundefutter hilft es bei der Aufrechterhaltung eines guten pH-Spiegels, den Ihr Hund zur Krankheitsvorbeugung braucht. Es erfrischt auch den Atem, und wir kennen alle einen oder zwei Hunde, die es wirklich nötig hätten! Petersilie trägt zur Entgiftung des Körpers bei und ist ausgezeichnet für die Harnwege – die Nieren und die Blase. Als Diuretikum entfernt es Wasseransammlungen im Körper und eignet sich gut als Nahrungsergänzung für Hunde mit Herzproblemen und Flüssigkeitsretention. Petersilie kann leicht regelmäßig zu jeder Mahlzeit gegeben werden; ein Teelöffel oder mehr wird fein gehackt und dem selbstgemachten Futter zugegeben. Petersilie enthält auch Chlorophyll, das für eine gute Gesundheit unerlässlich ist.

Rosmarin

Rosmarin stammt ursprünglich aus Frankreich und den Vereinigten Staaten. Eine kleine Menge frischen Rosmarins reicht weit. Dieses Kraut hat ein absolut herrliches Aroma, und es ist wundervoll, in den Sommermonaten neben einer blühenden Pflanze zu sitzen. Eine Bank oder ein Tisch mit Stühlen in der Nähe des Kräutergartens ist ein großartiger Platz, weil das Aroma selbst eine heilsame Wirkung auf Körper und Seele entfaltet.

Lokal angewendeter Rosmarin wirkt antimykotisch, antibakteriell und antiseptisch. Bei Infektionen der Nasennebenhöhlen tut es gut, den Dampf einer Tasse Rosmarintee zu inhalieren. Schon 1/4 Teelöffel Rosmarin reicht aus, um zwei Tassen selbstgekochtes Futter zu würzen. Das Kraut unterstützt auch die Verdauung.

Weitere Ideen für Rosmarin

Werfen Sie ein paar Stückchen Rosmarin und Lavendel auf Ihren Fußboden und saugen Sie sie bei der Hausarbeit auf. Weil sie im Beutel bleiben, werden sie beim Staubsaugen einen schönen Duft verbreiten.

Der Zusatz von Rosmarin zum Hundebad ist ausgezeichnet, weil er das Haarwachstum fördert und das Fell in allen Schattierungen zum Glänzen bringt. Rosmarinspülungen sind auch für Hunde mit schuppiger, trockener Haut großartig.

Für die Teezubereitung übergießen Sie 2 Teelöffel feingehackten Rosmarin mit 2 Tassen Wasser, lassen Sie ihn 15 Minuten ziehen und benutzen Sie den Tee als Spülung für das Fell.

Salbei

Salbei ist ein weiteres Kraut mit wunderbaren heilenden Eigenschaften. Es kann für die tägliche Ernährung verwendet werden, indem man 1/2 Teelöffel frischgehackten Salbei zu einem Eintopf oder Auflauf gibt. Ein Salbeitee hilft als Mundspülung bei Zahnfleischentzündungen. Einen Tee bereiten Sie, indem Sie 2 Tassen Wasser über 2 Teelöffel gehackten Salbei gießen, ihn 15 Minuten ziehen lassen und kühlen. Man kann sogar dem Hund etwas Salbeitee zum Trinken in die Wasserschüssel geben. Beginnen Sie mit kleinen Mengen, die Sie allmählich steigern, wenn Ihr Hund den Geschmack mag.

Salbei stärkt im Allgemeinen den Körper und wirkt ausgleichend auf den Östrogenspiegel. Es ist hilfreich, dieses Kraut zum Futter einer kastrierten Hündin zu geben, die beim Schlafen den Urin nicht halten kann.

Thymian

Mythen, Legenden und Gedichte wurden durch die einfache Thymianpflanze inspiriert. Die alten Ägypter haben ihn zum Einbalsamieren ihrer Toten verwendet. Bis heute ist das Öl des Thymians, das Thymol, ein Bestandteil von Flüssigkeiten zur Einbalsamierung. Thymian stammt aus den Mittelmeerländern, hat sich aber über die ganze Welt verbreitet und wird in der Küche verschiedener Kulturen gebraucht. Er kommt in einer überraschenden Vielfalt an Aromen vor, von Oregano bis Zimt, Limone und Kümmel. Der gemeine Thymian oder jede andere essbare Art ist ein hervorragendes Gewürz für die Eintöpfe und Aufläufe für Ihren Hund.

Thymian hat eine antibakterielle Wirkung. Thymianöl und seine Bestandteile wurden als Nahrungsergänzung vorgeschlagen, um auf natürliche Weise die Haltbarkeit verarbeiteten Futters zu verlängern. Es wurde gezeigt, dass Thymianöl-haltiger Dampf Pilze und Bakterien in der Luft hemmt. Krampflösende und die Atemwege positiv beeinflussende Wirkungen wurden bewiesen, und Thymian wird historisch als Hustenlöser bei Bronchitis und gegen Laryngitis (Kehlkopfentzündung) verwendet.

Sie trocken Thymian, indem Sie ihn kopfüber für eine Woche aufhängen. Die Blätter können zum Abschmecken des Hundefutters dienen und die Mischung mit getrockneten Rosenblättern ergibt ein wunderbares Potpourri.

Ergänzungen zu den Rezepten

Knoblauch, Kamille, Fenchel, Petersilie, Rosmarin und Salbei eignen sich gut als Zusatz für Ihr selbstgekochtes Hundefutter. Geben Sie zu einem ganzen Rezept ¼ bis ½ Teelöffel hinzu, weil die frischen Kräuter weit reichen. Bei getrockneten Kräutern verdoppeln Sie die Menge. Mit Petersilie können Sie freigiebiger sein, weil es sanft ist und sehr gut für die Aufrechterhaltung des korrekten pH-Wertes im Körper. Knoblauch kann entweder frischgehackt oder zusammen mit der Mahlzeit gekocht werden. Von frisch gehacktem Knoblauch sollte weniger gegeben werden als von gekochtem Knoblauch. Eine rohe Knoblauchzehe pro Tag ist ausreichend für einen mittelgroßen bis großen Hund; geben Sie einem kleinen Hund nicht mehr als eine halbe Zehe täglich.

Kräuter für eine gesunde Haut

Die Kräuter aus Ihrem Garten können als heilende Spülungen nach einem Bad verwendet oder aufgesprüht werden, um Haut und Fell gesund zu erhalten und Reizungen und Entzündungen zu reduzieren. Sie können sich auch mit den Kräutern in Ihrem eigenen Bad etwas Gutes tun.

Allergie-Spülung oder -Spray

- 2 Esslöffel gehackte Lavendelblätter
- 2 Esslöffel gehackte Echinaceawurzel
- 2 Esslöffel gehackte Kamillenblüten und -blätter
- 2 Esslöffel gehackte Calendulablütenblätter

Geben Sie alle Zutaten in einen Emaille- oder Glastopf und übergießen Sie sie mit 8 Tassen kochendem Wasser. Lassen Sie den Topf für 15 Minuten bei sehr geringer Wärme auf dem Herd, dann nehmen Sie ihn herunter und lassen ihn für weitere 45 Minuten ruhen und abkühlen. Nach dem Durchsieben verwenden Sie die Mischung als Spülung oder füllen Sie sie in eine Sprühflasche und benutzen sie nach Wunsch.
Die Art des Fells entscheidet über die beste Weise zur Anwendung der Spülung. Dobermann, Dalmatiner, Dackel und andere kurzhaarige Rassen profitieren von einer Spülung nach dem Baden und regelmäßigen Auffrischungen mit dem Spray. Collies, Neufundländern und anderen Langhaarhunden kommen Spülungen nach dem Bad zugute und das Einsprühen problematischer Hautbereiche nach dem Abteilen des Fells.

Fettregulierende Spülung und Spray

- 1 ganze zerschnittene Limone mit Haut und Schale
- 4 Teelöffel grobzerkleinerte Lavendelblätter
- 1 Teelöffel gehackte Calendula

Übergießen Sie alle Zutaten in einem Emaille- oder Glastopf mit 6 Tassen Wasser. Bringen Sie die Mischung zum Kochen und lassen sie für 20 Minuten simmern. Nehmen Sie den Topf vom Herd und lassen ihn über Nacht ruhen. Sieben Sie die Flüssigkeiten und bewahren Sie sie in einem sauberen Glas im Kühlschrank auf. Benutzen Sie die Spülung nach der Fellwäsche und das Spray auf dem Fell bei Bedarf.

Spülung und Spray für gesundes, glänzendes Fell

- 2 Esslöffel gehackte Rosmarinblätter
- 2 Esslöffel gehackte Lavendelblätter
- 2 Esslöffel Apfelessig

Geben Sie die Zutaten in einen Glas- oder Emailletopf und fügen Sie 6 Tassen Wasser hinzu. Kochen Sie die Mischung kräftig auf und nehmen dann sofort den Topf vom Herd. Lassen Sie sie einige Stunden ruhen und sieben Sie sie dann durch. Verwenden Sie die Spülung nach der Fellwäsche.

Pflanzliche Wohltaten für Sie

Ein Entspannungsbad

Zum Schluss etwas für Sie – eine Belohnung nach der Gartenarbeit. Nehmen Sie 1/2 Tasse gehackte Lavendelblätter und -blüten und kochen Sie sie für etwa eine Minute auf. Nehmen Sie den Topf vom Herd, lassen die Mischung 20 Minuten ziehen und sieben Sie sie durch. Gießen Sie die duftende Flüssigkeit in Ihr Bad.

Während der Lavendel zieht, bereiten Sie sich einen Entspannungstee aus einer Tasse kochendem Wasser auf einen Esslöffel Kamillenblüten. Sieben Sie diese nach 3–5 Minuten und süßen Sie den Tee mit duftendem Honig.

Stellen Sie Ihre Lieblingsmusik an. Gießen Sie den Lavendel in Ihr Badewasser, stellen Sie den Kamillentee auf den Badewannenrand und entspannen Sie in der duftenden Wärme während Sie Ihren Tee schlürfen und der Musik lauschen. Sie haben es verdient!

Ein belebendes Bad

Für ein belebendes Bad ersetzen Sie den Lavendel durch Rosmarin. Nehmen Sie eine Tasse gehackte Rosmarinblätter und zwei Tassen kochendes Wasser. Lassen Sie dies ungefähr eine Minute kochen, bevor Sie es vom Herd nehmen und 20 Minuten ziehen lassen.

Während der Rosmarin zieht, machen Sie sich einen belebenden Tee aus einem Teelöffel kleingeschnittenem frischen Ingwer, dem Saft einer Zitrone und einem Teelöffel Honig. Übergießen Sie diese Zutaten in einem Becher oder einer Tasse mit kochendem Wasser.

Stellen Sie Ihre Lieblingsmusik an. Sieben Sie den Rosmarin und gießen Sie die duftende Flüssigkeit in Ihr Badewasser. Stellen Sie den Tee auf den Badewannenrand und entspannen Sie sich im Bad. Diese Kombination wird Sie beleben.

7. Vorteile von Nahrungsergänzungen

Wir alle wünschen unseren Hunden ein langes, gesundes und glückliches Leben. Um diesen Wunsch zu erfüllen, kümmern sich verantwortungsvolle Hundebesitzer um den Nährstoffgehalt von Futter und Ergänzungsmitteln. Heutzutage erschweren es die riesige Auswahl und die großen Ansprüche, die besten Produkte für Ihren Hund zu finden. Es gibt aber keinen Grund, eine Nahrungsergänzung zu kaufen, die nicht alles enthält, was Ihr Hund braucht, um gesund und kräftig zu bleiben. Die Wahl des richtigen Supplements kann die Lebensqualität Ihres Hundes durch den Wechsel von einer Mangelernährung zu einer vollwertigen Ernährung steigern.

Vitamine und Mineralien sind die Werkzeuge, um die Zellen lebendig und sauber zu halten. Der Körper Ihres Hundes besitzt Trillionen Zellen, die Gewebe und Organe bilden. Eine Zelle kann mit einem mikroskopisch kleinen Haus verglichen werden, in dem ununterbrochen renoviert wird. Vitamine und Mineralien sind die Hämmer, Nägel, Besen und Putzmittel, die das Haus sauber und funktionstüchtig machen. Sie führen Tag für Tag alle Stoffwechselvorgänge aus und versorgen die Zellen mit allen Hilfsmitteln für die Gesunderhaltung. Die Werkzeuge müssen aber vollständig sein und zueinander passen. Damit Sie nur hochwertige Ergänzungsmittel kaufen, sollten Sie die Etiketten vergleichen können und die Inhaltsstoffe verstehen. Vitamine und Mineralien arbeiten zusammen, und wenn sie nicht ausbalanciert sind und alle benötigten Inhaltsstoffe enthalten, kann die Arbeit nicht erledigt werden.

Hundebesitzer kaufen gerne individuelle Nahrungszusätze, wie beispielsweise Glukosamin, um einem speziellen zukünftigen Problem vorzubeugen und glauben, damit eine Krankenversicherung erworben zu haben. Wie lange würde Ihr Haus in einem guten Zustand sein, wenn Sie nur einen Hammer hätten, aber keine Nägel, einen Schrubber, aber keine Putzmittel? Wir sind uns wohl einig, dass es schnell eine fürchterliche Unordnung geben würde. Nur ein paar Substanzen, aber keine vollständige Ergänzung zu kaufen, enthält den Zellen die Lebenserhaltungsunterstützung vor.

In einer perfekten Welt bekämen Hunde und ihre menschlichen Freunde alle Nährstoffe für ein gesundes Leben aus einer ausgewogenen Ernährung. Obwohl keine Supplemente die reale Nahrung ersetzen können (nein, es reicht nicht, jeden Tag eine Pille einzuwerfen, um gesund zu sein), ist es wahr, dass unsere Nahrungsmittelversorgung nicht ausreicht. Amerikanische und britische Studien haben gezeigt, dass kommerziell angebaute Lebensmittel viel von ihrem Nährwert verloren haben, augenscheinlich wegen gewerbsmäßiger Anbaumethoden, die Agrarchemikalien und stickstoffbasiertem Dünger vertrauen. Diese Methoden haben den Boden für die Getreidekultivierung großteils erfolgreich ausgelaugt. Dem erschöpften Boden fehlen Nährstoffe, sowohl Vitamine als auch Mineralstoffe, die die Pflanzen brauchen. Die Ernte kann wunderschön aussehen und reichlich ausfallen, aber sie enthält weniger Vitamine und Mineralien als frühere Obst- und Gemüseernten.

Daher empfehle ich Ihnen dringend, Ihren Hund mit einer vollständigen und ausbalancierten Nahrungsergänzung zu versorgen. Diese unterstützt Ihren Hund dabei, gesünder zu bleiben. Ich bezeichne sie gerne als Kranken-„Zusatz"-Versicherung zur Versorgung Ihres Hundes mit allen Extra-Nährstoffen für eine optimale Gesundheit. Sie ist in Zeiten mit sinkendem Nährwert des Futters besonders wichtig.

Die offiziellen Empfehlungen für die tägliche Vitamin- und Mineralstoffaufnahme orientieren sich eher daran, am Leben zu bleiben anstatt für lange Zeit gesund und vital. Die meisten nehmen Nahrungsergänzungen, um ihre Gesundheit und Lebensdauer deutlich zu steigern. Wir nehmen gewohnheitsmäßig signifikant größere Mengen der empfohlenen Referenzwerte zu uns. Dies sollten wir auch bei unseren Hunden beherzigen, weil sie in der gleichen Situation wie wir sind. Wir sind alle viel zu vielen Toxinen und viel zu ausgelaugten Lebensmitteln ausgesetzt.

Vitamin C dient uns als aufschlussreiches Beispiel. Je mehr wir über die Vorteile von Vitamin C lernen, desto mehr schätzen wir seine Bedeutung für unsere Lebens- und Gesunderhaltung. Außer einer Aktivierung unseres Immunsystems spielt dieses wichtige Antioxidans eine große Rolle bei der Entgiftung und befreit uns von allen Arten an Schwermetallen, Pestiziden und Toxinen, denen wir täglich ausgesetzt sind. Vitamin C hält unsere Stoffwechselorgane sauber und glänzend, beugt Krankheiten vor, kurbelt unser Immunsystem kräftig an und verzögert die Zellalterung. Dies sind enorme Vorteile für ein leicht erhältliches und preiswertes Vitamin.

DR. LINUS PAULING, der das Vitamin C entdeckte, gehört zu den wenigen Menschen mit zwei Nobelpreisen. Den zweiten erhielt er für seine Arbeit zur Beendigung von Atomwaffentests.

Die empfohlene Tagesdosis (RDA = *Recommended Daily Allowance*) für Vitamin C entspricht nicht annähernd den Empfehlungen von Wissenschaftlern wie dem Nobelpreisgewinner Dr. Linus Pauling. Sie basiert eher auf der Menge, die notwendig für die Prävention von Skorbut ist. An dieser Krankheit litten Seeleute, die auf See *über Monate oder sogar Jahre absolut kein Obst oder Gemüse* aßen. Als man herausfand, dass schon winzige Mengen Vitamin C Skorbut heilen, nahmen die Seeleute Zitronen und Limonen mit auf ihre Reisen – britische Seeleute werden daher auch „Limeys" genannt.

Die Tagesdosis für Vitamin C wurde nicht zu dem Zweck gewählt, Sie mit einer ausreichenden Menge dieses Vitamins zu versorgen, um Sie vor chronischen Erkrankungen und Ihren Körper vor Degeneration zu schützen oder um Ihre enzymatischen und biochemischen Prozesse zu optimieren oder Sie gesund und fit zu halten. Sie reicht auch nicht dafür aus, dass Ihre Systeme und Organe den steigenden Belastungen durch Umwelttoxine und Stress gewachsen sind oder Sie länger leben.

Obwohl Vitamin C für unsere Hunde genau so vorteilhaft ist wie für uns Menschen, wird es ihnen üblicherweise nicht gegeben. Weil Hunde im Gegensatz zu uns Vitamin C selbst synthetisieren können, geht man davon aus, dass ihr Körper es auch in ausreichender Menge produziert. Diese Annahme ist allerdings veraltet, weil Hunde regelmäßig einer toxischen Überflutung durch Futter, Rasenbehandlungen, Floh- und Zeckenprophylaxe, Wurmkuren, Schwermetalle in der Nahrung und übermäßigen Impfungen ausgesetzt sind, die Mutter Natur niemals vorgesehen hat.

Wenn Sie sich jemals gefragt haben, warum eine hochentwickelte und wohlhabende Nation wie die Vereinigten Staaten in eine Krise des Gesundheitssystems geraten konnte, finden Sie eine der möglichen Antworten in den offiziellen RDA-Werten. Es hat sich herausgestellt, dass diese auf Niveaus festgesetzt wurden, die gerade hoch genug sind, um bestimmten Mangelkrankheiten wie dem oben erwähnte Skorbut vorzubeugen. Dies gilt auch für die Vitamin- und Mineralstoffaufnahme unserer Haustiere, die ebenfalls Opfer der völlig unzureichenden Standards und Referenzwerte sind. Ein Beweis hierfür findet sich in der Tatsache, dass sich bei vielen Hunden die Fellqualität und die Energie sogar dann verbessern, wenn man ihnen eine Vitaminergänzung schlechter Qualität zufüttert. Auch wenn die Hundebesitzer glauben, ihren Hunden ein gutes Basisfutter zu geben, füttern sie in Wirklichkeit eine so mangelhafte Nahrung, dass der Zusatz von irgendetwas mit einem Extra-Nährwert schon einen deutlichen Unterschied ausmacht.

Gesundheit ist wichtig

Gesunde Hunde (oder Katzen) können Krankheiten, Infektionen und Krebs kraftvoller bekämpfen als beeinträchtigte Tiere.

Möchten wir unsere Hunde und uns selbst gesund und frei von Krankheiten halten, können wir uns nicht einfach auf die Mindestempfehlungen für Vitamine und Mineralstoffe verlassen. „Ein Gramm Vorbeugung ist mehr wert als ein Pfund Arznei" – nichts verdeutlicht diesen alten Spruch mehr als unser Bedarf an Nährstoffen im Vergleich zu dem, was in unseren Lebensmitteln enthalten ist. Aber bevor Sie jetzt das erstbeste Vitaminpräparat kaufen, seien Sie sich darüber im Klaren, dass nicht alle Präparate gleich sind.

Die meisten Leute wissen dies nicht, aber die Inhaltsstoffe können sich in ihrem Aktivitätsgrad unterscheiden. Beispielsweise können Cranberries eine biologische Aktivität von 10 bis 70 % entfalten, aber die Mengenangabe in mg auf den Packungen ist gleich groß. Eine Packung, die 50 mg Cranberries mit einer 70 %-igen Aktivität enthält, ist viel besser als eine Packung mit 50 mg Cranberries und 10 % Aktivität. Leider kann man dies nicht auf dem Etikett lesen. Der beste Weg dies Problem zu umgehen ist, nur von renommierten Herstellern zu kaufen und/oder genau zu beobachten, wie sich das Produkt auf die Gesundheit und Vitalität Ihres Haustiers auswirkt. Inhaltsstoffe aus schlechten Quellen wirken auch schlecht.

Leider sind viele Vitaminpräparate, die speziell für Hunde angeboten werden, von der gleichen Qualität wie kommerzielles Hundefutter. Typischerweise werden minderwertige Vitaminmixturen mit Substanzen wie pulverisiertes Knochenmehl, Muschelschalen und Nährhefe zusammengemischt. Leicht verwertbares Kalzium stammt aber entweder in wasserlöslicher Form aus Pflanzenzellen oder

10 Tipps für die Wahl guter Nahrungsergänzungen

1. Ihr Hund muss die Vitamine mögen, entweder als Belohnung oder als Zusatz zum Futter. Wenn Sie ihn jedes Mal jagen müssen, um ihm seine tägliche Ration zu geben, werden Sie und Ihr Hund es schnell leid werden.
2. Der Vitamingehalt in Milligramm (mg) und internationalen Einheiten (I.E.) sollte auf dem Etikett aufgelistet sein. Diese Angaben nennen den Inhaltsstoff exakt, und Sie können mehrere Präparate miteinander vergleichen.
3. Die Vitamine müssen komplett enthalten sein. Wenn sich nur einige preiswerte Inhaltsstoffe in ei nem aromatisierten Mix befinden, bekommt Ihr Hund das Aroma und keinen vollständigen Satz Vitamine.
4. Die Vitamine müssen korrekt ausbalanciert sein. Vitamine arbeiten zusammen und wenn nicht alle Nährstoffe für eine bestimmte Arbeit vorhanden sind, wird die Arbeit nicht erledigt.
5. Die Quellen sollten bioverfügbar sein. Die Quelle und Qualität eines Inhaltsstoffes sind wichtige Faktoren, weil die Vitamine und Minerale in einer Form vorliegen müssen, die Ihr Hund aufnehmen und verstoffwechseln kann. Beispielsweise wird Kalzium am besten aus sauren Zubereitungen oder als wasserlösliches Kalzium aus Blattgemüse aufgenommen.
6. Die Aromatisierung und Zubereitung sollte mit Rücksicht auf das häufige Vorkommen von Allergien bei Hunden erfolgt sein. Beispielsweise wird oft Bierhefe, ein kostengünstiges Nebenprodukt aus der Bierherstellung, als Würzung verwendet. Zwar hat Bierhefe einen gewissen Nährwert, sie steht aber auf der Liste der Hundeallergene weit oben.
7. Die Herstellung von Vitaminpräparaten sollte die neuesten Forschungsergebnisse berücksichtigen. Beispielsweise wurde herausgefunden, dass die Konzentration des Vitamin D3, welches für die Stimmung und die Immunfunktion wichtig ist, bei vielen Menschen zu niedrig ist.
8. Der Vitamingehalt sollte sich nach den biochemischen Ansprüchen von Hunden richten.
9. Ein Vitaminpräparat mit Inhaltsstoffen, die die toxische Belastung durch unsere Umwelt reduzieren, verbessert die Gesundheit Ihres Hundes.
10. Die Qualität und Quellen der Inhaltsstoffe müssen in Betracht gezogen werden. Am besten sind Inhaltsstoffe, die für den menschlichen Gebrauch zugelassen sind.

es ist an Aminosäureketten gebunden, die im Darm resorbiert werden können. Organisches Kalzium aus Pflanzenzellen ist schnell verfügbar, trotzdem empfehlen die Hersteller von Vitaminpräparaten für Hunde und sogar manche Tierärzte weiterhin Knochenmehl als gesundes Supplement. Um verfügbar zu sein, braucht Kalzium zusätzlich unterstützende Mineralien in bestimmten Mengenanteilen und ein saures Milieu – wichtige Details, die von vielen Herstellern vernachlässigt werden. Außerdem enthält Knochenmehl toxisches Kadmium und Blei; beides wird schnell vom Hund resorbiert, das Kalzium dagegen nicht.

Viele Vitamin- und Mineralstoffsupplemente, die für den menschlichen Gebrauch bestimmt sind, sind ebenfalls schlecht zusammengestellt und stammen aus minderwertigen Quellen. Folglich enthalten viele Vitamin- und Mineralergänzungen sowohl für Tiere als auch für Menschen Bindemittel, Füllstoffe, Zucker, Farbstoffe und Aromen, die ihre Bioverfügbarkeit reduzieren. Selbst so etwas Simples wie eine magensaftresistente Beschichtung kann die Aufnahme der Inhaltsstoffe durch ältere Menschen oder Individuen mit Störungen der Verdauungsenzyme verhindern. Sie kann sogar bei empfindlichen Menschen oder Tieren allergische Reaktionen auslösen.

Beim Kauf von Nahrungsergänzungen bekommen Sie normalerweise das, wofür Sie bezahlen. Während teure Präparate aber nicht unbedingt hochwertige Vitamine enthalten, sind die sehr günstigen höchstwahrscheinlich von minderer Qualität. Erfahrungsgemäß fahren Sie gut mit einem bekannten, alteingesessenen und zuverlässigen Vitaminhersteller, dessen Produkte in Bioläden zu finden sind. Die Vitamine, die oft in kommerziellen Apotheken angeboten werden, überzeugen mich nicht.

Die besten Vitamine sind die naturnahen. Sie werden von Heilpraktikern und in Bioläden angeboten. Während man früher verschiedene Vitamine und Mineralien zu unterschiedlichen Tageszeiten einnehmen musste, um Konflikte zu vermeiden, enthalten heutzutage viele ausgezeichnete Multivitaminpräparate alle notwendigen Vitamine und Mineralien in Formen, die nicht miteinander interferieren. Sie stammen aus guten Quellen und werden leicht absorbiert. Das ist ein wirklicher Fortschritt!

Hinsichtlich der Qualität von Vitaminen für Hunde haben wir es außerdem mit einem anderen Problem zu tun, denn die meisten Vitamine schmecken nicht sehr gut. Daher enthält das durchschnittliche Vitamin- oder Mineralstoffpräparat für Hunde große Mengen Nährhefe und pulverisierte Leber, um Geruch und Geschmack zu verbessern, aber nur kleine oder zu vernachlässigende Mengen an Vitaminen und Mineralien. Auch ist es eine Tatsache, dass Vitamine für Tiere normalerweise aus minderwertigen Quellen und Zubereitungen stammen.

Die besten Tiervitamine bestehen aus hochwertigen Zutaten in Lebensmittelqualität und sind so zubereitet, dass sie Tieren extrem gut schmecken. Ich habe ein Vitamin- und Mineralsupplement entwickelt, das den gesamten Nährstoffbedarf von Hunden deckt. Dieses Ergänzungspräparat in Lebensmittelqualität, welches auch Superfood enthält, wird mikroverkapselt, damit der unangenehme Geschmack bestimmter Vitamine und Mineralien verdeckt wird. Darüber hinaus verhin-

„Deserving Pets“[6]

Ich habe viele Jahre in meiner Praxis Präparate für Menschen verwendet, weil ich die Qualität und sorgfältige Zusammensetzung der Inhaltsstoffe geschätzt habe. Manchmal konnten meine Kunden sie in Frischkäse verstecken, aber es gab immer Probleme mit kleinen Hunden, für die die Pillen zu groß waren, und mit erfahrenen Pillenfindern und -ausspuckern. In meiner Frustration habe ich mich schließlich dazu entschlossen, eigene Tierergänzungsmittel zu entwickeln, die Vitamine und Mineralien von Lebensmittelqualität enthalten und die auch dem wählerischsten Hündchen schmecken. Bei den Deserving Pets-Supplementen setzte ich eine brandneue Nanotechnologie ein, um die Palette für menschlichen Verzehr geeigneter, ausgewogener Vitamine, Mineralien und Superfood in einer speziellen Formulierung unterzubringen, die wie ein Leckerchen schmeckt. Zu meiner großen Freude kam es durch diese Formulierung zu noch deutlicheren Verbesserungen als durch hochwertige Human-Vitamine. Dies bewies meine Hypothese: Unsere Hunde bekommen so häufig Krankheiten und Krebs, weil ihr Körper nicht alle Substanzen erhält, die er braucht. Jeder Hund verdient ein gesundes und langes Leben, und daher ist eine Supplementierung so wichtig.

dert die Mikroverkapselung den Abbau der Inhaltsstoffe. Die dünne Ummantelung erhält die Wirksamkeit dieser Vitamine und Mineralstoff, weil die Luft sie nicht erreichen und degradieren kann. Vielleicht haben Sie schon erlebt, dass Ihre B-Vitamine kurze Zeit nach dem Öffnen der Packung säuerlich und übel riechen. Der Grund hierfür ist, dass sie unmittelbar nach dem Kontakt mit Luft beginnen, zu oxidieren und zu zerfallen.

Wenn ein erstklassiges Supplement gegeben wird, kann man schnell Unterschiede in Fell, Energieniveau und der Gesundheit sehen. Bevor wir uns dem Grundwissen über Vitamine zuwenden, wollen wir ein bißchen über Superfood sprechen.

Präbiotika

Viele geben ihren Hunden extra Probiotika für die Verdauung. Aber viele Tierbesitzer wissen nicht, dass Präbiotika sogar noch effektiver die gute Darmflora aufbauen. Präbiotika sind Nahrungsmittel, die spezifische gesunde Änderungen sowohl hinsichtlich der Zusammensetzung als auch der Aktivität der freundlichen Bakterien bewirken. Präbiotika sind auch vorteilhaft für das Wohlbefinden und die Gesundheit. Es sind nicht verdauliche Futterbestandteile, die Wachstum und Vermehrung der guten Darmflora fördern. In anderen Worten sind Präbiotika die gesunde Nahrung für Probiotika. Es wurde nachgewiesen, dass Präbiotika schneller als Probiotika ein gutes Darmmilieu wiederherstellen, indem sie den freundlichen Bakterien das Material liefern, damit sie wachsen und sich vermehren können. Kohl, Löwenzahnblätter und Mangold sind gute Beispiele für gesunde Präbiotika, die man jeder Hundemahlzeit zufügen kann.

6 *Anm. d. Übers.: „Deserving Pets“ ist Dr. Khalsa's Produktlinie ganzheitlicher, natürlicher Vitamin- und Mineralstoffpräparate für Hunde und Katzen, die im Online-Shop in den USA (www.deservingpets.com); Kanada und Neuseeland vertrieben werden.*

Ihre Mutter wusste, wovon sie sprach, wenn sie Sie drängte, viel Obst und Gemüse zu essen. Die Forschung über Krebs und Ernährung beim Menschen hat gezeigt, dass der Verzehr von Obst und Gemüse – besonders von „Superfood“ – das Krebsrisiko signifikant senkt. Weil Pflanzeninhaltsstoffe auf der zellulären Ebene arbeiten und Hundezellen genauso funktionieren wie Menschenzellen, können diese Substanzen auch Ihren Hund vor Krebs und vielen anderen Krankheiten schützen.

Was sekundäre Pflanzenstoffe bewirken

Sekundäre Pflanzenstoffe sind natürliche Inhaltsstoffe der Pflanze, die diese nicht unbedingt zum Überleben braucht und die quasi „Sonderfunktionen“ erfüllen. Sie beugen Krankheiten vor, bekämpfen sie und werden seit Jahrtausenden als Medizin eingesetzt. Als Hippokrates sagte: „Lass' die Nahrung Deine Arznei sein“, hat er vermutlich niemals daran gedacht, dass seine Worte zweitausend Jahre später in wissenschaftlichen Laboratorien bewiesen würden.

Die Bereitschaft für eine Krebserkrankung beginnt damit, dass Karzinogene die DNA in Zellen schädigen und verändern. Diese Modifikation bleibt latent – in anderen Worten: Sie sitzt einfach da und bildet keinen Krebs – so lange, bis irgendwelche spezifischen Bedingungen die Entwicklung einer Krebszelle anstoßen. Das Tumor-Suppressor-Gen p53 spielt dann eine entscheidende Rolle im Kampf des Körpers gegen den Krebs: Es werden Proteine gebildet, die die Zellen dazu bringen, den Wachstumszyklus anzuhalten oder sich selbst zu zerstören. Wenn dies fehlschlägt, hat das Immunsystem immer noch die Gelegenheit, das Krebswachstum zu bremsen. Die Forschung hat bewiesen, dass eine geeignete Ernährungsunterstützung mit sekundären Pflanzenstoffen die Umwandlung von Zellen in bösartig wuchernde Krebszellen verhindern kann.

Sie sehen, dass bestimmte sekundäre Pflanzenstoffe dazu beitragen, Karzinogene und Toxine viel schneller unschädlich zu machen und dadurch das Risiko für permanente DNA-Schäden verringern. Andere sekundäre Pflanzenstoffe unterstützen eher allgemeine Zellfunktionen, während einige dem Immunsystem einen gewaltigen Schub geben.

Grünkohl: Die kräftig dunkelgrünen Kohlblätter sind sehr reich an Karotinoiden, die durch den Körper Ihres Hundes (und durch Ihren Körper!) streifen und freie Radikale abfangen und „nach der Party“ aufräumen. Grünkohl enthält auch viele Elemente, die das Krebsrisiko reduzieren. Wissenschaftler haben im Grünkohl bestimmte Bestandteile – Glukosinolate, Cystein-Schwefeloxide und Sulforaphane – gefunden, die krebserregende Substanzen schneller beseitigen. In einer Studie an Hunden mit Krebsgeschwülsten waren die Tumoren bei kohlgefütterten Hunden kleiner und wuchsen langsamer als bei nicht kohlgefütterten Hunden.

Brokkoli: Inhaltsstoffe von Brokkoli modulieren die Immunantwort auf Viren, Bakterien und Krebszellen. Brokkoli enthält beträchtliche Mengen an Sulforaphanen, die die protektiven zellulären Enzyme des Hundes anregen und krebserzeugende Toxine ausschwemmen.

Ernährung nach Farben

Damit Ihr Hund eine breite Palette an Pflanzennährstoffen erhält, sollten Sie Obst und Gemüse aus jeder Farbgruppe füttern. Zum Beispiel:

Orange	Kürbis, Möhren
Grün	Grünkohl, Petersilie, Brokkoli, Alfalfa, Löwenzahn
Rot	Cranberries, Äpfel
Purpurviolett	Rote Bete
Blau	Blaubeeren

Eine Studie an der Universität Michigan zeigte, dass Sulforaphane gezielt gegen spezifische Krebszellen gerichtet sind, die das Tumorwachstum fördern.

Beeren: Alle Beeren sind mit krebsvorbeugenden Phytochemikalien vollgepackt. Rote Himbeeren, Blaubeeren und Erdbeeren enthalten Ellagsäure, die das Tumorwachstum verlangsamt und manchmal stoppt. Die Phytochemikalien Anthocyanine sind in sehr hohen Konzentrationen in Brombeeren enthalten und verlangsamen das Wachstum maligner Zellen und beschränken die Blutversorgung von Krebsgeschwülsten.

Wenn Sie den Anteil an pflanzlichen Nährstoffen in der Ernährung Ihres Hundes erhöhen, helfen Sie ihm bei der Bekämpfung von Krankheiten, der Gesunderhaltung und erhöhen seine Widerstandskraft. Es ist heute wissenschaftlich anerkannt, dass der Verzehr von Superfood zu einer besseren Gesundheit und Krankheitsprophylaxe führt.

Superfood hat so viele gesundheitliche Vorteile, und jedes Jahr werden mehr entdeckt. Ich glaube fest an das proaktive Vorgehen. Auf lange Sicht erhalten wir auf diese Weise gesündere Hunde.

Vitamine verabreichen

Wenn Sie einem jungen Hund gesunde Mahlzeiten und Snacks anbieten, erhöht sich die Wahrscheinlichkeit, dass er lernt, sie zu lieben und sogar darum bettelt. Bei einem alten Hund, der schon seine Vorlieben hat und dem sie nicht einfach etwas unterschmuggeln können, kann eine hochwertige Nahrungsergänzung helfen. Beispielsweise wurde die Deserving Pets-Supplementierung speziell nach chemoprotektiven Gesichtspunkten entwickelt. Sie enthält in reiner, pulverisierter Form rohen Grünkohl, Beten, Möhren, Brokkoli, Cranberries, Blaubeeren-Extrakt und Alfalfa-Extrakt sowie die immunanregenden Vitamine D3 und D.

Das ABC der Vitamine

Was genau ist ein Vitamin? Mein Lexikon definiert Vitamine als „eine Gruppe organischer Substanzen, die in kleinen Mengen für den normalen Stoffwechsel und die Gesundheit *essenziell* sind. Sie werden in natürlichen Nahrungsmitteln gefunden und auch synthetisch hergestellt." Ihr Körper und der Körper Ihres Hundes arbeitet mit „Stoffwechselwegen", das heißt aus allen winzigen biochemischen Prozessen, die zusammengenommen bewirken, dass der Organismus effizient arbeitet und – noch wichtiger – gesund und krankheitsfrei bleibt. Vitamine und Mineralien sorgen für einen reibungslosen Ablauf der vielfältigen Stoffwechselprozesse Ihres Hundes bei optimaler Gesundheit.

Sie und Ihr Hund brauchen eine Vielfalt an Vitaminen, weil verschiedene Vitamine unterschiedliche Aufgaben erfüllen, um die Gesundheit zu erhalten und den Stoffwechsel zu unterstützen. Man unterscheidet grundsätzlich zwischen den Vitaminen A, B, C, D und E.

Vitamin A

Vitamin A ist gut für das Fell und die Augen Ihres Hundes und reduziert vermutlich das Star-Risiko. Es hat antioxidative Eigenschaften, schützt vor Krebs und ist in tierischen Fetten, Eigelb und Lebertran enthalten.

Aber Vorsicht: Von einer fettlöslichen Vitamin A-Supplementierung sollten niemals mehr als 20.000 IU täglich eingenommen werden. Dies gilt nicht für wasserlösliches Vitamin A, das man nicht überdosieren kann. Und auch wenn es stimmt, dass extrem hohe Dosen über lange Zeit lebertoxisch wirken können, ist es sehr schwer, solche Mengen tagtäglich aufzunehmen – das sollte uns also im Allgemeinen keine Sorgen machen.

Karotine sind die wasserlöslichen und daher sichereren Formen von Vitamin A. Beta-Karotin besteht aus einem Vitamin-Doppelmolekül, das im Hundekörper in Vitamin A konvertiert wird. Die nicht benötigten Anteile werden ausgeschieden. Vitamin A kommt natürlicherweise in orangen und gelben Früchten und Gemüsen vor. Interessanterweise können nur Hunde, aber nicht Katzen, Beta-Karotin in Vitamin A konvertieren.

Die B-Vitamine

Die B-Vitamine umfassen B1, B2, B3, B5, B6, B12, Folsäure, Biotin, Cholin, Inositol und PABA und werden auch Stressvitamine genannt, weil sie dem Organismus beim Umgang mit Stress helfen. Jedes B-Vitamin hat spezifische Funktionen wie die Unterstützung der Bildung roter Blutkörperchen, der Muskelfunktionen und des Nerven- sowie Herz-Kreislaufsystems. B-Vitamine kommen natürlich in Getreide, Blattgemüse, Bohnen, Melasse, Hefe, Eiern, Fisch und Innereien vor.

B12 wird beispielsweise von den Zellen für die Wachstumsförderung und zur Beseitigung von Abfallprodukten genutzt und unterstützt Ihren Hund bei der Bildung von neuem Nervengewebe, Muskulatur sowie Geweben des Verdauungstrakts und Immunsystems. Aber sogar in gesunder Nahrung ist der B12-Gehalt nicht länger ausreichend, da er in den vergangenen 40 – 50 Jahren dramatisch gesunken ist (in manchen Lebensmitteln sogar um 80 – 100 %). Der Grund hierfür ist die Abnahme bestimmter B12-produzierender Bakterien im Boden, dem Wasser und Nahrungsmitteln. Außerdem ist der Kobaltgehalt des Bodens erschöpft; Kobalt wird aber für die Synthese dieses wichtigen Vitamins benötigt.

Wegen der Verarmung der natürlichen B-Vitamin-Reserven ist die ergänzende Zufuhr bei Hunden besonders wichtig. Weil sie sich in Wasser lösen, werden überschüssige Mengen mit dem Urin ausgeschieden – man kann dies manchmal an einer Gelbfärbung des Urins erkennen. Manche mögen dies vielleicht eine teure Harnproduktion nennen, ich nenne es aber eine gute Versicherung. Auf jeden Fall kann Ihr Hund durch zuviel B-Vitamine keinen Schaden nehmen.

Vitamin C

Das vielleicht meistbekannte Antioxidans Vitamin C wehrt Virusinfektionen ab oder verkürzt deren Dauer, reduziert das Krebsrisiko und schützt den Organismus Ihres Hundes vor einer toxischen Überlastung. Es verringert auch Allergien, chronische Infektionen und Zahnfleischerkrankungen des Hundes. Wie die B-Vitamine ist es wasserlöslich und nichttoxisch und überschüssige Mengen werden ausgeschieden (obwohl eine Überdosierung Durchfall verursachen kann). Vitamin C ist in vielen frischen Früchten und Gemüsen enthalten und Supplemente werden oft aus Hagebutten hergestellt.

Zusätzliches Vitamin C ist besonders für kranke Hunde wichtig, weil der Körper mehr als gewöhnlich benötigt, um Infektionen zu bekämpfen, und weil es schnell abgebaut wird. Auch eine Allergie kann das zugeführte Vitamin C rasch verbrauchen. Daher sollten Hunde, die unter einer Allergie leiden, täglich höhere Dosen Vitamin C erhalten, damit sie in Form bleiben. Wiederholte Vitamin C-Gaben während einer Virusinfektion sind sehr hilfreich für das Immunsystem, weil sie sowohl das Interferonniveau erhöhen als auch die Funktion der weißen Blutkörperchen unterstützen. Ein Vitamin C-Stoß vor und nach einer Impfung beugt Impfreaktionen und gesundheitlichen Problemen vor.

In einigen gesunden Hundefuttern ist Vitamin C als Konservierungsmittel enthalten, aber nicht in Mengen, die für eine Nahrungsergänzung ausreichend sind. Ich empfehle ein gepuffertes Vitamin C-Ascorbat mit Kalzium, Kalium, Natrium, Magnesium oder Zink als Puffersubstanz. (Vitamin C-Ester schmeckt im Allgemeinen nicht gut und ist teurer.) Die Dosis, die Sie geben sollten, hängt von der Körpergröße des Hundes und seinem Gesundheitszustand ab. Kleine Hunde können bis zu 250 mg 1 – 2 x täglich erhalten, größere Hunde bis zu 1.000 mg pro Tag. Um Durchfall zu vermeiden, steigern Sie die Dosis allmählich.

Vitamin D

Das in Fisch, Eigelb, Butter und Lebertran enthaltene Vitamin D wird häufig als das „Sonnenschein-Vitamin" bezeichnet, weil die UV-B-Strahlung des Sonnenlichts den menschlichen Organismus zur Produktion von Vitamin D anregt. Einzigartig in der Welt der Vitamine ist es, dass Vitamin D auch als Hormon angesehen wird – es hilft dem Körper des Hundes, Kalzium aufzunehmen und zu nutzen, unterstützt das Immunsystem und ist für eine gute Knochenentwicklung notwendig. Es gibt auch Hinweise darauf, dass Vitamin D das Risiko für Darm-, Brust-, Eierstock- und Prostatakrebs senkt, weil diese Krebsformen seltener bei Menschen vorkommen, die in sonnigen Klimazonen leben. Vitamin D ist fettlöslich und kann gespeichert werden. Dem Hund

Vitamin D

Eine optimale Vitamin D-Konzentration im Blutserum kann das Risiko für die meisten ernsten Krankheiten beim Menschen um erstaunliche 50 – 80 % senken. Zu diesen Krankheiten zählen Osteoporose, Osteomalazie, Bluthochdruck und eine Reihe verschiedener Karzinome von Brust und Darm bis hin zum tödlichen Hautkrebs. Vitamin D stärkt das Immunsystem von Menschen und Hunden sehr deutlich.

sollte die D3-Form gegeben werden, weil die übrigen Formen nicht wirksam sind. Milch ist mit der D2-Form angereichert, aber diese Form möchten wir nicht in der Leber haben.

Vitamin E

Dieses Vitamin kommt natürlich in Getreide, Nussölen und dunkelgrünem Blattgemüse vor und ist ein wichtiges Antioxidans, das die Zellen und Gewebe Ihres Hundes schützt. Je nach Größe können täglich 100 – 200 mg Vitamin E verabreicht werden, und die Wirksamkeit wird durch Kombination mit Vitamin C gesteigert. Vitamin E erhält durch Vitamin C einen deutlichen Schub und man erzielt eine Doppelspitze gegen Krebs und andere chronische Krankheiten. Natürliches Vitamin E wirkt viel besser als die weniger teuren synthetischen Versionen.

Die Fülle der Mineralien für die Gesundheit Ihres Hundes

Mineralien dienen nicht nur als Puffer für die Säuren im Organismus, sie tragen auch elektrische Ladungen, die Nervenimpulse auslösen. Weil es ungefähr 20 Mineralien gibt, die die metabolischen Prozesse Ihres Hundes unterstützen und fördern, können wir hier nur die wichtigsten, die Makromineralien, behandeln.

Kalzium

Sie kennen wahrscheinlich die Bedeutung des Kalziums für die Stärkung von Knochen und Zähnen, aber es spielt auch eine bedeutende Rolle bei der Nervenleitung und der Kontraktionsfähigkeit der Muskulatur. Kalzium ist in Lebensmitteln wie Milchprodukten, Lachs, Sardinen und Tofu enthalten.

Kalzium kann aber nur in einem sauren Milieu korrekt assimiliert werden und wird aus Knochenmehl oder zerpulverten Austernschalen nicht gut absorbiert. Weitaus günsti-

ger ist Kalzium aus Pflanzenzellen oder Kalzium, das an eine Aminosäurekette gekoppelt ist. Der Organismus Ihres Hundes kann die organischen Kalziumformen (Kalziumzitrat, Kalziumlaktat und Kalziumorotat) viel besser aufnehmen als das Kalziumkarbonat aus Austernschalen.

Um effektiv zu sein, sollten Kalziumsupplementierungen auch das Mineral Magnesium und Vitamin D enthalten, die beide die Kalziumnutzung fördern. Das Kalzium-Magnesium-Verhältnis sollte 2 : 1 betragen.

Magnesium

Das beruhigende Antistress-Mineral Magnesium besitzt zusammen mit Kalzium einen sedierenden Effekt und fördert den erholsamen Schlaf. Das Nervensystem benötigt es für die Regulierung der Nervenimpulse und -leitung. Nahrungsquellen für Magnesium sind Nüsse, Hülsenfrüchte, Vollkorngetreide, dunkelgrüne Gemüsearten, Meeresfrüchte und Milchprodukte.

Kalium

Kalium wird in zahlreichen Lebensmitteln gefunden, wie beispielsweise Pute, Huhn, Lachs, Kabeljau, Sardine, viele Obst- und Gemüsesorten und Milchprodukte, und unterstützt die Säure-Basen-Regulierung im Körper Ihres Hundes. Es liegt im Inneren der Zellen vor und geht bei schwerem Erbrechen und Durchfall verloren, so dass Ihr Hund schwach und lethargisch wird.

Geschmackstest

Nahrungsergänzungen, die wegen eines maximalen Effekts hochkonzentriert sind und deren schlechter Geschmack nicht ausreichend getarnt ist, verfehlen häufig ihren Zweck. Es ist wirklich egal, wie vorteilhaft eine Vitamin- und Mineralstoffergänzung ist, wenn Sie Ihren Hund nicht dazu bringen können, sie zu fressen.

Selen

Das Spurenelement Selen ist essenziell für eine gute Gesundheit, aber es wird nur in geringen Mengen benötigt. Durch Einbau von Selen in Proteine entstehen Selenoproteine. Diese wichtigen antioxidativen Enzyme schützen vor Zellschädigungen durch freie Radikale und auf diese Weise vor der Entstehung chronischer Krankheiten wie Krebs und Herzinsuffizienz. Andere Selenoproteine sind an der Schilddrüsenfunktion beteiligt und spielen eine Rolle im Immunsystem.

Dieses Mineral ist für die Schilddrüsen- und Herzgesundheit Ihres Hundes und auch für die Krebsvorbeugung sehr wichtig. Das Natrium-Selenit ist die einzige Selenform, die direkt das Tumorwachstum stoppen kann. Das häufigere Selenomethionin wird in der Leber gespeichert, während Natriumselenit direkt zum Tumor wandert.

In den meisten Ländern ist pflanzliche Nahrung die hauptsächliche Selenquelle. Es wird aber auch in Eiern, einigen Fleischsorten und Meeresfrüchten gefunden sowie in Pflanzen, die in selenreichen Böden wachsen.

Antioxidantien: Vorbeugung gegen den inneren Verschleiß

Der Körper Ihres Hundes ist (genau so wie Ihr eigener) heutzutage so vielen Umweltgiften und -verschmutzungen ausgesetzt – denken Sie nur an die vielen Pestizide und Herbizide auf dem Gras, mit dem Ihr Hund wahrscheinlich in Kontakt kommt –, dass er einen großen Bedarf an einer regelmäßigen Zufuhr von Antioxidantien als Bestandteil eines Supplementierungsprogramms hat.

Antioxidantien können den Alterungsprozess verzögern, weil sie die Zellen und Organe widerstandfähiger gegenüber Schädigungen machen. Sie sind eine Vorbeugung gegen den inneren Verschleiß. Antioxidantien sind Substanzen, die die zerstörerischen Wirkungen der Oxidation hemmen. Der Prozess der Oxidation beginnt, wenn toxische Substanzen in ihrer Umwelt Zellen schädigen und unstabile Moleküle mit losen Elektronen, die „freien Radikale", gebildet werden. Diese suchen andere Moleküle auf, um sich an sie zu binden. Hierdurch beschleunigt sich die Alterung, denn die freien Radikale verändern zelluläre DNA-Codes und schädigen innere Organe und die Haut. Antioxidantien neutralisieren die freien Radikale, bevor sie Schäden verursachen. Sie können sie sich als „erste Verteidigungslinie" gegen eine zunehmend toxische Welt vorstellen und als Werkzeug, das Ihrem Hund hilft, länger jung zu bleiben.

Einige unserer vertrauten Vitamine und Mineralstoffe sind wirksame Antioxidantien, wie die Vitamine A, C und E sowie das Mineral Selen. Vitamin C ist ein Antioxidans mit zusätzlichen Vorteilen, weil es vor Krankheiten schützt, das Immunsystem stark anregt und die Zellalterung verlangsamt.

Für Hunde ist Vitamin C genau so nützlich wie für uns Menschen, aber Hunden wird es üblicherweise nicht gegeben. Gepuffertes Vitamin C-Pulver für Menschen eignet sich auch gut für Hunde, und Sie können je nach Größe Ihres Hundes 100 – 1.000 mg pro Tag geben. Es ist ein Vitamin, daher ist die Dosis nicht absolut, aber starten Sie mit einer niedrigen Dosierung und erhöhen Sie sie allmählich, damit Ihr Hund sich daran gewöhnen kann und sein Kot nicht dünn wird.

Ein anderes Antioxidans, das Sie vielleicht kennen, ist das Coenzym Q10. Es spielt eine Schlüsselrolle bei der Bildung von ATP (Ade-

Antioxidantien

Vitamine	Mineralien	Pflanzen	Nährstoffe
Vitamin C	Zink	Gingko	SOD[7]
Vitamin E	Selen	Weißdorn	Bromelain
Vitamin A		Rosmarin	Pycnogenol
Beta-Karotin			Quercetin

7 *Anm. d. Übers.: SOD = Superoxiddismutase*

nosin-5'-Phosphat), dem Energiemolekül des Körpers. Das CoQ_{10} wird in zwei kommerziellen Formen angeboten. Die am häufigsten verwendete ist Ubichinon, aber die Forschung hat bei Tieren und Menschen gezeigt, dass die Form Ubichinol besser absorbiert und besser ausgenutzt wird. CoQ_{10} ist ein sehr wichtiges Antioxidans für Hunde mit Leber- oder Herzproblemen, weil diese beiden Organe für ihre Funktion hohe Konzentrationen an ATP benötigen. CoQ_{10} in der Ubichinol-Form ist online und im Reformhaus erhältlich. Ein Hund sollte täglich 10 – 50 mg erhalten.

Das Antioxidans Glutathion wird natürlicherweise in der Leber durch Synthese bestimmter Aminosäuren produziert. Zu geringe Glutathionspiegel werden schon immer mit der Alterung in Verbindung gebracht; in unserer modernen toxischen Welt sind niedrige Glutathionspiegel nicht mehr für die Alten reserviert. Glutathion ist das hauptsächliche Antioxidans zur Förderung des gesunden Wachstums und der Immunaktivität. Es schützt vor Krebs und unterstützt die Synthese und Reparatur der DNA. Zusätzlich ist es ein starker Leberentgifter und erleichtert die Eliminierung von unerwünschten Giften und Schwermetallen. Auch unterstützt es die Nierenfunktion. Die schlechte Nachricht ist, dass man Glutathion nicht als orale Futterergänzung geben kann, weil es verdaut wird, bevor es Gutes tun kann. Die gute Nachricht ist aber, dass bestimmte Nahrungsmittel wie etwa Eier die Produktion von Glutathion anregen. Spargel enthält viel Glutathion, während Brokkoli, Rosenkohl, Blumenkohl, Äpfel und Wassermelonen den Glutathionspiegel anheben. Wie Kinder essen Hunde nicht immer ihr Gemüse gern, also sind hier einige Tipps, um Ihre vierbeinigen Kinder zu ermutigen. Die meisten Hunde lieben Brokkolistiele, Apfelschnitze und Wassermelone. Man kann auch eine Mischung dieser Gemüse hacken und zu einem gesunden antioxidativen Omelett backen. Eine andere Option ist ein vorbeugendes Nahrungsergänzungsmittel, das Sie täglich über das Hundefutter streuen und es sich leicht machen, Ihrem Hund all das zu geben, was er braucht.

Wenn Sie Ihren Hund mit gesunden, biologisch angebauten Gemüsen, Früchten und Eiern aus Freilandhaltung füttern und seine Nahrung abwechslungsreich gestalten, stellen Sie sicher, dass er jeden Tag gesunde Anti-aging-Antioxidantien erhält. Unabhängig davon, nach welcher Methode Sie Ihrem Hund alles geben, was er für ein gesünderes Leben braucht, werden Sie und Ihr Hund die Vorteile von noch mehr toller Lebenszeit genießen.

Man kann sich den Körper des Hundes als eine Art biologisches oder inneres Terrain vorstellen, ähnlich wie Erdboden. In gutem Boden wachsen starke, gesunde Pflanzen, in schlechtem, ausgelaugtem oder unterernährtem Boden nicht. Genauso verhält es sich auch mit dem biologischen Terrain des Hundes, und deshalb lege ich in diesem Buch so großen Wert auf eine gute Ernährung und gute Nahrungsergänzung. Das Terrain eines jeden Körpers benötigt gesunde Materialien als Dünger für die heilenden Kräfte. Bei richtiger Anwendung kann die ganzheitliche Medizin eine mächtige Heilerin sein, die sanft, aber effektiv viele Krankheiten und gesundheitliche Probleme kuriert – und das ohne die Nebenwirkungen, die die konventionellen Methoden der Medizin so oft begleiten.

Der Körper Ihres Hundes verfügt über ein eingebautes System vielseitiger Schutzmechanismen, um Pathogene und andere innere Bedrohungen abzuwehren und Schäden zu reparieren. Obwohl das Immunsystem auf effektiven, sogar wundersamen Wegen die Heilung fördert, wird es leider oft unabsichtlich durch mangelhafte Unterstützung sabotiert. Bei mangelhafter Ernährung verarmt das Immunsystem häufig an Vitaminen, Mineralstoffen und Enzymen, die es für eine Spitzenleistung benötigt. Es wird auch dadurch geschwächt, dass wir uns auf Medikamente verlassen, d. h. dass uns das Vertrauen in die bemerkenswerten Heilkräfte des Körpers fehlt.

Wenn man dem Körper des Hundes die Software zum Betrieb seiner Systeme gibt und die Anweisungen, um krankheitsverursachende „Programmierfehler" zu korrigieren, wird er sich schnell selbst heilen. Es gibt viele ganzheitliche Modalitäten und Techniken, aber sie haben alle denselben Nenner: Sie steigern die Fähigkeit des Körpers, sich selbst zu heilen und zu behandeln. So einfach ist das. Ganzheitliche Gesundheit arbeitet mit der Natur des Heilens.

Teil 2
Die Natur der
Gesundheit

8. Die Wiederentdeckung des natürlichen Wegs

Brilliante Entdeckungen haben der Menschheit über Jahrtausende zahlreiche funktionierende Heilmethoden beschert. Beispielsweise nutzten schon vor 6.000 Jahren die Ägypter Kräuter, um Infektionen zu heilen und Krankheiten zu behandeln. Akupunktur wird im Fernen Osten seit 5.000 Jahren angewendet. Aber je nach Ort und Zeitperiode, in der man sie praktizierte, wurden verschiedene Heilmethoden als Modeerscheinung oder Humbug angesehen.

Nostradamus, der berühmte französische Physiker und Astrologe, übte den Arztberuf im 16. Jahrhundert aus. Er behandelte Pestopfer mit einer neuen und unüblichen Arznei – zermahlenen Hagebutten. Hagebutten enthalten viel Vitamin C, aber dieses war im Mittelalter noch unbekannt. Nostradamus las Bücher, die die Kirche verboten hatte und lernte aus ihnen und aus eigener Erfahrung, Naturprodukte erfolgeich zur Heilung von Krankheiten einzusetzen. Eben dieser Erfolg brachte ihn in Lebensgefahr, denn er musste ja mit dem Teufel im Bunde sein, um eine bekanntermaßen tödliche Krankheit heilen zu können. Nur seine enge Beziehung zu Katharina von Medici, der französischen Königin, schützte ihn. Katharinas Sohn, König Karl IX. von Frankreich, ernannte Nostradamus im Jahr 1560 zu seinem Leibarzt.

In Nordamerika ging die Heilkunst andere Wege. Heilungsarten und Methoden änderten sich über die Jahrhunderte und machten Platz für pharmazeutische Arzneimittel und aggressives Behandeln der Krankheitssymptome anstelle eines eher ganzheitlichen Ansatzes. Dann, gegen Ende des 20. Jahrhunderts, begann man zu realisieren, dass die sogenannte konventionelle Medizin so viele Probleme erzeugte, wie sie zu heilen vorgab. Man suchte wieder nach Medizin, die aus der Natur stammt, statt von Menschen hergestellt worden zu sein und blickte auf die Behandlungsoptionen anderer Kulturen und Epochen.

Ganzheitliche Therapien und die Weisheit des Körpers

Heutzutage hört man Ausdrücke wie *konventionell, ganzheitlich, alternativ, homöopathisch, allopathisch* und *komplementär*, wenn wir über Medizin lesen, schreiben oder diskutieren. *Konventionell* bezieht sich eindeutig auf die Anwendung der Chirurgie und pharmakologischer Mittel. Im Gegensatz hierzu wird der Begriff *ganzheitlich* eher zu allgemein gebraucht: Er beschreibt das ganze Spektrum ausgefeilter und erlernter Heilweisen wie Akupunktur und Homöopathie bis hin zu einfacheren Methoden wie gesunder Ernährung, Sport und Massagen. Im ursprünglichen Sinn bedeutet er, mit der angeborenen Intelligenz zu arbeiten, um Gleichgewicht, Stärke und Wiederherstellung zu fördern. Manchmal bedeutet er einfach, gesünder zu essen und täglich Vitamine zu nehmen. Manchmal beschreibt er alle Maßnahmen, die ein Besitzer verwendet, um seinen geliebten Hund vor einer tödlichen Krankheit wie Krebs oder Nierenversagen zu retten.

Das Ganze behandeln

Die ganzheitliche Medizin beschreibt ein System von Diagnose und Behandlungen für den gesamten Patienten, nicht nur für seine spezielle Erkrankung.

Alternativ bedeutet, nicht den konventionellen Ansatz von Chirurgie und pharmakologischen Mitteln zu verwenden. Ironischerweise bezeichnet man pharmakologische Mittel als konventionelle Medizin, obwohl es medizinische Praktiken wie Homöopathie, Akupunktur und Kräutermedizin schon länger gibt und sie in vielen Teilen der Welt weit verbreitet sind. *Homöopathie* ist eine Heilmethode, in der sehr kleine Substanzmengen, die keine Nebeneffekte aufweisen, zur Heilung eingesetzt werden. Zur Blütezeit der Homöopathie waren die meisten medizinischen Lehranstalten homöopathisch, daher prägte man den Begriff *allopathisch* für eine Behandlung, die von den üblichen homöopathischen Behandlungen abwich.

Mit Abstand mein Lieblingswort ist *komplementär.* Ich hoffe, wir haben jetzt den Zeitpunkt erreicht, zu dem dieser Ausdruck vollständig das Wesen der Medizin beschreibt. Komplementär bedeutet, dass die wunderbare Mischung von Heilungsmethoden, alte und neue, gemeinsam zur Behandlung von Menschen verwendet werden können. Für jede gibt es eine Zeit und einen Ort.

Die Fähigkeit, die besten Möglichkeiten der verschiedenen Heilungsansätze zu kombinieren, ist die *integrative Gesundheitsvorsorge* und *komplementäre Medizin.* Obwohl der ganzheitliche Aspekt üblicherweise als *alternative Medizin* bezeichnet wird, glaube ich, dass sowohl die Behandlung als auch die Vorbeugung ganzheitlich beginnen und die so genannten konventionellen Techniken als alternative Methoden eingesetzt werden sollten. Dieser Ansatz ist aber schwer umzusetzen, da viele meiner Patienten erst in Verzweiflung zu mir kommen, nachdem alles andere versagt hat. Dann wird es kompliziert. Meine Aufgabe ist, die Balance zwischen dem Ganzheitlichen und dem Konventionellen bei einem bereits schwerkranken und von pharmakologischen Mitteln abhängigen Hund zu finden. Hätte sich der Besitzer bereits beim Auftreten der ersten Symptome für eine ganzheitliche Behandlung entschieden, wäre es möglicherweise nie zu einer Monster-Krankheit gekommen.

Alle ganzheitlichen Therapien arbeiten synergistisch. Natürlich braucht man manchmal pharmakologische Arzneimittel. Ein sehr kranker Patient muss vielleicht erst stabilisiert werden, bevor man dann ganzheitliche Produkte einsetzt. Ich staune immer noch darüber, wie viel ganzheitliche Therapien bei Krankheit erreichen können. Im ganzheitlichen Spektrum ist so viel verfügbar, und immer mehr wird bekannt. Ich sehe die ganzheitliche Therapie wie einen riesigen Regenwald, zum Bersten gefüllt mit grünen Heilpflanzen. Im Gegensatz dazu ist die konventionelle Medizin ein winziges mit Unkraut gefülltes Fleckchen in einer Großstadt. Dieses Fleckchen bietet Ihnen Steroide, Antibiotika und ein paar andere Sachen. Der Regenwald bietet eine riesige Auswahl an ganzheitlichen Möglichkeiten, wobei uns immer mehr unglaubliche ganzheitliche Produkte zur Verfügung stehen.

Wenn ich die Behandlung meiner Hundepatienten plane, schließe ich keine Option aus, von der ich eine Besserung der Gesundheit erwarte. Ich sehe alle diese Methoden als Wissenszuwachs bei der Heilung von Krankheiten an. Manche sind altehrwürdig und andere gerade erst entdeckt, aber alle nutzen das angeborene Wissen des Körpers und arbeiten mit dieser angeborenen Intelligenz, um eine gute Gesundheit herzustellen.

Ich nutze pharmakologische Arzneimittel, wenn es mir nötig erscheint, und mit ihnen habe ich Leben gerettet. Bei Symptomen wie unregelmäßigem Herzschlag oder hohem Blutzucker sind sie angebracht und die korrekte Arznei sollte dem kranken Individuum helfen. Konventionelle Medizin bietet einige beeindruckende Techniken und Technologien für Erkennung und Diagnose von Krankheiten.

Pharmakologische Arzneimittel wirken anders als ganzheitliche Produkte. Sie schwächen die Symptome ab und heilen selten. Bestenfalls sorgen sie für einen Zeitgewinn in der Heilungsphase des Körpers. Die Einnahme eines Analgetikums bei Kopfschmerz beseitigt den Schmerz, während der Körper an der Selbstheilung arbeitet. Bei Migräne-Kopfschmerzen schätzt man die Erleichterung, aber das Medikament beseitigt nicht das echte Problem. In zu vielen Fällen wird die Krankheit chronisch, weil die wirkliche Ursache des Problems nicht gefunden und angegangen wurde.

Wenn man nur die Symptome behandelt, kann man sogar die Fähigkeit des Körpers zur Selbstheilung stören. Geben wir einem Hund ein schmerzstillendes antientzündliches Arzneimittel, fühlt sich sein Knie besser an, er belastet es anstatt es zu schonen und setzt dadurch größere Schäden. Der Besitzer denkt, alles sei gut, weil der Hund läuft und keine Schmerzen zeigt. Die Konsequenz kann eine teure Knieoperation sein. Außerdem verzö-

gern sowohl Steroide als auch nicht-steroidale Entzündungshemmer (NSAIDs) nachweislich die Heilung. Natürliche Medikamente fördern die Heilung, und so verschwindet der Schmerz bei der Heilung des Gelenks. Dem Körper die Möglichkeit zur Heilung in seinem individuellen Tempo zu geben, ist die beste Versicherung gegen eine chronische Krankheit.

Der ganzheitliche Ansatz geht davon aus, der Körper sei intelligent und seine Symptome haben eine Ursache. Das bedeutet nicht, dass man eine Krankheit nicht behandeln oder sich darauf verlassen sollte, der Hund gesunde schon von allein. Es ist aber so, dass ganzheitliche Behandlungen ein mächtiges Mittel sind, die angeborene Fähigkeit des Körpers zu Ausgleich und Wiederherstellung zu ergänzen und zu verstärken; so kann der Körper Krankheit oder Verletzung überwinden. Zu viele von uns haben die angeborene Weisheit des Körpers vergessen. Zusammen mit etwas Hilfe von ein paar ganzheitlichen Freunden kann wahre Gesundheit wieder hergestellt werden.

Typischerweise erneuern viele Patienten mit chronischen Problemen ihre pharmakologischen Verschreibungen immer und immer wieder, Monat für Monat. Patienten sind abhängig von ihren Medikationen, und dies ist sehr gut für die Pharmaindustrie. Eine Tablette auszugeben, die den hohen Blutdruck oder die Arthritis heilt, wäre tatsächlich sehr schlecht fürs Geschäft.

Wie gesagt, können die ganzheitlichen Behandlungen gemeinsam und auch mit konventioneller medizinischer Behandlung und deren Arzneimitteln eingesetzt werden. Ich sehe oft Tiere, die so krank sind, dass sie beides benötigen. Manchmal sind sie schon abhängig von konventionellen Arzneimitteln und können nicht ohne sie auskommen, bis wir mit den ganzheitlichen Therapien eingesetzt haben.

Ganzheitliche Therapieformen

Innerhalb der ganzheitlichen Medizin gibt es mehrere verschiedene, in sich abgeschlossene Therapieformen wir zum Beispiel Homöopathie, Chiropraktik, Akupunktur, Kräuter oder Energieheilung.

Wenn man ein beschädigtes Haus repariert, zieht man die neuen Dachbalken ein, bevor man die alten schadhaften entfernt. Genauso sorgt man dafür, dass der Körper des Hundes aus eigener Kraft arbeitet, bevor man ihm die Krücken wegnimmt, die ihm die pharmakologische Arznei liefert. Hierfür braucht man ein gutes Verständnis, wie ganzheitliche Therapieformen wirken, welche Möglichkeiten sie besitzen und wie man sie untereinander und mit konventionellen Therapieformen kombinieren kann. Auch muss man wissen, wie der Körper des Hundes auf die verschiedenen Therapien reagiert.

In unserem Körper und im Körper unserer Hunde gibt es eine angeborene Weisheit: Ohne bewusste gedankliche Steuerung arbeiten die Zellen emsig in Richtung von Ordnung und Gesundheit. Sie sind vertraut mit den für ihren Lebenszweck erforderlichen Aktionen. Seit Jahrtausenden hat der Mensch diesen angeborenen Zweck der Zellen zur Heilungsfähigkeit unterstützt und verstärkt.

Schulmedizinische Arzneien haben ihren definierten Platz, aber sie können nicht mit jahrtausendealten dokumentierten natürlichen Unterstützungsmethoden des Heilens konkurrieren. Diese uralten Tatsachen sind heute umso wichtiger, weil unsere Hunde und wir sie im Umgang mit all den Toxinen in unserer Umwelt dringend benötigen.

In vielen Situationen sollte man pharmakologische Arzneien verwenden, wenn natürliche Therapien versagen und wenn es wirklich erforderlich ist. In diesem Szenarium werden konventionelle Arzneien zur „alternativen" oder „komplementären" Medizin.

In diesem Kapitel erhalten Sie einen ersten Zugang zu den Techniken, die die ganzheitliche Medizin einsetzt, um verborgene Ursachen mancher chronischer Gesundheitsprobleme auszugraben, anstatt nur die Symptome anzusprechen. Wie gesagt halte ich diese Techniken für den „Körper des Wissens" – sozusagen das angeborene Wissen des Körpers zur Selbstheilung: Die ganzheitliche Medizin weckt den Körper aus seinem durch die konventionelle Medizin verursachten Schlummer auf. Ganzheitliche Methoden geben dem „Lebensfunken" Treibstoff zur Energieerzeugung und bringen ihn ins Gleichgewicht.

Akupunktur: Die heilende Nadelarbeit

Die Chinesen wenden die ganzheitliche Technik der Akupunktur seit über fünftausend Jahren an. Diese Prozedur, bei der sehr feine Nadeln in bestimmte Körperpunkte gestochen werden, um Schmerzen zu lindern und um zu heilen, war ein Bestandteil der bemerkenswert weisen und präzisen Heilkunst des alten China. Die Prinzipien der chinesischen Medizin, veröffentlicht zwischen 400 und 200 Jahren vor Christi Geburt, enthielten zum Beispiel eine Diskussion darüber, wie das Herz den Blutfluss im Körper kontrolliert. Dieses System akzeptierte die westliche Medizin erst, als William Harvey es zweitausend Jahre später „entdeckte".

Die angewandte Akupunktur begann tatsächlich schon vor der Metallherstellung: die ursprünglichen Nadeln waren aus Stein und Fischgräten. Aber erst als Präsident Richard M. Nixon im Jahr 1972 seinen historischen China-Besuch antrat, erwachte in den USA das Interesse an der alten Kunst, Nadeln gegen Schmerz und Krankheit einzusetzen. James Reston, einem Reporter der New York Times, musste in China plötzlich in einer Notfalloperation der Blinddarm entfernt werden. Dies passierte, als er vor Nixons Besuch die Reise des amerikanischen Tischtennisteams begleitete; anschließend beschrieb er, wie Akupunktur zur Schmerzlinderung eingesetzt wurde.

In China wird eine besondere Akupunkturmethode eingesetzt, die eine Operation ohne medizinische Anästhesie ermöglicht. Der Patient bleibt während der Operation bei Bewusstsein, weil die Akupunktur mit dem Schmerz umgehen kann. Daher interessierte sich der Leibarzt des Präsidenten für dieses Vorgehen. Im Folgejahr wurde Akupunktur vom *American Medical Association's Council on Scientific Affairs* als experimentelle medizinische Vorgehensweise bezeichnet.

Die Beliebtheit der Akupunktur führte auch zur Behandlung von Tieren, denn schon fast seit Anbeginn wurde sie in China auch bei Tieren eingesetzt. Heute ist die Akupunktur bei Tieren durch die Amerikanische Gesellschaft

Die Geschichte vom Dackel Max

Bevor ich Ihnen neue Methoden vorstelle, wie Sie Ihren Hund heilen und ihm helfen können, erzähle ich eine Geschichte aus dem wahren Leben, die alles in den Zusammenhang bringt. Diese Geschichte handelt von dem kleinen Dackel Max. Max hatte Rückenprobleme wie viele andere Dackel auch. Er verfügte über einen sehr langen Rücken und sehr kurze Beine. Und er sprang gerne. Als er einmal mit seinem Bruder spielte, wurde er angerempelt und jaulte. Eine seiner Bandscheiben sprang heraus und drückte auf die Nerven im Wirbelkanal.

Die Besitzerin brachte Max nach seiner Rückenverletzung zum örtlichen Tierarzt, der ihm Steroide (Prednisolon) zur Abschwellung und Schmerzlinderung gab. Außerdem wurde absolute Ruhe für einen Monat angewiesen. Max schien es eine Weile besser zu gehen, aber das Problem kehrte zurück. Seine Hinterbeine waren gelähmt, und er konnte keinen Urin absetzen. Die Tierärztin erläuterte die teure Rückenoperation, hielt es aber bereits zu spät hierfür. Glücklicherweise war bei Max noch etwas Empfindung an den Zehen seiner Hinterpfoten vorhanden.

Max litt an einer vorgefallenen Bandscheibe in seiner Wirbelsäule. Der Druck der angeschwollenen Bandscheibe hatte Nervengewebe in der Wirbelsäule zerstört, deshalb konnte er nicht laufen. Die Steroide bekam er, um die Entzündung in der Wirbelsäule zu unterdrücken, damit das Nervengewebe nicht noch weiter geschädigt wurde. Dies ist die übliche konventionelle Behandlung, aber sie unterdrückt die Symtome und geht nicht das wahre Problem an. Die Steroide waren wichtig für Max, sie unterdrückten die Schwellung, und Max konnte ganzheitlich behandelt werden.

Die Wirbelsäule eines Hundes ist wie eine Hängebrücke zwischen Kopf und Becken aufgespannt. Unsere Wirbelsäule verläuft vertikal, die des Hundes parallel zum Boden. Man kann ein Dutzend Dominosteine Seite an Seite zu einer Säule aufstellen. Wenn man dann Druck auf ein Ende ausübt, geben die Dominosteine in der Mitte nach und wölben sich hoch. Wenn der Druck zwischen vorderem und hinterem Ende der Wirbelsäule unterschiedlich ist, verschieben sich die Wirbelkörper (die Segmente der Wirbelsäule) gegeneinander. Dies drückt auf die Bandscheiben, die die Polster zwischen den Wirbeln bilden. Die Wirbelsäule von Max ist besonders lang und anfällig für Probleme. Dackel sind einfach so gebaut. Andere Rassen mit langem Rücken wie Basset,

der Veterinärmedizin anerkannt und zugelassen. Umfängliche Zertifikatskurse stehen den Tierärzten zur Verfügung. Während die Vorstellung, zu Heilungszwecken Nadeln in bestimmte Punkte am tierischen Körper zu stechen, für Skeptiker immer noch weit hergeholt klingt, sind die Ergebnisse oft erstaunlich, sogar bei der Behandlung von scheinbar hoffnungslosen Fällen.

Akupunktur wirkt in einem großen Bereich von metabolischen, traumatischen, anthritischen und neurologischen Problemen ein-

Petit Basset Griffon Vendeen und Welsh Corgi neigen ebenfalls zu Rückenproblemen.

Max' Besitzerin stellte ihn mir vor und ich begann die Behandlung. Zuerst setzte ich einen speziellen Laser auf dem betroffenen Gebiet ein, um Schmerz und Entzündung zu lindern. Dann injizierte ich vorsichtig einige Homöopathika in die Akupunkturpunkte nahe der Verletzung. Daraufhin nahmen Max' Muskelkrämpfe ab. Die Muskeln auf beiden Seiten seiner Wirbelsäule krampften in dem Versuch, die Wirbelsäule zu stützen, was die Schmerzen nur verschlimmerte. Nun entspannten sich diese Muskeln, und ich konnte seine Wirbelsäule behandeln. Ich schob die Wirbel vorsichtig in ihre korrekte Position. Max wirkte schon fröhlicher und erleichtert. Ich setzte Akupunkturnadeln entlang der Wirbelsäule und vier weitere winzige Nadeln in bestimmte Punkte seiner Beine. Das löste Blockaden und erneuerte den harmonischen Energiefluss in der Wirbelsäule.

Max bekam chinesische Kräuter und Homöopathika mit nach Hause, die die Schwellung verringern, den Schmerz unterdrücken und die schnelle Heilung fördern sollten. Die Wirbelsäulenchiropraktik und die Akupunktur wurden mehrfach wiederholt. Nach jeder Behandlung wurden seine Hintergliedmaßen kräftiger und beweglicher. Max konnte seine Blase wieder kontrollieren und selbständig Urin absetzen. Als es ihm besser ging, erhielt er andere Medikamente zum Aufbau der Nerven, die die Blase und die Hinterläufe versorgen. Außerdem bekam er Nahrungsergänzungsmittel zur Stärkung der Wirbelsäule.

Hätte Max während der Behandlung eine Blaseninfektion bekommen, hätte ich Antibiotika oder eine chinesische Kräuterzubereitung verschrieben, denn in seinem Fall wäre das erforderlich gewesen. Sein System war durch die schmerzhafte Krankheit und durch die Steroide geschwächt, und ich wollte eine Ausbreitung der Entzündung verhindern. Ich hätte auch Cranberries verordnet. Die Antibiotika hätte ich durch Probiotika (freundliche Bakterien) ersetzt und nachfolgend ganzheitliche Zubereitungen als Schutz vor weiteren Blasenentzündungen angewendet.

Max läuft und spielt wieder. Sein Bruder rempelt ihn immer noch an, und Max springt immer noch gerne. Aber jetzt betreibt seine Besitzerin ganzheitliche Vorsorge. Alle paar Monate bringt sie Max zur Kontrolle in meine Klinik. Wir wenden Akupunktur und Chiropraktik der Wirbelsäule an. Max liebt diese Behandlung, für ihn ist es sein Wellnesstag!

schließlich Infektionen, Störungen des Immunsystems und der Leber, Herzproblemen, Arthritis, Nierenversagen, Hüftgelenksdysplasie, Anämie, Lähmung, Rücken- und gastrointestinalen Problemen sowie Asthma. Sie ist frei von Nebenwirkungen, weil dem Körper nichts Toxisches zugefügt wird. Veterinärakupunktur ist eine Heilkunst, die sich mit dem einzelnen Tier als lebendem energetischen Wesen und nicht mit einem Katalog von Krankheitszeichen und Symptomen beschäftigt.

Warum Nadeln Erleichterung bringen

Die Akupunkturpunkte liegen auf den *Meridianen* – einer Serie miteinander verbundener Kanäle, durch die der Energiefluss des Körpers geleitet wird. Das Fließen und Gleichgewicht der Energieströme ist das Qi (ausgesprochen „chi“) der chinesischen Medizin. Es wird durch die Positionierung der Nadeln direkt beeinflusst, um die Heilung zu fördern.

Die moderne Medizin wartet mit vielen Erklärungen für dieses Phänomen auf. Die neurophysiologische Theorie besagt, die Stimulation durch die Nadeln setzt Hormone und Neurotransmitter wie Serotonin frei. Diese Substanzen kann man zusammen mit den körpereigenen natürlichen Opiaten, Endorphinen und Enkephalinen in höheren Mengen direkt nach einer Akupunktur nachweisen. Ihre Freisetzung erzeugt wohl die Euphorie, die einige Patienten erleben. Dies gilt auch für meine Hundepatienten, die üblicherweise ihre Besitzer nach ein paar Sitzungen in meine Klinik zerren und die die Behandlung wohl als entspannend und angenehm empfinden.

Eine andere Hypothese ist die bioelektrische Theorie: Demnach laufen elektrische Ströme die Nerven des Körpers entlang und die Stimulation dieser Ströme beeinflusst das gesamte System. Zum besseren Verständnis stellt man sich den Körper des Hundes als Haus vor, in dem der Strom durch jedes Organ und System fließt, d.h. jedes Zimmer beleuchtet. Bei einem schadhaften Anschluss sind einige Zimmer nur schwach beleuchtet und das Immunsystem kann diese Räume nicht so gut reinigen wie die anderen. Aber sobald das elektrische System repariert, neu verkabelt und ausbalanciert ist, wird der Schmutz sichtbar. Das System tritt nun in Aktion und reinigt die fraglichen Räume. Akupunktur harmonisiert die elektrische Spannung im Hundekörper, sodass seine Heilungsmechanismen ordnungsgemäß funktionieren. Hundebesitzer haben oft falsche Vorstellungen von der Akupunktur. Sie befürchten, die Nadeln verursachen Schmerzen. Sie sind überrascht von ihrer geringen Größe (ein Journalist, der meine Praxis besuchte, stellte sie sich in der Größe von Stricknadeln vor!) und stellen fest, dass das Einstechen sehr wenig oder kein Unbehagen auslöst. Die Behandlungen dauern 10 bis 20 Minuten nach dem Setzen der Nadeln und können auf viele verschiedene Arten erfolgen. Die übliche Methode der Stimulation von Akupunkturpunkten ist, die Nadeln einfach in den Punkt zu setzen und dort arbeiten zu lassen.

Die Medizin der Armen

Die Akupunktur basiert auf natürlichen und wissenschaftlichen Heilungsaspekten. In China nennt man sie manchmal „Medizin der Armen“, weil sie so kostengünstig ist.

Variationen der Behandlung

Die Akupunkturtherapie und -praxis weist Varianten auf. Diese Varianten sind Elektroakupunktur, Aquapunktur, Moxibustion, Laserakupunktur, Akupressur und Implantation von Goldkügelchen.

Elektroakupunktur: Nadeln, die an ein Gerät zur elektrischen Akupunktur angeschlossen sind, stimulieren die Punkte stärker, auch wenn nur geringer Strom fließt. Diese Methode setzt man oft zur Behandlung von Hunden mit Lähmungen oder Rückenproblemen ein.

Aquapunktur: Hierbei werden wässrige Lösungen in die Akupunkturpunkte injiziert, die B-Vitamine oder injizierbare Homöopathika enthalten. Das zeigt, dass ganzheitliche Therapien kombiniert werden können, um einen maximalen Effekt zu erzielen.

Moxibustion: Bestimmte Kräuter werden über den Akupunkturpunkten verbrannt. Der Rauch dieser Kräuter dringt in die Haut ein und entspannt das betroffene Gebiet. Moxibustion wirkt besonders gut bei Hunden mit steifen und starren Muskeln, wie sie bei Arthrosen vorkommen.

Laserakupunktur: Viele der neuen Laser können eine tiefe und gute Wirkung haben.

Akupressur: Akupunkturpunkte werden massiert und stimuliert. Es werden dort keine Nadeln eingesetzt, sondern nur sanfter Druck ausgeübt.

Implantation von Goldkügelchen: Akupunkturpunkte werden durch die Implantation von Metallen längerfristig stimuliert. Ich verwende solide Goldkügelchen und platziere sie unter Sedierung oder Anästhesie. Dieses Vorgehen ist einfach, wirksam und sehr sicher. Ich setze es bei jungen Hunden mit Hüftgelenksdysplasie ein. Viele junge Hunde kamen zu mir mit so schwerwiegenden Hüftproblemen, dass die Tierärzte schon ein künstliches Hüftgelenk oder Euthanasie empfohlen hatten. Diese Hunde können jetzt wieder laufen und spielen.

Jungbrunnen Akupunktur

In jeder Anwendungsform kann die Akupunktur besonders hilfreich sein, um ältere Hunde zu kräftigen, weshalb ich sie oft als Jungbrunnen bezeichne. Die erstaunlichen Verjüngungkräfte bemerkte ich erstmals als zertifizierte Veterinärakupunkteurin, als ich diese Technik bei vielen meiner regulären Hundepatienten einsetzte. In vielen Fällen schien sich der Alterungsprozess umzukehren. Zehnjährige Hunde sahen aus und bewegten sich wie sechsjährige. Die Augen waren klarer, ihr gesamtes Verhalten war jugendlicher. Oft haben der Hundebesitzer und ich dieses Phänomen mit großem Erstaunen beobachtet.

Bei den ersten Sitzungen wird Akupunktur üblicherweise einmal pro Woche eingesetzt, obwohl Hunde mit Lähmungen oder Rückenproblemen eine häufigere Behandlung benötigen. Mit jeder Sitzung geht es dem Körper besser, diese Behandlung arbeitet kumulativ. Gesundheit und Harmonie Ihres besten Freundes werden wiederhergestellt, mögliche Schmerzen und Unwohlsein beseitigt, die inneren Organe angeregt, und der Hund kann länger und glücklicher leben.

Homöopathie: Die Selbstheilungskräfte Ihres Hundes fördern

Homöopathie ist ein individueller therapeutischer Ansatz. Eine Krankheit kann bei jedem Hund anders aussehen. Hierüber muss man nachdenken: Vier verschiedene Hunde haben juckende Hautprobleme. Zwei gehen zum regulären Tierarzt und bekommen Medikamente wie Steroide und Antibiotika. Diese Medikamente unterdrücken die Symptome, beide Hunde bekommen dieselben Medikamente. Die anderen beiden Hunde gehen zum Tierarzt, der Homöopathie anwendet. Der Tierarzt fragt die Besitzer alles mögliche zu ihren Hunden. Ein Hund mag die Hitze, und sein Juckreiz wird stärker nach Mitternacht. Der andere Hund vermeidet Hitze, sucht die Kälte, und nach dem Baden wird sein Juckreiz viel stärker. Diese Hunde bekommen unterschiedliche, individuell abgestimmte Medikationen.

Homöopathische Zubereitungen für die Anwendung daheim erhält man in Apotheken, in manchen Reformhäusern und per postalischer Bestellung von homöopathischen Apotheken. Man bezeichnet sie als Heilmittel und kann sie für alles verwenden, von Verstauchung und Verletzung bis zu einer Vielzahl von chronischen Gesundheitsproblemen. Homöopathische Heilmittel verfügen über eine lange Erfolgsgeschichte.

Homöopathische Heilmittel haben keine toxischen Nebenwirkungen. Sie sind billig und, noch wichtiger, sehr sicher. Gemäß Weltgesundheitsorganisation WHO ist die Homöopathie die am zweithäufigsten genutzte Gesundheitsfürsorge der Welt.

Das Deutsche Homöopathische Arzneibuch (HAB) beinhaltet verbindliche und anerkannte Regeln zur Qualität, Prüfung, Lagerung, Abgabe und Bezeichnung von homöopathischen Arzneimitteln und den bei ihrer Herstellung verwendeten Stoffen. Außerdem enthält es Regeln für die Beschaffenheit von Behältnissen und Umhüllungen, sodass ein einheitlicher Qualitätsstandard gewährleistet wird.

Von Anfang an

Der innovative deutsche Arzt Samuel Hahnemann begründete das wirksame und sichere medizinische Gebiet der Homöopathie vor über zweihundert Jahren im Jahr 1790. Hahnemann war beim Übersetzen eines medizinischen Textes ins Deutsche nicht mit der Erklärung der Wirksamkeit des Extraktes von Chinarinde einverstanden. Diese Baumrinde aus Venezuela wurde erfolgreich zur Malariabehandlung eingesetzt.

Bei Versuchen stellte Hahnemann fest, dass ein Tee aus der Rinde für kurze Zeit die Malariasymptome erzeugt. Wieder einmal, wie so oft auf den verschlungenen Pfaden der Heilkunst, „entdeckte" er ein altes medizinisches Prinzip von Hippokrates neu: „Gleiches heilt Gleiches."

Das Gesetz vom Gleichen

„Gleiches heilt Gleiches" oder das Gesetz vom Gleichen ist eines der Hauptprinzipien der Homöopathie. Es besagt, wenn eine Substanz in hoher Dosis an Gesunde verabreicht wird und bestimmte Krankheitssymptome erzeugt,

Veterinärhomöopathen der Frühzeit

Im Jahr 1813 wurde der Leipziger Tierarzt Wilhelm Lux wegen seiner Kolikbehandlung von Pferden mit homöopathischen Heilmitteln bekannt.
1886 veröffentlichte Frederick Humphreys sein tiermedizinisches Handbuch zur Homöopathie in Amerika.

kann sie diese Symptome heilen, wenn sie – als homöopathisches Heilmittel zubereitet – in minimalen Dosen verabreicht wird.

Was passiert, wenn man beispielsweise eine Zwiebel schneidet? Augen und Nase laufen wie bei einer Allergie oder Erkältung. In der Homöopathie wird als Heilmittel bei Allergie oder Erkältung – genau! – Zwiebel verwendet. Aber es ist nicht einfach so, dass man dem Allergiker ein Glas Zwiebelsaft hinstellt. Ein homöopathisches Heilmittel wird auf sehr spezielle und genaue Art durch eine Methode der wiederholten Verdünnungen und Schüttelungen hergestellt. Ein homöopathisches Heilmittel regt die Lebenskraft dazu an, stark zu reagieren und die Krankheit zu heilen. Das Heilmittel hat keine Toxizität und keine Wirkung auf die Physiologie der Körpers, weil durch die Verdünnung fast alle physikalische Substanz entfernt wurdet. Es erzeugt rein energetisch ein stärkeres Krankheitsbild, auf das die Lebenskräfte reagieren können. Das Heilmittel lehrt den Körper mit der Krankheit umzugehen, und macht ihn stärker und weiser.

Auf ähnliche Art wird der Sirup der Brechwurzel Ipecapuanha, der Brechreiz erzeugt, zum Heilmittel für eine Person mit Brechreiz und Übelkeit. Homöopathische Zubereitungen bekämpfen anders als konventionelle pharmakologische Arzneimittel nicht die Krankheit oder den Zustand. Stattdessen triggern diese hoch verdünnten Substanzen die Selbstregulations- und Selbstheilungskräfte, sodass der Körper mit der Krankheit allein fertig wird. Dr. Hahnemann fasste die ganze Philosophie der Homöopathie in diesem einfachen Satz zusammen: „Das höchste Ideal der Therapie ist es, die Gesundheit schnell, sanft und dauerhaft wiederherzustellen sowie alle Krankheiten auf dem kürzesten, sichersten und unschädlichsten Weg zu entfernen und zu zerstören, nach klar verständlichen Prinzipien."

In Übereinstimmung damit sind homöopathische Heilmittel unbedenklich auch für Hunde. Sie haben keine toxischen Nebenwirkungen und unterdrücken keine Symptome, sondern stärken den Abwehrmechanismus des Hundes, um die Heilung zu bewirken. Sie fördern den Widerstand des Hundes gegen Krankheit und Pathogene. Ein homöopathisches Heilmittel kann man als etwas ansehen, das die natürlichen Körperabwehrmechanismen fördert, indem es die Heilungskräfte des Körpers spezifisch stimuliert. Diese Heilungsart stellt auch die Verbesserung von Immunität und Gesundheit sicher.

Die dauerhafte Alternative

In der ersten Hälfte des 19. Jahrhunderts gedieh die Homöopathie in Europa und Amerika und verdiente sich eine hohe Reputation in der Choleraepidemie in Europa in 1832.

Die Genesungsrate war nach der Behandlung durch Homöopathen höher als durch konventionelle Ärzte jener Zeit. Homöopathie wurde von mehreren berühmten Amerikanern im 19. Jahrhundert, wie dem Dichter Henry Wadsworth Longfellow, dem Autor Nathaniel Hawthorne und dem Industriellen John D. Rockefeller angewandt.

Viele bekannte und berühmte Menschen unterstützten die Homöopathie, unter ihnen Mahatma Gandhi, der sagte: „Homöopathie heilt einen höheren Prozentsatz an Fällen als jede andere Heilungsmethode und ist zweifelsohne sicherer und billiger, es ist die vollständigste Medizinwissenschaft."

Homöopathie gewann Anhänger weltweit und blieb in Europa und Indien beliebt. Ihr Fortkommen in Amerika wurde zeitweise überschattet von der medizinischen Politik, neue profitablere Behandlungsmethoden auf Kosten der natürlichen zu fördern. In den letzten Jahren wurden jedoch die Nutzen der Homöopathie von Millionen von Amerikanern wiederentdeckt, die durch die hohen Risiken und Nebenwirkungen der konventionellen Medizin aufgeschreckt wurden.

Was nützt das Ihrem Hund? Die Antwort lautet, dass Homöopathie Ihrem Tier genauso viel zu bieten hat wie Ihnen selbst. Alles, was für den Menschen gilt, gilt in der Homöopathie auch für das Tier. Die über 2.000 Heilmittel der Homöopathie sind für Mensch und Tier gleich wirksam und die Auswahlkriterien sind gleich. Weiterhin ist zu beachten: Homöopathische Heilmittel wurden aus Versuchen und Forschungen ohne Tierversuche entwickelt. Versuche wurden an gesunden Freiwilligen durchgeführt.

Wie funktionieren homöopathische Heilmittel?

Homöopathische Heilmittel werden aus einem großen Spektrum tierischer, pflanzlicher und mineralischer Substanzen einschließlich Insekten, Giften und moderner Medizin wie Antibiotika hergestellt. Einfach gesagt, können homöopathische Heilmittel aus praktisch allem hergestellt werden, obwohl rund 80 % von Pflanzen stammen – darunter so vertrauten wie Lilie und Efeu und so seltenen wie die St. Ignatiusbohne der Philippinen. Egal, welche Substanzen es sind, das homöopathische Heilmittel hat wegen der Art seiner Herstellung niemals toxische Neberwirkungen. Beispielsweise werden manche Heilmittel aus so toxischen Substanzen wie dem Gift von Kobra und Klapperschlange hergestellt, aber durch die Art der Herstellung sind sie harmlos. Deshalb gehören homöopathische Heilmittel heutzutage zu den sichersten und am wenigsten toxischen Substanzen, die es gibt.

Die Herstellung homöopathischer Heilmittel

Eine Zubereitung zur Verwendung als homöopathisches Heilmittel verdünnt man 1:10 (D-Potenz) oder 1:100 (C-Potenz). Das muss man beim Kauf beachten. Ein homöopathisches Heilmittel wird mit seinem Namen und mit der Anzahl Verdünnungen und Potenzierungen und seinem Verdünnungsverhältnis bezeichnet. Beispielsweise ist Arnica C6 aus der Pflanze Arnica durch sechsmalige Potenzierung mit dem Faktor 1:100 hergestellt, wogegen das Heilmittel Bryonia D30 aus der weißen Bryonie 30 Mal im Verhältnis 1:10 verdünnt wurde.

Potenzierung

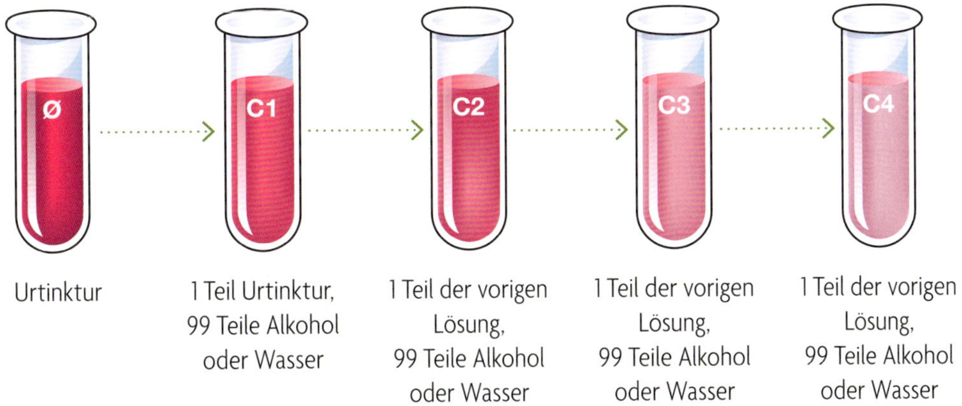

Ø → C1 → C2 → C3 → C4

Urtinktur

1 Teil Urtinktur, 99 Teile Alkohol oder Wasser

1 Teil der vorigen Lösung, 99 Teile Alkohol oder Wasser

1 Teil der vorigen Lösung, 99 Teile Alkohol oder Wasser

1 Teil der vorigen Lösung, 99 Teile Alkohol oder Wasser

Die Sache mit der Verdünnung

Als Dr. Hahnemann nach der Minimaldosis suchte, mit der er eine Besserung erzielen könne, stellte er zu seinem Erstaunen fest, dass das Heilmittel umso besser wirkte, je mehr er es *potenzierte*. Daraufhin begann er, jede zu testende Substanz systematisch zu verdünnen und kräftig zu schütteln. Danach war das Heilmittel potenziert, d. h. die verwendete Flüssigkeit behielt die Information, aber nicht die toxischen Wirkungen der Muttersubstanz. Durch Stimulation der natürlichen Körperabwehr ohne schädliche Einflüsse stellt die gespeicherte energetische Information dieser Erinnerung ein mächtiges Werkzeug zur Förderung der Heilung dar.

Individuelle Verordnung

Es gibt so viele homöopathische Heilmittel, dass allein die gebräuchlichen ganze Bücher füllen, und es gibt eine Menge Bücher zum Nachlesen, in denen sie detailliert beschrieben sind. Weiter unten stelle ich Ihnen ein paar Heilmittel vor, die üblicherweise für die Behandlung bestimmter Leiden verwendet werden. Aber zunächst schildere ich ihre Fähigkeiten und warum man sie ausgewählt hat.

Homöopathische Heilmittel werden zu einer Vielzahl von Zwecken eingesetzt. Innerhalb der Homöopathie gibt es viele verschiedene Wege neben dem starren klassischen Ansatz, bei dem man nur jeweils ein Heilmit-

Homöopathika verabreichen

Homöopathika sind oft in Form winziger weißes Kügelchen (Globuli) erhältlich, die Sie zum Schmelzen unter die Unterlippe Ihres Hundes geben können. Andere Mittel gibt es in flüssiger Form, die Sie direkt auf seinen Gaumen träufeln. Zusätzlich kann man einige Kügelchen in etwas Quellwasser auflösen und das Wasser eingeben.

tel verwendet. Homöopathische Heilmittel setzt man auch in akuten Notfällen oder Erste-Hilfe-Situationen wie Schock, Trauma und Bienenstich ein. Interessanterweise wird das homöopathische Heilmittel Apis mellifica aus der Honigbiene hergestellt und als Mittel der Wahl bei Bienenstichen angewandt. Ein anderer homöopathischer Ansatz ist die Drainage von Organen, um Toxine, beispielsweise aus der Leber, Niere und Milz zu entfernen. Spezifische Heilmittel wirken auf jedes Organ. Weiterhin gibt es einen moderneren Weg der Homöopathie, den man Homotoxikologie nennt. Ohne die Grundprinzipien der Homöopathie zu verleugnen, verwendet sie wissenschaftlichere Erklärungen und eine Medizinersprache, die von heutigen Ärzten leichter verstanden wird. Homotoxikologie beinhaltet neue Klassen homöopathischer Heilmittel, die auf der Basis neuer wissenschaftlicher Entdeckungen hergestellt werden.

Eine interessante, wahre Geschichte schildert, wie Homöopathen ständig dazulernten und viele Heilmittel entwickelten, um eine Unzahl von Problemen zu lösen. In der Kolonialzeit hatte ein Siedlerkind eine Krankheit, die damals Wassersucht genannt wurde. Sein Bauch war mit Flüssigkeit gefüllt und es lag im Sterben. Einige amerikanische Ureinwohner hörten von der Krankheit des Kindes, töteten einige Honigbienen, rösteten sie über dem Feuer und gaben sie dem Kind. Die Flüssigkeitsansammlungen lösten sich auf und es überlebte. Heutzutage wird das Heilmittel Apis, auf klassische homöopathische Art zubereitet, normalerweise bei Ödemen und Schwellungen und zur Förderung des Harnflusses eingesetzt.

Homöopathische Heilmittel verwendet man auch zur Heilung tiefsitzender chronischer Krankheiten. Um das dafür erforderliche Heilmittel herauszufinden, braucht man meist ausgedehnte Untersuchungen, bei denen der Heiler die gesamte Krankengeschichte inklusive mentaler, emotionaler und psychischer Probleme erfasst. Jedes Individuum reagiert anders auf eine Krankheit, und das ist sehr wichtig für die Auswahl des richtigen homöopathischen Heilmittels. Bei der Auswahl des Heilmittels ist die Reaktion des Individuums auf die Krankheit genauso wichtig wie die Krankheit selbst.

Jedes homöopathische Heilmittel verfügt über ein eigenes Krankheitsbild, das beim Testen sorgfältig dokumentiert wurde. Jedes Heilmittel in der *Materia Medica* enthält eine Beschreibung der begleitenden Symptome, die der Körper erzeugt. Eines der Charakteristika der *Materia Medica* ist der Einschluss der Modalitäten, also wodurch der Patient sich besser oder schlechter fühlt. Dies beinhaltet Hitze, Kälte, Bewegung, Ruhe und sogar das Maß an Aufmerksamkeit, das sich der kranke Patient wünscht, sowie seine Stimmungslage. Die *Materia Medica* enthält auch seelische Symptome, die sich auf Temperament, Emotionen und Gefühle des Patienten beziehen.

Denken Sie zum Beispiel daran, wie zwei Menschen auf ein Erkältungsvirus reagieren. Der eine scheint dauernde Aufmerksamkeit und viel Betreuung zu benötigen und hat keinen Durst, obwohl er unter Fieber leidet. Der andere möchte in Ruhe gelassen werden, in einem ruhigen Raum liegen und scheucht trotz seines großen Durstes all diejenigen fort, die ihm etwas zu trinken bringen. Die erste Person braucht Pulsatilla, welches sich für Menschen eignet, die bei Krankheit geliebt und umhegt werden wollen. Für die zweite Person eignet sich Bryonia, welches für Patienten mit Ruhebedürfnis besser ist. (Natürlich berücksichtigt man noch viel mehr Symptome und Modalitäten bei der Auswahl des passenden Heilmittels.)

Homöopathie leicht gemacht

Homöopathie folgt bestimmten Regeln, die verwirrend sein können und Studenten abschrecken. Aber die Anwendung ist bei vielen leichten und häufigen Unfällen und Krankheiten recht einfach. Beachten Sie einige wichtige Punkte bei der Arbeit mit homöopathischen Heilmitteln:

- Homöopathische Heilmittel müssen sich unter der Zunge auflösen, sie sollten nicht in Leckerbissen oder Futter versteckt sein. Ein Hund besitzt eine Backentasche auf beiden Seiten des Mauls, dort hinein gibt man die Heilmittel.
- Ihre Hände sollten dabei sauber sein, die Globuli können mit der Hand angefasst werden.
- Heilmittel sind flüssig oder fest. Beides gibt man in die Backentasche. Große Kügelchen werden in einem kleinen gefalteten Stück Papier zerdrückt und dieses Pulver verabreicht.
- Man kann einen oder fünf Tropfen, ein oder fünf Kügelchen geben; da Homöopathie eine energetische Medizin ist, ist typischerweise keine physikalische Substanz mehr im Heilmittel. Ein weißes Kügelchen kann einen Elefanten behandeln und zehn Kügelchen eine Maus. Das ist schwer vorstellbar, und Menschen machen sich immer Gedanken darum, wie viel und wie oft sie sie verabreichen sollen. Die Menge ist unwichtig, und man gibt das Mittel, bis Besserung eintritt. Wenn das Heilmittel nicht wirkt, versucht man es nicht weiter damit. Wir sind einfach zu vertraut mit Antibiotika, die nach dem Gewicht des Hundes berechnet und jeden Tag zu gleicher Zeit gegeben werden. Das ist bei der Homöopathie nicht so.
- Weil Homöopathie eine energetische Medizin ist, sollten die Heilmittel nicht neben Geräten mit starken elektromagnetischen Feldern, wie Fernseher oder Computer, stehen oder lange der Sonne ausgesetzt sein.

Ein anderes Beispiel: Einem arthritischen Hund, der besonders bei feuchtem kalten Wetter nach dem Liegen sehr steif ist, kann das Heilmittel Rhus toxicodendron helfen. Umgekehrt profitiert ein arthritischer Hund, dem es nach Bewegung und bei Wärme schlechter geht und der gerne auf kaltem Boden liegt, von Bryonia.

Neues von Bryonia (Weiße Zaunrübe)

Das homöopathische Heilmittel Bryonia wird aus der Blütenpflanze Weiße Zaunrübe hergestellt, die in England wächst. Bryonia nimmt man bei Erkältung und Schnupfen, aber auch, wenn der Patient müde und reizbar ist und sich nicht bewegen mag. Es ist auch gut bei Arthritis, die sich durch Bewegung verschlechtert und bei der sich der Patient besser nach der Bewegung und in der Ruhe fühlt.

Man sieht, das Heilmittel Bryonia wird bei Kälte und Arthritis verschrieben. Was ist der gemeinsame Nenner? Beide Patienten, denen Bryonia verschrieben wurde, fühlen sich besser in Ruhe als in Bewegung.

Jedes Heilmittel hat seine eigene Persönlichkeit – ein ganzes Arzneimittel-„Bild“, das viele detaillierte Symptome enthält, bei denen man das Mittel einsetzen kann. Deshalb können zwei Hunde mit derselben Krankheit zwei verschiedene Heilmittel bekommen und deshalb wird ein Heilmittel für verschiedene Krankheiten eingesetzt. Die beiden Hunde mit Juckreiz, die eingangs beschrieben wurden, bekamen vom homöopathischen Tierarzt unterschiedliche Heilmittel, da der eine die Kälte und der andere die Wärme bevorzugte.

Die Tatsache, dass mentale und emotionale Faktoren neben der Erscheinungsform der Krankheit berücksichtigt werden müssen, änderte meine gesamte tiermedizinische Tätigkeit. Ich musste mehr auf die Hunde als auf die Besitzer achten und eine echte Kommunikation mit meinen Patienten aufbauen. Meine Patienten haben positiv reagiert. Die Hunde, die ich behandle, zeigen mir, dass sie mich als Freundin sehen. Ich sehe, wie viel es ihnen bedeutet, dass sie mir wichtig sind und als Individuum wahrgenommen werden.

Komplexmittel

Nicht alle homöopathischen Heilmitte stammen von einer einzigen Substanz ab. Produkte mit mehreren Heilmitteln nimmt man, wenn die optimale Lösung nicht erkennbar ist. Diese Heilmittel verkauft man in Reformhäusern, und obwohl sie auf den Menschen zugeschnitten sind, gibt es auch Varianten für das Tier. Die Produkte für den Menschen kann man auch gut beim Tier anwenden. Bei Menschen und Hunden gibt es viele gleiche Probleme.

Komplexmittel gibt es für Leiden wie Asthma, Durchfall, Arthritis und ähnliches, um die Gesundheit von bestimmten Organen wie Leber oder Niere zu verbessern, den Körper von beispielsweise Schwermetallen oder Pestiziden zu entgiften oder um Nervosität oder emotionale Probleme abzumildern. Viele der Heilmittel, die sie enthalten, ergänzen sich und arbeiten synergistisch für die maximale Wirkung.

Anwendung der homöopathischen Zubereitungen

Die Dosierungen der homöopathischen Heilmittel werden nicht wie beispielsweise Antibiotika oder Kräuter der Größe oder dem Gewicht angepasst. In der Homöopathie gelten die Potenz, die Anzahl der Verdünnungen und die Frequenz der Anwendung. In den meisten Fällen hat das Heilmittel seinen Dienst getan, so bald sich die Symptome verbessern, und das reicht aus.

Alles, mit dem das Heilmittel in Kontakt kommt, muss sauber und geruchsfrei sein. Heilmittel bekommt man auf Wasserbasis, oft mit etwas Alkohol oder Essig zum Konservieren, oder als kleine weiße Kügelchen, die mit dem Heilmittel überzogen sind. Hunde stören sich meist nicht an dem Geschmack dieser Zubereitungen, welche direkt auf Blutgefäße aufgebracht werden – auf dem Zahnfleisch, dem Maul oder der Lippeninnenseite. Heilmittel müssen sich auf der Maulschleimhaut auflösen und dürfen nicht im Futter versteckt werden.

Eine flüssige Zubereitung wird unter die Unterlippe gegeben. Kügelchen gibt man einfach in die Lippenfalte, wo sie sich auflösen – dies ist viel einfacher als das Maul des Hundes aufzuzwingen, um ihm eine Tablette in den Schlund zu schieben.

Man muss unvoreingenommen sein, um gegen den Strom des herkömmlichen Wissens zu schwimmen, das an medizinischen und tiermedizinischen Universitäten gelehrt wird. Ich habe nie etwas abgelehnt, von dem ich vermute, dass es meinen Hundepatienten die optimale Gesundheit zurückgibt. Ich habe gelernt, dass Homöopathie wunderbar mit Schwestertherapien wie Akupunktur und verschiedenen anderen Behandlungsmöglichkeiten, die ich in diesem Buch beschreibe, zusammen arbeitet. Homöopathie wirkt auch zusammen mit konventionellen Arzneimitteln gut. Viele meiner Patienten kommen in schlechtem Zustand zu mir und könnten nicht überleben, wenn ich ihre Pharmazeutika schlagartig absetzte. Ich gebe ihnen die Vorzüge einer geeigneten ganzheitlichen Behandlung, während ich sie langsam von der Medikation entwöhne, von der sie abhängig geworden sind. Es dient alles dem Nutzen Ihres Tieres.

Welche Dosis gibt man?

Anders als bei konventionellen Arzneimitteln hängt die Dosierung in der Homöopathie nicht vom Körpergewicht ab (z. B. 500 mg pro 12 kg Körpergewicht). In der Homöopathie wird der ursprüngliche physikalische Stoff sequentiell verdünnt, und deshalb gibt es die Zahl nach dem Namen des Heilmittels. Arnica D6 heißt nicht, dass es sechsmal gegeben wird. Es bedeutet, dass das Heilmittel sechsmal verdünnt wurde. Zur weiteren Verwirrung trägt bei, dass das Heilmittel umso wirksamer ist, je mehr es verdünnt wurde. Sehr hoch verdünnte Heilmittel stehen nur dem Arzt zur Verfügung. Die üblichen Potenzen für den Endverbraucher sind D6 und D30 (sechsmal oder dreißigmal im Verhältnis 1:10 verdünnt) sowie C6 und C30 (sechsmal oder dreißigmal im Verhältnis 1:100 verdünnt).

Flower Power: Sie funktioniert!

Wenn man nach Bach fragt, bekommt man wahrscheinlich die Antwort, er war ein berühmter, erfolgreicher Komponist des Barock.

Aber es gab einen anderen Bach, einen homöopathischen Arzt, bekannt dafür, dass er Emotionen bei Mensch und Tier besänftigen konnte – nicht durch wunderschöne Musik, sondern durch Blütenessenzen. Ich meine Dr. Edward Bach, den britischen Arzt, Bakteriologen und Immunologen, der in den 1930er Jahren die nach ihm benannten Bachblüten entdeckte. Es handelt sich um eine Serie von speziellen 38 Zubereitungen, die alle bis auf eine aus Essenzen aus Wildblüten oder Baumblüten entwickelt wurden, um verschiedene emotionale Zustände von Depression über Nervosität, Aggression, Hyperaktivität bis hin zu Apathie zu behandeln. Ich habe diese Heilmittel bei Hunden mit emotionalen Problemen wie Eifersucht und Angst verwendet. In vielen Fällen kann ich ihre Wirksamkeit bestätigen. Besitzer eines jaulenden Welpen beobachten, dass die Bachblüte Chicoree Ruhe im Haus einkehren lässt. Die Beißneigung kann mit der Bachblüte Löwenmäulchen im Keim erstickt werden. Bachblüten-Heilmittel erhält man in Naturkostläden und erläuternde Bücher sind interessant zu lesen und leicht zu finden.

Die Produktion pflanzlicher Heilmittel ist besonders stark gewachsen. Viele weltweit agierende Produzenten stellen Blütenheilmittel aus ihren heimischen Pflanzen her.

Bachblüten

Einige beliebte Bachblüten und ihre Anwendung:

Agrimony	gibt inneren Frieden
Cherry plum	bändigt unkontrolliertes und impulsives Verhalten, stellt Kontrolle wieder her
Honeysuckle	heilt Heimweh und die Unfähigkeit zur Anpassung, hilft dem Hund, mit den Umständen zurechtzukommen
Impatiens	heilt Reizbarkeit und sorgt für Geduld
Mustard	heilt Depression und Trübsinn und gibt Mut
Star of Bethlehem	besänftigt Kummer
Sweet Chestnut	hilft bei extremem physischem und psychischem Stress und erhöht die Belastbarkeit
White chestnut	bei Unruhe, Besorgnis und Schlaflosigkeit
Rescue-Tropfen	Diese Kombination aus Star of Bethlehem, Clematis, Rock rose, Impatiens und Cherry plum wird für alle Situationen empfohlen, die Trauer (Verlust von Geschwistern oder Besitzer), Angst, Stress oder Furcht erzeugen wie der Umzug in ein neues Zuhause, der Besuch beim Tierarzt oder Hundefriseur und während Gewitter und Feuerwerk

Die wahre Schönheit der Bachblüten oder anderer Pflanzenheilmittel liegt darin, dass man sie leicht erkennt und zu Hause anwenden kann. Und sie haben keine Nebenwirkungen oder unerwünschte Auswirkungen, sollte man in einer bestimmten Situation das Falsche nehmen.

Das Rückgrat der Gesundheit: Chiropraktik

Das Gehirn Ihres Hundes nimmt jeden Tag Millionen von Bit an Informationen darüber auf, was in seinem Körper geschieht. Diese Information wird über Kabel aus Billionen Nervenfasern transportiert, die im Rücken des Hundes verlaufen. Dieses Kabel – das Rückenmark – sendet Botschaften an alle Organe und Muskeln Ihres Hundes und wirkt als Schaltzentrale, die Daten empfängt und sendet.

Die alten Griechen betrachteten die Rücken von Menschen und sahen die regelmäßigen Beulen, die die Wirbelsäule bildet. Für sie sahen diese Beulen wie Dornen aus, folglich nannten sie sie „*spina*", griechisch für Dorn.

Die zarten Spinalnerven werden durch die Wirbel geschützt. Diese sind aufgeschichtet wie ein Stapel Bagels, deren Löcher sich alle auf einer Höhe befinden. Der Mensch hat eine vertikale Wirbelsäule, weil er aufrecht auf seinen Beinen steht, während die Wirbelsäule der Hunde eine horizontale Brücke aus Wirbeln bildet. Die Halswirbel tragen den Kopf. Der Halswirbel, der sich direkt unter dem Kopf des Hundes befindet, heißt Atlas, weil der griechische Gott Atlas die Weltkugel so hielt wie der Atlas der Wirbelsäule den Kopf. Die gesamte Wirbelsäule besteht aus Wirbeln und endet am Kreuzbein, welches beiderseits Kontakt mit den Hüften hat.

Zwischen den Wirbeln gibt die Bandscheiben als Polster, die wie kleine Kissen oder Stoßdämpfer wirken. So prallen die Wirbel des Hundes nicht aufeinander, wenn er läuft, springt oder spielt. Sie sind eigentlich mit einer gelartigen Füssigkeit gefüllte Säckchen. Eine Verlagerung der Wirbel, bei der sich die Bandscheiben in die Mitte des Wirbelkanals vorwölben, kann das Rückenmark und seine zum Körper abzweigenden Nerven abklemmen.

Wenn ein Hund Rückenschmerzen hat, kann eine Kette von Ereignissen folgen. Zunächst befinden sich seine Wirbel nicht mehr in der korrekten Aneinanderreihung, was ein mechanisches Problem darstellt. Bei dem Versuch, das Gebiet zu stabilisieren und zu schüt-

zen, verhärten sich seine Muskeln oder beginnen schmerzhaft zu krampfen. Schließlich können die aus der Wirbelsäule abgehenden Nerven komprimiert werden und sich entzünden. Geringgradige Rückenprobleme können unbehandelt zu schwächenden und gefährlichen Bandscheibenproblemen führen.

Der Bandscheibenvorfall ändert den Fluss der vitalen Kommunikation zwischen Gehirn und Körper des Hundes. In schweren Fällen kann das eine sehr schmerzhafte Erfahrung für den Hund darstellen und sogar zur Lähmung führen. Rückenschmerzen beim Menschen sind ein Alarmsignal dafür, dass ein Nerv eingeklemmt ist. Der Hund kann seinem Besitzer die Rückenschmerzen nicht mitteilen.

Ich habe viele Agility- und Arbeitshunde gesehen, die wegen eines eingeklemmten Nerven und Rückenschmerzen keine Leistung mehr erbrachten. Nach ein- oder zweimaliger Wirbelbehandlung waren sie wieder die Alten.

Ein gelähmter Hund hat eine schwere Verletzung der Wirbelsäule. Stellt man die korrekte Lage der Wirbel wieder her, befasst man sich mit der Wurzel des Problems, während Medikamente oder ganzheitliche Zubereitungen Schwellung und Schmerz vermindern. Ich kenne Hunderte von Hunden mit ernsten Bandscheibenproblemen, die sich durch Wirbelbehandlug, Akupunktur, Homöopathie und Chinesische Kräuter wieder erholten.

Die Wissenschaft von Manipulationen an der Wirbelsäule basiert darauf, dass das Rückenmark und das enorme Netzwerk aus Nerven, welches es verlässt, lebenswichtige Informationen vom Gehirn zu den Körperorganen bringen. Die ungestörte Funktion von Nerven und Nervensystem erhält die Gesundheit und mildert Schmerz und Unwohlsein. Das Nervensystem gibt dynamische, intelligente Impulse für den Erhalt der natürlichen Gesundheit.

Sacrum (Kreuzbein)

Sacrum ist lateinisch für „heilig", weil der untere Teil der Hüfte eines Tieres als Opfer für die Götter verwendet wurde.

Tierärzte, die manuelle Medizin an der Wirbelsäule praktizieren, werden immer häufiger und sie werden sehr gebraucht. Das Leben bietet viele Verletzungsmöglichkeiten. Spielende Hunde springen und stoßen miteinander zusammen, Agilityhunde springen, kriechen und verdrehen sich, und Dackel sind eben Dackel. Ein sehr vorsichtiger Dackel ging vorsichtig über aufgetürmten gefrorenen Schnee, um sich zu lösen. Die oberste gefrorene Schicht brach ein, und er fiel in mehr als einen Meter tiefen Schnee. Seine Besitzer retteten ihn und brachten ihn aufgrund ihrer Erfahrungen schnell zum Chiropraktiker. Und er brauchte das!

Prolotherapie

Sie haben vielleicht nie von dieser besonderen Therapie gehört, aber es ist meine Behandlung der Wahl für Hunde mit Knieverletzungen. Prolotherapie (kurz für Proliferationstherapie) stimuliert Reparaturprozesse nach einer Verletzung. Es ist eine wirksame Behandlung von chronischen Rücken-, Gelenk- und Skelettmuskelverletzungen.

Bänder und Sehnen sind das Fasergewebe, das Knochen mit Knochen und Knochen mit

Muskel verbindet. Ein frisches Band sieht wie ein weißes Blatt oder Band aus. Bänder haben praktisch keine Blutversorgung, deshalb heilen sie sehr langsam. Wenn sie schließlich doch heilen, bleiben sie schwächer als zuvor und neigen zu weiteren Verletzungen.

Prolotherapie gibt es schon lange Zeit. Wieder einmal machte Hippokrates, der Vater der Medizin, den ersten Schritt. Er stabilisierte die Schulter von Speerwerfern, indem er heiße Nadeln in die Gelenkkapsel steckte, um die Bildung von Narbengewebe zu stimulieren. 1835 erforschten Ärzte den Einsatz reizender Substanzen, um eine Heilung zu provozieren. Der Ausdruck Prolotherapie wurde 1950 geprägt. Seitdem hat man viel geforscht, und auch Jahrzehnte klinischer Erfahrungen wurden nachvollzogen. Man fand heraus, dass die Prolotherapie eine stark regenerative Wirkung besitzt, und beispielsweise die Bänder von Kaninchen stärker und breiter waren als vor der Verletzung.

Seit 1970 ist der Einsatz der Prolotherapie fast perfektioniert und bis 1980 wurde viel geforscht, um die Regeneration und die Verbesserungen sowohl mikroskopisch als auch klinisch zu belegen. Außerdem haben viele Ärzte ihren jahrelangen klinischen Erfolg mit Prolotherapie dokumentiert. Eine wichtige Entdeckung war, dass nicht-steroidale Entzündungshemmer (NSAIDS) nicht zusammen mit Prolotherapie genutzt werden können, weil sie die Heilung stark verlangsamen.

Bei der Prolotherapie injiziert man in die Bänder um ein Gelenk und notfalls direkt in das Gelenk. Das regt die Bänder zur Regeneration an und stimuliert neues Knorpelwachstum in den Gelenken. In der Hand eines

ganzheitlich eingestellten Tierarztes ist diese Therapie der Schlüssel zur Förderung des Wachstums und der Reparatur von Kollagen, Bändern und Bindegewebe. Diese Therapie bewirkt eine deutliche Schmerzminderung bei Hüftgelenksdysplasie und Rücken- und Knieproblemen. Prolotherapie führt zum Wiederaufbau und zur Stärkung von Bändern und Oberflächen in diesen Bereichen.

Wie so viele ganzheitliche Methoden stimuliert auch die Prolotherapie die körpereigenen Heilungs- und Reparaturmechanismen. Nach dem Wiederaufbau der Gewebe ist das Gebiet stärker und der Schmerz geringer. Das Wichtigste ist, dass es funktioniert – und es funktioniert gut. Prolotherapie beschleunigt die Heilung exponentiell und das Ergebnis ist ein noch stärkeres Band!

Jahrelang habe ich Hunde mit Kreuzbandrissen (Knieverletzungen) mit vielen Akupunktursitzungen behandelt, wobei das Ausmaß der Verbesserung von der Schwere der Verletzung abhing. Oftmals hat sich der Patient das Knie nach anfänglicher Besserung durch Überlastung erneut verletzt und konnte wegen der Schmerzen nicht auftreten. Besitzer, die nicht daran gewöhnt waren, ihre großrahmigen Hunde an der Leine zu führen, wurden von ihren Hunden wochenlang hinterhergezerrt und mussten alles daran setzen, um ihren Hund vom Springen und Spielen abzuhalten. Auch konnte man einen Hund mit Knieproblemen nicht ohne Leine in den Hof lassen, um sich zu erleichtern. Aber was sollte man machen? Bänder brauchten eben lange zum Heilen.

Jetzt gebe ich eine schnelle Prolotherapie und weise den Besitzer an, den Hund für einige Tage ruhig zu halten. Eventuell gebe ich ein leichtes Beruhigungsmittel. Es ist eine schnelle Behandlung, und eher ruhige Hunde sind im Handumdrehen geheilt. Die Injektionen enthalten ein Lokalanästhetikum, Dextrose und ein paar andere gesunde Zutaten. Für Bänderverletzungen ist die Prolotherapie der „Stein der Weisen". Es gibt bisher nur wenige Tierärzte, die Prolotherapie anwenden, wie zum Beispiel in Deutschland das Tierärztliche Centrum für Traditionelle Chinesische Medizin in Herne (www.tiecam.de).

Wunder bewirken

Da Millionen von Menschen in der westlichen Welt die Vorteile der unterschiedlichen Formen der ganzheitlichen Medizin entdeckt haben, wird ihnen immer klarer, dass dieselben Techniken auch Wunder für die Gesundheit und das Wohlbefinden ihrer Haustiere bewirken können. Anders als konventionelle Medizin, die oft Hunde und andere Tiere zu Forschung und Testzwecken einsetzt, sind ganzheitliche Therapien komplett „tierfreundlich". Meine Patienten scheinen ihre Behandlung immer zu lieben. Es ist schön zu erleben, wie Hunde in die Praxis rennen, anstatt ihre Besitzer schnell zum Auto zurück zu zerren.

Die Rückkehr des ganzheitlichen Denkens

Sie sind nicht der erste, der sich fragt, warum solche schon lange anerkannten Therapien wie die seit Jahrhunderten in Europa und Indien beliebte Homöopathie und die ebenfalls seit Jahrhunderten in Fernost geschätzte Akupunktur in den USA aus dem Blickfeld des Heilens verschwinden konnten. Die Antwort: Als die Antibiotika die Bühne betraten, galten alle anderen Therapiemöglichkeiten als überholt oder unnötig – obwohl das auch auf viele dieser neuen „Wundermittel“ zutrifft.

Ursprünglich war die Wirkung der Antibiotika beim Ausbremsen bestimmter weit verbreiteter Krankheiten so gründlich, dass es schien, als sei ein Allheilmittel für alle Krankheiten von Mensch und Tier gefunden. Während des Ersten Weltkriegs wurden verwundete und an verschiedenen Infektionen erkrankte Soldaten wirksam mit diesen neuen Mitteln behandelt, ebenso Zivilisten, die an ehemals lebensbedrohenden Krankheiten litten. Aber bald setzten Mediziner und Tiermediziner alles auf eine Karte und Antibiotika wurden als neue Quelle des Reichtums für Ärzte und die pharmazeutische Industrie entdeckt.

Folglich wurden Antibiotika zu oft verwendet und auch bei Krankheiten verschrieben, die sie nicht heilen konnten (zum Beispiel Virusinfektionen). Dies führte zur Entstehung von immer mehr antibiotikaresistenten Stämmen. Infektionen durch resistente Bakterien, die nicht auf die üblichen Antibiotika ansprechen, nehmen kontinuierlich zu. Obwohl diese Mittel bei manchen Anwendungen wertvoll sind, schwächen oder zerstören sie durch ihre Wirkungsweise das Immunsystem, die erste Verteidigungslinie des Körpers.

Viele der von uns am meisten gefürchteten, verkrüppelnden und tödlichen Krankheiten reagieren nicht auf Antibiotika – nicht nur Virusinfektionen, sondern auch Krebs, Herz- und Autoimmunerkrankungen. Diese chronischen und schwächenden Krankheiten verbreiten sich ungehemmt in menschlichen und tierischen Populationen.

Deshalb ist unsere Wiederentdeckung der ganzheitlichen Mittel und Methoden so eine wichtige Entwicklung. Herkömmliche Therapien übernehmen die Heilungsfunktion und senken die Fähigkeit des Körpers zur Selbstheilung. Ganzheitliche Behandlung arbeitet dagegen mit dem Körper, stärkt und ermutigt seine eigenen Heilkräfte. Die ganzheitliche Erfahrung erzeugt einen klügeren und stärkeren Körper, der eher in der Lage ist, seine Gesundheit zu erhalten und zurück zu erlangen. Das Endergebnis ist ein gesünderer Patient mit einem stärkeren Immunsystem. Das Wichtigste, das wir für unseren Hund tun können, ist, seinen Körper stark und gesund zu erhalten.

9. Allergien beseitigen

Nun wollen wir Allergien im Detail betrachten. Der einfachste Weg zu ihrem Verständnis führt über das Immunsystem. Wenn wir unser Immunsystem mit einem Computer vergleichen, erkennen wir, wie es sich an ein Programm erinnert und es erneut ablaufen lässt. Es erkennt einen Angreifer noch Jahre nach dem ersten Kontakt und rüstet sich dagegen; es weiß, was zu tun ist. Ihr Immunsystem-Computer nimmt zahlreiche Feinde wahr und vergisst sie nie. Sie können sicher sein, als Erwachsener nie mehr Masern oder Mumps zu bekommen, wenn Sie sie als Kind gehabt haben. Sie wissen, dass Ihr Immunsystem sich eine Akte darüber angelegt hat und diesen Erregern nie wieder Zutritt zu Ihrem Körper gewährt.

Bei Allergien nimmt das Immunsystem jedoch ein paar gute Freunde als Feinde wahr. Weit verbreitete und harmlose Substanzen wie normale Nahrung oder Blütenpollen werden vom Immunsystem als Bedrohung für den Körper wahrgenommen. Wann hat der Körper diese heftige Reaktion auf ein Allergen gelernt? Wenn der gesamte Körper auf das Überleben ausgerichtet ist, wo liegt dann der Sinn darin, ein Kind an einem Bienenstich oder einer Erdnuss sterben zu lassen? Ein kleines Stück Erdnuss in einem Schokoriegel oder sogar nur das Einatmen von Erdnussstaub reicht bei manchen Kindern als Auslöser für eine starke allergische Reaktion – eine so übertriebene Reaktion, dass sie lebensbedrohlich sein kann. Warum lassen Erdnüsse gerade dieses eine Kind leiden, wenn alle seine Freunde ungefährdet Erdnussbutter essen? Weil sein innerer Computer auf Selbstzerstörung umprogrammiert ist. Allergien sind in ihrer mildesten Form nur lästig. Aber für manche ist der Kontakt mit dem Allergen tödlich.

Eine ähnliche, aber vielleicht nicht so gefährliche Situation entsteht bei anderen tyischen Allergien. Das Immunsystem einiger Hunde sieht, ähnlich wie ein virusinfizierter Computer, normale Nahrung, Vitamine, Pollen, Schimmelpilze und viele andere Substanzen als Bedrohungen an, die eine Reaktion erfordern. Ein Lebensmittelallergen zu füttern, reicht vielleicht noch nicht aus, um Juckreiz oder Durchfall auszulösen. Aber wenn jahreszeitlich gehäuft zusätzlich Pollen und Schimmelpilze dazukommen, ist die gesamte Anzahl an Allergenen hoch genug, um die Schwelle zu überwinden und allergische Symptome wie chronischen Juckreiz oder Durchfall auszulösen. Lebensmittel spielen eine große Rolle beim Auftreten der allergischen Reaktion, und Pollen sind der Tropfen, der das Fass zum Überlaufen bringt.

Warum spielt das interne Computerprogramm eines Hundes verrückt? Eine wahrscheinliche Erklärung lautet, dass Schutzimpfungen das Immunsystem durcheinander gebracht haben und eine überschießende Reaktion auslösen. Das Immunsystem war nie darauf ausgelegt, das Eindringen vieler verschiedener Stoffe abzuwehren. Ich kenne keinen Fall, in dem ein Mensch Kinderlähmung, Windpocken, Masern, Mumps und Keuchhusten gleichzeitig bekommen hätte. Das Immunsystem ist kompatibel mit den Gesetzen der Statistik, das heißt es war nie seine Aufgabe, eine so vielfältige Attacke zu parieren, weil die Wahrscheinlichkeit des Auftretens bei jedem einzelnen Virus so gering ist. Aber genau das simuliert die multivalente Simultanimpfung. Das Immunsystem wird aufgefordert, gleichzeitig alle Komponenten des Impfstoffs zu registrieren und abzuwehren: Für einen Hund bedeutet das Staupe, Parvovirose, Leptospirose, Adenovirus, Hepatitis, Bordetella und vielleicht Coronavirus, Tollwut und Borreliose. Zusätzlich zu Antigenen und Viren enthält der Impfstoff Formalin und Quecksilber. Das Immunsystem ist weder bei Menschen noch bei Hunden darauf ausgelegt, dass es gleichzeitig mit so vielen Krankheitserregern, Antigenen und toxischen Substanzen konfrontiert wird, wie es bei der Schutzimpfung der Fall ist.

Bei den Impfstoffen ist noch wichtiger, dass sie als Überbleibsel der Anzüchtung in Hühnerembryonen oder Rinderserum winzige Mengen Hühner- oder Rindereiweiß enthalten. Wenn diese Nahrungsmittel zusammen mit den Invasoren in den Körper gelangen, identifiziert sie leider der interne Computer des Körpers. Stellen Sie sich vor, Sie leben in der Prärie und werden von einer Bande Verbrecher angegriffen. Wenn Sie sich verteidigen, versuchen Sie die einzelnen Eindringlinge zu unterscheiden, um zu sehen, ob vielleicht ein paar Gute dabei sind? Oder würden Sie alle als Feinde ansehen? Für Ihr Überleben würden Sie wahrscheinlich das Letztere tun, und so macht es das Immunsystem auch.

Es ist kein Zufall, dass man als erste Futtermittel bei allergischen Hunden Huhn und Rind ausschließt – enge Verwandte von Ei und Rinderserum, in denen man die Impfviren anzüchtet. Eine „hypoallergene" Diät wird verabreicht, die üblicherweise aus Lammfleisch und Reis besteht. Aber die Eiweiße vom Schaf sind nicht viel anders als die vom Rind, und wenn der Hund damit jeden Tag gefüttert wird, wird er bald auch eine Allergie gegen Schaf ausbilden. Der besorgte Besitzer weicht nun auf Wildfleisch wie Hirsch oder Kaninchen aus, aber auch diese Futtermittel triggern bald das Immunsystem. Nachdem man die ganze Palette der Futtertiere durchprobiert hat, bleibt als letzte Möglichkeit nur spezifisches vorverdautes Eiweiß. Bestenfalls sind alle diese Futterwechsel kurzfristige Lösungen für das ursächliche Problem. Das Immunsystem des Hundes – wie ein fehlgesteuertes Computerprogramm – entdeckt mehr und mehr Stoffe, auf die es reagieren kann. Im Laufe der Jahre wird die zweiwöchige Sommerallergie zu einer Dreimonatsallergie und steigert sich zu einem ganzjährig andauernden Juckreiz.

Der Wurzel des Juckens zu Leibe rücken

Die steigende Anzahl an Impfungen erklärt die Zunahme der Allergien nur teilweise. Was verleitet das Immunsystem, das so großartig gefährliche Eindringlinge abwehren kann, außerdem dazu, harmlose Substanzen als direkte Gefahr anzusehen und mit seiner Reaktion eine Verwüstung in dem Körper anzurichten, den es schützen soll?

Etwas ist offensichtlich: Das Vorkommen von Allergien und Asthma nimmt seit Jahren zu. Vor einem halben Jahrhundert haben Tierärzte beipielsweise viel weniger Tiere mit Allergien angetroffen. Aber damals hat man den Hunden meist Tischabfälle als Futter gegeben und es gab weniger Impfungen.

Mit der Zunahme der Impfungen geht eine Zunahme an Expositionen gegenüber Umweltgiften, starken Arzneimitteln und chemischen Zusatzstoffen in der Nahrung einher. Der Gebrauch von Pestiziden ist in den letzten Jahren drastisch angestiegen, und besonders Hunde und Kinder sind giftigen Rückständen auf der Wiese ausgesetzt, was auch sehr ernste Konsequenzen für die Gesundheit haben kann.

Die Natur hat das Immunsystem der Säugetiere leider nicht darauf ausgerichtet, mit einer Vielzahl der synthetischen Giften umzugehen, denen wir und unsere Tiere dauernd ausgesetzt sind. Solche Faktoren tragen auch zu vielen der Allergien bei, die wir jetzt bei Hunden (und Menschen) sehen und die auch vererbt werden können. Abgesehen von der Grundursache muss man bedenken, dass Allergien

Die Allergie-Gleichung

Das Ausmaß einer Allergie kann das Ergebnis einer synergistischen Wirkung von zwei oder mehr Allergenen sein. Ihr Hund reagiert vielleicht stark auf Hefe und kaum auf Mais, Weizen und Soja. Und während Sie hefehaltiges Futter für ihn vermeiden, kann ein Futter mit einer Kombination aus Mais, Weizen und Soja eine genauso starke oder noch stärkere Reaktion auslösen. Die Tatsache, dass diese drei Getreide zusammen vorhanden sind, verstärkt die allergische Reaktion, obwohl jedes der Getreide allein keine so starke Allergie auslösen würde wie die ursprüngliche Reaktion auf Hefe. Die Anzahl Allergene in der Umwelt des Hundes und die Stärke der Allergie auf jede einzelne Substanz ergibt die gesamte allergische Reaktion.

Ein weiterer Faktor, der das Auftreten von allergischen Reaktionen beeinflusst, ist der Wechsel der Jahreszeiten. Im Winter empfinden in nördlichen Klimazonen zu Allergien neigende Tiere Erleichterung – Gräser, Unkräuter, Bäume und Pollen ruhen oder sind inaktiv; aber anderen können auch Allergien gegen Staub, Schimmelpilze und Rückstände in der Heizungsluft zu schaffen machen. Im Herbst ist der Hund vermehrt potenziellen Allergenen im Laub wie Pilzen und Schimmelpilzen ausgesetzt.

Jede Jahreszeit hat ihre eigenen Auslöser, die unterschiedliche Hunde unterschiedlich beeinflussen. Ein Allergie-Auslöser lässt Ihre Augen jucken und tränen, beim Hund löst er eher eine Irritation an der Schwanzwurzel und anderen Körperregionen aus. Empfänden wir Allergien wie unsere Hunde, würden wir uns wahrscheinlich ständig am Hinterteil kratzen und darüber klagen, wie übel dieses Jahr die Ambrosia ist!

sich mit der Zeit verstärken und auch weitere Substanzen betreffen, wenn nicht aggressive Maßnahmen ergriffen werden, um das Übel an seiner Wurzel zu kappen.

Oft übersieht man, dass die Allergie sich am besten und stärksten entwickelt, wenn man der auslösenden Substanz wiederholt und häufig ausgesetzt wird. Ärzte werden beispielsweise oft allergisch gegen das Puder, das in Latexhandschuhen verwendet wird. Dem wäre nicht so, wenn sie sie nicht routinemäßig trügen. Oder eine Friseuse entwickelt allergische Hautläsionen bei Kontakt mit Haarfärbenmitteln, während ein Zeitungshändler empfindlich gegenüber Druckerschwärze wird.

Während das Immunsystem verstärkt auf solche alltäglichen Kontakte reagiert, entwickelt es außerdem allergische Reaktionen gegenüber anderen Stoffen aus der Umgebung, wie Staub, Schimmelpilze, Fasern, Pollen, Samen, Gräser und Bäume. Wenn Sie Ihren gegen Rindfleisch allergischen Hund tagtäglich mit Lammfleisch füttern, kann der Hund deshalb auch eine Allergie gegen Lammfleisch entwickeln. Jetzt sollte klar sein, dass an der üblichen Allergiebehandlung etwas falsch ist.

Wirkungen der Steroide

Erhält ein Hund schon seit einiger Zeit Steroide (Kortison), muss man diese langsam ausschleichen. Der Grund ist, dass die Nebennieren, die die körpereigenen Corticosteroide produzieren, bei langfristiger Steroidgabe atrophieren und Zeit benötigen, um zu ihrer vollen Aktivität zurückzukehren.

Es summiert sich

Eine konventionelle Futtermischung kann die Allergie besonders gut am Laufen halten, da sie zusätzlich zum täglichen Verzehr verschiedene Farbstoffe, Konservierungsstoffe und minderwertiges Eiweiß enthält, die wie Alarmsignale auf ein schlecht funktionierendes Immunsystem wirken. Durch Abwechslung im Hundefutter gibt man dem Hund nicht nur eine ausgewogenere Ernährung und macht ihn glücklicher, sondern man verringert auch die Möglichkeit einer Allergie-Entstehung. Abwechslung in der Hundenahrung – zum Beispiel einen Tag Fisch, am nächsten Lamm und Milchprodukte am dritten – ermöglicht auch, die Futtermittelbestandteile zu identifizieren und zu eliminieren, auf die der Hund allergisch reagiert.

Hautallergien

Ein Hund mit Hautallergien kann überall von Kopf bis Schwanz Juckreiz entwickeln, weil er über mehr Mastzellen als der Mensch verfügt. Diese Mastzellen sind über den gesamten Körper des Hundes verteilt und geben juckreizauslösende Stoffe ab. Mastzellen setzen als Reaktion auf bestimmte Auslöser Histamin frei, welches die Irritation und den Juckreiz startet. Bei Mückenstichen sagt man: „Je mehr man kratzt, desto mehr juckt es." Ich versuche das auch meinen allergischen Patienten zu sagen, aber sie verstehen mich einfach nicht und nagen sich stattdessen wörtlich Löcher ins Fell!

Wenn das Immunsystem oft wie die Feuerwehr auf falschen Alarm reagiert, wird es von seiner eigentlichen Aufgabe abgelenkt, nämlich bakterielle Infektionen, Viren, Krebs und andere fremde Eindringlinge abzuwehren. Deshalb schwächen die Allergien die körpereigene Abwehr, verursachen Ungleichgewicht und Disharmonie und führen zur Produktion und Speicherung von Giften.

Allergiesymptome

Zeichen und Symptome einer Hautallergie sind

- Juckreiz an Kopf, Ohren oder dem gesamten Körper,
- Kopf und/oder Körper an Teppichen und Stühlen reiben,
- Körper und Pfoten lecken,
- Haarverlust und rote, gereizte Haut.

Was nicht funktioniert

Verschlimmernd wirkt die Tatsache, dass Arzneimittel zur Behandlung von allergischen Reaktionen das überschießende Immunsystem unterdrücken.

Der Einsatz von Corticosteroiden beispielsweise zwingt das arbeitswillige, aber verwirrte Immunsystem zu Boden. Zusätzlich zu ihrer Lebertoxizität können diese Arzneimittel das pH-Gleichgewicht des Körpers aus der Balance werfen, mitsamt allen daraus folgenden Problemen. Steroide dämpfen die Symptome, aber sie überdecken das Problem nur und vergrößern die Toxizität. Wenn bei Ihrem Hund schon vor Tagen oder Wochen die Steroide abgesetzt wurden, die Allergene aber immer noch vorhanden sind, benötigt der Hund die Steroide erneut. Steroide lösen nicht das Problem, sie unterdrücken einfach nur das Immunsystem. Antihistaminika stellen die am wenigsten toxische pharmakologische Option dar, aber sie sind auch am wenigsten gegen den Juckreiz wirksam und helfen stark allergischen Hunden gegebenenfalls überhaupt nicht.

Die schlechteste Therapie ist ein sehr starker Hemmer des Immunsystems. Atopica® ist ein Produkt, das damit wirbt, bei Hunden mit Allergien oder anderen dermatologischen Problemstellungen zu wirken.

Allergien kommen durch eine falsche Reaktion des Immunsystems auf Nahrungsmittel und Umweltstoffe zustande. Jahrelang hat man Steroide wie Prednisolon verschrieben, um das Immunsystem zu dämpfen und Allergien zu lindern. Atopica wird verabreicht, wenn die Therapie mit Corticosteroiden nicht mehr wirkt. Warum klappt das oft so gut? Was macht es? Wie funktioniert es?

Atopica ist ein Cyclosporin. Cyclosporine sind Mycotoxine. Mycotoxine sind schädliche Pilzprodukte. Sie haben ein chemisches Grundgerüst und sind immunsuppressiv. Pilze setzen ihre Mycotoxine ein, um Bakterien, andere Pilze, Viren und alles andere abzutöten, das mit ihnen in Konkurrenz steht. My-

cotoxine unterdrücken das Immunsystem von Hunden, Katzen und Menschen. Beispiele für natürlich vorkommende Mycotoxine sind Aflatoxin, das stärkste bekannte Karzinogen, und Ochratoxin – beide werden vom Aspergillus-Pilz gebildet. Andere medizinisch genutzte Mycotoxine sind Adriamycin, ein Chemotherapeutikum, und Lovastatin, ein Cholesterinsenker.

Die immunosuppressive Wirkung der Cyclosporine wurde 1972 in der Schweiz entdeckt und erfolgreich bei Nierentransplantationen und später Lebertransplantationen gegen die Organabstoßung eingesetzt. Abgesehen von der Tranplantationsmedizin setzt man Cyclosporine bei vielen Hautproblemen von Mensch und Tier ein. Natürlich unterdrückt es bei Transplantationspatienten das Immunsystem zur Verhinderung der Abstoßung des Organs.

Die Nebenwirkungen diese Mittels sind Kopfschmerzen, Erbrechen, Durchfall, Zittern, Zahnfleischbluten, Krebs, Nierenversagen, Bluthochdruck, Blutungsneigung, Hörprobleme, Gelbfärbung von Haut und Augen, Bewusstseinsverlust, Sehstörungen, Drüsenschwellung, Immunsuppression und Schwindel. Interessanterweise sind dies keine Nebenwirkungen, sondern eher die Symptome einer Mycotoxinvergiftung. Landwirte kennen die schrecklichen Auswirkungen auf Tiere, die mycotoxinhaltiges Futter gefressen haben, es sind dieselben Symptome. Tod wird als eine der Nebenwirkungen bei der Verabreichung an Katzen genannt.

In der Literatur wird beschrieben, dass beim Menschen die Infektionsgefahr erhöht ist, wenn man Cyclosporine nimmt, und man den Kontakt zu Menschen mit ansteckenden und Infektionskrankheiten vermeiden soll. Natürlich hat ein Haustier das gleiche Infektions- und Krebsrisiko. Deshalb ist es so wichtig, die natürlichen Methoden der Allergiebehandlung zu kennen.

Erschwerend kommt hinzu, dass konventionelle Methoden zur Austestung von Allergien, bei denen Allergene in die Haut injiziert oder das Blut untersucht werden, zu oft unzureichend sind. Ein Grund liegt darin, dass die Anzahl getesteter Allergene viel zu gering ist, besonders wenn man an die Tausende von möglichen Allergieauslösern in Nahrung und Umwelt denkt. Während man versucht, die Zuverlässigkeit der Tests zu erhöhen, ist die Treffergenauigeit unter 50 %. Das bedeutet eigentlich, es ist ein Glücksspiel, ob die Ergebnisse stimmen. Wenn man das und die geringe Anzahl getesteter Antigene berücksichtigt, ist nicht verwunderlich, dass Allergieimpfstoffe oft wirkungslos sind. Es ist einfach eine Sache der Statistik, und wenn die Würfel richtig fallen, erlaubt die Hyposensibilisierung (Impfungen mit ständig mehr Antigen, um die Empfindlichkeit auf das Allergen zu senken) eine Verbesserung. In den Fällen, in denen die Allergene bekannt sind und/oder man sie aus dem Futter und/oder der Umgebung weglässt, ist der Erfolg auch nur vorübergehend. Das grundsätzliche Problem wird nicht gelöst, denn das Immunsystem des Hundes ist auf einer Art Hexenjagd, es sucht und findet dauernd neue Substanzen, auf die es reagieren kann. Der eingebaute Computer des Hundes ist damit beschäftigt, mehr und mehr Stoffe zu finden, gegen die er allergisch werden kann.

Nellies Geschichte

Nellie, ein wunderbarer Golden Retriever und einer meiner Patienten, ist ein echtes Zeugnis der Heilwirkung von ganzheitlichen Methoden. Nellies Geschichte beschreibt die Odyssee eines Hundes durch die medizinische Welt auf der Suche nach Hilfe bei Allergie.

Als Nellie etwas über ein Jahr alt war, leckte sie sich bei Juckreiz die Pfoten und rieb das Gesicht auf dem Teppich. Die Hundebesitzer, die sehr aufmerksam waren, brachten sie direkt zum Tierarzt, der eine Allergie diagnostizierte und sie täglich das Steroid Prednisolon einnehmen ließ. Aber trotz hoher Dosierung ging es Nellie nicht besser. Die Besitzer probierten Antihistaminika aus, aber diese halfen auch nicht. Nellies Schilddrüse wurde untersucht, und sie bekam das Schilddrüsenmedikament Soloxin zusammen mit weiteren Steroiden sowie Antibiotika. Es schien ihr eine Weile besser zu gehen. Durch die Steroide hatte sie ständig großen Durst, aber als ihre Besitzer die Dosis verringerten, begann wieder der Juckreiz.

Im Jahr darauf gingen die Besitzer zu einem anderen Tierarzt, der eine neues Steroid und andere Antibiotika verschrieb. Nellies Brusthaar fiel aus, ihre Haut verdickte sich und wurde fettig. Auch ihre Pfoten sahen nicht gut aus. Sie gingen dann zu einem dritten Arzt, der eine Blutprobe entnahm und sie zur Allergenbestimmung einsandte. Der Arzt gab den Besitzern ein Serum mit, das sie jede Woche subkutan spritzen sollten. Der Tierarzt erwartete eine Besserung erst nach mindestens neun Monaten. Aber nach einem Jahr ging es Nellie immer noch nicht besser. Nellies Besitzer scheuten keine Kosten. Sie gingen mit ihr zu einer veterinärmedizinischen Hochschule, wo man mit Nellie diesmal einem Hauttest auf Allergien unternahm. Nach diesem Test wurde ein anderes Serum entwickelt, und Nellie bekam das Serum sowie Antibiotika und Antihistaminika. Nellies Zustand verschlechterte sich. Die Pfoten hatten die Haare verloren und die Haut dort wurde schwarz mit roten gereizten Arealen. Dasselbe passierte mit ihrem Nacken, der außerdem Flüssigkeit absonderte. Sie kratzte sich ununterbrochen, die Haut brannte, sie hatte keine Energie mehr, und ihre Besitzer waren verzweifelt und desillusioniert.

Gerade als man dachte, Nellie sei zu einem Leben mit Juckreiz und Unglück verdammt, erfuhren ihre Besitzer von meiner Praxis. Mit kaum noch Hoffnung kamen Nellie und ihre Besitzer zu mir, und ich setzte Nellie sofort auf Homöopathika, eine abwechslungsreiche Nahrung und eine Technik der Allergie-Eliminierung. Die Besserung war schon nach dem allerersten Tag sichtbar! Während der weiteren Behandlung verminderte sich das Kratzen, das Fell wuchs wieder auf den Pfoten und am Hals und die Haut normalisierte sich. Nach ein paar Monaten war der Juckreiz verschwunden und Nellies Fell glänzte wie neu.

Ganzheitliche Behandlungen

Anstatt einfach immer mehr Stoffe zu identifizieren und zu entfernen, die eine Allergie auslösen, ware es wirksamer, das fehlerhafte Immunsystem zu reparieren, den Computer im Hund, der verrückt spielt. Hierbei können ganzheitliche Lösungen, insbesondere Homöopathie, *Nambudripads Allergie-Eliminierungs-Technik (NAET)* und andere Allergie-eliminierende Techniken besonders wirksam sein. Diese Methoden kann man sich so vorstellen wie die Installation eines Virusprogramms auf dem Computer.

Methoden der Allergiebehandlung sind Allergie-Eliminierungs-Techniken, Anpassen des Futters, Beschränkung der Impfungen, Überprüfung der Schilddrüse, Gaben von Vitaminen und Nahrungsergänzungsmitteln, lokales Auftragen von Mitteln und die Gabe von Homöopathika.

Techniken der Allergie-Eliminierung

Typisch für den Besitzer eines allergischen Hundes ist, dass er dem Weg der *Vermeidung* folgt – er vermeidet das Futter, das er als Auslöser der Allergie vermutet. Das ist eine Lebensaufgabe. Das Problem wird erschwert durch die Tatsache, dass der allergische Hund im weiteren Verlauf wegen der dauernden Gabe allergisch auf sein Spezialfutter reagiert. Also wechselt man zu einem einem neuen Futter mit wieder anderen Eiweißen.

Das muss nicht so sein. Wenn man diese jahrelangen Futterwechsel praktiziert hat, kann man sich kaum vorstellen, dass es Techniken der Allergie-Eliminierung gibt, die ohne diese Nahrungsvermeidungs-Versuche auskommen, um einen allergischen in einen nicht allergischen Hund zu verwandeln. Es ist zu gut um wahr zu sein, dass man diese chronischen Probleme beseitigen kann, aber ein kompetenter Tierarzt kann das.

Was auch immer der Grund ist – Karma, Schicksal, Spürsinn – diese sehr praktikable Technik wurde wirklich rein zufällig gefunden. Dr. Devi Nambudripad, die Chiropraktik und Akupunktur einsetzt, litt ihr ganzes

Komplikationen bei Allergien

Allergische Hunde leiden of an begleitenden Infektionen. Außerdem können andere Erkrankungen wie beispielsweise Pilzbefall oder eine Sarkoptesräude als Allergie fehldiagnostiziert werden. (Weitere Einzelheiten siehe Teil III).

Leben lang an Allergien. Sie war praktisch gegen so gut wie alles unter der Sonne allergisch und ernährte sich nur von weißem Reis und Brokkoli. Eines Tages schlug sie über die Stränge und aß eine Mohrrübe. Kurz, bevor sie ohnmächtig wurde, setzte sie sich schnell ein paar Nadeln in einige Akupunkturpunkte, um nicht in einen Schockzustand zu geraten. Sie schlief einfach mit der Mohrrübe in der Hand ein. Beim Aufwachen 45 Minuten später erlebte sie ein großartiges Wohlgefühl. Sie untersuchte diese Erfahrung und fand Folgendes heraus: Wenn man eine allergene Substanz innerhalb seines eigenen elektromagnetischen Feldes berührt und dabei eine Behandlung gegen die allergischen Reaktionen bekommt, korrigiert sich das System irgendwie selbst.

Dr. Nambudripad fand heraus, dass der Körper sich selbst korrigiert, indem er einfach das elektromagnetische Schwingungsmuster eines Stoffes erkennt, während er durch die Stimulation der Akupunkturpunkte dazu ermutigt wird, den Prozess der Heilung, Reparatur, Korrektur und Harmonisierung zu beginnen. In der Folge entwickelte und verfeinerte sie diese Therapie, die sie Nambudripad-Allergie-Eliminierungs-Technik (NAET) nannte. Diese nichtinvasive Methode nutzt eine besondere Kombination von Chiropraktik, Testung der kinesiologischen Muskelreaktion und Akupunktur, um Gehirn und Nervensystem umzuprogrammieren.

Der Praktiker identifiziert zunächst einen Allergieauslöser über den Muskeltest und korrigiert dann die Quelle einer Blockade oder eines Ungleichgewichts im Körper, die die Allergie verursacht. Die Methode korrigiert die falsche Antwort des Immunsystems auf ein Allergen. Dies wiederum ermöglicht es dem Körper, sich durch die Wiederherstellung des ungehinderten Energieflusses selbst zu heilen – eine Art korrigierende Umprogrammierung, die die Reaktion des Körpers auf ein Allergen harmonisiert und dadurch normalisiert. Jede Behandlung lehrt den Hund, dass ein Allergen, sei es Pollen oder Futter wie Rindfleisch, eher ein Freund als ein Feind ist.

Ich fand, NAET würde eine Lücke in der ganzheitlichen Tiermedizin schließen und stellte sie daher 1998, als sie quasi unbekannt war, bei der jährlichen Konferenz der Amerikanischen Ganzheitlichen Tiermedizin vor. Wenn wir das Reich der energetischen ganzheitlichen Medizin betreten, verlassen wir das Feld der Biologie und betreten das der Physik. Täglich fordern neue Forschungsergebnisse der Physik alte Vorstellungen über die Arbeitsweise und die Heilkräfte des Körpers heraus. Obwohl die Chinesen seit über sechstausend Jahren Energiebahnen, die Akupunktur-Meridiane, kennen, war erst das Aufkommen neuer wissenschaftlicher Methoden nötig, um zu erkennen, wie Änderungen im energetischen Feld die Gesundheit beeinflussen und bestimmen. Das autonome Nervensystem spielt eine integrale Rolle bei der Erkennung dessen, was der Computer des Körpers als Feind ansieht. Es startet dann die verschiedenen Bestandteile des Immunsystems, um den Körper gegen den vermeintlichen Feind zu verteidigen.

Techniken zur Allergie-Eliminierung korrigieren die Wahrnehmung des vegetativen Nervensystems, sodass der allergene Stoff nicht mehr als Bedrohung gesehen wird. Das alles findet in der Welt der Physik auf einem energetischen Niveau statt und wird in die körperliche Heilung übersetzt. Der Arzt, der NAET anwendet, verfügt über zahlreiche Allergene als Testsubstanzen. Man nutzt angewandte Kinesiologie, um die Reaktion eines Tieres auf die energetische Resonanz dieses Allergens ist. Sobald ein Allergen erkannt wurde, sei es Pollen, Rind oder Ei, wird das Gefäß mit der Testsubstanz direkt auf den Hund gestellt, während bestimmte Akupunkturpunkte des Körpers leicht stimuliert werden. Dies korrigiert die Wahrnehmung der Substanz durch das vegetative Nervensystem und die allergische Reaktion darauf verschwindet. Man ist erstaunt darüber, wie etwas so Einfaches so gut funktioniert, aber man wird durch den Erfolg belohnt.

Der Erfinder der angewandten Kinesiologie ist Dr. George Goodhart, ein Chiropraktiker aus Detroit. Nachdem er sein erstes Seminar 1974 abgehalten hatte, wendeten viele Ärzte diese Technik sehr erfolgreich bei Problemen an, die sich zuvor jeder Diagnostik zu widersetzen schienen. In den Folgejahren blühte diese Methode auf und wurde zu einem wichtigen Diagnostikum. Viele Ärzte, auch Tierärzte, nahmen sie in ihr Repertoire auf. (Das Buch „Your body doesn´t lie“ von Dr. John Diamond – im Deutschen erschienen unter dem Titel „Der Körper lügt nicht“ ist eine sehr gute Referenz.)

Meist genügen ein paar Behandlungen, um Nahrungsallergien zu beseitigen. Mehr Aufwand ist dagegen erforderlich, um den Patienten erfolgreich von Allergien gegen Gras, Pollen, Samen, Unkräuter, Bäume, Blumen, Staub, Stoffe, Schimmelpilze, Impfstoffe und alles andere, was Allergien auslöst, zu befreien. Inzwischen wurden auch andere Behandlungsformen entwickelt, die auf dieser Technik basieren.

In meiner Praxis ist der erste Schritt, zu erkunden, gegen welche Stoffe der Patient allergisch ist. Im ersten Durchgang werden ungefähr 500 Gefäße mit Testsubstanzen, die speziell für diesen Zweck hergestellt worden waren, mit angewandter Kinesiologie getestet. Ich lege fest, in welcher Reihenfolge die Allergene angewendet werden und entwickle ein Programm für den Patienten. Die Gefäße werden dem Besitzer mit klaren Anweisungen per Post zugesandt, wie er die leicht auffindbaren Akupunkturpunkte vorsichtig massieren soll und so die Behandlung in Ruhe zuhause durchführen kann.

Allergien zeigen sich durch Hautprobleme, Ohrenentzündung, chronischen Durchfall, Erbrechen, mangelnden Appetit und Asthma. Sie können zu lebenslangen chronischen Problemen werden und eine Dauerbehandlung durch den Tierarzt und ständiger Arzneimittelgabe erforderlich machen. Ob in der mildesten oder in der stärksten Form, auf jeden Fall haben sie einen drastischen Einfluss auf das Wohlbefinden des Haustiers. Behandlungen zur Allergie-Eliminierung, die seither von der NAET abgeleitet wurden, befreien nicht nur von den Symptomen, sondern beseitigen auch die Quelle des Übels. Diese Behandlung hat vielen Besitzern und ihren besten Freunden geholfen, ein glücklicheres und erfüllteres Leben zu führen.

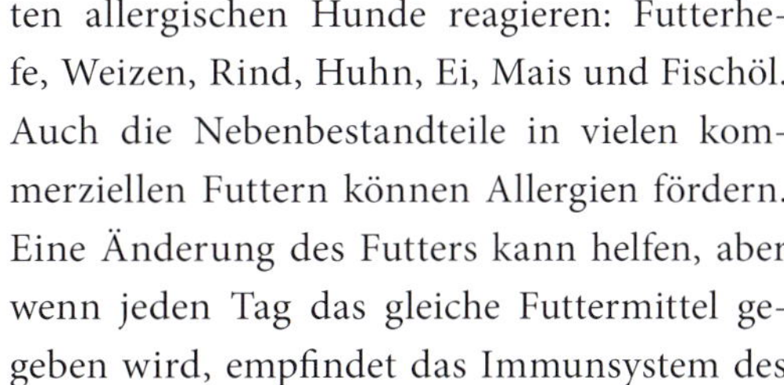

Ernährung anpassen und rotieren

Hunde reagieren oft allergisch auf Futterbestandteile. Es gibt bestimmte Futtermittel, auf die die meisten allergischen Hunde reagieren: Futterhefe, Weizen, Rind, Huhn, Ei, Mais und Fischöl. Auch die Nebenbestandteile in vielen kommerziellen Futtern können Allergien fördern. Eine Änderung des Futters kann helfen, aber wenn jeden Tag das gleiche Futtermittel gegeben wird, empfindet das Immunsystem des Hundes es möglicherweise irgendwann als Allergen, auf das es reagieren muss.

Dieses Problem vermeidet man durch Füttern einer rotierenden Diät mit drei verschiedenen hypoallergenen, selbst hergestellten Mahlzeiten. Notfalls gibt man fleischhaltige Fertiggerichte für Kleinkinder oder Wurst aus dem Delikatessen-

Malassezia

Malassezia tritt auf, wenn Malassetia pachydermatis, ein Hefepilz, der sich normalerweise auf der Haut und im Ohrkanal befindet, anfängt zu wuchern und Juckreiz und Hautentzündungen auslöst. Es kann zur Bildung einer braunen, süßlich riechenden Substanz im Ohr kommen. Malassezia findet man üblicherweise in den verdickten haarlosen Hautregionen von Hunden mit chronischer Allergie. Oft sind Regionen betroffen, die nicht der Sonne ausgesetzt sind, wie der Bauch, die Unterseite des Halses und die Unterarme. Allergie und Hefeinfektion spielen zusammen: Eine hilft der anderen, zu einem Problem zu werden. Typischerweise würde der Hefepilz sich nicht ohne die Allergie vermehren und seine Anwesenheit erhöht den Juckreiz und lässt die Haut dicker und dunkel werden. Die Behandlung wird in Teil III, Pilzinfektionen, geschildert.

geschäft ohne Konservierungsstoffe. Typische Proteine sind Lamm, Wild, Lachs und Ente. Am ersten Tag gibt es Schaf, weißen Reis, gehackte Petersilie und Möhre. Am zweiten Tag gibt es Wild, gekochte Kartoffel, gehackten Kohl oder Gemüse. Am dritten Tag serviert man gekochten Hafer und Lachs. Diese drei Mahlzeiten sollten turnusmäßig abgewechselt werden.

Impfungen einschränken

Routinemäßig verabreichte Mehrfachimpfstoffe gegen sechs oder mehr Krankheiten verursachen eine fehlerhafte Reaktion des Immunsystems. In Kapitel 10 wird beschrieben, was man tun und lassen sollte.

Schilddrüse überprüfen

Schilddrüsenprobleme können zu den allergischen Symptomen des Hundes beitragen. Um dies festzustellen, benötigt man nur einen einfachen Bluttest auf die Schilddrüsenhormone T4 und freies T4. Freies T4 ist die aktive, winzig kleine Fraktion des ungebundenen gesamten T4. Mit diesen beiden Werten stellt man fest, ob der Hund eine Schilddrüsenunterfunktion hat. Bei Hypothyreose (Schilddrüsenunterfunktion) verschreibt der Tierarzt ein Schilddrüsenmedikament. Oft verschwinden danach die Allergien und Sekundärinfektionen. Nach Beseitigen des Schilddrüsenproblems scheint die ganzheitliche Therapie besser zu wirken. Das muss nicht auf jeden Hund zutreffen, aber jedes kleine bisschen hilft. Die Schilddrüse ist eine wichtige Drüse und reguliert viele wichtige Organe sowie das Immunsystem.

Vitamine und Nahrungsergänzungsmittel geben

Vitamin C ist wichtig für Hunde mit Allergien. Hunde mit Allergien verbrauchen ihr selbst hergestelltes Vitamin C sehr schnell. Sie brauchen definitiv mehr Vitamin C, um die allergische Reaktion zu vermindern und Toxine aus dem Körper auszuschleusen. Noch wichtiger ist Vitamin C für Hunde, die mit Steroiden oder Antibiotika behandelt werden. Die Dosis je nach Größe des Hundes 250 bis 2.000 mg/Tag ein oder zwei Mal täglich.

Eine Überdosis Vitamin C verursacht sofort weichen Kot. Um Durchfall zu vermeiden, erhöht man die Dosis Vitamin C allmählich. Manche Hunde vertragen 2.000 mg zwei Mal täglich, andere nicht mehr als 500 mg ein Mal täglich. Sobald die untere Dosis gut vertragen wird, kann man die Menge langsam erhöhen. Die Vitamine C und E wirken zusammen. Beide sind Antioxidantien. Vitamin E wird in Dosen von 200 bis 400 IU (internationale Einheiten) einmal täglich empfohlen, unabhängig von der Größe des Hundes.

Omega-3-Fettsäuren nutzen bei allergischer Haut. Quellen für Omega-3-Fettsäuren sind

Check beim Tierarzt

Jede schmerzhafte und eitrige Ohrentzündung muss vom Tierarzt behandelt werden. Oft ist die konventionelle Medizin erforderlich, und man kann sie zusammen mit ganzheitlichen Methoden einsetzen. Die Kontrolle nach der Behandlung beim Tierarzt ist wichtig.

Nachtkerzenöl, Borretschöl oder Samenöl der Schwarzen Johannisbeere. Hanf- und Olivenöl sowie Kokosöl sind ebenfalls gute Quellen gesunder Fette.

Andere wichtige Ergänzungen sind Antioxidantien mit Coenzym Q; hiervon gibt man 30 mg ein Mal täglich. Zink ist gut für die Haut; Zinkpicolinat wirkt am besten, und man gibt 10 mg am Tag. Quercitin aus dem Reformhaus hilft bei Allergien, da es die Freisetzung von Histamin aus den Mastzellen reduziert und so die allergische Reaktion abschwächt.

Äußerlich wirkende Mittel geben

Hunde mit Allergien benagen sich oft unablässig. Je mehr sie knabbern, desto mehr juckt es – wie bei unserem Mückenstich. Dieser Zyklus Nagen-Jucken-Nagen-Jucken muss durchbrochen werden. Es gibt viele äußerliche Zubereitungen, die lindernd auf das gereizte Gebiet wirken und die Entzündung bremsen:

- Sehr starker Schwarztee oder japanischer grüner Tee beruhigt nach drei bis zehn Minuten Einwirkzeit die entzündete Region. Übrig gebliebener Tee kann im Kühlschrank aufbewahrt und später verwendet werden.
- Calendula-Tinktur kann unverdünnt oder 1:1 verdünnt auf die Entzündung gegeben werden.
- Ein in Hamamelis getränkter Wattebausch wird mehrfach täglich auf die juckenden Stellen gelegt.
- Aloe Vera trägt man ein bis drei Mal täglich auf. Das Gel aus der frischen Pflanze wirkt am besten.
- Backpulver bewirkt Wunder. Eine Paste aus einem Teelöffel Backpulver und etwas Wasser wird auf die juckenden oder geröteten Stellen aufgetragen und nach ein paar Stunden abgewaschen.
- Eine Mischung aus einem Teelöffel Backpulver und ¼ Liter Wasser kann man auch mit einer Sprayflasche aufsprühen. Vor Gebrauch schütteln!

- Packungen aus Hafermehl sind einfach herzustellen: Das Mehl wird mit Wasser gemischt und aufgetragen. Kolloidales Hafermehl aus der Apotheke kann als Badezusatz oder als Packung verwendet werden.
- Die Hämorrhoidalsalbe Preparation H enthält keine schädlichen Stoffe und hilft bei Juckreiz und Brennen.
- Kohlblätter sind ein altbewährtes Heilmittel, um Hitze und Entzündung abzuleiten. Ein Blatt wird zerstoßen, bis die Oberfläche bricht und der Zellsaft austritt. Dieses Blatt wird für ein paar Minuten auf die entzündete Stelle gelegt. Es erwärmt sich und zieht die Entzündung heraus. Man entfernt es nach einigen Minuten.

Homöopathische Heilmittel geben

Homöopathische Heilmittel wählt man danach aus, welche Symtome sie auslösen. Bei der Wahl des Heilmittels ist die Reaktion in Bezug auf das Problem wichtig. Manche Hunde haben in der Wärme weniger Juckreiz und fühlen sich wohl. Sie liegen auf dem Asphalt der Einfahrt und nehmen ein Sonnenbad. Manche Hunde brauchen eine kalte Umgebung und liegen auf den Badezimmerfliesen oder sitzen im Luftstrom der Klimaanlage.

Bei den folgenden Heilmitteln sollte nach zwei bis zehn Tagen eine Besserung eintreten. Bleibt diese aus oder kommt es zu einer Verschlechterung, setzt man das Mittel ab.

- Sulfur C6 eignet sich für kälteliebende Hunde. Die Haut ist rot und juckt stark; sie sieht ungesund und ledrig aus. Man gibt es eine Woche lang zwei Mal täglich.
- Arsenicum album C30 eignet sich für wärmeliebende Hunde. Die Haut ist trocken und schuppig, das Fell glanzlos und trocken. Der Hund ist durstig und unruhig. Man gibt es eine Woche lang zwei Mal täglich.
- Graphites C30. Dieses Mittel ist gut für allergische Hunde mit Hot Spots. Aus diesen Flächen tritt eine klebrige gelbe oder honigfarbene Substanz aus, die mit dem Fell verklebt. Man gibt es eine Woche lang vier Mal täglich zusammen mit äußerlich angewendeter Calendula-Tinktur. Der Hot Spot sollte rasiert werden, damit er belüftet wird und austrocknen kann. Calendula wird mehrfach am Tag aufgetragen, bei Besserung etwas seltener.
- Rhus toxicodendron C30 wird aus Gift-Efeu (Kletternder Gift-Sumach) hergestellt, dessen juckreizauslösende Wirkung bekannt ist. Die betroffenen Hunde leiden

unter einem Ausschlag mit Pickeln und Bläschen, verbunden mit viel Juckreiz und Rötung. Wärme mildert die Symptome. Man gibt es zwei bis vier Wochen lang drei Mal täglich.

- Grindelia C30 gibt man bei Bedarf dreimal täglich gegen den Juckreiz.
- Psorinum C200 ist fantastisch, wenn die Haut ungesund aussieht. Das Fell riecht nach Moschus, die Haut ist trocken, der Juckreiz stark. Man gibt es eine Woche lang einmal täglich. Tauchen die Symptome später erneut auf, gibt man es nochmals eine Woche lang.

Gabe von homöopathischen Heilmitteln

Homöopathische Heilmittel sind einfach in der Anwendung. Wie oben gesagt, lösen sich die winzigen weißen Kügelchen in der Lefzenfalte auf. Ein Mittel in flüssiger Form wird auf die Maulschleimhaut getropft. Alternativ löst man ein paar Globuli in etwas Quellwasser auf und gibt die Flüssigkeit ein.
Ist das Problem beseitigt, wird das Mittel nicht weiter gegeben. Homöopathische Heilmittel helfen dem Körper bei der Selbstheilung. Wenn das passiert ist, braucht man keine weitere Medikation.

10. Jährliche Impfung: Muss das sein?

Der Tierarzt versendet Postkarten mit der Erinnerung an den jährlichen Impftermin. Gab es nicht letztes Jahr dieselbe Routine? Wenn der Hund so oft eine Impfung braucht, warum wird die Polio-Impfung beim Menschen nur einmal beim Kleinkind durchgeführt?

Wenn Sie sich trauen, dies zu fragen, werden Sie vermutlich über den Wert und die Bedeutung der Impfung belehrt. Wer sind Sie denn, um in Frage zu stellen, was die Profis jeden Tag tun? Unter diesen Umständen sind Sie vermutlich verwirrt und nehmen wahrscheinlich trotz Ihrer Zweifel zur Unbedenklichkeit und Notwendigkeit der Impfung ein mehrfach geimpftes Tier mit nach Hause.

Impfungen sind in unserer Gesellschaft akzeptiert und hoch angesehen. Ein ungeimpfter Hund wird schnell als vernachlässigt und schlecht behandelt betrachtet. Zwar schützt die Impfung den Welpen vor gefährlichen Infektionskrankheiten, aber eine falsche oder Über-Impfung hat weitreichende Folgen für sein Leben als erwachsener Hund. Impfungen können ernste und chronische Probleme wie Autoimmunkrankheiten, Allergien und Reizdarm auslösen. Man tut gut daran, die Impfung zu verstehen und die richtige Auswahl für das neue Familienmitglied zu treffen. Früher wurden Impfungen viel zu früh und zu häufig gegeben. Der empfohlene Impfplan für Welpen begann mit sechs Wochen und es wurde vierzehntäglich bis zur vierzehnten Woche geimpft. Manche fingen sogar schon mit vier Wochen an. Dieser veraltete Plan trägt, wie man jetzt weiß, zu Gesundheitsproblemen bei. Impft man zu früh und zu häufig, verhindert das oft den gewünschten Effekt: Bei einem fünf bis neun Wochen alten, gesäugten Welpen identifizieren die Antikörper der Muttermilch die Impfstoffe als Infektionserreger und machen sie unschädlich, sodass der Welpe keinen Nutzen daraus ziehen kann. Zusätzlich stört die Impfung in zu kurzen Abständen das Immunsystem des Welpen, weil die Immunkomponenten der ersten Impfung die der zweiten auslöschen. Um dies zu vermeiden, sollten drei bis vier Wochen zwischen den Impfungen liegen.

Heutzutage empfehlen die tiermedizinischen Hochschulen ein vorsichtigeres Impfschema. Wenn Sie den Rat von Experten suchen, sollten Sie sich darüber im Klaren sein, dass viele Experten der prestigeträchtigen Hochschulen sich gegen das frühe Impfen verwahren und den Wert mancher Impfungen in Frage stellen. Bevor ich meine Meinung äußere, möchte ich Ihnen ein paar offizielle Standpunkte verschiedener veterinärmedizinischer Einrichtungen vorstellen. *Kirks's Current Veterinary Therapy*, ein führendes Lehrbuch für amerikanische Tiermediziner (jetzt in der 25. Auflage), stellt fest, die Praxis der jährlichen Impfung „entbehrt wissenschaftlicher Gültigkeit und Verifizierung" und fährt fort: „Immunität gegen Viren bleibt jahrelang oder lebenslang für das Tier bestehen".

Im Jahre 2006 konstatierte die Arbeitsgemeinschaft für Hundeimpfungen der Amerikanischen Gesellschaft der Tierkliniken, dass über Impfungen immer im Einzelfall je nach den Lebensumständen und Risiken entschieden werden muss. Dabei hat man neuere Daten inklusive serologische Tests, Berichte über unerwünschte Nebenwirkungen sowie medizinische und gesetzliche Gesichtspunkte berücksichtigt. Die Arbeitsgemeinschaft ist der Meinung, dass Impfungen gegen Staupe, das canine Adenovirus-2 und Parvovirus sehr gute Immunantworten bewirken und deshalb auf längere Intervalle nach Anweisung des Tierarztes ausgedehnt werden können.

2007 hat der Bericht des Komitees der Amerikanischen Tiermedizinischen Gesellschaft festgestellt, dass die Empfehlung zur jährlichen Impfauffrischung, die man auf vielen Impfstoffpackungen findet, auf historischen und nicht auf wissenschaftlichen Daten beruht. Die Arbeitsgemeinschaft für Hundeimpfungen der Amerikanischen Gesellschaft der Tierkliniken hatte schon 2003 angeprangert: „Missverständnisse, Fehlinformationen und die konservative Einstellung unseres Berufsstandes haben drastisch verzögert, dass mit verminderter Frequenz geimpft wird."

Weiterhin bewiesen serologische Studien und Provokationstests, dass die Immunität nach Staupe- und Parvovirusimpfung mindestens sieben Jahre anhält. Basiend auf diesen wissenschaftlichen Forschungsergebnissen haben die meisten tiermedizinischen Bildungsstätten in Nordamerika ihre Impfschemata für Hunde geändert. Diese Bildungsstätten und die Amerikanische Tiermedizinische Gesellschaft haben Studien überprüft und kommen zu dem Schluss, die jährliche Impfung sei überflüssig. Es gibt einfach keinen wissenschaftlichen Beleg für die angenommene Notwendigkeit der jährlichen Impfung. Gleich-

zeitig gibt es Belege dafür, dass genau diese Impfungen eine Gefahr für den Hund bezüglich allergischer Reaktionen und immunbedingter Krankheiten darstellen.

Schon 1995 erklärte C. A. Smith in der Fachzeitschrift der Amerikanischen Tiermedizinischen Gesellschaft, eine Impfung sei ein großer medizinischer Eingriff mit Nutzen und Risiken für den Patienten und eine erneute Impfung desselben Patienten bei ausreichender Immunität verbessere nicht dessen Resistenz gegen diese Krankheiten und könne ungewollte, impfbedingte Nebenwirkungen nach sich ziehen. Sie behauptet weiterhin, unerwünschte Wirkungen, wie beispielsweise Anaphylaxie (allergischer Schock), Immunsuppression, Autoimmunkrankheiten und vorübergehende Infektionen könnten durch jeden der Begleitstoffe im Impfcocktail verursacht werden.

Wenn Hunde mit dem Kombinationsimpfstoff SHLPP geimpft werden, erhalten sie Erreger von Staupe, Herpes, Leptospirose, Parvovirus und Parainfluenza. Oft wird gleichzeitig auch noch gegen Coronavirus, Bordetella, Borreliose und Tollwut geimpft, das heißt man verabreicht *fünf bis neun* Impfstoffe zur gleichen Zeit. Das entspricht einem Menschen, der simultan gegen Enzephalitis, Masern, Mumps, Hepatitis, Polio, Keuchhusten, Tetanus, Borreliose und Grippe geimpft wird.

Die verheerenden Auswirkungen solcher Impfcocktails auf den Menschen – am Beispiel der Truppen im Golfkrieg – beschreibt H. McManners in seinem Artikel „Wissenschaftler führen das Golfkriegssyndrom auf Impfstoffe und Medikamente zurück“, der am 22. Juni 1997 in der Londoner Sunday Times erschien:

> Der Impfcocktail unterdrückte den als Th1 bekannten Teil des Immunsystems, der Viren und Krebs bekämpft. Gleichzeitig wurde Th2, der normalerweise nur leicht auf Pollen oder Hausstaubmilben reagiert, überempfindlich gegenüber exogenen Substanzen. Dieser zweifache Effekt bewirkte, dass die Soldaten empfänglicher für weit verbreitete Krankheiten wurden, während sie gleichzeitig unter extremen allergischen Reaktionen auf harmlose Stoffe in der Atmosphäre litten.

Ein weiterer Bericht über den Zusammenhang zwischen Impfungen und dem Golfkriegssyndrom, der in der britischen medizinischen Zeitschrift Lancet erschien, machte die Bahn für zahlreiche Klagen der erkrankten Soldaten vor Gericht frei.

Profitorientierte Hersteller veterinärmedizinischer Medikamente sind nicht sehr motiviert, Impfprobleme oder die Immunitätsdauer nach einer Impfung zu untersuchen. Aber solche Untersuchungen hat man an Kindern in vielen Ländern durchgeführt. Hersteller von Medikamenten für den Menschen versuchen, isolierte Fälle von Impfzwischenfällen als ungewöhnliche und beklagenswerte Folge darzustellen, aber sie scheinen kein Interesse an der Überprüfung zu haben, ob geimpfte Kinder gesünder sind als ungeimpfte.

Die Japaner H. Yoneyama, M. Suzuku, K. Fujii und Y. Odajima untersuchten „Die Wirkung von DPT- und BCG-Impfungen auf atopische Störungen“ und publizierten im Jahr 2000 in der japanischen Allergologie-Zeitschrift Aerugi, dass geimpfte Kinder zehnmal

Impf-Richtlinien

Wenn Sie Ihren Hund impfen lassen wollen, bedenken Sie Folgendes:

1. Der Hund soll zum Zeitpunkt der Untersuchung bei bester Gesundheit sein.
2. Ein Hund unter Corticoiden (z. B. Prednisolon, Prednisolon-Dexamethason und besonders Atopica) oder anderen immunsupprimierenden Arzneimitteln wird nicht geimpft.
3. Ein Hund mit Krebs oder einer anderen schweren Krankheit wie Leberproblemen oder Nierenversagen wird nicht geimpft.
4. Überflüssige Impfungen sind zu vermeiden.
5. Die jährliche Gabe ineffektiver Impfstoffe wie Bordetella (Zwingerhusten), die vorgeben, eine zwölfmonatige Immunität zu bewirken, ist abzulehnen. Die Wirksamkeit dieser Impfung ist sehr kurz, und wenn z. B. eine Tierpension eine Impfung vorschreibt, sollte drei Monate vorher geimpft werden.

6. Impfstoffe müssen auf Sicherheit und Wirksamkeit getestet sein.
7. Die Impfdosis sollte im rechten Verhältnis zur Größe des Hundes stehen.
8. Die erste Impfung sollte frühestens mit neun bis zwölf Wochen erfolgen. Bis dahin wird der Welpe von öffentlichen Plätzen und fremden Hunden ferngehalten.
9. Das Intervall zwischen erster Impfung und Auffrischung sollte drei bis vier Wochen betragen, damit die beiden Impfungen nicht interferieren. Nach dem Kontakt mit dem Impfvirus erhöhen die Zellen ihre Interferonproduktion, deshalb ist die zweite Impfung weniger wirkungsvoll, wenn sie zu bald (nach einer Woche bis zu zehn Tagen) gegeben wird. Auch Intervalle über sechs Wochen sind zu vermeiden. Eine Ausnahme hiervon ist die Tollwutimpfung, die einmal mit drei bis sechs Monaten (je später, desto besser) und dann nach einem Jahr verabreicht wird; die folgenden Impfungen erfolgen gemäß den Bestimmungen des Wohnortes.
10. Das homöopathische Heilmittel Thuja D6 (z. B. aus dem Reformhaus) wird nach jeder Impfung über zwei Wochen zweimal täglich verabreicht. Dies reduziert chronische Schäden durch den Impfstoff.
11. Bei Beschwerden (Schwellung, Rötung oder Schmerz) an der Impfstelle verabreicht man die homöopathischen Heilmittel Ledum D30 und Hypericum D30 (erhältlich in Reformhäusern) viermal täglich drei Wochen lang.
12. Bei leichtem Fieber nach der Impfung hilft das homöopathische Heilmittel Belladonna C6 viermal täglich, bis das Fieber für mindestens einen Tag vorbei ist. Außerdem ist der Tierarzt zu kontaktieren.
13. Treten nach der Impfung Schwellungen um die Schnauze oder im Gesicht auf, verabreicht man das homöopathische Heilmittel Apis C200 jede Viertelstunde. Man kann auch das überall erhältliche Mittel Benadryl geben, der Tierarzt nennt die Dosierung. Dauert die Schwellung an, ist schnellstmöglich der Tierarzt zu konsultieren, denn es kann ein anaphylaktischer Schock vorliegen, der den Hals anschwellen lässt und durch Verengung der Luftröhre zum Ersticken führt. Der Tierarzt injiziert Steroide, die das Problem umgehend beseitigen.
14. Der beste Impfplan sieht eine Welpenimpfung mit zehn Wochen und eine Boosterung drei bis vier Wochen später vor. Die nächste Auffrischung erfolgt nach einem Jahr und bringt eine vermutlich lebenslange Immunität gegen Parvovirose und Staupe.
15. Anstelle der jährlichen Impfung prüft man mit einer Titeruntersuchung des Blutes, ob die Immunität noch vorhält. Manche Hundebesitzer wünschen zur Sicherheit jedes Jahr eine Titerbestimmung. Titerbestimmungen sind zuverlässig.

häufiger an Asthma erkranken als ungeimpfte. Außerdem hatten mehr als 50 % der geimpften Kinder Asthma, Ausschlag oder eine dauerhaft laufende Nase, verglichen mit 10 % der ungeimpften Kinder. Vor fünfzig Jahren, d. h. vor Einführung der jährlichen Impfung, litt im Gegensatz zu heute nur ein Bruchteil der Hunde an Allergien, Autoimmunkrankheiten und Krebs. Die Impfstoffhersteller ermutigen die Tierärzte zur Impfung für und gegen alles, und daraus haben sich Multimilliardendollar-Firmen entwickelt. Aber auch etwas anders können sie gut: Sie gehen der Verantwortung für Schäden durch ihre Produkte aus dem Weg. Kürzlich wurde den Impfstoffherstellern Straffreiheit zugesichert. Das heißt, man kann sie nicht zur Verantwortung ziehen, wenn das Tier nach einer Impfung ernsthaft erkrankt oder stirbt. Allerdings werden manchmal die medizinischen Ausgaben aus „Kulanz" ersetzt.

Insgesamt hat die Gesellschaft mehr oder weniger akzeptiert, dass Hunde jährlich mit Kombinationsimpfstoffen geimpft werden müssen. Wenn der Besitzer seinen Hund gesunderhalten will, tut er alles, was man ihm sagt, und er wird regelmäßig daran erinnert, dass die nächste „wichtige" Impfung fällig ist. Aber tiermedizinische Zeitschriften, Bücher und Hochschulen verwahren sich gegen diese Praxis und betonen, die jährliche Impfung sei nicht gerechtfertigt.

Wer, wie ich, bei dem Film „Sein Freund Jello" geweint hat, fragt jetzt vielleicht nach der Tollwutimpfung. Tollwut ist ansteckend für Säugetiere, den Menschen eingeschlossen, und ist eine sehr furchteinflößende, tödliche Krankheit. Man untersucht gerade die Dauer der Immunität nach einer Impfung. Qualifizierte Labors führen Tollwut-Titer-Untersuchungen zur Überprüfung der bestehenden Immunität durch. Gegenwärtig ist man jedoch gesetzlich dazu verpflichtet, den Hund nach einem vorgegebenen Zeitplan impfen zu lassen.

Die Meinung über die Hundeimpfung ändert sich allmählich, insbesondere zur Anzahl und Häufigkeit, aber dennoch sind viele Menschen in ihrem Routinedenken verhaftet. Deshalb schlägt man einem Widerstand entgegen, wenn man seltener impfen lassen möchte und sich nicht in seiner Meinung beirren lässt.

Tiermedizinische Bildungsstätten stehen bei der Änderung an vorderster Front. Dieses Wagnis, sich gegen das Schulwissen aufzulehnen, wenn die Gesundheit des Patienten auf dem Spiel steht, ist lobenswert. Und wenn sie das können, können Sie das auch! Ganzheitliche Tiermediziner haben eine strikte Haltung und empfehlen oft, mit der Impfung so lange wie möglich zu warten. Manche Tierärzte raten dazu, frühestens ab neun, andere ab zwölf Wochen anzufangen. Ich persönlich empfehle ab zehn, noch besser ab zwölf oder vierzehn Wochen zu impfen. Die zweite Impfung sollte 3 bis 4 Wochen nach der ersten gegeben werden. Ich bevorzuge die zweite Impfung in einem Alter von mindestens 16 Wochen.

1. Impfung	**2. Impfung**
12 Wochen	16 Wochen
14 Wochen	17 Wochen
13 Wochen	16 oder 17 Wochen

Die nächste Frage ist, welche Impfungen wichtig sind. Kombinationsimpfstoffe gibt es überall, jeweils unterschiedlich zusammenge-

Immunvermittelte Krankheiten

Einige Rassen wie Akita, Cockerspaniel, Deutscher Schäferhund, Golden Retriever, Irischer Setter, Deutsche Dogge, Kerry Blue Terrier, Dackel (besonders Langhaar), Pudel, Bobtail, Scotch Terrier, Sheltie, Shih Tzu, Beagle und Weimaraner sowie Rassen mit weißem oder überwiegend weißem Fell leider häufiger an immunvermittelten Erkrankungen. Ein Großteil dieser Hunde wurde 30 bis 45 Tage vor Ausbruch der Krankheit geimpft.
Dies Information entstammt dem Artikel „Impfprotokoll für Hunde, die zu Impfreaktionen neigen" der Tierärztin W. Jean Dodds, der im Journal der Amerikanischen Gesellschaft für Tierkliniken veröffentlicht wurde. Dr. Dodds ist bekannt für ihre Forschungen über Impfungen bei Tieren und ihr „Impfschema zur Minimalimpfung bei Hunden".

setzt. Gegen Staupe und Parvovirose sollte der Welpe geimpft werden. Dr. W. Jean Dodds von Hemopet[8] ist eine Vorreiterin in der Forschung zur Dauer des Impfschutzes und den medizinischen Problemen, die sich aus der Impfung ergeben. Sie empfiehlt keine Impfung gegen Coronavirus, weil diese Krankheit sehr selten ist, milde verläuft, selbstbegrenzend ist und nur Welpen unter sechs Wochen befällt. Der Impfstoff gegen Zwingerhusten schützt nur vor zwei der sechs Ursachen von Zwingerhusten und sollte nur dann gegeben werden, wenn der Hund z. B. in eine Tierpension geht. Wenn überhaupt, hält der Impfschutz drei Monate vor.

Der Borrelioseimpfstoff für Hunde ist in Fachkreisen umstritten und unnötig bei Zeckenschutz. In den Richtlinien zur Hundeimpfung der Amerikanischen Gesellschaft für Tierkliniken wird er als weniger wichtig aufgeführt. Dr. Meryl Littman, Professorin für Medizin in der Ryan-Tierklinik an der Universität von Pennsylvania, empfiehlt ihn nicht. Ärzte und Forscher befürchten, dieser Impfstoff habe das Potenzial, immunvermittelte Krankheiten zu erzeugen. Aus eben diesem Grund wird der Borreliose-Impfstoff für Menschen als zu riskant angesehen.

Wenn Ihnen dieses Gelände zu unsicher ist und Sie befürchten, eine Minimalimpfung schütze Ihren Welpen nicht ausreichend, lassen Sie den Tierarzt eine Titerbestimmung für Staupe und Parvovirose durchführen (eine einfache Blutuntersuchung zum Beweis des immunologischen Gedächtnisses). Ein positiver Titer beweist eine ausreichende Immunantwort.

Der neue Leitspruch bei der Impfplanung ist „je weniger, desto besser". Welpen können sich sozialisieren und mit anderen gesunden Hunden spielen. Niemand wünscht seinem Hund Allergien, Autoimmunkrankheiten oder chronische Magen-Darm-Beschwerden. Bei Impfplänen ist etwas Vorsorge tausendmal besser als spätere Heilung. Wir wollen, dass unsere Hunde lange und gesund leben und die zurückhaltende Impfung trägt dazu bei.

8 *Anm. d. Übers.: Hemopet ist eine kalifornische Blutbank für Hunde und ein Diagnostiklabor*

Der behandelnde Tierarzt sollte Ihre Einstellung zur Impfung kennen und in der Karteikarte notieren. Ohne Ihre Zustimmung darf er/sie Ihren Kameraden nicht impfen. Teilen Sie ihm mit, dass Sie die Titerbestimmung einmal jährlich wünschen (wenn das der Fall ist). Kopien der Titer beweisen die bestehende Immunität, wenn der Hund in eine Tierpension oder wegen einer Operation stationär in der Tierklinik bleiben muss.

Heute akzeptieren schon mehr und mehr Tierpensionen und Gassiservice-Dienstleister Titerbestimmungen anstatt Impfbescheinigungen – fragen Sie nach!

Das Gleiche gilt für Hundetagesstätten und Hundeschulen. Sie sollten mit dem aktuellen Wissen der tiermedizinischen Hochschulen vertraut sein oder es nachlesen. Ausbilder von Begleithunden akzeptieren die Titer häufig, fordern aber normalerweise die ganze Testpalette.

Reden Sie Klartext mit den Menschen, die am meisten mit Ihrem Hund zu tun haben, sagen Sie, was Sie wollen und warum. Für Sie ist es einfacher so, und es kann das allgemeine Bewusstsein dafür schärfen, „dass sich die Zeiten ändern".

Dauer der Immunität

Die Amerikanische Gesellschaft der Tierkliniken und die Amerikanische Gesellschaft für Tiermedizin haben ihre Impfpläne überprüft, teilweise auch wegen der Arbeit von Dr. Ronald D. Schultz. Die Arbeitsgemeinschaft für Hundeimpfungen der Amerikanischen Gesellschaft der Tierkliniken warnte in der Ausgabe März/April 2003 in der Zeitschrift der Amerikanischen Gesellschaft der Tierkliniken die Tierärzte: „Das immunologische Gedächnis schützt viel länger vor den wichtigsten Infektionskrankheiten, als es der traditionellen Empfehlung der jährlichen Impfung entspricht".

Dr. Schultz stimmt dem zu und stellt fest: „Dies wird sowohl durch die wachsende Zahl tiermedizinischer Forschungsergebnisse unterstützt als auch durch das gut entwickelte epidemiologische Wissen der Humanmedizin, welches besagt, Impfimmunität sei sehr dauerhaft und könne in den meisten Fällen für ein ganzes Leben reichen!"

Dr. Schultz führt aus: „Man begann 1978 offiziell mit der Empfehlung für die jährliche Impfung. Diese Empfehlung wurde ohne jede wissenschaftliche Grundlage für eine häufige Boosterung gegeben. Tatsächlich blockiert die Anwesenheit guter humoraler Antikörper die vorhandene Antwort auf die Boosterung, genauso wie mütterliche Antikörper die Immunreaktion des jungen Nachkommen blockieren. Der Patient hat keinen Nutzen davon und sieht sich eher einer ernsten Gefahr durch die überflüssige Impfung ausgesetzt. Wenige oder gar keine Untersuchungen belegen die Notwendigkeit, Hunde oder Katzen nachzuimpfen. Die jährliche Impfung gegen Krankheiten durch Staupevirus, Hunde-Parvovirus 2, Feline Panleukopenie und Felines Leukosevirus konnte keine höhere Immunität erzeugen als bei Tieren, die einmal als Jungtier vor vielen Jahren geimpft worden waren. Wir haben festgestellt, dass die jährliche Nachimpfung mit Impfstoffen, die eine langfristige Immunität erzeugen, keinen nachweisbaren Nutzen hat."

Dr. Schultz publizierte im März 1998 in einem Artikel in der Tiermedizin unter der Überschrift „Gegenwärtige und künftige Impfprogramme für die Impfung von Hund und Katze" die folgende Tabelle mit der minimalen Impfschutzdauer der Hauptimpfstoffe für Hunde, geprüft an über 1.000 Hunden. Die Tabelle enthält Ergebnisse nach Exposition mit lebenden Viren und die serologischen Antikörpertiter). Wichtig ist, dass die Angaben zur minimalen Dauer des Impfschutzes von der Dauer der Studien abhängen. Bei manchen Impfstoffen hat man noch nicht sehr lange untersuchen können. Nach Dr. Schultz „ist es möglich, dass einige oder alle diese Stoffe eine lebenslange Immunität erzeugen."

Dr. Schultz hat weitere Studien mit ähnlichen Ergebnissen durchgeführt und herausgefunden, dass die untersuchten Impfstoffe nicht nur mindestens vier oder fünf Jahre schützten, sondern es waren auch 100 % der Hunde geschützt.

Impfstoff	Minimale Dauer der Immunität	Methoden zur Bestimmung der Immunität
Staupevirus	5–15 Jahre	Exposition/Serologie
Canines Adenovirus 2 (CAV2)	7–9 Jahre	Exposition CAV-1/Serologie
Canines Parvovirus 2	7 Jahre	Exposition/Serologie

11. Krebs vorbeugen und heilen

Für Besitzer, die ihren Hund lieben, ist Krebs die schlimmste Krankheit. Krebs ist leider in den USA die häufigste Todesursache bei Hunden, die über zwei Jahre als sind; jeder dritte von ihnen (nach manchen Statistiken jeder zweite) bekommt Krebs. Das ist wirklich viel. Egal wie man es nennt, Krebs, CA, eine bösartige Erkrankung, der leise Tod, ein Tumor oder eine Wucherung, es macht einfach Angst.

Solange kein Wachstum von außen erkennbar ist, wächst der Krebs unsichtbar im Körper. Besitzer und Tierarzt erkennen erst dann an vielen Symptomen und Zeichen, dass etwas überhaupt nicht stimmt, wenn der Krebs weit fortgeschritten ist. Je später der Krebs diagnostiziert wird, desto mehr Zeit haben seine Zellen, im Körper zu streuen. Bei Hunden gibt es im Gegensatz zu Menschen leider keinen Test auf Tumormarker für die Früherkennung mancher Krebsarten. Auch die Routine-Blutuntersuchung zeigt nur Normalbefunde trotz Krebs.

Bösartige Tumoren bestehen aus Krebszellen. Wenn diese sich vom bösartigen Tumor lösen, können sie nahegelegene Gewebe und Organe befallen. Krebs zerstört das Leben, weil er in lebensnotwendige Organe eindringt und deren Zellen umprogrammiert. Verschiedene Krebsarten verhalten sich unterschiedlich. Manche Krebse wachsen nur langsam und bleiben lokalisiert, während andere – wie der Krebs der lymphatischen Organe, bei dem Zellen in die Blutbahn eindringen – sich schnell im ganzen Körper ausbreiten.

Das Ausbreiten eines bösartigen Tumors nennt man Metastasierung. Ein gutartiger Tumor dagegen breitet sich nicht aus und verursacht keine degenerativen Veränderungen.

Die meisten Krebsarten benennt man nach dem Zelltyp oder dem Organ, von dem sie ausgehen. Es gibt zahlreiche Krebsarten und viele Behandlungen für jede von ihnen. Krebsbehandlungen basieren auf detaillierter Erforschung der Krebsursachen, aber dennoch ist die Suche nach der besten Therapie für den jeweiligen Patienten ein Vorgehen nach dem Prinzip Versuch und Irrtum. Oft ist das Zusammenspiel mehrerer Methoden besser als eine allein. Ob man sich für ganzheitliche oder konventionelle Behandlung (oder beides) entscheidet, hängt ab von der Krebsart, wie lange der Krebs schon besteht und welche Behandlung bereits erfolgt ist.

Krebs fordert seinen Tribut bei jungen und bei alten Hunden. Viele Krebsarten sind schwer zu stoppen, wenn sie ausgebrochen sind. Bei Krebs ist die Verhütung definitiv tausendmal besser als die Heilung.

Der Beginn der Krebserkrankung

Krebs beginnt mit einer Schädigung und Veränderung der zellulären DNA durch ein Karzinogen. Wie ein Samenkorn im Boden auf Wasser wartet, harrt diese geschädigte DNA bis zur richtigen Zeit aus, um eine Krebszelle zu bilden. Wenn sich die Krebszelle teilt, besitzt der Hund einen eingebauten Mechanismus, dies zu stoppen. Das Tumor-Suppressor-Gen p53 registriert die biochemischen Signale der Zelle, dass DNA-Mutation und Zellteilung begonnen haben. Das p53-Gen führt zum Anhalten des Wachstumszyklus oder zur Selbstzerstörung der Zelle. Der Hundekörper ist darauf ausgerichtet, Krebs im Keim zu ersticken; wenn das p53-Gen versagt (das kann genetisch bedingt sein), übernimmt das Immunsystem und versucht, das neue Krebswachstum zu beenden.

Sobald der Krebs Fuß fassen kann, verhält sich jede Krebsart anders. Einige sondern Substanzen ab, die das Immunsystem unterwandern, andere kapseln sich ab und wirken wie eine eigene Lebensform. Einige sind sehr aggressiv, andere wachsen langsam.

Mit jedem Jahrzehnt steigen die Anzahl und die Konzentration der Karzinogene (krebserregenden Stoffe), denen unsere Hunde ausgesetzt sind. Heutzutage kann man den Kontakt mit Toxinen und Karzinogenen nicht vermeiden, aber wir können die Toxinexposition unserer Tiere verringern. Man muss wissen, was in der Umgebung vorkommt und wie wir Karzionogene vermeiden können.

Spot-ons gegen Flöhe und Zecken

Eine Möglichkeit, unsere Hunde weniger krebserregenden Stoffen auszusetzen, ist, einfach keine karzinogenen Substanzen zu kaufen und an unseren Hund anzuwenden. Dr. Dobozy aus der Pestizidabteilung der amerikanischen Umweltschutzagentur (EPA) stellte unter den Laborwirkungen des Floh- und Zeckenmittels Fipronil auch Schilddrüsenkrebs und eine Veränderung der Schilddrüsenhormone fest. Während der Hersteller uns glauben lässt, das Spot-on dringe nicht in den Körper ein, hat man radioaktiv markiertes Fipronil in verschiedenen Organen und im Fett von Hunden nachgewiesen, außerdem wurde

Natürliche Rasenpflege

Rasen sollte möglichst natürlich behandelt werden. Man glaubt, ein ergiebiger Regen wasche die Toxine in den Boden, aber in Wirklichkeit bildet er einen dicken Nebel aus Herbiziden, Düngemitteln und anderen Rasenpflegeprodukten, der sich ein paar Fuß über dem Boden befindet. Das ist genau die richtige Höhe, damit Hunde diese Toxine einatmen können.

es mit Harn und Kot ausgeschieden. Andere Mittel zur Floh- und Zeckenkontrolle enthalten als aktiven Bestandteil Permethrin und/oder Pyriproxyfen. Permethrin ist vermutlich ein karzinogenes Insektizid, da es bei Labortieren Lungenkrebs und Lebertumoren verursacht. Pyriproxyfen ist eine neuere Chemikalie, die negative Auswirkungen auf Labortiere und ihre Nachzucht hat.

Der Kontakt mit einem Karzinogen geht dem Ausbruch des Krebses typischerweise jahrelang voraus. Oft eskaliert die Exposition auch gar nicht zu einem Krebswachstum. Man kann sich vorstellen, wie potent die Karzinogene sind, die bei Labortieren unter Laborbedingungen in wenigen Monaten Krebs auslösen!

Ich habe oben nur die verbreitetsten Produkte in Verbindung mit Krebs genannt. Das bedeutet aber leider nicht, dass die anderen Produkte, die ich nicht genannt habe, sicher sind. Nach Angaben des amerikanischen Zentrums für Öffentliche Integrität, welches Daten gemäß Verbraucherinformationsgesetz sammelt, verursachten in den Jahren 2002 – 2007 die Pyrethrine (die natürlicherweise auch in Chrysanthemen vorkommen) und Pyrethroide (ihre synthetischen Gegenstücke) doppelt so viele Todesfälle (1.600) wie nicht Pyrethroid-haltige Produkte.

Als Allererstes schützen wir unsere Tiere, indem wir ein gutes natürliches Produkt auf pflanzlicher Basis finden, welches Flöhe und Zecken fernhält und die Gesamtexposition gegenüber toxischen Insektiziden verringert. Empfehlenswerte Produkte enthalten zum Beispiel ätherische Öle von Rosmarin, Zeder, Lavendel, Geranie und andere (wie etwa im Produkt „Ruff on Bugs“ von Deserving Pets).

Wir müssen auch an Gartenpflegemittel, Unkrautvernichter, Herbizide und Reinigungsmittel denken. Überprüfen Sie selbst die Angaben auf den Packungen von Löschblättern und Raumdesodorantien bezüglich ihrer krebserzeugenden Bestandteile. Sie werden erstaunt sein. Wenn ich alle Karzinogene aufzählen würde, denen wir uns und unsere Hunde täglich aussetzen, wäre das ein wirklich deprimierendes Kapitel. Die bereits gegebenen Infomationen sind schon schockierend genug.

Achtung: Pflanzliche Insektenschutz-Produkte auf Basis von Chrysanthemen-Blütenextrakt sind nicht autmatisch harmlos, auch, wenn sie als „biologisch“ oder „natürlich“ beworben werden. Die darin enthaltenen natürlichen Pyrethrine sind in der Regel von so geringer Konzentration, dass die Produkte häufig wiederholt in sehr hoher Dosis über einen langen Zeitraum angewendet weden, um überhaupt eine Wirkung zu zeigen. Diese Langzeit-Belastung mit Pyrethrinen wiederum ist keineswegs harmlos für den Körper!

Frühkastration

Neue Forschungsergebnisse zeigen ein erhöhtes Krebsrisiko bei Hunden durch die Frühkastration. Eine Studie aus dem Jahr 2002 besagt, dass männliche und weibliche Rottweiler ein erhöhtes Osteosarkom-Risiko haben, wenn sie vor dem Alter von einem Jahr kastriert wurden. Eine andere Untersuchung zeigt, dass das Knochenkrebsrisiko von großen reinrassigen Hunden bei kastrierten Tieren doppelt so groß ist wie bei nichtkastrierten. Und laut einer Studie der Cornell-Universität bekommen früh kastrierte männliche und weibliche Hunde eher Hüftgelenksdysplasie. Weitere Ergebnisse deuten darauf hin, dass nach der frühen Entfernung der Keimdrüsen die Wachstumsfugen von Rüden und Hündinnen geöffnet bleiben können.

Besitzer von Hündinnen wird oft geraten, den Welpen vor der ersten Läufigkeit zu kastrieren, um Mammatumoren zu vermeiden. Ich habe das meinen Patientenbesitzern nie geraten. In mehr als 30 Praxisjahren hat keiner meiner Patienten, die ganzheitlich behandelt wurden, Mammatumoren entwickelt, obwohl ich viele Patienten mit Mammatumoren behandelt habe. Ich habe auch nie festgestellt, dass die Kastration von Rüden das Risiko für Prostatakrebs senkt. Das College für Tiermedizin der Michigan-State University stellte das in einer kleinen Untersuchung ebenfalls fest. Inkontinenz, Schilddrüsenunterfunktion und eine Menge von Verhaltensauffälligkeiten werden mit der frühen Kastration in Verbindung gebracht.

Überimpfung

Zu Ende des letzten Kapitels sprachen wir über übermäßige Impfung und die Verwendung von Impfcocktails und wie dadurch das Immunsystem des Hundes kompromittiert und verwirrt wird. Das Dumme ist, dass man mit den Impfungen gar nicht anfangen müsste.

Bis zu 15 % der Krebsarten werden laut Forschungsergebnissen durch Viren hervorgerufen, und Impfstoffe werden leicht mit Viren und submikroskopischen Partikeln kontaminiert, die Krebs auslösen können. Ein Virus, das zu dem bösartigen Fibrosarkom beiträgt, kontaminiert vermutlich manche Tollwut-

Das Risiko vermindern

Hier einige Maßnahmen, die dazu beitragen, Ihren Hund vor Krebs zu schützen:

- Weniger regelmäßiger Einsatz von Floh- und Zeckenmitteln, stattdessen auf natürliche Substanzen ausweichen.
- Wiese und Hof mit wenig oder nichttoxischen Herbiziden, Insektiziden und Chemikalien behandeln.
- Verwendte Detergentien, Weichmacher, Seifen und Reinigungsmittel überprüfen und durch solche ersetzen, die nicht krebserregend sind.
- Den Hund frühestens im Alter von 1–1 ½ Jahren kastrieren.

impfstoffe. Andere krebsassoziierte Viren können die Nährmedien kontaminieren, in denen man Impfstoffe anzüchtet.

Ein anderes Beispiel: Man kennt schon sehr lange das impfstoffassoziierte Sarkom der Katze – einen bösartigen Tumor, der mit dem felinen Leukämievirus (FeLV) ebenso in Verbindung gebracht wird wie der Tollwutimpfstoff mit einem Tumor an der Injektionsstelle. Tiermedizinstudenten lernen jetzt, diese Impfstoffe in das Hinterbein von Katze oder Hund zu injizieren, damit man beim Auftreten eines Tumors die Gliedmaße amputieren kann.

Was hat das mit Hunden zu tun? Ich erkläre es folgendermaßen: Wie gesagt, bekommt man bei einer Impfung mehr als bestellt. Abgetötete und lebende Viren, die bei anderen Spezies Krankheiten auslösen können, kontaminieren oft die Impflösung, deshalb folgt jetzt eine wahre Geschichte. Parvovirose war bis 1980 unbekannt, dann brach sie gleichzeitig in Japan, England und Amerika aus. Kombinationsimpfungen für Hunde waren eine Zeitlang mit dem felinen Panleukopenievirus kontaminiert. Im Jahr 1980 durchbrach das Virus die Spezies-Barriere, veränderte sich derart, dass es Hunde infizieren konnte, und löste die neue Krankheit Parvovirose aus. Während des ersten Ausbruchs haben Tierärzte tatsächlich den Impfstoff gegen das feline Panleukopenievirus verwendet, um Hunde vor der neuen Krankheit zu schützen. Genauso leicht könnten Viren, die für Katzen krebserregend sind, die Spezies-Barriere überwinden und Krebs in Hunden auslösen.

Wenn der Hund geimpft werden muss, sollte man sichergehen, dass sein Immunsystem zum Zeitpunkt der Impfung optimal funktioniert.

Nichtionisierende Strahlung

Nichtionisierende Strahlung ist jede Art von elektromagnetischer Srahlung, die nicht genug Energie pro Quantum besitzt, um ein Elektron vollständig aus einem Atom oder Molekül herauszulösen. Diese Strahlung wird von vielen drahtlosen Technologien ausgesendet.

Unsichtbare Karzinogene

Wenn man weiss, dass alle Körper bioelektrisch sind, ist es einfach logisch, dass Mikrowellenherde, Mobiltelefone und andere drahtlos arbeitende Technologien wie intelligente Messgeräte einen Einfluss auf den Hundekörper haben. Ein Körper besteht aus Elektronen, die einen elektrischen Strom erzeugen, und in jeder Zelle befinden sich Mitochondrien, die „Kraftwerke" der Zelle, die auf die natürlichen elektromagnetischen Felder des Körpers reagieren. Die Internationale Krebsforschungsagentur hat kürzlich mitgeteilt, dass nichtionisierende Strahlen beim Menschen Krebs auslösen können.

Die gute Nachricht dabei ist, dass der Hund kein Mobiltelefon benutzt. Es gibt Studien, die Mobiltelefone als sichere Ursache für bösartige Hirntumore bezeichnen. Tatsächlich verbieten manche Länder den Gebrauch von Mobiltelefonen durch kleine Kinder oder schränken ihn ein. Die DNA unserer Hunde und unsere eigene werden durch die unsichtbaren, aber toxischen Strahlen von Funkmasten, Mobiltelefonen und anderen elektromagnetischen Geräten beschädigt. Die DNA ist ein biologisches Internet und die Schnittstelle zwischen den

Mobiltelefone und Krebs

Der Arzt Joel Moskowitz ist Direktor des Zentrums für die Gesundheit von Familie und Gemeinde in der Schule für öffentliche Gesundheit an der Universität von Berkeley in Kalifornien. Das Zentrum für die Gesundheit von Familie und Gemeinde ist eins von 37 Vorsorge-Forschungzentren, welche von den Zentren für Krankheitskontrolle und Prävention finanziert werden. Dr. Moskowitz war an einer Auswertung von 23 Verlaufsstudien zum Zusammenhang zwischen der Verwendung von Mobiltelefonen und dem Tumorrisiko mit 37.916 Teilnehmern beteiligt. Diese Metaanalyse wurde im Oktober 2009 im Journal für klinische Onkologie veröffentlicht. Demnach belegten die belastbarsten Studien für die zehnjährige oder längere Nutzung eines Mobiltelefons ein erhöhtes Risiko für Hirntumoren.

Zellen und den Frequenzen in der Umgebung. Ich stelle mir gerne vor, es sei ein verantwortungsvolles und empfindliches Instrument.

Nach russischen Wissenschaftlern ist die DNA nicht nur verantwortlich für den Bau unseres Körpers und den unserer Hunde, sondern dient auch als Datenspeicher und zur Kommunikation. Die Allele der DNA folgen den Regeln einer regulären Grammatik und Syntax, d.h. sie sind logisch aufgebaut, ähnlich wie man Worte zu einem Satz zusammenfügt.

Was bedeutet es, wenn die Weltgesundheitsorganistion am 31. Mai 2011 die ionisierenden Strahlen von drahtlosen intelligenten Messgeräten auf die Liste der Klasse 2-B-Karzinogene gesetzt hat?

Außerdem stellten Wissenschaftler fest, dass DNA-Brüche durch nichtionisierende Strahlen geringer sind als die durch drahtlose intelligente Messgeräte. Tatsächlich schließen in den USA viele Betriebshaftpflicht-Versicherungen Mobiltelefonhersteller und -anbieter aus; 60 % weigern sich, die Lieferanten gegen die Geltendmachung späterer Gesundheitsschäden von Nutzern zu versichern.

Die Rolle der Ernährung bei der Krebsvorbeugung

Es gibt gute Beweise dafür, dass eine bessere Ernährung das Immunsystem stärkt und Krebs verhüten hilft. Man kann es glauben oder nicht, wir alle bekommen mehrfach in unserem Leben Krebs. Aber bevor sich diese winzigen Krebszellen festsetzen können, meistert das Immunsystem die Lage und räumt alles auf, ohne dass wir es merken.

Während Sie dieses lesen, bekämpft das Immunsystem Ihres Hundes die zerstörerischen Kräfte der freien Radikale, die in Kapitel 7 besprochen wurden. Sein Immunsystem spürt abnorme Zellen auf und zerstört sie. Seine Gene (DNA und RNA) produzieren Proteine zur Reparatur des Schadens, den Karzinogene angerichtet haben. Diese natürlichen Prozesse helfen dem Hund, Krebs zu bekämpfen, aber sie selbst brauchen auch Unterstützung. Geben Sie Ihrem Hund eine gesunde, krebsbekämpfende Nahrung.

Unzählige Studien zeigen die Wechselbeziehung zwischen übermäßiger Fettaufnahme und einem Mangel an Vitaminen und Mineralstoffen auf der einen Seite und hohen Raten an manchen Krebsarten auf der anderen Seite. Daten des amerikanischen Nationalen Krebsforschungsinstitutes belegen Zusammenhänge zwischen einer nicht ausgewogenen Ernährung und 35 % aller Krebsarten. Der Verzehr von rotem Fleisch, Geflügel, Fisch, Milchprodukten, Fetten und verarbeiteten Lebensmitteln ist in den letzten Jahrzehnten ständig gestiegen, ebenso sind es die Krebsraten. Folglich spielt dic Ernährung eine wichtige Rolle bei der Krebsentstehung und der Vorbeugung.

Karzinogene aus der Umwelt und dem Hundefutter arbeiten gemeinsam an Änderungen der genetischen Information und verwandeln normale Zellen in potenzielle Krebszellen. So wie man eingepflanzte Samen wässern muss, damit sie gedeihen, brauchen Zellen mit beschädigter DNA eine bestimmte Ernährung, damit sie zu echten Krebszellen werden. Obwohl die genetische Austattung des Hundes seine Empfänglichkeit gegenüber Krebs bestimmt, glaube ich, dass nicht nur eine schlechte Ernährung, sondern auch übermäßige Impfungen zusammen mit Umweltgiften definitiv eine Rolle beim Entstehen von Krebs spielen.

Das amerikanische Nationale Krebsforschungsinstitut bekräftigt nachdrücklich, dass viele Krebsarten durch eine Änderung der Lebensweise verhindert werden können. Die folgenden Abschnitte diskutieren die Änderungen, die meiner Meinung nach gemacht werden müssen.

Man muss die „Ernährungstricks“ kennen, mit denen man Krebs verhütet. Welche Stoffe im Hundefutter sind zu vermeiden? Welches Futter hilft wirklich, Krebs zu verhüten? Wie funktioniert das mit dem krebsbekämpfenden Futter?

Vorteile von Obst und Gemüse

Blaubeeren: Quelle für viele Nährstoffe, auch antiKarzinogenen

Brokkoli: reich an antibakteriellen, antikarzinogenen und antiviralen Stoffen

Möhren: Quelle antikarzinogener Stoffe; reiche Quelle für Beta-Carotin

Cranberries: schützen den Harntrakt, normalisieren den pH

Löwenzahnblätter: unterstützen Leber- und Nierenfunktion, reich an Kalium

Grünkohl: Quelle für Antioxidantien und entzündungshemmende und krebshemmende Stoffe

Nach einem amerikanischen Bericht gibt es über 175 bekannte Karzinogene in der menschlichen Nahrung. Tierfutter wird viel weniger gesetzlich reguliert und viele Karzinogene, die in der Humanernährung verboten sind, werden in Hundefutter eingesetzt.

Außerdem entstehen, wenn die Fette im Hundefutter erhitzt werden, die sehr stark krebserregenden Nitrosamine. Die Farbstoffe, Nitrite und Nitrate im Futter tragen ebenfalls zur Krebsbildung bei. Außerdem sollten Sie, wenn Sie die Hundemahlzeiten selbst zubereiten, Früchte und Gemüse mit Seife abwaschen, um Pestizide von der Oberfläche zu entfernen.

Aflatoxine

Kommerzielles Hundefutter mit Erdnuss-Nebenprodukten sollte man vermeiden, da es oft deren Hülsen und Schalen enthält. Erdnüsse sind oft mit einem Pilz kontaminiert, der das karzinogene Toxin Aflatoxin produziert. Dr. Colin Campbell, Autor der China-Studie, ist ein Stipendiat des amerikanischen nationalen Gesundheitsinstituts und untersucht Lebensmittel auf das Vorhandensein von Aflatoxinen, die zu den stärksten Karzinogenen unseres Planeten zählen. Er untersuchte 29 Gläser Erdnussbutter aus Lebensmittelgeschäften, die alle bis zum 300-fachen der gesetzlich zulässigen Menge mit Aflatoxinen kontaminiert waren. Mais enthält ebenfalls viel Aflatoxine.

Nein zu Knochenmehl

Knochenmehl sollte man nicht als Kalziumquelle verwenden. Zunächst wird Kalzium aus Knochenmehl nicht resorbiert. Sodann enthält Knochenmehl manchmal toxische Schwermetalle wie Blei und Kadmium, die resorbiert werden. Kadmium als Einzelsubstanz scheint der wichtigste Beitrag zu einer Autoimmunerkrankung der Schilddrüse zu sein. Dieses stark toxische Metall raubt dem Körper das

Selen, das dieser zur Ausscheidung des Kadmiums benötigt. Selen bindet an Kadmium und beides wird über die Leber ausgeschieden. Das Enzym, das das Schilddrüsenhormon aktiviert, benötigt Selen. Selen ist auch wichtig als Schutz der Zelle vor Krebs. Es ist ein zweischneidiges Schwert, dass die Schwermetalle in Knochenmehl den Mangel an einem Mineral verursachen, welches Krebs vorbeugt und heilt und welches die Schilddrüsenfunktion herabsetzt. Vitamin E in der Nahrung schützt vor der Toxizität des Kadmiums.

Plastik vermeiden

Nahrung sollte in Gläsern aufbewahrt werden. Beim Erhitzen der Nahrung in der Mikrowelle in Plastikgefäßen oder mit Plastikdeckeln tritt die giftige Substanz Dioxin aus dem Plastik in die Nahrung über. Restaurants verwenden jetzt lieber Papp- statt Plastik- oder Styroporbehältnisse.

Dioxin geht von einer Plastikflasche oder einem Plastikbehälter in das Wasser über, das sich darin befindet, wenn es in der Sonne oder im warmen Auto aufbewahrt wird.

Wenn möglich, sollte man Glasgeschirr für das Trinkwasser des Hundes (und das eigene) verwenden.

Gemüse

Gemüse im Hundefutter liefert die nützlichen sekundären Pflanzenstoffe. Untersuchungen am Menschen zeigten, dass diejenigen mit dem höchsten Verzehr von Obst und Gemüse ein vermindertes Krebsrisiko aufwiesen. Pflanzen enthalten reichliche Mengen an krebsbekämpfenden Antioxidantien und Phytonährstoffen. Kreuzblütler wie Kohl, Grünkohl, Pak Choi, Steckrübe, Senfgrün und Rosenkohl enthalten Stoffe, die den Hund großartig vor Krebs schützen können.

Carotinoide erzeugen die Farben in Pflanzen. Blattgrüne und orangefarbene und gelbe Gemüse wie Kürbis und Süßkartoffel enthalten Beta-Carotinoide und andere sekundäre Pflanzenstoffe, die dabei helfen, die Zelle vor Krebs zu schützen. Brokkoli enthält Stoffe, die die Wirkung von Karzinogenen hemmen und fördert die Bildung krebsblockierender Enzyme. Wenn man Grünkohl isst, kann die Zelle sich acht Mal schneller von Karzinogenen befreien. Außerdem wuchsen bei tumorerkrankten Hunden die Tumoren langsamer (oder gar nicht mehr) im Vergleich mit Hunden, die keinen Grünkohl bekamen.

Menschen, die viel Obst und Gemüse essen, haben ein 30 % geringeres Krebsrisiko, besagen manche Studien. Beim Hund ist es genauso. Das Problem ist, dass unsere Hunde viel mehr Umweltgiften ausgesetzt sind als wir, deshalb brauchen sie die sekundären Pflanzenstoffe auch noch nötiger.

Gemüse kann roh oder leicht gedünstet und zerkleinert dem Futter beigemischt werden. Biologisch erzeugte Gemüse sind am besten, da sie mehr Vitamine und Mineralstoffe enthalten.

Die Kraft des Chlorophylls

Chlorophyll ist ein grünes Pigment, das in allen Pflanzen und Algen vorhanden ist. Es ist in der Photosynthese extrem wichtig, da mit seiner Hilfe Pflanzen Energie aus dem Sonnenlicht aufnehmen können.

Chlorophyll hat fast die gleiche Molekularstruktur wie das Hämoglobin aus roten Blutkörperchen. Das ist erstaunlich und wunderbar. Chlorophyll und Hämoglobin sind identisch bis auf ein Atom. Das Hämoglobin des Blutes hat als Zentralatom Eisen, das Chlorophyll der Pflanzen Magnesium.

Hämoglobin transportiert den Sauerstoff zu allen Zellen und Organen. Durch die Aufnahme von Chlorophyll verbessern Hunde die Gesundheit ihres Blutes, weil es dabei hilft, die roten Blutkörperchen wieder aufzufüllen.

Chlorophyll unterstützt die Reinigung aller Körperzellen, die Abwehr von Infektionen, die Wundheilung, den Aufbau des Immunsystems und die Entgiftung aller Organsysteme, vor allem der Leber und des Verdauungstrakts. Es fördert die gute Verdauung, deshalb fressen Hunde mit akuten Verdauungsproblemen so gerne Gras.

Viele unserer Hunde profitieren auch von der doppelten Wirkung des Chlorophylls bei der Behandlung und Verhütung von schlechtem Atem. Chlorophyll beseitigt Mundgeruch und fördert außerdem die Verdauung als die wahrscheinlichste Ursache für Mundgeruch bei Hunden, wenn Zähne und Zahnfleisch in Ordnung sind.

Chlorophyll erhöht die Sauerstoffsättigung im Körper des Hundes. Es löst Kalziumoxalatsteine in der Blase auf. Und – besonders wichtig – Chlorophyll vermindert die Fähigkeit der Karzinogene, sich an die DNA in Leber und anderen Organen zu binden.

Eine Studie in der Zeitschrift *Carcinogenesis* belegt klar, dass Chlorophyll DNA-schädigende ProKarzinogene wie Aflatoxin blockiert. Auch das Krebs-Chemoprotektionsprogramm des Linus Pauling-Institutes besagt, dass natürliche Chlorophylle der Nahrung oftmals gegen Krebs schützen. Chlorophyll bindet auch toxische Schwermetalle und eliminiert sie aus dem Körper, bevor sie Organschäden wie Nierenversagen anrichten können.

Hunde tun das Richtige, wenn sie Gras fressen, aber die traurige Wahrheit ist, dass sie es müssen, weil sie keine andere Quelle von frischen Grünpflanzen haben. Wildhunde und Katzen bekommen ihr Chlorophyll aus dem Verdauungstrakt ihrer Beutetiere. Außerdem verfügen sie über die ganze Fülle von gesunden wilden Pflanzen, an denen sie knabbern können.

Die meisten Haushunde sind nicht in der Lage, den Kühlschrank zu öffnen und Spinat, Brokkoli, Spargel und Grünkohl zu entnehmen, die so gut für ihre Gesundheit sind. Deshalb müssen wir ihnen gesunde Nahrungsergänzungen zur Verfügung stellen.

Gute und schlechte Fette

Gesättigte tierische Fette erhöhen das Krebsrisiko. Wenn diese tierischen Fette erhitzt und gekocht werden, ist das Risiko noch höher. Menschliche Nahrung, die Krebs vorbeugen soll, enthält nur wenig tierische Fette. Man muss bedenken, dass meistens das Fleisch, welches man für sich selbst kauft, viel magerer ist als das Fleisch im Hundefutter.

Die Menge an tierischem Eiweiß einschließlich Milchprodukten im Hundefutter sollte unter 20 % liegen. Der Eiweißgehalt im kommerziellen Hundefutter liegt bereits über 20 %, deshalb muss man ihm kein tierisches Eiweiß oder Milchprodukte zufügen. Wenn Sie das

Hundefutter selbst zubereiten und kochen, nehmen Sie Rezepte aus Teil IV „Das Hunde-Restaurant“ und halten den Anteil an tierischem Eiweiß niedrig. Möchten Sie nur Rohfutter geben, nehmen Sie viel Gemüse und geben gut durchgekochtes Getreide für eine gesündere krebsverhindernde Nahrung dazu. Gekochtes tierisches Fett ist unerwünscht, aber nicht alle Fette sind schlecht. Zum Kochen empfehle ich nur Olivenöl, weil es sich nicht, wie andere Öle zum Kochen, in toxische Komponenten zerlegt.

Das Eiweiß-Problem

Beim Menschen können geschätzt 80–90 % der Krebsfälle durch einen richtigen Lebensstil verhindert werden. Dies kann natürlich auch auf Hunde zutreffen.
Nach der China-Studie von Dr. Colin Campbell aus dem Jahr 2006 beinhaltet eine Nahrung mit über 20 % tierischem Eiweiß ein höheres Risiko, dass Zellen mit veränderter DNA sich in Krebszellen umwandeln. Krebszellen wachsen und vermehren sich erst, wenn die Bedingungen stimmen. Unsere Hunde können nicht geschützt in einer Blase leben und so gegen Karzinogene der Umgebung abgeschirmt werden, aber sie können eine Nahrung zu sich nehmen, die verhindert, dass Zellen zu Krebszellen werden.

Nahrungszusätze zur Krebsbekämpfung

Wie man weiß, ist eine gesunde Ernährung der erste Schritt zur Krebsverhütung, aber durch die Nahrung allein bekommt man nicht genug Nährstoffe. Inzwischen gibt es aber einige Anbieter von natürlichen Nahrungsergänzungen und zellschützenden Antioxidatien für Hunde.

Vitamine und Mineralstoffe

Eine gute Multivitamin/Mineralstoff-Tablette ist erforderlich. Man beginnt mit einem Multivitamin/Mineralstoff-Zusatz mit einem hohen Gehalt an den antioxidativen Vitaminen A, C und E, Beta-Carotin und dem Mineralstoff Selen. Diese Nährstoffe schützen die zelluläre DNA vor Schäden durch freie Radikale. Dieser Schaden ist der wichtigste Schritt in Richtung auf die Krebsentstehung. In Studien wurde gezeigt, dass ein Zusatz von Selen die Todesrate durch Krebs halbiert. Zweihundert Mikrogramm Selen täglich reparierten die Schäden des DNA-Moleküls, gewähren normale Zellfunktion und löschen den „Funken“, der den Krebs entzündet. Krebs beginnt, wenn die DNA einer einzigen Zelle geschädigt oder mutiert ist, oft verursacht durch ein freies Radikal. Die normalen zellulären Reparaturmechanismen versagen bei diesen abnormen Zellen, die sich vervielfältigen und zu einem Krebs entwickeln. Vitamin C kämpft an zwei Fronten gegen den Krebs: Zunächst schützt es die zelluläre DNA vor einer Schädigung durch freie Radikale. Und dann verstärkt es die Immunantwort. Hunde stellen, anders als Primaten, ihr eigenes Vitamin C her, aber die Menge reicht in unserer toxischen Umwelt nicht aus. Man kann 500 bis 3.000 Milligramm zusätzlich pro Tag geben.

Vitamin E ist ein wichtiges Antioxidationsmittel im Fettgewebe des Hundes. Wie bereits gesagt, ergänzen sich die Vitamine C und E, wenn sie zusammen gegeben weren. Vitamin A wird ebenfalls als täglicher Zusatz wärmstens empfohlen. Vitamin A wird tatsächlich in der konventionellen Onkologie zur Krebsbehandlung verwendet.

Knoblauch

Knoblauch ist eines der ältesten und beliebtesten pflanzlichen Arzneimittel. Er wird in alten ägyptischen Medizinbüchern genannt. Mehrere Bestandteile des Knoblauchs hemmen das Wachstum von einigen Krebszellen. Knoblauch gehört zu den vielseitigsten und meistgenutzten Pflanzen der Welt. Am besten gibt man ihn zerkleinert und roh, da die Knoblauchbestandteile schnell durch Kochen und Verarbeiten zerstört werden. Er wird fein zerkleinert und zehn Minuten lang offen stehen gelassen. Dadurch kann eine bestimmte chemische Reaktion ablaufen. Allicin und andere schwefelhaltige Bestandteile des Knoblauchs stärken das Immunsystem, blockieren Karzinogene und hemmen die Tumorbildung.

Kurkuma

Kurkuma, der Gelbwurz, schützt gegen das Fortschreiten des Krebses. Außerdem ist er gut für die Gelenke des Hundes, weil er Arthritis abmildert und verhütet. Diese Pflanze ist stark antikarzinogen und kann zum Aromatisieren des Essens verwendet werden. Man gibt ¼ bis ½ Teelöffel zum Hundefutter.

Schilddrüsenfunktion

Die Schilddrüse befindet sich beiderseits der Luftröhre. Sie ist der Projektleiter des Körpers, indem sie den Stoffwechsel und die Organfunktion reguliert. Sie steht auch für die hormonale Steuerung mit den anderen Drüsen des Körpers, wie der Nebennierendrüse und der Hirnanhangsdrüse, in Verbindung.

Wenn die Schilddrüse ordnungsgemäß funktioniert, arbeitet der Hundekörper wie eine gut geölte Maschine. Eine unteraktive Schilddrüse (Hypothyreose) ergibt ein träges Immunsystem und ein suboptimales Funktionieren der Körperorgane. Menschen mit Hypothyreose sind oft übergewichtig, aber das ist bei Hunden nicht immer der Fall. Der Arzt Broda Barnes, Koautor von „*Hypothyreoidismus: die unerwartete Krankheit*" sah während seiner Praxistätigkeit eine Unzahl an Patienten mit typischen Symptomen einer Hypothyreose, deren Blutwerte im Schilddrüsentest normal waren. Wenn Sie Ihren Hund auf die Schilddrüsenfunktion testen lassen, nehmen Sie ein gutes Labor für die Durchführung der Analyse und für die Interpretation der Ergebnisse einen Fachmann für Schilddrüsenfunktionen.

Dr. Barnes konnte den Zusammenhang zwischen Schilddrüsenunterfunktion und Krebs beim Menschen belegen. Ich habe in meiner klinischen Erfahrung dasselbe bei Hunden festgestellt. Als Teil einer Untersuchung, die ich für eine pharmazeutische Firma zur natürlichen Krebsbehandlung durchgeführt habe, untersuchte ich die Schilddrüsenfunktion aller beteiligten Hunde. Alle Hunde hatten die eine oder ander Art Krebs und die Mehrzahl wies eine Hypothyreose auf. Der Stress der Krebsbehandlung könnte zu der Schilddrüsenunterfunktion geführt haben, aber viele der Hunde gehörten Rassen an, die zu Hypothyreose neigen. So bleibt die Frage: Was war zuerst da: das Huhn oder das Ei?

Unerkannter Hypothyreoidismus öffnet Krankheiten, Infektionen und Krebs Tür und Tor. Bei Bedarf ist es einfach, Schilddrüsenmedikamente zu verabreichen, und eine gute Schilddrüsenfunktion ist ein wichtiger Schritt zur Gesunderhaltung des Hundes.

Bewegung

Viele von uns sind im Alltag so gefordert, dass Sie es zu viel verlangt finden, dem Hund etwas Extrabewegung zu verschaffen, um ihn vor Krebs zu schützen. Aber bedenken Sie bitte: Wenn Sie mit Ihrem Hund eine halbe Stunde spazierengehen, um seinen Stoffwechsel zur Krebsvorbeugung anzuregen, tun Sie dasselbe auch für sich.

Krebs feststellen: Testmethoden

Am leichtesten erkennt man Knoten und Beulen, aber die gut sichtbaren Knoten sind oft gutartige Fettgeschwulste und Talgzysten. Gefährliche Mastzelltumoren in der Haut sind typischerweise kleiner und unter dem Fell schwer zu finden.

Viele Krebsarten beginnen tief im Inneren des Hundekörpers. Das Wachstum bleibt so lange unentdeckt, bis ihre Größenzunahme Unbehagen und Gewichtsverlust verursacht. Typische Anzeichen für Krebs sind u. a. signifikanter Gewichtsverlust, erhöhte Wasseraufnahme und Erschöpfung, aber in vielen Fällen scheint der Patient so lange bei guter Gesundheit zu sein, bis der Krebs so groß geworden ist, dass er Organfunktionen beeinträchtigt.

Man benötigt keine Blutuntersuchungen, um zu erkennen, dass etwas nicht stimmt.

Sie können sich nicht vorstellen, wie viele Hunde mit Krebs ein völlig normales Blutbild haben. Ultraschall liefert eine bessere Diagnose; man kann damit beim Hund Tumore nachweisen, die anderen Tests wie dem Röntgen entgehen. Beim Röntgen kann man längst nicht so viel erkennen wie beim Ultraschall. Tumore können sich neben oder hinter Organen vor den Röntgenstrahlen verstecken. Wenn Sie wegen Krebs besorgt sind, können Sie einen Ultraschalltest bei jedem erfahrenen und kompetenten Praktiker durchführen lassen.

Das amerikanische Institut für veterinärmedizinische Diagnostik hat einen dreistufigen Ansatz für die Krebserkennung beim Hund entwickelt. Einer der Tests überprüft das Vitamin D. Im Gegensatz zum Menschen können Hunde und Katzen ihr Vitamin D nicht selbst aus Sonnenlicht herstellen, ihre einzige Vitamin D-Quelle ist die Nahrung. Jüngere Untersuchungen haben gezeigt, dass kommerzielles Hundefutter ganz unterschiedliche Mengen an Vitamin D aufweist. Außerdem variiert die Aufnahme des Vitamin D aus der Nahrung von Hund zu Hund und ist abhängig von seiner Befindlichkeit.

Erweiterte Kentnnisse definieren den Schutzeffekt, den der gefüllte Speicher von Vitamin D gegenüber Krankheiten hat, als „mangelhaft", „unzureichend" und „ausreichend". Wenn nicht genug gefunden wird, muss man es supplementieren.

Das Institut für veterinärmedizinische Diagnostik empfiehlt, den Blutspiegel des Vitamin D auf 100 mg/ml zu bringen. Achten Sie deshalb bei Futterergänzungsmitteln darauf, dass sie viel aktives Vitamin D3 enthalten.

Ich habe die Krebsverhütung ausführlich untersucht und dabei einige Erkenntnisse gewonnen, wie man Krebs bei Haustieren vorbeugen kann.

Ein anderer Test vom Institut für veterinärmedizinische Diagnostik überprüft den Spiegel von TK (Thymidinkinase); ist er stark erhöht, besteht die hohe Wahrscheinlichkeit, dass Ihr Haustier irgendwo in seinem Körper Krebs hat oder sehr bald entwickeln wird. Man muss aber wissen, dass die TK-Spiegel auch bei einer unerkannten Entzündung erhöht sind.

Der Test auf CRP (C-reaktives Eiweiß) bei Hunden und der Test auf Haptoglobulin bei Katzen des Instituts für veterinärmedizinische Diagnostik überprüfen gefährliche Entzündungslevel. Jede frühzeitige Behandlung und Abmilderung einer Infektion des Körpers ist wichtig, um Krebs vorzubeugen.

Genau deshalb ist die tägliche Nahrungsergänzung mit einem qualitativ hochwertigen Ergänzungsmittel, das Zutaten wie die Vitamine C, A, aktives D3, natürliches Vitamin E, Zink, Selen und bioaktives Superfood enthält, so wichtig für das Haustier. Laut Statistik bekommen zwei von drei Hunden Krebs. Ich habe zuviel Krebs in meiner Praxis gesehen, und die Häufigkeit dieser Krankheit nahm jedes Jahr zu.

Bei einer Untersuchung sollte der Tierarzt die Lymphknoten und den Bauch Ihres Hundes abtasten. Jeden Monat einmal sollten Sie auf der Suche nach ungewöhnlichen Massen auf, in und unter der Haut Ihre Finger sanft über seinen Körper gleiten lassen. Alte Hunde entwickel oft gutartige Lipome, die keine Bedrohung darstellen. Bei besorgten Besitzern entnehme ich mit einer Spritze etwas Material aus dem Lipom und färbe es. Das ist relativ schmerzarm, und wenn die Besitzer und ich den Ausstrich aus flüssigem Fett auf dem Objektträger sehen und wir uns sicher sind, dass es ein Lipom ist, sind wir alle glücklich! Verdächtige Knoten kann man direkt punktieren und sofort untersuchen. Mastzelltumoren sind vom Pathologen einfach zu erkennen. Bevor man den Tumor chirurgisch entfernt, sollte man wissen, um welche Art es sich handelt.

Krebs behandeln

Ich kann gar nicht genug betonen, dass ganzheitliche Nahrungsergänzungen, die Krebs verhüten, ihn nicht unbedingt auch heilen. Wohlmeinende Hundebesitzer kommen oft zu mir, nachdem sie im Internet gesurft und im Reformhaus eingekauft haben. Sie schütten Einkaufstüten voller krebsverhindernder Produkte auf den Untersuchungstisch. Obwohl diese Produkte durchaus einen Wert haben, sind viele von ihnen nicht stark genug, um das zu tun, was getan werden muss, und alle zusammen lösen vielleicht nur einen schlimmen Durchfall beim Hund aus. Man muss das richtige Produkt verwenden. Das Produkt, welches sozusagen den Nagel auf den Kopf trifft.

Sobald sich der Krebs etabliert hat, muss man dessen Lebenswillen berücksichtigen. Ganzheitliche punktgenaue Guerilla-Kriegsführung ist zur Bekämpfung des Krebses erforderlich.

Die Bösartigkeit muss man von verschiedenen Seiten angehen. Jede Krebsart reagiert anders. Alternative Therapien haben den Vorteil, Selbstheilungskräfte zu unterstützen und toxische Nebenwirkungen zu vermeiden, die die konventionelle medikamentöse Krebsbehandlung begleiten. Und ganzheitliche Therapien können wirklich funktionieren, abhängig von der Erfahrung, mit der sie angewandt werden. Viele Krebsfälle, die ich erfolgreich mit ganzheitlicher Medizin behandelt habe, waren solche, die nicht mit Chemotherapie, Bestrahlung oder Operation geheilt werden konnten. Die konventionellen Möglichkeiten halfen nicht und die Besitzer hatten niemanden, an den sie sich wenden konnten.

Krebs wird bei Hunden oft später als beim Menschen erkannt; deshalb ist er weiter fortgeschritten und stärker im Körper verankert, bevor man mit der Behandlung anfangen kann. Wir Menschen teilen dem Arzt unser Unwohlsein mit, zum Beispiel gehen Sie bei einem unguten Gefühl in der Blase zum Arzt, und er wird das Problem frühzeitig und mit verschiedenen Tests ergründen. Wenn die Tests beispielsweise Blasenkrebs nachweisen, kann man mit der Behandlung anfangen. Bei Hunden wird Blasenkrebs oft erst gefunden, nachdem wiederholte „Harnwegsinfektionen" einen Ultraschall erforderlich machen. Bei Krebs der Prostata verhält es sich ähnlich. Leider können unsere Hundefreunde nicht mit uns über

ihr Unwohlsein sprechen und so bemerken wir ein echtes Problem erst, wenn die Symptome für uns sichtbar werden. Deshalb schätze ich diagnostische Untersuchungen und empfehle, bei älteren Hunden jedes Jahr Blut und Urin zu untersuchen.

Konventioneller Ansatz: Chemotherapie

Das Ziel der Chemotherapie ist, den Körper von Krebs zu säubern. Da Krebszellen sich schneller als andere Zellen teilen, zielen Chemotherapeutika auf diese sich schnell teilenden Zellen ab. Natürlich gibt es im Körper auch viele andere Zellen, die sich ebenfalls schnell teilen. Zellen von Darm, Knochenmark und Immunsystem zum Beispiel werden auch durch eine Chemotherapie geschädigt. Das Knochenmark beherbergt das Immunsystem, folglich zerstört die Chemotherapie das Immunsystem zu genau der Zeit, in der seine Schutzwirkung ganz besonders benötigt wird.

Die Chemotherapie hat eine ziemlich niederschmetternde Erfolgsgeschichte. Sehr wenige Hunde werden tatsächlich durch Chemothererapie geheilt. In den meisten Fällen ist ein Rückfall nach ein paar Monaten immer noch das beste Ergebnis. Oft liefert die Behandlung ein oder zwei Monate mehr Lebenszeit, als der Patient ohne Chemotherapie gehabt hätte. Das deprimiert.

Ein anderer Gesichtspunkt ist die Lebensqualität des Hundes während der Chemotherapie. Manche Hunde schaffen es mit Leichtigkeit, während andere die Behandlung einfach nicht aushalten. Das Problem ist, dass bei Hunden der Krebs oft zu einem späteren Stadium gefunden wird als beim Menschen; folglich sind die Tumoren größer, haben sich besser im Körper verankert und sprechen weniger auf Chemotherapie an. Manche Krebsarten reagieren überhaupt nicht auf die Chemotherapie. Außerdem kann Chemotherapie sehr teuer sein. Wenn bei Ihrem Hund Krebs festgestellt wird, versuchen Sie möglichst viel über den Verlauf der Behandlung herauszufinden, bevor Sie sich dazu entscheiden. Empfiehlt Ihr Tierarzt Chemotherapie, fragen Sie nach exakten Statistiken, erwarteter Überlebenszeit und vermuteten Kosten.

Natürliche Erleichterung

Wenn Hunde eine Chemotherapie durchmachen, gibt es einige natürliche Methoden, die die unangenehmen Nebenwirkungen abmildern. Das homöopathische Heilmittel Nux vomica C30, zweimal täglich gegeben, hilft zum Beispiel, das Gift aus dem Körper zu ziehen und das Verdauungssystem zu reparieren.

Ganzheitliche Ansätze

Tierärzte, die ganzheitliche Krebsbehandlungen durchführen, haben es oft mit Patienten zu tun, die schon mit Chemotherapie und/oder Bestrahlung behandelt wurden. Dann hat sich der Krebs schon ausgebreitet und das Immunsystem des Patienten ist geschädigt. Und doch kann die ganzheitliche Behandlung trotz all dieser Hindernisse manchmal etwas erreichen. Es hängt davon ab, ob man die richtige Munition findet.

Blutwurz-Salben gegen Hautkrebs: In den 1950er Jahren hatte der Einsatz von pflanzlichen Krebssalben 75 – 80 % Erfolg bei der Zerstörung der Tumoren. Mit dem Beginn von Bestrahlung und Chemotherapie verschwand diese Methode, aber dennoch setzt man Salben mit pflanzlichen Zubereitungen seit 2.500 Jahren zur Krebsbehandlung ein.

Meiner Meinung nach heilen solche Salben keinen Krebs in der Tiefe des Körpers bzw. sind dann sogar kontraproduktiv, weil sie regelrechte „Löcher" in die Tiefe fressen, sie sind aber eine vernünftige Alternative bei vielen Fällen von oberflächlichem Hautkrebs. Sie enthalten als Hauptwirkstoff den Extrakt des kanadischen Blutwurzes (Sanguinaria canadiensis), die in den Krebs eindringen und ihn abtöten können. Sie sind ideal, wenn der Krebs nicht unmittelbar lebensbedrohend ist. Ich habe Salben bei Mastzelltumoren und Plattenepithelkarzinomen der Haut mit einer guten Erfolgsquote eingesetzt. Tatsächlich wirken sie fantastisch bei kleinen Mastzelltumoren, die leicht zugänglich sind, und üblicherweise reichen ein oder zwei Behandlungen, um den Tumor zu zerstören. Bei Mastzelltumoren sind

Ellagsäure

Ellagsäure aus roten Himbeeren, Blaubeeren und Erdbeeren verlangsamt oder stoppt Krebswachstum. Untersuchungen haben festgestellt, dass eine Tasse frischer Himbeeren pro Woche manche Krebsarten verlangsamen kann. Es ist nicht kompliziert, zum Hüttenkäse oder Hafermehl oder Joghurt ein paar Beeren zuzugeben, und die meisten Hunde mögen Beeren sehr gern!

Salben eine sehr gute Alternative zur Chirurgie. Insbesondere bei equinen Sarkoiden (am Pferd) erzielen sie sehr gute Erfolge.

Die Salben sind aufgrund ihrer starken Wirkung und der Gefahr der fehlerhaften Anwendung in Deutschland nicht frei verkäuflich (Achtung: nicht verwechseln mit frei im Internet erhältlichen Salben, die gewöhnlichen anstatt des kanadischen Blutwurzes enthalten und weitgehend wirkungslos sind), der Tierarzt kann sie jedoch über den Tierärztebedarf beziehen – sprechen Sie ihn darauf an. Aktuelle Produktbezeichnungen sind zum Beispiel „Dermequin"® und „Newmarket Bloodroot Ointment"®. Die Behandlung sollte unter tierärztlicher Aufsicht stattfinden.

Zur Anwendung rasiert man zuerst das betroffene Gebiet, so dass es fellfrei ist, und trägt dort eine kleine Menge Salbe auf. Abhängig von der Salbe lässt man sie zwischen zehn Minuten und einigen Stunden einwirken, dann wischt man sie ab.

Innerhalb von ein paar Tagen wird das Gebiet rot und schwillt an, was ängstliche Besitzer zunächst alarmiert. Danach trocknet der Tumor oder der Teil des Tumors, den die Salbe erreicht hat, aus und fällt ab. Ihr ganzheitlicher Tierarzt muss dann die Stelle untersuchen, um zu entscheiden, ob der Tumor eine weitere Anwendung benötigt. Viele ganzheitliche Tierärzte verwenden inzwischen Blutwurzsalben, und ich empfehle, dass Sie mit Ihrem Tierarzt sprechen, wenn Sie das versuchen möchten.

Ernährung gegen Krebs

Laut allgemein anerkannter Meinung soll eine Ernährung mit viel Fett und viel Eiweiß gegen Krebs helfen, der sich bereits im Körper eingenistet hat. Es ist richtig, dass der Krebs bestimmte Zucker und Kohlenhydrate für seinen Stoffwechsel benötigt, aber es ist nicht richtig, dass eine Ernährung mit viel Fett, viel Eiweiß und wenig Kohlenhydraten der beste Ansatz beim Kampf jedes Hundes gegen Krebs ist. Um eine krebsbekämpfende Ernährung zu planen, müssen wir uns den Stoffwechsel des Krebses ansehen.

Zunächst wird die Krebskachexie (die Auszehrung des Körpers, die bei chronischen Krankheiten eintritt) durch die hohe Tumorlast ausgelöst, d.h. der Tumor verbraucht die Kohlenhydrate für sein eigenes Überleben. Der Körper verhungert, während sich der Krebs gierig über die Kohlenhydrate hermacht. In diesem Fall ist eine Ernährung mit wenig Kohlenhydraten nachteilig für den Krebs, insbesondere bei einem schlanken Krebspatienten, der keine Fettreserven besitzt, die der Krebs in Kohlenhydrate umwandeln kann.

Aber bei den meisten Hunden mit Krebs ist das nicht so einfach, da viele normalgewichtig oder eher mollig sind. Gibt man einem solche

Hund eine Nahrung mit wenig Kohlenhydraten und viel Eiweiß, so wird der Krebs das Körperfett so lange in Kohlenhydrate umbauen, bis der Hund spindeldürr ist. Außerdem fördert der hohe Eiweißgehalt beim gesund wirkenden Hund die Zellteilung im Tumor.

Zudem haben Hunde nach einer Tumorentfernung wenig oder gar keine Belastung mehr durch einen Tumor, der ihnen die Kohlenhydrate raubte. Wenn sie dann eine Nahrung mit viel Fett und viel Eiweiß bekommen, fressen sie genau das, was sie nicht fressen sollten: eine Nahrung mit erhitztem verarbeiteten tierischen Fett, gesättigten Fettsäuren und tierischem Eiweiß, welche einen sauren pH-Wert verursacht und jeden möglichen Erfolg der ganzheitlichen Krebsbehandlung stört.

Die ideale Ernährung eines Hundes mit Krebs enthält wenig Eiweiß, viel Ballaststoffe mit 50 % Vollkorn und 10 % Bohnen oder Äpfel (für die Rohfaser), 30 % Gemüse und 10 % Früchte, zum Beispiel Beeren.

Die Körner werden am besten in Kombu oder einem anderen Seetang aus dem Reformhaus gekocht. Wenn möglich, sollte man biozertifiziertes, unbestrahltes Futter verwenden. Die folgenden Nahrungsmittel sind nützliche Zutaten zu einer krebsbekämpfenden Nahrung:

- Mandeln, gemahlen (die besten Nüsse zur Krebsbekämfung)
- Weizengras- oder Alfalfa-Sprossen
- Gekochtes Eiklar
- Weißfisch, Huhn und Truthahn
- Vollkorn wie Gerste, Buchweizen, Hafer, Flachs und Weizenbeeren
- Brauner Reis
- Melasse
- Oliven- und Walnussöl
- Äpfel
- Süßkartoffeln
- Brokkoli
- Blumenkohl
- Knoblauch
- Kräuter

Tocotrienole: Die Tocotrienole, die man in Vitamin E findet, haben laut Forschungsergebnissen äußerst unglaubliche Eigenschaften. Wichtig sind in diesem Zusammenhang ihre starken Antikrebseigenschaften. Vitamin E besteht aus acht Molekülen, eines davon ist Delta-Tocotrienol mit dem niedrigsten Molekulargewicht, dem kleinsten Kopf und dem kürzesten Schwanz, wodurch es leichter an und durch die Zelle und ihre Grenzmembran gelangt. Palmöl enthält 45 % Gamma-Tocotrienole, auch die größeren Tocotrienole lösen den Tod von Krebszellen aus und verringern oder blockieren deren Ausbreitung.

Beachten Sie, dass wir hier nicht über Vitamin E sprechen – es ist vielmehr sogar sehr wichtig, dass der Hund Tocotrienole getrennt von anderen Vitaminen, besonders Vitamin E, bekommt.

Von den acht Molekülen in Vitamin E sind nur zwei (Delta- und Gamma-Tocotrienol) stark gegen Krebs wirksam. Für ein Produkt mit Delta-Tocotrienol aus dem Annattostrauch wurde ein Patent für die Anwendung zur Krebsbehandlung beim Menschen bei der US Food and Drug Administration (FDA) beantragt.

Carnivora (Extrakt der Venusfliegenfalle): Präsident Ronald Reagan hat 1985 erfolgreich Carnivora gegen seinen Dickdarmkrebs eingenommen. Carnivora ist ein patentierter Phytonährstoff und Extrakt aus der fleischfressenden Pflanze Venusfliegenfalle *Dionaea muscipula*, der klinisch schon seit über 25 Jahren genutzt wird. Biologisch aktive Bestandteile dieses Extrakts sind essenziell für ein gesundes Immunsystem und unterstützen gesunde Herzkreislauffunktionen des Körpers. In höheren Dosierungen ist der Extrakt immunmodulatorisch, tumorvernichtend und hat antimikrobielle, antivirale, antiparasitische und antibiotische Eigenschaften. Die Pharmakologie der Venusfliegenfalle hat man ausführlich bei Untersuchungen an Mensch und Tier geprüft.

Doppelhelix-Wasser: Spezialisierte Wässer sind heute ein großes Thema. Sie haben vielleicht von Kangen-Wasser, strukturiertem Wasser, alkalischem Wasser und ionisiertem Wasser gehört, um nur ein paar zu nennen. Doppelhelix-Wasser ist etwas anderes. Doppelhelix-Wasser hat eine eigene Geschichte. Doppelhelix-Wasser ist eine bis dahin unentdeckte andere Wasserphase. Wir stellen uns Wasser in seinen verschiedenen Formen wie Nebel in den Wolken, Regen, ein Glas Wasser, Schnee oder einem Eiswürfel vor. Doppelhelix-Wasser verhält sich ganz anders als Eis, flüssiges Wasser oder Wasserdampf.

Wir wissen, dass Wasser die Aggregatzustände gasförmig, flüssig und fest hat. In jedem davon besteht er aus denselben Molekülen, aber der Abstand zwischen Wasserstoff und Sauerstoff ist jeweils ein anderer. Hier wird es interessant. In Doppelhelix-Wasser, dem vierten Aggregatzustand, bleibt dieser Abstand auch bei Temperaturänderungen gleich, so widersetzt er sich der historischen Klassifikation von Wasser. Doppelhelix-Wasser besteht aus trockenen, winzigen, stabilen Wasser-Clustern, die sich im Wasser zu Doppelhelices ähnlich der Form der DNA zusammen lagern. Deshalb nennt man es Doppelhelix-Wasser. Tatsächlich ist es ein energetisch angereichertes Wasser. Wenn man die trockene Form von Doppelhelix-Wasser zur Untersuchung einsendet, lautet das Ergebnis – Wasser!

Sie fragen sich vielleicht, wieso man diesen Aggregatzustand jetzt erst entdeckt hat. Ganz einfach: Man konnte es vor den Zeiten der Rasterkraftmikroskopie, mit der man die Welt der Atome sehen kann, noch nicht finden. Außerdem ähnelt die Suche nach diesen winzigen Partikeln in einem Wassertropfen der Suche nach einem Grashalm während eines Tornados. Als Wissenschaftler damit begannen, ein solches stabiles Cluster zu fotografieren, sahen sie, dass es sich an ein Bakterium anheftete und dieses abtötete. Wegen dieses Phänomens

Knoblauch und die magische Reaktion

Hippokrates hat sich als erster über die Antitumor-Eigenschaften des Knoblauchs geäußert. Diese werden durch Kochen zerstört, schon eine Minute in der Mikrowelle reicht dafür aus. Seine Eigenschaften nutzt man deshalb am besten, wenn man ihn hackt und zehn Minuten stehen lässt, in dieser Zeit katalysieren seine natürlicherweise vorhandenen Enzyme eine chemische Reaktion, die seine krebsbekämpfenden Bestandteile herstellt.

führte Dr. Benjamin Bonavida an der Universität von Kalifornien in Los Angeles eine Serie von Untersuchungen durch und fand heraus, dass diese stabilen Wasser-Cluster sich zu einer neuen Form kombinieren können: der Doppel-Helix.

Was hat das alles nun mit Heilung und Gesundheit zu tun? Einer von drei Hunden bekommt Krebs. Autoimmunkrankheiten bei Hunden nehmen exponenziell zu. Einhunderttausend neue Chemikalien, die Mutter Natur nie geplant hat, gelangten in die Umwelt. Chronische Krankheit ist eine Epidemie.

Buddy, ein dreizehnjähriger Yorkie, kam mit fünf 10-Cent-Stück großen Metastasen in der Lunge zu mir. Ich verschrieb Doppelhelix-Wasser. Seine Besitzerin nahm Buddy und sein Wasser mit nach Hause und erzählte ihren Arbeitskollegen, dass sie ihm mehrmals täglich dieses spezielle Wasser gab, um seinen Krebs zu heilen. Deren Reaktion können Sie sich vorstellen. Aber die Folgeunterschung ergab eine Überraschung: Nachdem Buddy einen Monat lang Doppelhelix-Wasser getrunken hatte, befand sein Haustierarzt, seine Lunge sei sauber. Der Krebs schien verschwunden zu sein. Buddy ging es noch fünf weitere Jahre gut, obwohl er kein junger Hüpfer mehr war, als die Diagnose gestellt wurde. Und viele der Kolleginnen seiner Besitzerin brachten ihre Haustiere zu mir, nachdem sie Buddies Erfolg gesehen hatten.

Kurz darauf sah ich einen dreizehnjährigen gelben Labrador mit einem golfballgroßen, malignen Melanom an seinem Zahnfleisch. Nach zwei Wochen mit Doppelhelix-Wasser war er den Krebs los.

Wie funktioniert das? Erinnern Sie sich an die oben besprochene Tatsache, dass sich die DNA in der Zelle ändern und in eine Krebszelle umwandeln kann? Also betrachten wir noch einmal die Funktion der DNA.

Die DNA gibt dem Körper Anweisungen für das Überleben. Sie erhält uns gesund und am Leben, indem sie Gutes registriert und diese Information für zukünftige Generationen speichert. Ein einziger DNA-Strang kann eine erstaunliche Menge an Daten speichern – man schätzt etwa sechs Gigabit. DNA verfügt wie unser Computer über einen binären Code und die Kombinationsmöglichkeiten sind grenzenlos. Diese Information wird von einer Generation von Hunden (und Menschen) zur nächsten weiter gegeben.

Linus Pauling sagte einst, dass wir vollständig natürliche Organismen sind, von Mutter Natur so gemacht. Chemikalien, die der Mensch in den letzten 100 Jahren hergestellt hat, passen einfach nicht in diesen Masterplan. Auch Hunde wurden nicht für diese Chemikalien geschaffen und ihre DNA liefert keine Information, wie damit umzugehen ist. Dennoch finden diese Toxine und Karzinogene sich dauernd in unserer Nahrung wieder. Aktuelle Forschungsergebnisse sprechen dafür, dass die stabilen Wasser-Cluster im Doppelhelix-Wasser irgendwie die Expression von bestimmten Genen ermöglicht. Sie helfen der DNA, ihren Job zu tun.

Das Doppelhelix-Wasser ist sehr einfach an Hunde und Katzen zu verabreichen, da es wie Wasser schmeckt. Man gibt fünfzehn Tropfen davon in ¼ Liter destilliertes Wasser oder Wasser aus Umkehrosmose. Ich habe herausgefunden, dass Doppelhelix-Wasser nicht nur Krebs bekämpft, sondern auch bei Osteoarthritis, Autoimmunkrankheiten, Diabetes und Entzündungen aller Art hilft.

Glutathion: Wie besprochen, werden gute und schlechte Gesundheit auf der zellulären Ebene bestimmt. Glutathion gibt es in jeder Zelle. Es schützt die Mitochondrien, diese kleinen und so wichtigen Kraftwerke jeder Zelle. Glutathion ist ein winziger Proteinbaustein und besteht aus drei Aminosäuren; es ist zwar klein, aber der ungekrönte König aller Antioxidantien.

Ohne Glutathion zerfallen Zellen und sterben durch die ungebremste Oxidation. Um Oxidation zu verstehen, stelle man sich einen frisch aufgeschnittenen Apfel vor, der braun wird, ein rostendes Fahrrad-Schutzblech oder eine vergrünende Kupfermünze. Eine lebende Zelle ist anders, denn wenn die Oxidation nicht kontrolliert wird, zerfällt die Zelle und stirbt.

Unsere bekannteren Antioxidantien, die Vitamine E und C, haben eine kurze Lebensspanne. Glutathion kann aufgebrauchtes Vitamin E und C wieder zum Leben erwecken, und es kann auch sich selbst wieder aufladen. Weil alle anderen Antioxidantien in ihrer Funktion auf Glutathion angewiesen sind, nennen Ärzte es respektvoll „Meister-Antioxidans“. Glutathion ist das wichtigste, weitverbreiteste, aktivste und stärkste Antioxidationsmittel im Körper.

Nach dem Wasser ist das Glutathion das Wichtigste im Körper Ihres Hundes. Der Glutathionspiegel beeinflusst seine Gesundheit und Langlebigkeit. Ohne Glutathion sterben Zellen durch Oxidation, funktioniert das Immunsystem nicht und die Leber versagt wegen einer toxischen Überdosis. Die Leber entgiftet Herbizide, Pestizide und andere Toxine des Körpers und scheidet sie nur mit Hilfe der großen Glutathionmengen aus, über die sie verfügt. Studien gemäß weist die Hälfte der Hunde mit chronischer Lebererkrankung verminderte Glutathionspiegel in Blut und Leber auf.

Krebs setzt ein mit einer abnormalen Umprogrammierung der DNA oder dem genetischen Material in der Zelle, wodurch unkontrollier-

Acetaminophen und Glutathion

Frei verkäufliche Schmerzmittel mit dem Wirkstoff Acetaminophen (z. B. in Paracetamol ®) sind toxisch für Katzen, aber ich wette, Sie wissen nicht, warum das so ist. Acetaminophen leert schnell den Glutathion-Speicher der Katze. Dadurch bleiben sehr viele toxische Metaboliten in der Leber liegen und das zerstört das Lebergewebe. Der Süßstoff Xylitol bewirkt dasselbe beim Hund.

Wenn sich Menschen eine Überdosis Acetaminophen zuführen, werden sie mit N-Acetylcystein (NAC) behandelt. NAC ist im Körper der Vorläufer von Glutathion und hilft, die intrazellulären Glutathionspiegel wieder anzuheben, damit ein Leberschaden verhindert wird.

tes Wachstum entstehen kann. Eine Theorie besagt, bei der Bildung von freien Radikalen oder oxidativem Stress im Zellkern werde die DNA geschädigt. Glutathion ist ein intrazelluläres Antioxidans. Antioxidantien beseitigen oxidativen Stress und eliminieren freie Radikale und unterstützen auf diese Weise die Krebsvorbeugung. Untersuchungen zeigen, dass Patienten länger leben, wenn sie mit ihrer Chemotherapie Glutathion bekommen. Außerdem haben Menschen mit Krebs – man weiß nicht, warum – niedrige Glutathionspiegel.

Glutathion wird im Gewebe hergestellt. Das muss man wissen, denn oral gegebenes Glutathion ist unwirksam, obwohl einige Hersteller Glutathion als Nahrungsergänzung bewerben. Es ist ja lediglich aus drei Aminosäuren aufgebaut und wird bei oraler Aufnahme einfach mit der anderen Nahrung verdaut. Was üblicherweise als Glutathion verkauft wird, ist eine Glutathion-Vorstufe.

Um es zu wiederholen: Glutathion besteht aus drei Aminosäuren, und die orale Aufnahme ist wirkungslos, weil es verdaut wird. Spargel enthält mehr verfügbares Glutathion als jedes andere Lebensmittel, aber, noch einmal gesagt, der Magendarmtrakt verdaut das meiste davon. Die beste Art ist, Glutathion intravenös oder intramuskulär zu verabreichen. Da das für Hundebesitzer nicht praktikabel ist, nehme ich üblicherweise eine topische Gelzubereitung, die durch die Haut aufgenommen wird, wenn sie auf eine haarlose Stelle aufgetragen wird. Um Glutathion intravenös oder transdermal zu verabreichen, muss man das Rezept eines Tierarztes vorweisen.

Eine gute Nachricht lautet, dass Glutathion auch mehrere Vorstufen hat und manche Nahrungsmittel die Glutathionproduktion im Körper des Hundes antreiben. Eine kleine tägliche Gabe von Vitamin C lädt das bereits vorhandene Glutathion im Hundekörper auf. Die energiegeladene, abgepufferte Form dieses Vitamins ist ziemlich geschmacksarm und lässt sich leicht über Nassfutter streuen. Die empfohlene Tagesdosis beträgt 50 – 100 mg. Knoblauch enthält viel Schwefel, und ein wenig frischer Knoblauch täglich unterstützt die Glutathionproduktion. Grünkohl und Brokkoli enthalten Stoffe, die die natürliche Glutathionproduktion im Körper unterstützen. Selen ist ein wichtiger Mineralstoff für das Recycling

Die drei wichtigsten Dinge, die Glutathion im Hundekörper bewirkt:

1. Es ermöglicht anderen Antioxidantien, ihre Arbeit zu erledigen. Keines der freiverkäuflichen, oral zu verabreichenden Antioxidantien könnte funktionieren, gäbe es nicht bereits Glutathion im Hundekörper.
2. Es bringt das Immunsystem des Hundes in Schwung.
3. Es hilft der Leber beim Entgiften. Die Leber hat den höchsten Glutathionspiegel, und das ist kein Zufall. Die Leber ist das wichtigste Organ für die Entgiftung von Schwermetallen, Herbiziden und Toxinen. Glutathion ist absolut erforderlich, weil unsere Haustiere so vielen Giften ausgesetzt sind.

und die weitere Produktion von Glutathion. Auch Vitamin D3 scheint das intrazelluläre Glutathion zu steigern.

Das Ergänzungsmittel S-Adenosylmethionin (SAM) wird in Glutathion überführt und ist leicht erhältlich in Refomhäusern, im Internet oder beim Tierarzt. Empfohlen werden 20 mg/kg/Tag. Ein anderes leicht erhältliches Ergänzungsmittel, N-Acetylcystein (NAC) hilft ebenfalls, die Glutathionspiegel in Blut und Leber anzuheben. Man verwendet NAC auch, um Menschen mit Leberversagen wegen einer Acetaminophen-Überdosis zu behandeln. Und letztlich steigert Sport die Glutathionspiegel.

Gesunde Glutathionspiegel sind ungeheuer wichtig für die Gesunderhaltung. Glutathionmangel hat man mit Krebs, Arthritis und Autoimmunkrankheiten in Verbindung gebracht. Es wird leicht über die Haut aufgenommen und Ihre Hundefreunde mit Krebs brauchen alle Hilfe, derer sie habhaft werden können.

Essiac-Tee: Die kanadische Krankenschwester Rene Caisse hörte 1922 von einem krebsheilenden Tee der Indianer des Ojibwe-Stammes. Er wurde aus Klettenwurzel, Schafsauerampfer, glatter Ulme und Rhabarberwurzel hergestellt. Caisse bereitete diesen Tee für ihre Tante zu, bei der man einen unheilbaren Krebs diagnostiziert hatte, und der Krebs verschwand vollständig.

Caisse verwandte diesen Tee zur Behandlung von Krebspatienten. Deshalb wurde sie fast 40 Jahre lang verfolgt. Als man ihr mit Gefängnis drohte, standen ihr Ärzte und Patienten zur Seite. Caisse behauptete nie, der Tee heile Krebs, sondern vielmehr, er lindere Schmerzen und verbessere die Chancen des Patienten, die Krankheit zu überwinden.

Caisse stellte ihre Essiac-Zubereitung („Caisse“ rückwärts buchstabiert) 1959 Dr. Charles Brusch vor, dem Arzt des Präsidenten John F. Kennedy. Sie startete eine Untersuchung, die von 18 Ärzten überwacht wurde, an menschlichen Patienten mit terminalem Krebs und an Labormäusen mit Krebs. Bei Mensch und Maus verringerte die Essiac-Zubereitung die Tumorgröße. Die menschlichen Patienten berichteten von weniger Schmerz und Unbehagen.

Dr. Brusch teilte 1990 mit, dass nach einer Essiac-Behandlung Tumoren leichter chirurgisch zu entfernen seien und die Patienten weniger bluteten. In der Tat hat er seinen eigenen Darmkrebs mit Essiac behandelt.

Die meisten Reformhäuser verkaufen Päckchen gemischter Kräuter für Essiac-Tee, den man sich zu Hause selbst aufbrüht. Das ist einfach und billig. Die Dosierung für Hunde wird auch mit bei den Zubereitungsempfehlungen angegeben. Man sollte ihn dreimal täglich zwölf Wochen lang einnehmen.

Hoxsey-Kräuter: Harry Hoxsey war ein Volksheiler, der die pflanzliche Therapie mit Kräutern von seinem Urgroßvater lernte. In den 1840er Jahren brachte der Hoxsey senior, ein Tierarzt, ein Pferd mit einer Krebsgeschwulst am Bein auf die Gnadenkoppel, um es dort seine letzten Tage verbringen zu lassen. Er beobachtete, dass das Pferd bestimmte Pflanzen fraß und der Krebs verschwand. Er stelllte eine Salbe aus diesen Pflanzen für die Krebsbehandlung bei anderen Pferden her.

Heutzutage besteht die Hoxsey-Therapie aus Kräuterzubereitungen für die innere und äußere Anwendung und beinhaltet Rotklee, Sanddorn, Klettenwurzel, Stillingiawurzel (Wolfsmilchgewächs), Berberitzenrinde, Chapparal (englischer Trivialnamen des Kreosotbuschs), Süßholzwurzel, stachelige Aschenrinde und bittere Schale. Die Zubereitung zur äußeren Anwendung enthält auch Blutwurz, ein Kraut der Indianer zur Krebsbehandlung. Menschen mit Lymphom, Melanom und Hautkrebs scheinen sehr gut auf diese Behandlung anzusprechen.

Polysaccharide: Polysaccharide sind wichtige Moleküle im Rahmen der Verhinderung und Behandlung von Krebs geworden. Insbesondere spielt Polysaccharid-Peptid (PSP) eine vielversprechende Rolle in der Krebsverhütung, weil es eine ganz besonders gesunde zelluläre Umgebung schafft, in der Zellen ihre beschädigte DNA reparieren können. Geschädigte DNA ist das wichtigste Element bei der Krebszellbildung. Die PSP-Nahrungsergänzung wird als Pulver über das Hundefutter gegeben und funktioniert im Körper auf zellulärer Ebene. Es ernährt DNA, RNA und Mitochondrien und unterstützt so den Glukoseenergiestoffwechsel. Diese besondere Art der Ernährung ist erforderlich, um gesunde Zellen, gesunde Kommunikationsstrukturen und eine starke Immunabwehr zu schaffen und zu erhalten.

Mit einer gesetzlich geschützten Technik können die einzigartigen funktionellen Charakteristika des Alpha-Glykan-PSP hergestellt werden, welches von DNA, RNA und Genen leicht erkannt wird. Das extrem niedrige Molekuargewicht dieses Produkts macht es möglich, dass es zu 100 % in die Zelle aufgenommen wird und dort von maximalem Nutzen ist. Dies steht im Gegensatz zu anderen Glykan-Ergänzungsstoffen, Beta-Glykan genannt, die sehr große Moleküle sind und deshalb nicht so gut von der Zelle aufgenommen werden. Deshalb ist Alpha-Glykan-PSP exponentiell wirksamer als Beta-Glykan-PSP.

Alpha-Glykan-PSP liefert den perfekten Brennstoff für die zellulären Mitochondrien. Wie gesagt sind Mitochondrien die Kraftwerke der Zelle, und je besser der Brennstoff ist, desto gesünder wird die Zelle. Je gesünder die Zelle ist, desto besser kann sie sich reparieren und korrigieren. Alpha-Glykan-PSP wirkt in der Zelle, eliminiert Toxine und stellt eine alkalische Umgebung her. In dieser wunderbaren zellulären Umgebung wird die zelluläre Reparatur verstärkt.

PSP wird aus Pilzen und aus bestimmten Zuchtlinien von Reis hergestellt. Außerdem nutzt man den PSP-haltigen Coriolus versicolor-Pilz, bekannt als Yun Zhi Pilz, seit über 2.000 Jahren in der traditionellen chinesischen Medizin. Jüngere Untersuchungen lassen vermuten, PSP bekämpfe Krebs zusätzlich zu seiner Eigenschaft, das Immunsystem zu boostern.

In der Hochschule für Veterinärmedizin der Universität von Pennsylvania haben zwei Fakultätsmitglieder, Dorothy Cimino Brown und Jennifer Reetz, im Jahr 2012 eine Krebsuntersuchung durchgeführt, die sehr vielversprechende Ergebnisse lieferte. Sie untersuchten den spezifischen Krebs Hämangiosarkom, einen Tumor der Blutgefäße, den man zunehmend häufiger antrifft, vor allem bei manchen Rassen wie dem Golden Retriever. Laut ihren

Krebsbekämpfende Nahrung

- Knoblauch
- Petersilie
- Tomaten
- Kichererbsen
- Naturjoghurt (ohne Zucker, ohne Süßstoff)
- Fisch
- Olivenöl
- Butter
- Kräuter
- Äpfel
- Vollkorn
- Weizenkleie
- Linsen
- Brauner Reis
- Bio-Hühner und Truthühner
- Alles Gemüse, besonders Möhren, Brokkoli, Blumenkohl, rote und gelbe Paprika, Lauch
- Samen und Nüsse, besonders Sesamsamen und Mandeln

Nahrung, die Krebspatienten meiden sollten

- Rindfleisch
- Schweinefleisch
- Alle Innereien wie Leber, Herz, Hirn
- Zucker
- Weißmehl
- Ungesättigte Fettsäuren (Maisöl, Sonnenblumenöl)
- Margarine
- Würstchen, Schinken, Aufschnitt, Thunfisch (eine 240 g-Dose Thunfisch enthält im Schnitt 17 mg Quecksilber)
- Getrocknetes Rindfleisch
- Knochenmehl
- Hunde-Leckerbissen
- Verarbeitetes

Untersuchungen hatten Hunde mit Hämangiosarkom, wenn sie mit einem Inhaltsstoff aus dem C. versicolor-Pilz behandelt wurden, die längsten Überlebensraten, die man je bei Hunden mit dieser Krankheit gefunden hat. „Wir waren schockiert“ schrieb Cimino Brown in einem Artikel für die PennNews auf der Webseite der Universität. „Vormals war die längste berichtete mediane Überlebenszeit bei Hunden mit einem unbehandelten Hämangiosarkom der Milz 86 Tage. Jetzt hatten wir Hunde, die länger als ein Jahr lebten, wenn sie nur mit dem Pilz behandelt wurden.“ Das verwendete Produkt in dieser Untersuchung war ein Extrakt namens I´m-Yunity®, der wirkungsvoll PSP abgibt, das vom COV-l®-Stamm des C. versicolor-Pilzes isoliert wurde.

Vitamin D3: Vitamin D3 ist erforderlich für die intestinale Resorption von Kalzium und für andere wichtige Funktionen des Körpers. Gemäß Scientific American weisen 75 % der jungen Erwachsenen und Erwachsenen eine Unterversorgung mit Vitamin D3 auf. Bei uns Menschen bilden Enzyme in der Haut das „Sonnen"-Vitamin D3 unter dem Einfluss von Sonnenlicht. Unsere Hunde sind mit Fell bedeckt und ihre Vorfahren bekamen ihr Vitamin D3 aus der rohen Leber, die sie fraßen. Heutzutage enthält das verarbeitete Hundefutter zugesetztes, synthetisches Vitamin D und darauf sollten Sie sich nicht verlassen, wenn Ihr Hund Krebs hat. Für uns wird Milch mit Vitamin D2 angereichert, und das ist auch nicht so das Wahre. Grundsätzlich benötigen Sie einen ausgezeichneten Lieferanten von D3, und nur D3. Es wird oft als ölige Flüssigkeit verkauft, und Hunde stören sich nicht an seinem Geschmack in ihrem Futter.

Aufräumen

Eine Schädigung der DNA ist immer der erste Schritt in Richtung Krebs. Natürlich gibt es zahlreiche Wege, wie die DNA Schaden nehmen und dann später eine tödliche Krankheit auslösen kann. Sobald die DNA verändert ist, ändert sich das Genom der Zelle und sie hat das Potenzial, unter den richtigen Umständen eine Krebszelle zu werden. Die Antioxidantien, die in diesem Kapitel genannt werden, säubern die Zelle vom Müll der freien Radikale und helfen ihr, wieder so gut wie möglich zu funktionieren.

D3 ist tatsächlich ein Hormon, kein Vitamin, aber ich möchte mich nicht mit Wortklaubereien aufhalten. Viel wesentlicher ist es, seine vielen verschiedenen Aufgaben im Hundekörper zu verstehen. Vitamin D3 beeinflusst die Laune und, noch wichtiger, es ist ein integraler Aktivator des Immunsystems. Einer der Gründe, warum Menschen im Sommer seltener Erkältung und Schnupfen bekommen, ist vermutlich der erhöhte Blutspiegel dieses Vitamins durch vermehrtes Sonnenlicht.

Außerdem fand die Abteilung für Internationale Gesundheit, Immunologie und Mikrobiologie der Universität Kopenhagen heraus, dass D3 die wichtigen Killerzellen und Helferzellen aktiviert, die eine Hauptrolle in der Wirkung des Immunsystems spielen. Diese Zellen sind ohne ausreichend Vitamin D sogar unbeweglich.

Vitamin D bekommt viel öffentliche Aufmerksamkeit, und Wissenschaftler sind schwer beeindruckt davon, wie wichtig D3 für die Gesundheit ist. Wenn Sie alles aktivieren möchten, was Ihrem Hund in seinem Kampf gegen den Krebs beisteht, stellen Sie sicher, dass er abhängig von seiner Größe 1.000 – 2.000 IE Vitamin D täglich bekommt. Vitamin D-Überdosen sind sehr selten, und diese Zusatzmenge ist sicher. Wir wollen schließlich Krebs bekämpfen.

Immuntabletten vom Tierarzt professionell zusammengesetzt: Dr. Joe Ramaeker arbeitet seit 1970 auf dem Gebiet der Ernährung. Seine Philosophie ist, die Natur habe fast alle Antworten, wenn wir uns nicht verrennen. Seine Forschung und die vielen klinischen Fälle, die er analysiert hat, sind sehr umfangreich.

Homöopathie bei Krebs

Die Auswahl der hier genannten homöopathischen Heilmittel für Krebs hängt von der Krebsart ab. Die Potenzen der Heilmittel und die Häufigkeit der Anwendung sind Vorschläge. Wenn ich einen Krebs behandle, entscheide ich über das Heilmittel, die Potenz und die Häufigkeit der Anwendung in Abhängigkeit von der Krankheit des Patienten. Ein erfahrener Homöopath sollte über die Dauer der Anwendung entscheiden.

Krebs allgemein:
Carcinocin C30 – 3 x täglich 2 Tage lang
Thuja C200 – 2 x täglich 30 Tage lang
Tuberculinum C100 – 3 x täglich
Viscum album C30 – 2 x täglich

Krebs der Bauchorgane:
Conium C200 – 1x täglich bei harten Tumoren und Massen im Bauch

Blasenkrebs:
Berberis vulg C6 – 3 x täglich
Taraxum C6 – 3 x täglich

Knochenkrebs:
Silicea 1M – 1 x täglich
Phosphorus C30 – 2 x täglich
Symphytum C200 – 2 x täglich
Arsenicum album C200 – 2 x täglich

Fibrosacom:
Calcarea fluorica C200 – 1 x täglich

Leberkrebs:
Hydrastis D3 – 3 x täglich
Chelidonium D3 – 3 x täglich
Cadmium sulph D30 – 2 x täglich

Lungenkrebs:
Arsenicum album C200 – 1 x täglich
Conium C200 – 1 x täglich

Lymphdrüsenkrebs:
Carbo animalis D30 – 2 x täglich
Aurum med C6 – 3 x täglich
Conium C200 – 2 x täglich

Brustkrebs:
Asterias rubens C6 – 3 x täglich
Phytolacca C30 – 3 x täglich

Melanom:
Carduus mar C30 – 3 x täglich
Lachesis C200 – 1 x täglich
Thuja C30 – 3 x täglich
Argentum nit C6 – 3 x täglich

Prostatakrebs:
Conium C200 – 3 x täglich
Sabal serrulata C6 – 3 x täglich
Crotalis horr C200 – 1 x täglich 3 Tage lang

Tonsillenkrebs:
Nus moschata 10M – 2 bis 3 x pro Woche

Er begann mit der Haaranalyse bei Zehntausenden Patienten, um herauszufinden, welche Mineralstoffe ihnen fehlen. Nach vielen Jahren direkter klinischer Erfahrung erarbeitete er eine spezielle Mischung zur Krebsbehandlung. Hieraus entwickelte sich die professionelle Rezeptur für seine „Veterinary Immune Tabs". Diese speziell ernährende und immunmodulierende Mischung verabreichte er mehr als 50.000 Tieren. Viele seiner Patienten, auch mit verschiedenen Krebsarten, Morbus Cushing und Schilddrüsenunterfunktion, erzielten fantastische Resultate.

PA10: Ich erwähnte bereits, dass der Krebs, wenn er sich erst einmal etabliert hat, viele Möglichkeiten hat, seiner Zerstörung durch das Immunsystem zu entgehen. Er kann sich abkapseln oder Substanzen bilden und abgeben, die dem Immunsytem de facto sagen: „Geh weg und lass mich in Ruhe". In der Natur sind solche Sachen sehr praktisch. Wenn zum Beispiel der menschliche Fötus nicht das Hormon Humanes Choriongonadotropin (HCG) sezernierte, würde ihn das Immunsystem der Mutter zerstören. Das HCG schützt ihn, genauso wie es auch das Spermium vor Zerstörung schützt, so dass es fröhlich seiner Wege ziehen kann.

Es scheint so zu sein, dass die meisten Tumoren Choriongonadotropin produzieren. HCG wurde in den Zellen jeder Krebsart gefunden. Es wird durch die Krebszelle hergestellt und in metastasierenden Krebsen in höherer Menge gefunden als in anderen Tumoren. Noch einmal: Zellen verwenden HCG als Schutz gegen das Immunsystem. Der Tumor stellt sich so immunologisch neutral dar.

Mein ideales Szenario zur Krebsbekämpfung

Es ist nicht einfach, für jeden Krebspatienten die perfekte individuelle Behandlung zu finden. Die unten genannten Produkte, von denen einige nur über den Tierarzt zu beziehen sind, können bei vielen Krebsarten wirken, weil manche die Gesundheit des Körpers fördern und andere die Krebszellen zerstören.

1. Gesundes, zu Hause hergestelltes Futter gegen Krebs mit wenig Eiweiß, inklusive krebsbekämpfende Futtermittel
2. Doppel-Helix-Wasser mehrfach täglich
3. großzügige Gaben von Vitamin D3
4. qualitativ hochwertiges Multivitamin/Multimineralstoff/Superfood Ergänzungsfutter
5. Glutathion transdermal
6. Ein Produkt mit Polysaccharid-Polypeptid (PSP), hergestellt aus bestimmten Reis- oder Pilzstämmen
7. Roher Knoblauch, vor dem Servieren gehackt und zehn Minuten an der Luft stehen gelassen, zu einer Mahlzeit am Tag zugegeben
8. Abhängig von der Krebsart eventuell Kräuter, chinesische Kräuter, homöopathische Heilmittel und PA10-Antikrebs-Impfung

PA10 ist ein natürliches Produkt, von einer Arzneimittelfirma hergestellt, und es enthält einen Antikörper gegen HCG. Es ist dem Hormon sehr ähnlich, das der Hund produziert, deshalb wirkt es auch beim Hund. Es kontrolliert das HCG in Krebszellen, dadurch ermöglicht es dem Immunsystem den Angriff auf den Krebs.

Vor Jahren führte ich für eine Arzneimittelfirma eine Voruntersuchung in meiner Praxis in Pennsylvania durch. Die Ergebnisse waren sehr vielversprechend. Heute ist mein Behandlungsschema einer täglichen intramuskulären Injektion sehr erfolgreich. Sie sehen, dieses choriogonadotrope Hormon ist auch ein wachstumsförderndes Hormon, und Tumoren verwenden es, um das eigene Wachstum zu fördern.

Man glaubt, die erste Wirkung von PA10 ist, weiße Blutkörperchen zur Produktion von Antikörpern anzuregen, die das von den Krebszellen produzierte HGC aufspüren. Wenn die Schutzwirkung von HGC wegfällt, ist der Tumor nun dem Immunsystems ausgeliefert, vor dem er bis dahin abgeschirmt war. Außerdem tötet PA10 Tumorzellen direkt durch Lyse und/oder Anheftung von Bestandteilen des Immunsystems. Tumorwachstum verlangsamen, Tumorzellen abtöten, Metastasierung kontrollieren und begrenzen, die Lebensqualität verbessern und ohne unerwünschte Nebenwirkungen die Überlebenszeit verlängern, schafft eine exzellente Win-Win-Situation für Hundepatienten mit Krebs.

Die richtige Behandlung wählen

Wenn Hundebesitzer damit konfrontiert werden, dass ihr Hund Krebs hat, werden sie fast um den Verstand gebracht. Das Gefühl der Dringlichkeit in Kombination mit Schock und Angst erschwert das Auffinden einer gut überlegten und klugen Entscheidung. Haben Sie nie Angst davor, Fragen zu stellen oder nach Beweisen zu fragen. Wird Chemotherapie angeboten, kann man sich für die jeweilige Krebsart und die Behandlung mit diesem vorgeschlagenen Medikament Statistiken vorlegen lassen. Man braucht sich nicht in eine unwirksame Therapie zu stürzen, weil man zu besorgt und zu ängstlich für alles andere ist.

Zieht man die ganzheitliche der konventionellen Krebsbehandlung vor, müssen Sie sich nicht eine einzige Therapie aussuchen. Man kann für den Patienten ein Programm zusammenstellen, in dem man konventionelle mit natürlichen Behandlungen kombiniert oder indem man einige ausgewählte natürliche mit nichttoxischen Behandlungen kombiniert. Es ist zu berücksichtigen, dass viele dieser Behandlungen das Krebswachstum verlangsamen und die Krebszellen nicht direkt abtöten.

Therapien zur Boosterung des Immunsystems und zur Aktivierung der Killerzellen können mit solchen zur Verzögerung des Krebswachstums kombiniert werden. Große Tumoren, die einfach zu entfernen sind, sollte man herausnehmen, damit der Hundekörper mit einer geringeren Tumormasse umgehen muss.

12. Wenn der Abschied naht

Es gibt kaum Gefühle, die so pur, selbstlos und hingebungsvoll sind wie die eines Hundes für seinen Besitzer. Der Hund richtet seinen Fokus so vollständig auf die Mitglieder seiner menschlichen Familie, dass er weder an Schmerz noch an Gefahr denkt. Ein älterer Hund mit Arthrosen vergisst seine Steifigkeit und seine schmerzenden Gelenke, um den Spaziergang mit Frauchen oder Herrchen zu genießen oder um ein unbekanntes Geräusch im Haus zu ergründen. Aus meiner jahrelangen Erfahrung weiß ich, dass die Sorge des Hundes um die Sicherheit seiner Menschen viel schwerer wiegt als jede Sorge um sein eigenes Wohlbefinden. Und ich bin fest davon überzeugt: Wenn Hunde merken, dass ihr Leben zu Ende geht, ist ihre größte Sorge, wie ihre Besitzer ohne ihre physische und emotionale Unterstützung klarkommen.

Vor vielen Jahren untersuchte ich einmal eine Deutsche Schäferhündin namens Gretchen, deren Besitzer in Maryland wohnten, weit entfernt von meiner Praxis. Gretchen war schon bei vielen Spezialisten vorgestellt worden und keines der verschriebenen Medikamente konnte ihre dauernden Krampfanfälle stoppen, die nun bereits etwas alle zwanzig Minuten auftraten. Ihre Besitzer hatten kein Auto mit Klimaanlage und es war ein heißer Sommertag. Ich überprüfte die Lage und kam zu dem Schluss, dass ich leider nichts tun konnte, um ihre Situation zu verbessern – und das erklärte ich ihren Besitzern in Gretchens Beisein. Sie hatten große Angst davor, Gretchen im heißen Auto nach Hause zu fahren, denn ihre Temperatur war durch die Krämpfe bereits erhöht.

„Es ist doch nur ein Hund," werden manche sagen
um dich zu trösten
wenn dein treuer Freund gegangen ist.
Die Erinnerung ist alles, was dir jetzt noch bleibt
und es fällt schwer, nicht darin gefangen zu sein.

Ja, nur ein Hund – der Liebe und Zuneigung schenkt
wenn die Arbeit des Tages getan ist
Stets bereit, seinen Herrn zu schützen
rollt er sich zu seinen Füßen zusammen.

Wenn der Tod an der Schwelle steht
wird er zu dir aufsehen und deine zitternde Hand lecken
Eine letzte Geste der Liebe, um dich zu belohnen
Und dir zu sagen: „Ich verstehe."

Ja, nur ein Hund, der sich um dich sorgt
und auf den du dich immer verlassen kannst.
Glücklich, wer sich entschieden hat
die Liebe eines vierbeinigen Freundes zu teilen.

Ben Shulman

Aber als Gretchen mich anschaute, muss so etwas wie eine telepathische Verbindung zwischen uns entstanden sein, denn plötzlich sah ich vor meinem inneren Auge das Bild von drei kleinen Kindern. Ich fragte die Besitzer nach Kindern. „Ja", antworteten sie, „wir haben drei kleine Kinder, und sie benimmt sich wie ihr Kindermädchen." Mir traten die Tränen in die Augen, als ich ihnen erklärte, was Gretchen wohl mitteilen wolle – sie wolle die Kinder noch einmal sehen. Ich erklärte Gretchen, dass sie die heiße Fahrt wohl nicht überstehen würde. Sie schien zu verstehen und zu akzeptieren, dass ihre Zeit gekommen war, und ihre einzige Sorge war, wie die Kinder reagieren würden und ob ihre Lieblinge ohne ihr wachsames Auge und ihre dauernde Ergebenheit klar kommen könnten.

Das Geschenk der warmen Abenddämmerung

Mir geht es wie allen Tierärzten: Manchmal bringen Menschen ihre Haustiere in der Überzeugung zu mir, dass dem Leiden ein Ende gesetzt werden müsse. Oft kommt die gesamte Familie und ist emotional sehr aufgewühlt. Ich weiß, dass sie Stunden, Tage oder Wochen mit der herzzerreißenden Entscheidung verbracht haben und jetzt entschlossen sind, dieser schwierigen und entmutigenden Situation gegenüber zu treten. Aber manchmal sehe ich in den Augen des Hundes, dessen Schicksal entschieden scheint, trotz Unbehagen und Schmerzen einen besonderen Lebenswillen.

Ich weiß, dass es für die Familie einfacher ist, das Ganze hier und jetzt zu beenden, bin aber als Ärztin verpfichtet, ihr den Blickpunkt des Hundes zu übermitteln. In solchen Fällen sage ich: „Seine Zeit ist noch nicht gekommen. Er will jetzt noch nicht gehen." Die Augen der Menschen leuchten wieder und sie sehen den Hund an, als wollten sie sagen: „OK, Du bleibst noch bei uns, alter Junge, und sagst uns, wenn Deine Zeit gekommen ist." Diese besondere jahrelange Liebe zwischen ihnen wird sogar noch stärker, wenn sie den Wunsch ihres Hundes respektieren, noch ein paar wertvolle Tage mit ihnen zusammen zu sein.

Viele Menschen finden eine neue Perspektive im Leben und in der Liebe, wenn sie hören, dass ihre Haustiere nur noch eine kurze Lebensspanne haben. So vieles, das sie als selbstverständlich angesehen haben, bekommt jetzt einen wertvollen und schönen Glanz. Sei es ein Sonnenaufgang oder das besondere Geschenk einer geliebten Person vor einem Jahr, jedes Erlebnis wird wertgeschätzt und bleibt mit einer herzlichen Empfindung in Erinnerung. Streit und Missverständnis werden plötzlich nichtig, und Liebe zu teilen wird das Wichtigste überhaupt.

So wie diese Liebe der ewige Aspekt unseres Lebens ist, ist es auch mit dem Leben unserer Haustiere. Die Tiefe ihrer Gefühle für die Familie, in der sie leben, ist sogar reiner (und geduldiger und verzeihender) als die der meisten Menschen. Und weil ihre Zeit auf der Erde so viel kürzer ist als die der anderen Lieben, ist jeder Tag, den sie mit uns verbringen, so viel wichtiger. Deshalb sollte man, auch wenn beim Hund eine tödliche Krankheit festgestellt wurde, seine verbleibenden Tage nicht unbedingt verkürzen, um „ihn von seinem Elend zu erlösen". Was für uns wie eine schmerzreiche Existenz aussieht, ist für den Hund vielleicht die Gelegenheit, noch zusätzliche wertvolle Zeit mit den Menschen zu verbringen, denen er so zugetan ist – eine Art goldene Abendsonne, die man seinem Freund als Abschiedsgeschenk mitgeben kann.

So war es auch mit KC, einer wunderschönen schwarzen Cockerspaniel-Hündin, die ich viele Jahre lang behandelt habe. Ich hatte KC durch zahlreiche ernste Erkrankungen navigiert. Schließlich kam für ihre Besitzer der Moment, eine schmerzhafte Entscheidung zu treffen. Sie litt unter einer starken Herzschwäche, ihr Bauch war trommelartig mit Flüssigkeit gefüllt und ihr Atem ging schwer. Ich sah ihr in die Augen, sie schaute zurück. Sie schien zu sagen „jetzt nicht".

„Es ist noch nicht ihre Zeit", teilte ich ihren Besitzern mit. Aber sie machten sich Sorgen, weil sie in Kürze zur Hochzeit ihres Sohnes aufbrechen wollten, die hoch oben auf einem

> „Wenn es im Himmel keine Hunde gibt, dann möchte ich nach meinem Tod dorthin gehen, wo sie sind."
>
> Will Rogers

Berggipfel in New Hampshire stattfinden sollte. Wie konnten sie KC in ihrem Zustand mitnehmen? Bei wem konnten sie sie lassen? „Wir unternehmen alles, was nötig ist", sagte ich. Ich drainierte viel Flüssigkeit aus ihrem Bauch und erleichterte ihr dadurch das Atmen und änderte den Zeitplan für ihre Kräuter und Medikamente. KC nahm nicht nur an der Hochzeit oben auf dem Berg teil, sie wurde Ehrengast und reiste erstklassig in einem Kinderwagen. Sie wusste, wie viel dieses Ereignis ihrer Familie bedeutete und musste als wichtiger Teil dabei sein. Ihre Lebensqualität blieb tatsächlich ein paar Monate lang gut. Und als die Zeit endlich kam, dass man nichts mehr für sie tun konnte und sie offensichtlich schnell dahinschwand, erklärte ich ihr das, und sie stimmte zu.

Euthanasie sollte nicht einfach durch die Bequemlichkeit oder den verständlichen Wunsch diktiert werden, seinen Hund vor einer krankheitsbedingten Einschränkung seiner Lebensqualität zu schützen. Viel zu oft werden Menschen durch andere Menschen beeinflusst, die ihnen sagen, ein Hund solle eingeschläfert werden, weil er nicht mehr so gut läuft wie früher, oder es sei besser, sich einfach einen neuen Hund zu holen als die Gesundheitsprobleme des jetzigen Hundes zu verlängern. Obwohl es die Gefühle mancher Menschen verletzen kann, möchte ich Ihnen ein hypothetisches Beispiel nennen. Dies erzähle ich auch den Patientenbesitzern, wenn sie hin- und hergerissen sind, was sie mit dem Hund machen sollen, der nur noch kurz zu leben hat. Man stelle sich einen nahen Verwandten vor – vielleicht eine Tante, die immer freundlich, sanft und liebevoll war und wenig für sich selbst gefordert hat – und bei der Leberkrebs festgestellt wurde. Können Sie sich vorstellen, die ganze Familie kommt ins Krankenhaus, um ihr zu sagen, man habe sich entschieden sie „zur Ruhe zu betten", weil sie nur noch sechs Monate zu leben habe und es einfach für alle zu schmerzhaft sei, sie dabei zu beobachten?

Haben Hunde ein Leben nach dem Tod?

Während die westliche Theologie ausgehend von der Anschauung, der Mensch sei nach Gottes Ebenbild geschaffen, der Meinung ist, dass nur Menschen mit dem „göttlichen Funken" und einer spirituelle Existenz nach dem Tode gesegnet sind, ist dies für jeden, der einmal eine Bindung zu einem Hund hatte, wohl schwer zu akzeptieren Hundebesitzer wissen, dass die bedingungslose Liebe, die uns von unseren Hunden entgegengebracht wird, eines der wertvollsten Dinge unseres Universums ist – ein zarter und kräftiger Energiefluss, der so nahe an der göttlichen Liebe ist wie jede andere Liebe, die man auf Erden erlebt. Deshalb bin ich ganz sicher, dass die Liebe eines Hundes zu seinem Herrn eine Art spirituelle Energie ist, die über die irdische Existenz hinausreicht – eine Energie, auf die wir uns bei Bedarf verlassen können, auch wenn unser vierbeiniger bester Freund schon lange aus diesem Leben geschieden ist.

Und noch ein weiterer spiritueller Aspekt beim Sterben des Hundes könnte ein großer Trost für die Verbleibenden sein. Aus eigener Erfahrungen bin ich mir ganz sicher, dass Hunde und ihre Besitzer nach dem Tode wieder vereint werden – dieses Thema ist in Liedern und Erzählungen im Laufe der Geschichte weiter-

Rituale des Übergangs für Hundebesitzer

Sprechen Sie mit Ihrem Hund. Lassen Sie ihn wissen, dass Sie sein Leiden verstehen und alles dafür tun, um ihm zu helfen. Die Wirkung dieses ganzheitlichen Ansatzes sollte man nicht unterschätzen.

Wenn es ganz eindeutig ist, dass sich der Hund im Endstadium befindet und nichts mehr für ihn getan werden kann, lassen Sie ihn wissen, dass Sie jede Entscheidung respektieren, die er zur Dauer seines Weiterlebens trifft. Wenn seine Augen und sein Wesen noch Lebenswillen erkennen lassen, machen Sie es ihm so bequem wie möglich und versorgen ihn so oft Sie können, mit allem, was er am liebsten mag.

Wenn er signalisiert, er sei bereit zu gehen – wie Haustiere das oft tun –, lassen Sie ihn sich von anderen tierischen Freunden verabschieden und erklären Sie allen, was passiert. Wenn Sie ihn vom Tierarzt einschläfern lassen, dürfen alle, die ihn kannten und liebten, sich vorher von ihm verabschieden.

Bleiben Sie während des Vorgangs bei ihm, umgeben Sie ihn mit liebevollen und fürsorglichen Gedanken. Konzentrieren Sie sich auf Dinge wie wunderbare Spaziergänge oder Jagdbeuten und auf den Schutz, den er Ihnen und Ihrer Familie gab und wie besonders er für sie war und immer bleiben wird.

Lassen Sie ihm ein leichtes Beruhigungsmittel geben und halten Sie, wenn möglich, seinen Kopf und streicheln ihn beruhigend.

Wenn die letzte Spritze gegeben ist, beten Sie leise ein besonderes Gebet für ihn und stellen sich die Liebe zwischen ihnen wie ein einzigartiges und besonderes Geschenk vor, dass Sie nie verlieren werden. Wenn Sie an so etwas glauben, sagen Sie ihm, er könne, wenn er wolle, sich der Familie in einem neuen Körper wieder anschließen. Nehmen Sie sich alle Zeit, die Sie für Ihre persönliche Verabschiedung benötigen.

Wenn Sie Ihren Hund zu Hause oder auf dem Hundefriedhof begraben, sorgen Sie dafür, dass es mit einem würdigem Ritual geschieht, ähnlich wie bei einer menschlichen Beerdigung. Lassen Sie ihn verbrennen, machen Sie dasselbe mit seiner Asche.

Wenn Sie wieder nach Hause gehen, erzählen Sie den anderen Tieren im Haushalt, was geschehen ist, indem Sie zu ihnen sprechen und ihnen mental das Bild des toten Freundes übermitteln.

Die Trauer um ein Tier braucht seine Zeit. Aber wenn man den obigen Schritten folgt, kann man den Kummer mit Ernst, Trost und spiritueller Erhebung verarbeiten, die aus dem Erkennen der ewigen Bindung zwischen Ihnen und Ihrem speziellen Begleiter stammt.

getragen worden. Vor vielen Jahren behandelte ich einen Englischen Setter namens Morgan, der an einer tödlichen Krankheit litt. Seine Besitzer wollten ihn eines natürlichen Todes sterben lassen, statt ihn einzuschläfern. Da er keine Schmerzen hatte, war ich einverstanden. Sie arbeiteten tagsüber und ließen ihn in meiner Praxis, so dass er bei uns sein konnte. Als sie anriefen, um sich nach ihm zu erkundigen, sagte ich ihnen, sie müssten mental mit ihm kommunizieren und ihm mitteilen, dass es in Ordnung sei, wenn er ginge.

Etwas später ging ich zu dem Zwinger, in dem Morgan auf einer weichen Unterlage lag. Zwischen den Käfigen aus rostfreiem Stahl sah ich einen älteren Mann mit weißen Haar und kurz geschnittenem Bart, der sanft Morgans Kopf auf seinen Schoss gebettet hatte und ihn streichelte.

Balsam von Mutter Natur gegen den Schmerz

Notfalltropfen sind ein Bachblüten-Heilmittel für Menschen und Haustiere, das den aufgewühlten Gefühlen nach dem Tod eines Freundes entgegenwirkt. Ein paar Tropfen in Wasser, über einige Minuten getrunken, können Schock, Unruhe und das surreale Gefühl abmildern, das oft nach solch einem Verlust auftritt. Ignatia D30 oder D200 ist ebenfalls ein gutes homöopathisches Mittel gegen Trauer. Es sollte Menschen und Tieren drei bis vier Mal täglich über ein bis zwei Wochen gegeben werden.

Als ich zu seinem Käfig kam, war der Fremde aber verschwunden. Dann gab Morgan einen kleinen Seufzer von sich und starb friedlich. Ich rief die Besitzer an, um sie über Morgans Tod zu informieren und beschrieb ihnen meine Erscheinung. Sie sagten wenig dazu.

Zwei Wochen später kamen sie in die Praxis, um Morgans Asche in Empfang zu nehmen. Sie nahmen mich zur Seite und zeigten das Bild eines älteren Herren mit der Frage: „War dies der Mann, den Sie gesehen haben?“ Erstaunt konnte ich ihnen das bestätigen. „Es war mein Vater“, sagte einer der Besitzer, „Morgan und er waren die allerbesten Freunde, bis er vor drei Monaten starb.“

Meine Erfahrung mit Familien, die um ihr geliebtes Haustier trauern, hat mich auch zu der Überzeugung gebracht, dass es Zeiten gibt, in denen die Tiere von der anderen Seite aus mit uns zu kommunizieren versuchen. Sie wollen uns mitteilen, dass sie auf ihre eigene Weise glücklich und in Frieden sind. Das war auch der Fall bei Torro, einem Deutschen Schäferhund, der ein guter Freund von mir wurde. Er kam jede Woche einmal zur Akupunktur in meine Klinik, um die Folgen einer Rückenerkrankung zu mildern, die seine Hinterbeine schwächte, und er schien diese Besuche ganz besonders zu genießen. Nach Torros Tod erzählte mir seine Besitzerin eine merkwürdige Geschichte, die sie von einem Freund gehört hatte. Der Freund sagte, er habe Torro im Traum gesehen, wie er spielte, sprang und lief, wie um ihm zu vermitteln, dass er glücklich sei und es ihm gut ginge. Sie fügte hinzu, wenn jeder andere ihr das erzählt hätte, hätte sie geglaubt, es handele sich um den Versuch sie aufzuheitern – aber der Freund war extrem bodenständig und für ihn wäre es völlig untypisch, so etwas zu sagen, wenn es sich nicht wirklich zugetragen hätte.

Ein letztes Zeichen von Liebe und Achtung

Wie beim Menschen auch ist es für den Hund die schönste Art, dieses Leben hinter sich zu lassen, wenn er sich geborgen in gewohnter Umgebung und umgeben von seinen Liebsten befindet. Viele Hunde können auf diese wunderbare Art sterben, manchmal in den Armen des geliebten Besitzers. Wenn es ihnen ausreichend gut geht und sie mit der Situation klarkommen, ist es üblicherweise das Beste, sie ihre Zeit selbst wählen zu lassen. Wenn es aber soweit ist, dass das Haustier Hilfe beim Übergang braucht, – und das kann ich gar nicht stark genug betonen – müssen die Tiere mit größter Liebe und Respekt behandelt werden. Es hilft ihnen, wenn sie von Mitgliedern ihrer Familie umgeben sind, die sie so sehr lieben und die sie wissen lassen, dass ihre Schmerzen bald vorbei sind. Jetzt können Sie dem Tier Achtung und Wertschätzung für den Schutz, Geborgenheit, Heilung und Liebe zeigen, die es Ihnen gegeben hat, und Sie können es mit einem Ritual ehren. Diese Zeremonie ist auch für jedes andere Tier im Haushalt wichtig, das sehen sollte, was aus seinem Freund wird. Oft wandern Haustiere wochenlang ruhelos durch das Haus auf der Suche nach den Kameraden, die gegangen sind und nicht zurückkamen.

Tiere haben keine Angst vor dem Tod, denn die Sorge vor der Zukunft liegt ihnen fern. Ich glaube, sie wissen, wenn ihr Körper ihnen nicht mehr gehorcht und spüren auf ihre Art, dass ihr Geist auf einer anderen Ebene weiter existiert. Wenn sie dieses Stadium erreicht haben, ist ihr größter Kummer – davon bin ich überzeugt –, dass sie ihre Lieben zurücklassen müssen. Deshalb ist es so wichtig, das Haustier erst dann zu euthanasieren, wenn es dafür bereit ist.

Es muss eine Vorbereitungszeit geben, in der eine liebevolle Kommunikation zwischen dem Hund und dem Rest der Familie stattfindet. Die Besitzer sollten spüren, dass der Hund mit ihrem Vorgehen einverstanden ist. In meiner Praxis spreche ich mit dem Hund, versichere ihm, wir gingen sanft und liebevoll mit ihm um, und ich verabreiche oft ein Beruhigungsmittel. Sobald es wirkt, bitte ich Besitzer und Familienangehörige, ihr Haustier mit liebevollen Gedanken zu umgeben und sich an die

besondere Zeit zu erinnern, die sie miteinander verbracht haben. Ich rate dazu, sich auf die emotionale Bindung zu konzentrieren, die sie mit ihrem Freund in all diesen Jahren hatten. Ich bitte sie, sich auf ihre Achtung und Wertschätzung für alles, was dieses Tier sie gelehrt hat und auf die ganze Liebe und Loyalität, die es in ihr Leben gebracht hat, zu konzentrieren. Wenn sie die Tränen nicht zurück halten können, erkläre ich dem Hund, das sei nur, weil er so etwas Besonderes für sie sei und so vermisst werde. Je besser dies übermittelt wird und je harmonischer die Umgebung ist, desto leichter ist es für das Tier.

Wenn das Tier von Liebe und Respekt umgeben aus diesem Leben scheidet, kann das eine schöne und friedliche Erfahrung für diejenigen sein, die ihm am Nächsten standen. Wenn das Wetter es zulässt und das Tier und die Familie einverstanden sind, vollziehen wir die Prozedur oft draußen in der ruhigen und idyllischen Umgebung meiner Praxis. Wenn der Hund in die spirituelle Welt aufbricht, ist sein letzter Eindruck der Erde der schönste, mit zwitschernden Vögeln und dem Duft der Blumen und Kiefern.

Dem Hund eine solche Abschiedszeremonie zu bereiten, ist nicht lächerlicher oder frivoler als die Beerdigung eines Menschen. Wenn sich zu dieser Zeit andere Patientenbesitzer im Wartezimmer aufhalten, sind sie tatsächlich oft emotional aufgewühlt und bezeugen ihr Beileid, obwohl sie meistens weder den Hund noch die betroffenen Personen kennen.

Vor vielen Jahren behandelte ich einmal einen ganz ungewöhnlich aussehenden Hund namens Nicholas wegen einer schweren Hüftarthritis und vielfacher Bandscheibenprobleme. Zunächst hatte er Angst und große Schmerzen, aber als die Behandlung nach und nach Erleichterung brachte, genoss er die Besuche. Als ich über sein besonderes Aussehen nachgrübelte, schien er mir eine Art Kreuzung zwischen Hütehund und Gnu zu sein und lachend sagte ich zu seiner Besitzerin, dass Nicholas ein seltener „großer Gnu-Hütehund“ sei. Das wurde zu unserem persönlichen Scherz, und die Besitzerin beschrieb ihn als solchen, wenn Menschen sie nach seiner Rasse fragten. Sie legte ihm auch jedesmal, wenn er in die Klinik kam, ein anderes Halsband um.

Ich freute mich jedes Mal, wenn Nicholas zur Tür hereinkam, und ich rief „Schau, wer da kommt!“ Er wiederum schien die Aufmerksamkeit zu geniessen.

Nicholas wurde sehr alt, und als er den Punkt erreichte, an dem man sein Leiden nicht mehr lindern konnte, wartete er draußen und lag auf einer Decke in der warmen Sonne. Er sah mich voller Vertrauen und Liebe an und schien zu verstehen, dass seine Zeit gekommen war. Hinterher bekam ich einen Dankesbrief von seiner Besitzerin, die sich daran erinnerte, wie ihr Hund sich auf seine Tierarztbesu-

„Der Geist von Nicholas wurde dort freigegeben, wo er gerne war. Er war umgeben von Liebe und erfüllt von Freude und Vertrauen. Es war ein liebevolles Geschenk von Ihnen, ihm seinen letzten Schritt zu erleichtern. Ich weiß, dass er, als er Sie in seinem letzten Moment anschaute, voller Frieden war und die ganze Liebe spürte, die Sie für ihn haben. Auch ich finde Frieden, wenn ich an diesen letzten Tag denke.“

che gefreut hatte. Sie sagte, dass er ihr „selbsternannter Sozialbeauftrager wurde, der alle Zwei- und Vierbeiner begrüßte, die durch die Tür kamen“ und erzählte mir das Folgende:

Es passt gut, dass ich dieses Kapitel mit einem Gedicht meines geschätzten verstorbenen Freundes Ben Shulman eröffnet habe. Ben, der Vater des Klavierlehrers meines Sohnes, war viele Jahre lang mein Freund. Meine beiden Jungen bekamen ab dem dritten Lebensjahr Klavierunterricht, und so konnte ich viele Jahre lang den Auftritten zuhören. Ben und ich verbrachten Jahre miteinander, hörten bei den Konzerten aus dem Hintergrund zu, scherzten herum und zeigten allgemein ein Verhalten, das sich für eine Mutter und einen älteren Herren nicht ziemt. Wir lachten beide über die schrecklichen Witze des anderen (die wir uns in altem Glanz zweimal jährlich bei den Auftritten immer wieder erzählten), kuschelten uns aneinander und kicherten hinten im Raum. Manchmal bedienten wir uns auch an dem Essen, das alle Eltern für das Ende des Konzerts aufgebaut hatten.

Als die Jahre vergingen, begann Ben mir von seinen Beschwerden und Schmerzen zu erzählen. Er war ein weiser und glücklicher Mann, der immer gern gelebt hatte. Er bekam chronische Schmerzen mit Herzbeschwerden und allen möglichen Leiden. Eines Tages wurde er in die Notaufnahme gebracht und der Intensivpflege unterstellt. Ohne die Spritzen und die Dauerüberwachung, die nur auf der Intensivstation möglich waren, hätte er nur noch ein paar Tage zu leben gehabt. Ben betrachtete sein Leben im Rückblick und traf seine Entscheidung. Er war bereit zu gehen. Er wollte im Beisein von Familie und Freunden gehen.

Ich eilte zu ihm nach Hause, um ihm nahe zu sein. Seine Tochter und ich umarmten uns weinend, wissend, wie sehr uns seine liebevolle Weisheit fehlen würde. Merkwürdigerweise war die Atmosphäre im Haus wie in einer Kirche – und schön. Ben hatte seine Entscheidung getroffen und war im Frieden mit sich. Er lachte über meine alten, müden Witze, hörte sich Musik und Geschichten an. Wie vorausgesagt, starb er still nach ein paar Tagen. Seine Gedichte wurden bei seiner Beerdigung gelesen und seine Musik wurde gespielt. Genau so, wie er sich das gewünscht hatte.

Genau so sollte es sein, und das habe ich – neben vielen anderen Dingen – von Ben gelernt. Von seinen Lieben umgeben zu sein, Geschichten hören, die davon erzählen, wie sehr man geliebt wurde, und über die schönsten Momente eines wunderbaren Lebens zu hören, in dem man die Sterbenden und ihre Liebsten heilt und umsorgt.

Teil 3
Ganzheitliche
Rezepte von
A bis Z

Wie man homöopathische Arzneimittel gibt

Homöopathische Arzneimittel gibt es in flüssiger Form und als Globuli oder Tabletten.

- Tropfen sind normalerweise mit Alkohol konserviert und enthalten zwischen 20 und 87 % Alkohol. Hunde mögen den Geschmack von höherprozentigem Alkohol nicht, aber Sie können die Tropfen mit Wasser verdünnen und sie dem Hund dann geben. Geben Sie einige Tropfen der flüssigen Arznei in eine 25- oder 50 ml-Tropfflasche aus Braunglas und füllen Sie sie mit destilliertem oder Quellwasser auf. Verabreichen Sie die verdünnte Medizin mit der Pipette und richten Sie sich hinsichtlich der Menge und Häufigkeit der Dosierung nach den Anweisungen Ihres Tierarztes.
- In fester Form gibt es homöopathische Mittel als Tabletten oder Globuli. Die größeren Tabletten spucken die Hunde häufig aus. In meiner Praxis verwende ich daher die kleinen Globuli (Streuzuckerkügelchen). Sie sind oft so klein, dass sie am Gaumen des Hundes kleben bleiben, und weil der Hund sie nicht ausspucken kann, lösen sie sich dort auf. Größere Tabletten können Sie auch auf einem kleingefalteten Blatt Papier zerstoßen und das Pulver aus dem Papier in die Hundeschnauze rieseln lassen. Oder Sie geben einige Globuli (wie bei den Tropfen) in eine mit Wasser gefüllte 25- oder 50 ml-Tropfflasche aus Braunglas und schütteln, bis sie sich aufgelöst und mit dem Wasser zu einem flüssigen Medikament vermischt haben. Bereiten Sie Ihre flüssigen Arzneimittel alle 1 – 2 Wochen frisch zu, weil die Mischung keine Konservierungsmittel enthält.

Zwölf nützliche Heilmittel

Besorgen Sie diese häufig verwendeten Heilmittel, damit Sie sie im Notfall zur Hand haben. Sie benötigen wenig Platz und stellen auch eine gute Reiseapotheke dar.

Mittel	Anwendungsgebiete	Dosierung
Apis mellifica	Bienen- und andere Insektenstiche, die heiß und rot sind.	Einige Male nach dem Stich alle 20 min.
Arnica	Weichgewebeverletzungen, allgemeine Schmerzen, Steifheit nach Überanstrengung, Wundsein und Verletzungen von Muskeln und Knochen.	Einige Male am Tag der Überanstrengung und einen Tag danach geben oder nach jedem chirurgischen Eingriff.
Arsenicum album	Magen-Darm-Störungen mit Erbrechen und Durchfall nach verdorbenem Futter.	Halbstündlich über einige Stunden geben.
Borax	Angst bei Gewitter und Feuerwerk.	Während der Saison über einen Monat zweimal täglich die Potenz C6 geben.
Calendula	Alle äußerlichen Infektionen, Abschürfungen oder Wunden.	In Salbenform ein paar Mal täglich bis zur Heilung auftragen.
Hepar sulfuris	Schmerzhafte Abszesse am gesamten Körper oder schmerzhafte, entzündete Analdrüsen.	Drei Mal täglich über drei Tage.
Hypericum	Jeder Schmerz aufgrund von Nervenschädigungen und in nervenreichen Gebieten; Verletzungen beim Krallenschneiden.	Ein paar Mal alle 30 Minuten nach der Verletzung.
Ledum	Jede Art Stichwunde, auch Insektenstiche, die sich kühl anfühlen und wie eine Quetschung aussehen.	Dreimal täglich über ein paar Tage.
Myristica	Infektionen und chronische Probleme der Analbeutel.	Dreimal täglich über zwei Wochen.
Rhus toxicodendron	Steifheit und Schmerzen aufgrund von Arthritis, die sich nach dem Gehen bessern, allgemeine muskuloskelettale Verletzungen, rotgeschwollene Augen, Hautinfektionen, Hautjucken.	Bei Arthritis zwei- bis dreimal täglich über einen Monat.
Ruta	Verletzungen der Sehnen oder Bänder, besonders am Knie, oder Kreuzbandverletzungen.	Dreimal täglich über einen Monat.
Silicea	Splitter oder Grannen (um sie aus der Haut zu ziehen).	Zweimal täglich über einen Monat.

Darf ich die Arzneimittel anfassen?

Vielerorts wird davor gewarnt, homöopathische Arzneimittel mit den Händen anzufassen. Das ist nicht richtig. Solange Ihre Hände sauber sind, können Sie die Globuli problemlos anfassen. Ich tue dies seit über 30 Jahren und versichere Ihnen, dass es gutgeht.

Darf ich homöopathische Arzneimittel mit dem Futter geben?

Um eine optimale Aufnahme der homöopathischen Arzneimittel zu gewährleisten, warten Sie am besten zwanzig Minuten nach dem Fressen. Wenn Sie die Arzneimittel vor einer Mahlzeit geben, warten Sie mit dem Füttern mindestens zehn Minuten. Mischen Sie die Arzneimittel nicht unter das Futter.

Wie viel sollte ich jedes Mal geben?

Die Anzahl der Tabletten oder Tropfen ist nicht entscheidend. Sie können einem Elefanten einen Tropfen und einer Maus 10 Tropfen geben. Die Größe der Tabletten ist auch nicht wichtig, weil Sie die „Energie" der Medizin verabreichen und nicht die „materialle Substanz". Die Standarddosierung ist 5 Globuli oder Tropfen pro Gabe.

Wie oft soll ich das Arzneimittel geben?

Befolgen Sie die Anweisungen Ihres Tierarztes oder die Dosierungsinformationen auf der Packung.

Wie soll ich homöopathische Arzneimittel aufbewahren?

Bewahren Sie Tabletten bei Raumtemperatur auf und stellen Sie selbst zubereitete Flüssigkeiten in den Kühlschrank. Wenn Sie etwas verschütten, füllen Sie es nicht in die Flasche zurück, um Kontaminationen zu vermeiden. Bewahren Sie die Medikamente nicht in der Nähe von Computern oder Mikrowellen auf.

Was bedeuten die Zahlen und das „C" oder „D" auf der Packung?

Die Stärke einer homöopaathischen Arznei verhält sich proportional zu Anzahl der Verdünnungen und Schüttelungen. Eine „6" bedeutet, dass sechs Mal verdünnt und geschüttelt wurde; eine „30" bedeutet 30 Mal. Eine „C"-Potenz wird jedes Mal 1:100 verdünnt, eine „D"-Potenz jedes Mal 1:10.

Schlussendlich ist es wichtiger, das richtige Arzneimittel zu wählen, als sich Gedanken über die Potenz und Dosierung zu machen. Auch das Körpergewicht des Tieres ist nicht von Bedeutung.

Analdrüsen

Die Analdrüsen des Hundes liegen zu beiden Seiten des Afters. Sie entleeren sich gewöhnlich während des Kotabsatzes, können aber auch verstopft sein oder sich entzünden.

Die Anzeichen für Analbeutelprobleme sind:

- Mit dem Hinterteil auf dem Boden herumrutschen („schlittenfahren")
- Häufiges Lecken unter dem Schwanz
- Penetranter, fauliger Geruch im Rektalbereich
- Roter und entzündeter Analbereich
- Schmerzhafter oder fehlender Kotabsatz

Behandlung

Lassen Sie Ihren Tierarzt oder Hundefriseur nachschauen, ob die Analdrüsen ausgedrückt werden müssen. Einweichen mit Epsomsalz ist ein absolutes Muss, wenn die Analdrüsen verstopft oder entzündet sind. Kaufen Sie in der Apotheke Epsomsalz und bereiten Sie ein Bad nach den Packungsanweisungen. Weichen Sie die Rektalregion Ihres Hundes zwei bis drei Mal täglich ein. Sorgen Sie für eine warme, angenehme Wassertemperatur. Wenn Ihr Hund nicht in einem Bad sitzen möchte, tränken Sie große Baumwollbälle oder Waschlappen in der warmen Salzlösung und drücken Sie sie vorsichtig auf den Analbereich Ihres Hundes. Wenden Sie die Epsomsalz-Bäder oder Kompressen je nach Schwere der Symptome drei Tage bis eine Woche an. Diese Behandlung wird die Analbeutel entleeren und die Gewebeheilung fördern.

Das beste Homöopathikum für chronische Analbeutelprobleme ist Myristica D30. Geben Sie es eine Woche lang vier Mal täglich und eine weitere Woche zwei Mal täglich. Hcpar sulfuris D30 hilft ausgezeichnet bei schmerzhaften Abszessen am gesamten Körper und auch bei Analabszessen. Häufig fühlen sich Hunde mit Analabszessen sehr schlecht und haben Schmerzen. Hepar sulfuris D30 reduziert die Schmerzen und die Enzündung, unterstützt die Entleerung der Drüsen und die Heilung. Geben Sie dieses Mittel vier Mal täglich über 3 – 4 Tage. Auch Silicea D6 ist ein gutes Heilmittel, aber es sollte nicht gleichzeitig mit Hepar sulfuris gegeben werden. Silicea D6 wird einmal täglich über eine oder zwei Wochen verabreicht, sobald der Analbeutel nicht mehr entzündet ist, um die Drainage zu vervollständigen und die Entzündung komplett auszuheilen.

Anämie

Bei einer Anämie reicht die Zahl roter Blutkörperchen nicht aus, um die Zellen mit Sauerstoff zu versorgen. Zu einer Anämie kann es kommen, wenn der Körper Blut verliert oder wenn das Knochenmark nicht genug rote Blutkörperchen produzieren kann. Sie kann auch auftreten, wenn der Organismus seine eigenen roten Blutkörperchen zerstört, beispielsweise bei einer Autoimmunkrankheit. Bei dem Verdacht auf eine Anämie beim Hund sollte man den Tierarzt aufsuchen.

Die Zeichen und Symptome für eine Anämie umfassen:

- Müdigkeit und Lethargie
- Blasse Maulschleimhäute und/oder innere Augenlider
- Angestrengte Atmung

Behandlung

Bestimmte Vitamine und Mineralien wie Vitamin B12, Folsäure, Kupfer und Eisen sind für die Bildung neuer roter Blutkörperchen wichtig. Leber enthält blutbildende Nährstoffe, wobei ich Leber von Tieren aus biologischer Haltung empfehle. Blattgemüse sind reich an Chlorophyll, das notwendige Substanzen für die Blutbildung bereitstellt. Dämpfen Sie grüne Blattgemüse wie Grünkohl leicht und mischen Sie sie unter eine leckere Mahlzeit. Im Kapitel „Das Hunde-Restaurant" finden Sie Rezepte für Omeletts mit grünem Blattgemüse. Alternativ können Sie auch Chlorophyll-Tabletten oder -Lösung im Reformhaus kaufen. Blaugrüne Algen, Gerstengras- und Weizengras-Pulver und -Tabletten enthalten ebenfalls viel Chlorophyll.

Es gibt einige homöopathische Arzneimittel, die für anämische Hunde nützlich sind. Ich empfehle China C30 für Hunde mit plötzlichem Blutverlust, dreimal täglich eine Dosis. Ferrum metallicum C6 (Eisen), zweimal täglich, ist ausgezeichnet, um die Bildung neuer roter Blutkörperchen anzuregen. Phosphorus C30, zweimal täglich, ist sehr gut für Blut, Leber und Knochenmark. Arsenicum album C6 zwei bis drei Mal täglich hilft gegen Anämie und wirkt als Stärkungsmittel für den ganzen Körper. Sie können die genannten Homöopathika auch kombinieren.

Arthritis

Wie wir Menschen können auch Hunde im Alter an einer Arthritis erkranken. Sie kann an den Hüften, Ellbogen, Knien oder anderen Körpergelenken auftreten. Der Markt quillt über von natürlichen Produkten gegen Arthritis, sodass wir hier nicht alle nennen können. Die gute Nachricht ist, dass mir meine jahrelange Erfahrung erlaubt, die wirksamsten Mittel für dieses Problem mit Ihnen zu teilen, damit Ihr Hund ein erfülltes, glückliches und schmerzfreies Leben führen kann.

Prüfen Sie folgende Krankheitszeichen

Wenn Sie auf das Zahnfleisch Ihres Hundes drücken und wieder loslassen, wird es sofort blass aussehen, aber seine normale Farbe wieder annehmen, bevor Sie bis drei zählen können. Wenn Ihr Hund sehr müde ist sowie seine Schleimhäute blass aussehen und nach Ausüben von Druck nicht innerhalb weniger Sekunden zur normalen Farbe zurückkehren, gehen Sie zum Tierarzt und lassen eine Blutuntersuchung durchführen. Eine andere Möglichkeit zum Testen auf Anämie ist, das Unterlid vorsichtig herunterzuziehen, um sehen zu können, ob das innere Augenlid rosa oder blass oder weiß erscheint. Wenn Sie vor dem Spiegel Ihr eigenes unteres Augenlid herunterziehen, können Sie den rosa Teil des inneren Augenlides sehen, vom dem ich hier spreche.

Die Symptome einer Arthritis sind:

- Veränderungen des Gangbildes; die Bewegung werden kurz und holprig.
- Schwierigkeiten beim Treppensteigen oder -herunterlaufen.
- Pausen beim Gehen.
- Abwehr, wenn die Hüften berührt werden.
- Zögern beim Aufstehen aus dem Liegen.
- Ächzen oder Wimmern beim Aufstehen.
- Abnehmendes Interesse am Spielen

Behandlung

Goldkügelchenimplantate sind sehr wirkungsvoll bei jungen Hunden, die früh im Leben Zeichen einer Hüftdysplasie zeigen. Im Internet findet man Tierärzte, die Goldkügelchen implantieren. Auch Akupunktur bringt echte Erleichterung bei vielen Patienten mit Arthrose.

Cetylmyristoleat (CMO) ist mit Abstand das wirkungsvollste Mittel für Hunde mit Arthritis. Ich fand die Ergebnisse immer sensationell. Es ist eine sichere und natürliche Alternative zu nichtsteroidalen Entzündungshemmern (NSAID) und wirkt schnell mit exzellenten Ergebnissen. CMO fördert die Erholung des Gelenks, hilft Gelenkschmiere zu produzieren und mindert Schmerz und Entzündung bei gleichzeitiger Regulation der Immunantwort für die optimale Erholung des Gelenks.

Ich verwende CMO-Präparate für Menschen seit über zwanzig Jahren und ich behandelte damit erfolgreich die schwersten Fälle. Jetzt gibt es auch eine Tablette für Hunde, und so mache ich das Richtige, wenn ich meinen arthritischen Hundepatienten CMO verschreibe. Mindestens 90 % der Hunde, die ich mit CMO behandelt habe, zeigten phänomenale Ergebnisse.

Zusätzlich gebe ich bei Arthritis eine Vitaminzubereitung, die neben Alfalfa und Vitamin C weitere wirksame Substanzen enthält.

Zu den homöopathischen Heilmitteln gegen Arthritis gehört Rhus toxicodendron D30. Dieses Heilmittel ist gut für Hunde mit morgendlicher Steifigkeit, die sich bei Bewegung bessert. Diese Patienten werden auch durch feuchtes, kaltes Wetter beeinträchtigt und fühlen sich bei warmem Wetter besser. Das Arzneimittel Bryonia C30 nimmt man bei Hunden, die bei Bewegung Schmerzen haben. Causticum C30 ist gut für ältere Hunde mit Arthritis. Viele alte arthritische Hunde haben starke Schmerzen durch Deformierungen ihrer Gelenke, beispielsweise knöcherne Zubildungen im oder am Gelenk, und möglicherweise eine Schwäche in den Hintergliedmaßen.

Augenprobleme

Hornhautgeschwür

Manche Rassen, wie der Mops, haben hervorstehende Augen, die zu Geschwüren der Hornhaut neigen. Eine häufige Ursache sind Kratzer und Verletzungen der äußeren Oberfläche (Hornhaut) des Auges. Der Tierarzt färbt die Hornhaut mit einem fluoreszierenden Farbstoff an, um das Geschwür zu lokalisieren.

Einige Symptome:

- Blinzeln und/oder Augen geschlossen halten
- Rötung des weißen Teils des Auges
- Übermäßiger Tränenfluss

Behandlung

Der Tierarzt trägt oft ein lokal wirkendes Antibiotikum zur Infektionsverhinderung auf, aber es sind auch viele ganzheitliche Produkte erhältlich, die bei einer schnellen und problemlosen Genesung helfen. Frische Aloe wirkt Wunder bei vielen Augenproblemen und kann einfach lokal angewandt werden. Man verwendet die frische Pflanze, nicht das Gel aus der Tube, denn manche Inhaltsstoffe der Pflanze zerfallen nach ein paar Tagen und sind im verpackten Produkt nicht mehr verfügbar.

Man schneidet das frische Aloeblatt so auf, dass das Gel im Inneren frei wird; dieses Gel wird auf das Lid aufgetragen. Es dringt durch das Lid zum Auge vor und hilft der Hornhaut, schnell zu heilen. Man gibt es drei bis vier Mal täglich zwei oder drei Tage lang.

Calendula-Tinktur, in abgekochtem Wasser verdünnt, kann drei bis vier Mal täglich aufgetragen werden. Calendula-Tinktur muss vor Gebrauch mit der neunfachen Menge Wasser verdünnt werden, sie fördert die schnelle Heilung. Man erhält sie in Reformhäusern und Apotheken. Ein paar Wochen lang kann man zusätzlich Vitamin A in Form von Beta-Carotin geben.

Calendula: Die Wunderpflanze

In meiner Praxis spüle ich routinemäßig nach jeder Zahnoperation die Maulhöhle mit Calendula. Es stillt schnell die Blutung, der Hund wacht ohne Schmerzen auf und gesundet schnell. Calendula stillt oft eine Blutung, wenn sonst nichts hilft. Ich trage Calendula auch auf frische Wunden auf, weil ich glaube, Calendula verhindert eine Infektion. Je häufiger man Calendula auf das betroffene Gebiet aufträgt, desto schneller heilt es. Es ist eben eine ganz besondere Pflanze.

Entropium

Entropium ist ein medizinisches Problem des Auges: Das Unterlid rollt sich nach innen, dadurch scheuern die Wimpern auf der Hornhaut und reizen sie. Das Problem kann man chirurgisch lösen.

Behandlung

Auf jeden Fall sollte ein homöopathisches Heilmittel probiert werden, ich fand seine Erfolgsrate sehr hoch. Bei vielen Patienten habe ich es erfolgreich verwendet und das Problem komplett und ohne Chirurgie gelöst: Borax C6 oder D6 (das homöopathische Heilmittel, nicht das Reinigungsmittel!) gibt man zwei Mal täglich für drei Monate.

Blasenentzündung (Cystitis)

Eine einfache bakterielle Entzündung der Harnblase nennt man Cystitis. Meist wird ein erschwerter und schmerzhafter Urinabsatz durch eine Cystitis ausgelöst. Als andere Ursachen kommen auch Blasensteine und Blasenkrebs in Frage. Bei Rüden kann die Prostata entzündet oder vergrößert sein und deshalb Probleme im Harntrakt bereiten. Manche Blasenentzündungen werden chronisch. Wenn außerdem resistente Bakterien beteiligt sind, muss die Antibiotikabehandlung konsequent und sorgfältig sein.

Zeichen und Symptome einer Blasenentzündung:

- Häufiger Urinabsatz und Harndrang
- Stubenunreinheit
- Tröpfelnder Urin oder unterbrochener Harnfluss
- Verfärbter, dunkler, rotgefärbter oder trüber Urin

Mit Hilfe einer Urinanalyse kann sicher abgeklärt werden, ob der Hund eine Harnwegsentzündung hat. Bei einer normalen Cystitis empfehle ich das Anlegen eines Antibiogramms, um das beste Antibiotikum zu finden. Das Antibiotikum muss bis zum Ende der verschriebenen Dauer verabreicht werden. Ich empfehle auch, etwa eine Woche nach Beendigung der Antibiotikaeinnahme erneut eine Kultur anzulegen, um sicherzugehen, dass die Entzündung vollständig abgeheilt ist. Eine bakterielle Blasenentzündung kann zu den Nieren aufsteigen und eine Sekundärinfektion der Niere auslösen.

Manche Bakterien gedeihen nicht gut im sauren pH-Milieu. Mit Futtermitteln und Ergänzungsstoffen können Sie den Urin im gesunden sauren Milieu halten und auf diese Weise zur Behandlung der Blasenentzündung beitragen.

Die Cranberry ist ein wirksames Mittel gegen Cystitis. Zunächst senkt sie den pH-Wert in den gesunden sauren Bereich und hält ihn dort für etwa zwölf Stunden. Bakterien können im sauren pH nicht überleben. Cranberries bekämpfen Harnwegsinfektionen auch auf einem anderen Weg: Sie enthalten das Polysaccharid Mannose, welches die Bakterien daran hindert, sich an die Zellwand der Harnwege anzuheften. Die Bakterien heften sich eher an die Mannose der Cranberries als an die Zellwand an und werden im Urin ausgeschwemmt. Man verabreicht Cranberry-Kapseln oder -Tinktur mindestens zwei Mal täglich zwei Wochen lang.

Vitamin C hilft ebenfalls bei der Normalisierung des pH-Wertes, aber es wirkt nicht so lange wie die Cranberries. Man muss auch bedenken, dass zu viel Vitamin C auf einmal Durchfall auslösen kann, deshalb gibt man Cranberries und Vitamin C nicht gleichzeitig.

Möchten Sie Vitamin C verwenden, geben Sie dem Hund 100 – 300 mg drei Mal täglich mit Futter zum Ansäuern des Urins.

Kirschsaft ist gut bei chronischer Blasenentzündung. Ich habe gesehen, dass die chronische Blasenentzündung der Patienten durch Kirschsaft verschwand, nachdem keine andere Behandlung geholfen hat. Ein kleiner Hund bekommt ¼ Teelöffel, ein sehr großer Hund bekommt ½ bis 1 Teelöffel dreimal täglich.

Homöopathische Heilmittel sind bei Cystitis kein Ersatz für Antibiotika. Eine besondere chinesische Pflanze namens Huang Lian Jie Du Wan hat auch eine ausgezeichnete antibiotische Wirkung und kann zusätzlich zu homöopathischen Heilmitteln unter tierärztlicher Aufsicht verwendet werden.

Cantharis C30 ist ein wichtiges Arzneimittel, wenn der Hund eine Harnröhrenentzündung und Schmerzen hat und beseitigt das Brennen in der Harnröhre. Man verabreicht es drei bis vier Mal täglich, bis es dem Hund besser geht. Uva ursi C30 ist im Allgemeinen ebenfalls gut bei Blasenentzündung. Man gibt es drei Mal täglich. Causticum C200, einmal täglich über zehn bis vierzehn Tage verabreicht, kann bei chronischer Blasenentzündung helfen.

Blasensteine

Die Symptome von Blasensteinen können denen der Blasenentzündung sehr ähneln und man kann sie leicht verwechseln. Die Probleme treten oft wiederholt auf. Blasensteine kann man anhand Röntgen oder Ultraschall erkennen, sehr große Steine sind sogar bei routinemäßigem Abtasten des Bauchraums spürbar. Obwohl es viele Kräuter und Heilmittel zum Auflösen der Steine gibt, kann je nach ihrer Anzahl und Größe eine Operation erforderlich sein. Zwar haben auch ganzheitliche Behandlungsmethoden und Spezialdäten erfolgreich Steine beseitigen können, aber dieser Weg muss tierärztlich überwacht werden.

Wichtig ist, die Neubildung von Steinen mittels einer Änderung des Blasenmilieus durch Ernährung und Diät zu verhindern. Bestimmte Vitamine haben starken Einfluss auf das Potenzial der Mineralien, in die Blase zu gelangen: So arbeiten zum Beispiel die Vitamine K2 und D3 bei der Metabolisierung und Verarbeitung von Mineralstoffen zusammen. Das K2 verhindert, dass Kalzium in die Blase gespült wird, und D3 schafft einen wirkungsvollen Mineralstoffwechsel. Vitamin D3 verbessert auch signifikant die Immunfunktion. Es wurde wissenschaftlich nachgewiesen, dass die Vitamine K2 und D3 zur Verhinderung der Bildung von Kristallen und Steinen beitragen.

Meiner Meinung nach wird die Steinbildung durch einen falschen pH-Wert des Urins zusammen mit einer schlechten oder falschen Mineralstoffkombination im Futter und unzureichenden Mengen hochqualitativer Vitamine K2 und D3 ausgelöst. Folgende Heilmittel helfen bei Steinen: Allgemein ist Lycopodium D6 zwei Mal täglich ein exzellentes Arzneimittel für die Ausscheidung und die Verhinderung von Steinen. Hydrangea D6 drei Mal täglich löst Steine wirkungsvoll auf. Auch hier: Wenn man die Ernährung ändert und die Blasensteine mit ganzheitlichem Vorgehen in den Griff bekommen will, ist es wichtig, eng mit dem Tierarzt zusammenzuarbeiten und seinen Hund regelmäßig untersuchen zu lassen.

Borreliose/Lyme-Disease

Borreliose gehört zu den häufigsten Infektionskrankheiten der Welt und ist die häufigste von Zecken übertragene Krankheit in den Vereinigten Staaten. Borreliose wurde in den späten 1970er Jahren durch einen Ausbruch mit erstaunlichen Dimensionen in waldreichen Gebieten und um Lyme/Connecticut, einer verschlafenen Stadt an der Küste von Long Island, der Öffentlichkeit bekannt. Sie wird durch winzige Zecken auf Mensch und Tier übertragen. Heutzutage gibt es kaum noch zeckenfreie Gebiete, und man glaubt, dass sie von Vögeln weiter verbreitet werden, an denen diese saisonalen Schmarotzer haften.

Borreliose ist schwer zu diagnostizieren, weil die anfänglichen Symptome in ganz unterschiedlichen Kombinationen auftreten und oft als Zeichen vieler anderer Krankheit interpretiert werden. Die anfänglichen Symptome Lethargie, Steifigkeit, verminderter Appetit und erhöhte Temperatur sind sehr häufig und können vielen anderen Krankheiten des Hundes zugeschrieben werden.

Immer wieder werden mir Hunde vorgestellt, die trotz einer Borreliose-Schutzimpfung Borreliose bekommen, folglich sollte man bei Verdacht auch geimpfte Hunde auf Borreliose untersuchen. Der IDEXX-SNAP-Test (in der eigenen Praxis durchgeführt) wird nur dann positiv, wenn der Hund sich eine natürliche Infektion zugezogen hat.

Ich empfehle, nach einem positiven IDEXX-SNAP-Test mit dem C6-Antikörper-Test von IDEXX (dieser muss zum Labor gesandt werden) weiter zu untersuchen, denn er gibt ein quantitatives Ergebnis. Das Ausmaß der Infektion kann man mit dem SNAP-Test nicht erfassen, weil die Farbintensität des Testflecks nichts über das Ausmaß der Infektion aussagt; der Testfleck bedeutet nur ein positives Ergebnis. Wenn der Hund aber einen hohen Wert im C6-Antikörpertest erzielt, muss man sofort mit der Behandlung der Borreliose anfangen.

Ein weiteres wichtiges Einsatzgebiet für den C6-Antikörpertest ist die Überwachung der Reaktion des Hundes auf die Behandlung. Man überprüft den Fortschritt der Therapie, indem man auf eine mindestens 50 %-ige Verminderung der Ergebnisse wartet. Testet man einige Monate nach Beendigung der Therapie, sieht man oft, wie erfolgreich die Therapie war. Außerdem ist es wichtig zu wissen, ob der Hund sich eine neue Infektion zugezogen hat oder ob der SNAP-Test lediglich eine alte Infektion anzeigt. Nicht alle Hunde bleiben für immer positiv, aber einige erhalten sich die Immunantwort, deshalb ist der C6-Antikörper-Test wirkungsvoller als der SNAP-Test darin, eine Neuinfektion anzuzeigen.

Der Mikroorganismus, der Borreliose verursacht, ist Borrelia burgdorferi. Es handelt sich um eine Spirochäte, ein schraubenförmiges Bakterium. Spirochäten verursachen auch Krankheiten wie Syphilis und können sich in Sehnen, Muskelgewebe, Lymphknoten, Gehirn, Herz, Gelenkflüssigkeit, Nervengewebe und anderen Teilen des Körpers verstecken, wo sie jahrelang schlummern können. Dies ist zum Teil der Grund, warum diese Krankheiten manchmal so schwer aufzuklären sind.

Borreliose-Nephritis (manchmal Nephropathie mit Eiweißverlust genannt) ist eine Autoimmunkrankheit, die bei einem Hund nach der Infektion mit Borreliose auftreten kann. Sie schreitet langsam fort, sodass der Hund den Nierenschaden kompensieren kann. Und wegen dieser Kompensation werden die Symptome erst erkannt, wenn es zu spät ist, das heißt wenn der Hund dem Tierarzt vorgestellt wird, ist die Krankheit schon weit fortgeschritten. Bei jedem Hund, der einmal Borreliose hatte, sollte man routinemäßig jedes Jahr den Urin auf erhöhte Eiweißwerte untersuchen.

Behandlung

Ich behandle Hunde mit Borreliose routinemäßig volle zwei Monate lang mit dem Breitband-Antibiotikum Doxycyclin. Das tue ich aus zwei Gründen: 1) Wenn ich schon ein Antibiotikum einsetze, möchte ich sicher sein, dass ich so viele dieser Krankheitserreger wie möglich erwischt habe. 2) Das Nierenproblem, das als Nachspiel der Borreliose auftreten kann, ist so gefährlich, dass ich alles daran setze, um es zu verhindern. Wenn man dem Hund das Doxycyclim mit gekochter Süßkartoffel gibt, kann sein Magen es besser vertragen.

Verabreicht man ganz zu Anfang der Behandlung zusätzlich Magnesium, kann man die Bakterien aus dem Gewebe herauslocken, sodass das Antibiotikum wirken kann. Es gibt verschiedene Magnesiumpräparate für Menschen im Handel. Für einen Golden Retriever nimmt man die für einen Menschen empfohlene Dosis, für kleinere oder größere Hunde wird die Menge entsprechend angepasst.

Nux vomica C30 wird ein Mal täglich abends während der letzten zwei Wochen der Antibiotikabehandlung und noch eine Woche lang danach gegeben, also insgesamt drei Wochen lang. Nux vomica hilft, den Körper des Hundes vom Antibiotikum zu entgiften. Man gibt Ledium C200 oder M1 zweimal täglich fünf Tage lang ganz zu Beginn der Antibiotika-Behandlung und Lyme-Disease-Nosode C30 oder C200 dreimal wöchentlich vier Wochen lang.

Probiotika und Präbiotika erhalten eine gesunde Darmflora während und noch zwei Monate nach der Antibiotikabehandlung, und man sollte dem Hund jeden Tag komplette und ausgewogene Nahrungsergänzungen geben.

D

Diabetes

Nach der Nahrungsaufnahme verdaut der Hund alle Moleküle im Futter. Sie werden zu einfachen Zuckern, zumeist zu Glukose, abgebaut. Glukose gelangt dann ins Blut, wo das Insulin aus der Bauchspeicheldrüse die Verteilung und Aufnahme dieses einfachen Zuckers regelt. Insulin öffnet die „Tür" der Zelle für Glukose, die so in die Zelle gelangt und als Energie genutzt wird.

Bei Diabetes können die Zellen die benötigten Zucker nicht aufnehmen. Die Zucker zirkulieren weiter im Blut und gelangen schließlich über die Nieren in den Urin. Glukose gibt den Zellen die Energie zum Überleben. Wenn den Zellen der Zucker für ihren Metabolismus fehlt, wird im Gehirn der Schalter für Hunger umgelegt. Deshalb haben diabetische Hunde sowohl exzessiven Durst als auch Hunger.

Zeichen und Symptome eines Diabetes:

- Deutlich erhöhte Wasseraufnahme
- Häufiger Urinabsatz
- Gewichtsverlust
- Gesteigerter Appetit
- Anders oder süß riechender Atem und/oder Urin
- Sekundäre Blasenentzündung

Planung einer Diabetes-Diät

Viele kleine Mahlzeiten über den Tag verteilt und eine größere Portion vor der Insulininjektion sind gut für den diabetischen Hund. Pflanzen wie grüne Bohnen, Kürbis, Grünkohl, Löwenzahnblätter und Petersilie, gehackt und roh oder leicht gedünstet, sind empfehlenswert. Knoblauch sollte man dabei reichlich verwenden. Fleisch, am besten mager, kann man gekocht oder roh anbieten. Getreide sollte gut gekocht sein, ausgezeichnet sind Hirse, brauner Reis, Gerste und Hafermehl. Olivenöl ist das beste Öl für den diabetischen Hund.

Sie wundern sich vielleicht, dass man mageres Fleisch geben soll und dann Olivenöl hinzufügt. Nicht alle Fette sind gleich. Tierisches Fett, vor allem wenn es erhitzt wurde, ist sehr

ungesund und prädisponiert einen Menschen oder ein Tier zu Diabetes. Olivenöl, Fischöl und Omega-3-Öle wie Leinöl sind sehr gesund und helfen, Diabetes zu verhindern und zu kontrollieren.

In der Rezeptesammlung von Teil 4 „Das Hunde-Restaurant“ finden Sie verschiedene Rezepte für den diabetischen Hund. Diese Rezepte können leicht modifiziert und durch Kombinationen der oben genannten empfohlenen Gemüse ergänzt werden. Die Rezepte dienen als Grundmuster und werden entsprechend den Vorlieben des Hundes und den Sonderangeboten im Supermarkt variiert.

Behandlung

Hunde mit Diabetes kann man auf unterschiedliche Art, auch mit Vitaminen und Mineralstoffen, Pflanzenmedizin und homöopathischen Heilmitteln, behandeln. Bei leicht erhöhtem Blutzuckerspiegel können Diät,

Vitamine und Mineralstoffe, Kräuter und Homöopathie den Diabetes kontrollieren oder beseitigen. In schwereren Fällen benötigt man Insulin.

Vitamine und Mineralstoffe

Chrom: Dieser Mineralstoff verbessert die Wirkung von Insulin und erleichtert Nährstoffen, wie Zucker, die Aufnahme in die Zelle. Die Forschung hat gezeigt, dass ein ganz bestimmter Typ Chrom so stark die zelluläre insulinvermittelte Aufnahme in die Zelle verbessert, dass es Glukose-Toleranzfaktor-(GTF) Chrom genannt wird. Man gibt 100 – 300 Mikrogramm zweimal täglich.

Vanadium oder Vanadylsulfat: Dieses einzigartige Spurenelement senkt den Blutzuckerspiegel, indem es Insulin nachahmt. Es hilft auch, die Empfindlichkeit der Zelle für Insulin zu erhöhen. Dieser Mineralstoff spielt eine Rolle im Blutzuckergleichgewicht und in der Herzkreislauffunktion und kann dem Organismus beim Zuckerstoffwechsel helfen. Man findet Vanadium in Kohl, Pilzen, Petersilie und Getreidekörnern. Der therapeutische Vanadiumspiegel liegt bei 15 – 25 Milligramm täglich. Zur Diabetesbehandlung gibt man 50 – 75 Milligramm täglich. Vanadium ist sehr sicher, es scheint nicht toxisch zu sein, Mangelsymptome sind unbekannt. Vanadium gibt es flüssig, als Tablette oder Kapsel im Reformhaus. Man findet es oft in Multivitaminpräparaten für den Menschen.

Vitamin E und Fischöle: Diese Öle sind nicht nur ausgezeichnete Antioxidantien sondern auch sehr wichtig bei Diabetes, sie können zweimal täglich gegeben werden. Bei Vitamin E gibt man je nach Größe des Hundes 100 – 400 IE pro Tag, Fischöl wird einfach zum Futter dazugegeben.

Pflanzenmedizin

Gymnema sylvestre (Gurmar-Pflanze): Dieses Kraut einer indischen Pflanze scheint die Fähigkeit zu haben, die insulinproduzierenden Beta-Zellen der Bauchspeicheldrüse zu regenerieren. Empfohlen werden 200 Milligramm täglich für einen kleinen, 300 für einen mittelgroßen und 400 für einen großen Hund.

Lagerstroemia speciosa oder Banaba-Blatt: Diese asiatische Pflanze enthält Korosolsäure, die den Glukosetransport in die Zelle aktiviert. Man gibt 5 – 15 Milligramm täglich, je nach Größe des Hundes .

Bockshornkleesamen: Als Tee getrunken können diese Samen helfen, den Blutzucker zu senken. Von einem Tee aus einem Teelöffel Samen auf eine Tasse kochenden Wassers gibt man dem Hund zwei bis drei Mal täglich ½ bis einen Teelöffel, Aufbewahrung im Kühlschrank. Oder man gibt ein paar Teelöffel zum Hundefutter.

Vielblütiger Knöterich: Die Wurzel dieser chinesischen Pflanze kann den Blutzuckerspiegel kontrollieren, man findet sie in Apothelen oder im Verdandhandel unter den chinesischen Heilkräutern. Sie wird als Pulver, Tee oder Kapsel zweimal täglich verabreicht. Um die richtige Dosierung zu finden, nimmt man ein Viertel der für Menschen empfohlenen Menge (auf 2 Portionen aufgeteilt) für einen kleinen oder die Hälfte für einen großen Hund.

Fallbeispiel: Mabel

Mabel trank sehr viel und hatte ständig Hunger, trotzdem verlor sie an Gewicht und ihr Fell wirkte glanzlos und stumpf. Zuerst hielt ihr Besitzer die Sommerhitze für die Ursache ihres Dursts, aber irgendwann trank sie mehrfach täglich ihren ganzen Napf aus. Ich untersuchte Mabel und nahm eine Blut- und Urinprobe. Der Urin enthielt Glukose und der Blutzuckerspiegel war sehr hoch. Mabel erhielt die ihrem Gewicht entsprechende Insulinmenge. Wir begannen mit einer niedrigen Dosierung und ich zeigte dem Besitzer, wie er den Glukosespiegel im Urin mit Teststäbchen überprüfen könne. Jeden zweiten Tag wurde sie zu einer bestimmten Zeit nach der Insulinspritze zur Kontrolle der Blutglukose in die Klinik gebracht.

Nach ein paar Tagen ging es Mabel viel besser. Ihr Zuckerspiegel senkte sich in Richtung Normalbereich und ihr Durst verringerte sich. Wir begannen, ihr 250 Mikrogramm GTF-Chrom und 50 Milligramm Vanadylsulfat zweimal täglich zu geben. Ihr Besitzer fing an, für sie zu kochen und gab jeden Tag Petersilie, Knoblauch und ein paar grüne Bohnen zu ihrem Futter. Die Basis ihres Futters bestand aus Getreidekörnern mit einem niedrigen glykämischen Index, Magerfleisch, Geflügel oder Fisch und etwas Gemüse. Mabel wurden täglich zwei Esslöffel Olivenöl ins Futter gemischt sowie ein Multivitamin/Multimineralstoff-Ergänzungsmittel. Mabel bekam außerdem eine Kombination von homöopathischen Heilmitteln gegen Diabetes und 300 Milligramm Gymnema sylvestre einmal täglich.

Manchmal ist es aufwändig, die richtige Insulinmenge für einen diabetischen Hund zu finden. Bei Mabel war es nicht schwer. Nach einem Monat Kontrolle war sie stabil und benötigte viel weniger Insulin als erwartet. Dies liegt vielleicht an den ganzheitlichen Ergänzungen. Mabel muss lebenslang Insulin und ganzheitliche Ergänzungen bekommen, falls ihre Bauchspeicheldrüse sich nicht regeneriert und sich völlig vom Diabetes erholt. Ihre homöopathischen Arzneimittel können von Zeit zu Zeit angepasst werden, aber sie wird ihre Ergänzungen benötigen, wie auch das GTF-Chrom und Vanadylsulfat, um sie bei bester Gesundheit zu halten. Bei Diabetes sind regelmäßige Routineuntersuchungen beim Tierarzt und Blutzuckerspiegelmessungen erforderlich. Eine gut durchdachte Diät mit den richtigen Ergänzungen hilft, den Körper zu regulieren und Diabetes zu kontrollieren.

Diabetes-Diät: Die Basis

Hier finden Sie ein Grundrezept für die Diät eines diabetischen Hundes, genauere Rezepte finden Sie in Teil 4 „Das Hunde-Restaurant".

- 1/3 mageres Eiweiß: Fisch, Huhn, Truthahn oder sehr mageres Rind (roh oder erhitzt oder gekochtes Eiweiß
- 1/3 Gemüse mit wenig Stärke und etwas Obst: Stangenbohnen, Brokkoli, Blumenkohl, Blaubeeren, Äpfel
- 1/3 langsam erhitztes Hafermehl oder langsam erhitzte Gerste
- Olivenöl
- Zimt, Knoblauch, Petersilie als Heilpflanzen

Achtung: Favoriten in der Küche wie Basilikum und Knoblauch können auch positive Wirkungen auf den diabetischen Hund haben, wenn sie dem Futter beigegeben werden.

Zimt: Dieses Gewürz entstammt der inneren Rinde des Zimtbaums, der vor allem in Indien, China und Ceylon wächst. Die innere Rinde gelangt getrocknet und zu Zylindern gerollt auf den Markt. Die Frucht und gröbere Stücke der Borke ergeben beim Kochen ein Duftöl. Zimt ist aromatisch und eines der leckersten Gewürze. Forscher haben lange darüber spekuliert, wie Nahrung, insbesondere Gewürze, bei der Diabetesbehandlung helfen kann. Bei Laboruntersuchungen waren Zimt, Gewürznelken, Lorbeerblatt und Kurkuma hinsichtlich einer Verstärkung der Insulinwirkung vielversprechend. Zimt ist jetzt im Gespräch, weil Forscher seine starke antioxidative Aktivität entdeckt haben und er das Potential zum Unterstützen eines gesunden Blutzuckerspiegels hat.

Homöopathie

Iris versicolor C6 ist besonders gut für die Bauchspeicheldrüse, zwei Mal täglich.

Syzygium C6 hilft, den erhöhten Durst zu vermindern, zwei bis drei Mal täglich.

Acidum phosphoricum C6 bessert das Allgemeinbefinden des diabetischen Hundes, ein Mal täglich.

Natrium muriaticum C6 bessert das Allgemeinbefinden des diabetischen Hundes, zwei Mal täglich.

Homöopathische Mittel helfen bei der Symptomlinderung und der Stabilisierung von insulinpflichtigen Hunden. Wenn der Hund Diabetes hat, muss das entsprechende Heilmittel oft lange gegeben werden.

Bei einem diabetischen Tier muss der Zuckerspiegel in Blut und Urin sorgfältig überwacht werden, wenn man mit Ergänzungen und homöopathischen Heilmitteln anfängt. Der Tierarzt zeigt, wie man das macht. Wenn der Hund eine Weile diese Heilmittel bekommen hat, benötigt er vielleicht weniger Insulin und man muss wissen, wann man die Insulindosis verringern kann.

Die Bauchspeicheldrüse ist ein längliches, rosafarbenes Organ, das durch die Produktion von Enzymen bei der Verdauung hilft. Die Bauchspeicheldrüse stellt auch Insulin her, welches – wie gesagt – dem Zucker aus dem Blut den Übertritt in die Zelle ermöglicht.

Emotionale Probleme

Hundebesitzer kennen das ganze Spektrum von Emotionen, die der Hund erlebt. Weil ich so viel Zeit in der Hundewelt verbringe, spüre ich schnell, wie sich ein Hund fühlt. Ein Golden Retriever zum Beispiel springt mich an und strahlt Liebe und Vertrauen aus. Seine Laune ist offensichtlich. Die wunderbare Sache bei Hunden ist, dass ihre Gefühle zum Positiven neigen, mit viel Liebe und Verspieltheit. Vielleicht haben sie deshalb einen so belebenden Einfluss auf uns.

Genau wie wir können Hunde Angst haben und sich unsicher fühlen. Hunde mit schlechten Erfahrungen sind misstrauisch – vielleicht zu Recht. Genau wie wir können Hunde sich aufregen und sorgen. Mancher Hund wird ängstlich oder besorgt, wenn er allein gelassen wird. Auch für den liebevollsten Hundebesitzer ist es schwer verständlich, warum sein Hund unerwünschte oder unerfreuliche Emotionen hat. Es kann auch frustrierend sein, denn mit unseren Hunden können wir uns nicht zusammensetzen und das ausdiskutieren, wie wir es mit einem menschlichen Freund tun würden, der Kummer hat.

Wenn Haustiere die meiste Zeit des Tages allein sind, langweilen oder ängstigen sie sich oder fühlen sich einsam. Man muss wissen, dass sie Liebe und eine gute Portion Zeit benötigen. Wir alle, auch ich, sind so eingespannt in unsere Arbeit und Projekte, dass wir manchmal vergessen, dass unsere befellten Freunde, die uns so viel Liebe geben, neben Aufmerksamkeit und Beschäftigung selbst auch Liebe brauchen.

Im Folgenden finden Sie Tipps für Trennungsangst und andere Ängste bei Hunden. Im Abschnitt „Rezepte für besondere Bedürfnisse“ in Teil 4 „Das Hunde-Restaurant“ finden Sie außerdem Rezepte zur Beruhigung.

Trennungsangst

Viele Familien, die Hunde halten, sind fast den ganzen Tag außer Haus und lassen ihre Tiere lange Zeit allein. Wenn Hunde allein zu Hause gelassen werden, können sie ängstlich werden oder Dinge zerstören. Zusätzlich zu den empfohlenen Heilmitteln gibt es auch praktische Maßnahmen, wie man einem Hund mit Trennungsangst helfen kann.

- Mehr als ein Haustier. Zwei Hunde, die sich vertragen, leisten sich Gesellschaft. Das geht auch mit einer verträglichen Katze.
- Dem Hund sagen, dass man geht und wann man zurück kommt. Man stellt sich das bildlich vor und schickt dem Hund dieses Bild mit Worten.
- Beruhigende Musik, wie Mozart, sanft im Hintergrund laufen lassen.
- Ungefährliches Spielzeug zum Kauen und Spielen geben.
- Einen professionellen Hundebetreuer oder vertrauenwürdigen Nachbarn als Unterbrechung für den Nachmittag beauftragen.
- Mandelbutter oder Leckerbissen in einem kaubeständigen Spielzeug als Herausforderung und zur Beschäftigung verstecken.
- Morgens lange mit dem Hund gehen oder laufen, damit er etwas überschüssige Energie abbauen kann.
- Ein Tonband oder eine Videoaufzeichnung den Tag über laufen lassen. Auf der Aufnahme erkennt man, ob bestimmte Ereignisse, wie der Postbote, ein unerwünschtes Verhalten auslösen.
- Eine bestimmte Zeit des Tages für den Hund reservieren.

Homöopathie und Pflanzenmedizin

Ignatia C30 ist eines der besten Heilmittel bei Trennungsangst. Wenn die niedrigen Potenzen nicht wirken, nimmt man die höheren. Dosierung drei Mal täglich für zwei bis vier Wochen.

Pulsatilla C30 ist gut für sanfte, liebe, anhängliche Hunde. Diese Hunde sind typischerweise lieb und folgen ihrem Besitzer ergeben durch das ganze Haus. Es ist besonders für Hündinnen geeignet. Dosierung zwei Mal täglich für zwei bis vier Wochen.

Lycopodium C6 oder C30 eignet sich für einen Hund, der nicht gern allein ist. Er ist nicht anhänglich, aber er bleibt in der Nähe des Besitzers und geht mit ihm von Raum zu Raum. Er kann der sorgende Typ sein. Dosierung einmal täglich für einen Monat.

Phosphorus C6 oder C30 ist gut für Hunde, die gern Menschen und Tiere um sich haben. Sie fordern Aufmerksamkeit und wollen im Mittelpunkt stehen. Dieser Hund ist ein Spaßvogel. Vielleicht hat er Angst bei lauten Geräuschen, wie Gewehrschüssen und Donner. Dosierung ein Mal täglich für einen Monat.

Echtes Johanniskraut: Mit diesem Kraut behandelt man Ängste und beruhigt die Gefühle. Man bekommt es im Reformhaus und kann es zusammen mit den oben genannten homöopathischen Heilmitteln verwenden. Dosierung nach Größe des Hundes eine oder zwei Tabletten zwei Mal täglich.

Angst bei Gewitter

Angst bei Gewitter ist in den letzten Jahren immer häufiger geworden, und viele homöopathische Heilmittel haben sich als hilfreich erwiesen.

Das Problem ist, dass man das Gewitter nicht vorhersagen kann. Deshalb gibt man die bewussten Heilmittel während der Gewittermonate, mindestens eine Woche im voraus oder wenn ein Gewitter angekündigt ist. Sobald die Heilmittel wirken, verringert man die Dosierung und hört ganz auf. In vielen Fällen wurden die Hunde mit den entsprechenden Heilmitteln von ihrer Angst befreit.

Homöopathie und Pflanzenmedizin

Borax D6: Hier ist das homöopathische Heilmittel, nicht das Reinigungsmittel gemeint! Dieses Heilmittel ist spezifisch für die Angst vor Gewitter. Dosierung zwei Mal täglich für einen oder zwei Monate.

Phosphorus D30 ist gut für Hunde, die Angst vor Gewitter und Gewehrschüssen haben. Dosierung ein Mal jeden zweiten Tag für drei Wochen. Wenn es hilft, aber nicht stark genug ist, gibt man es zwei Mal täglich.

Natrium muriaticum C6 eignet sich gut für den ruhigen Hund, der Menschen nicht gern direkt in die Augen sieht. Dosierung zwei Mal täglich für einen Monat.

Aconitum C30 ist ein spezifisches Heilmittel gegen Angst und kann bei Gewitter alle fünfzehn Minuten gegeben werden.

Rescue-Notfalltropfen sind das Bachblütenheilmittel zur Beruhigung aufgewühlter Nerven. Man gibt sie alle fünfzehn Minuten, bis sichtbare Beruhigung eingetreten ist.

Nervosität

Homöopathie und Pflanzenmedizin

Gelsemium C6 oder C30 ist ein exzellentes Heilmittel für Nervosität. Es wirkt besonders gut, wenn es vor dem Ereignis gegeben wird, das nervös macht. Es hilft zum Beispiel Tieren, die bei einer Ausstellung nervös sind. Man verabreicht es halbstündlich ein paar Stunden vor der Veranstaltung.

Argentum nitricum C30 gibt man Hunden, die vor Nervosität Durchfall bekommen.

Arsenicum album C6 oder C30: Zappelige und pedantisch genaue Hunde, die oft zum Wassernapf gehen, um zu trinken, können dieses Heilmittel benötigen. Dosierung ein oder zwei Mal täglich für zwei Wochen.

Phosphorus D6 ist gut für nervöse Hunde, die Zuneigung brauchen und Angst bei plötzlichen lauten Geräuschen haben. Dosierung zwei Mal täglich für ein paar Wochen.

H

Harnträufeln bei der Hündin (Hypoöstrogenismus)

Die kastrierte Hündin ist anfällig für Harninkontinenz oder -träufeln, auch als Hypoöstrogenismus bekannt. Eine Hündin wird durch Entfernen der Eierstöcke kastriert. Die Eierstöcke bilden Östrogen und dieses Hormon stärkt den Schließmuskel der Blase. Dieses Problem kann in jedem Alter nach der Kastration eintreten, ist aber bei älteren Hündinnen häufiger. Die Hündin verliert dabei Harn, typischerweise besonders dann, wenn sie schläft oder entspannt ist. Man findet dann eine feuchte oder nasse Stelle im Körbchen.

Behandlung

Der Tierarzt verordnet bei Harnikontinenz in der Regel ephedrinhaltige Präparate wie etwa Caniphedrin®. Vor Beginn der Behandlung muss abgeklärt werden, ob der Hund evtl. eine Harnwegsinfektion hat. Zur Behandlung der Inkontinenz ist die altbewährte Kombination von ½ Teelöffel Meersalz zusammen mit ½ Teelöffel Epsomsalz in mindestens einem Viertelliter Wasser einen Versuch wert. Reformhäuser verkaufen Konzentrate oder Nahrungsergänzungen aus Drüsen, die dem Körper bei der Synthese von natürlichem Östrogen helfen. Manche dieser Erzeugnisse enthalten Kombinationen aus Eierstöcken, Nebennieren und Hirnanhangsdrüsen, aber man kann auch Produkte mit ausschließlich Eierstöcken verwenden.

Die homöopathischen Heilmittel Causticum D30, Equisetum D30 und Gelsemium D30 kann man als Kombination zwei Mal täglich ein paar Wochen lang verabreichen.

Herzprobleme

Hunde können eine Vielzahl von Herzproblemen haben. Genau wie beim Menschen kann das Hundeherz schwach werden und sich vergrößern, aber Hunde bekommen keine Arterienverkalkung wie Menschen. Hunde bekommen auch keine Herzinfarkte.

Das Hundeherz besteht aus vier Kammern, die durch Herzklappen getrennt sind. Die Herzklappen schließen und öffnen sich schnell, so füllt sich jede Kammer, wird wieder verschlossen und eine rhythmische Muskelkontraktion transportiert das Blut in die nächste Kammer weiter.

Der häufigste Befund bei Hunden ist ein Herzgeräusch. Das Geräusch stellt der Tierarzt fest, wenn er das Hundeherz mit dem Stethoskop abhört. Schließt eine Herzklappe nicht richtig, verursacht dies ein Geräusch. Die Intensität des Herzgeräuschs gibt den Schweregrad der Erkrankung an oder wie stark durchlässig die Herzklappe ist.

Eine Herzklappe wird typischerweise wegen einer Vernarbung durchlässig. Eine chronische, schwache Infektion, so wie ein chronisch entzündeter Zahn, kann sich auf den ganzen Körper ausdehnen. Das Immunsystem bekämpft schnell die Infektion, aber manchmal siedeln sich die Bakterien auf der zarten, papierdünnen Herzklappe an. Die Infektion ist beseitigt, aber die Herzklappe vernarbt und zieht sich zusammen. Die vernarbte Herzklappe schließt nicht mehr vollständig wie zuvor und bei einer Kontraktion des Herzens fließt Blut zurück: Dies verursacht das Geräusch.

Wegen der defekten Herzklappe muss das Herz vermehrt arbeiten, um das Blut in den Körper zu pumpen, und mit der Zeit ermüdet und dehnt sich der Herzmuskel. Wenn das Herz so vergrößert ist, dass es seine Arbeit nicht mehr richtig erledigen kann, registrieren die Nieren den verrminderten Blutdruck und versuchen, durch das Zurückhalten von Flüssigkeit gegenzusteuern. Bei diesem verzweifelten Kompensationsversuch sammelt sich die Flüssigkeit in der Lunge und das Ergebnis ist die Herzinsuffizienz.

Ein schwaches Herzgeräusch kann man ganzheitlich behandeln. Sehr weit fortgeschrittene Geräusche profitieren von einer ganzheitlichen Behandlung, aber oft wird die konventionelle Behandlung erforderlich sein, um die Homöostase (das Gleichgewicht der Körperfunktionen) zu erhalten. Die ganzheitliche Medizin ist zu Beginn und auch in fortgeschrittenen Stadien wichtig, weil sie die Herzfunktion unterstützt. Obwohl man konventionelle Medikamente verwenden muss, ist die Unterstützung des Herzens über die Nahrung und mit Heilmitteln und Kräutern wichtig.

Einige Symptome der Herzinsuffizienz sind:

- Im Stethoskop hörbares Herzgeräusch,
- mangelnde Belastbarkeit,
- Husten, besonders morgens oder nach Schlafen und Ruhen,
- vermehrter Durst.

Wenn Sie verstehen, warum ein Herz versagt, ist Ihnen klar, warum man eine Herzschwäche gleich am Anfang behandeln sollte, bevor das Herz sich ausdehnt und vergrößert. Bei regelmäßigen Kontrollen kann der Tierarzt auf Geräusche achten – ein weiterer guter Grund für eine jährliche Vorsorgeuntersuchung.

Heutzutage haben wir zum Glück Spezialisten für Veterinärkardiologie. Dadurch kann das Hundeherz detailliert untersucht und sein Zustand überprüft werden. Der Kardiologe führt eine Ultraschalluntersuchung des Herzens durch, ein Echokardiogramm, und überprüft dabei den Zustand der Herzklappen und -wände.

Pflanzen als Diuretika

Pflanzen können als natürliche Diuretika wirken und für die Ausscheidung von überschüssigem Wasser aus dem Körper sorgen. Dies hilft bei Herzinsuffizienz des Hundes. Petersilie und Spargel sind zwei wirkungsvolle Diuretika.

Petersilie: Frische Petersilie wird gehackt zum Hundefutter gegeben oder als Tee zubereitet. Für einen Tee übergießt man einen Teelöffel gehackte Petersilie mit einer Tasse kochendem Wasser und lässt den Tee eine halbe Stunde lang ziehen. Man gibt hiervon ein bis drei Esslöffel zwei Mal täglich zum Hundefutter. Petersilie besitzt mehr Vitamin C als Apfelsinen, viel Vitamin A und sehr viel Eisen. Sie hilft bei der Entgiftung der Leber. Man erhält sie auch in Tablettenform im Reformhaus.

Spargel: Ich verschreibe oft Tabletten mit Spargel und Petersilie bei Lungenstauung. Man kocht mehrere Stangen Spargel für den Hund. Etwas salzfreie Butter oder Olivenöl mit Knoblauch verbessert den Geschmack für den Hund.

Löwenzahn: Man hat festgestellt, dass ein 4 %-iger Extrakt aus Löwenzahn ein besseres Diuretikum ist als das konventionelle Arzneimittel Lasix. Lasix kann einen schweren Kaliummangel hervorrufen und ist leber- und nierentoxisch. Wenn der Tierarzt allerdings Lasix für erforderlich hält, um ein Lungenödem zu verhindern oder zu behandeln, sollte man auf ihn hören.

Natürliche Diuretika wie Löwenzahn kann man zusammen mit Lasix verabreichen, und – sofern der Tierarzt zustimmt – kann man dann die Lasix-Dosierung verringern oder beenden. Löwenzahn entgiftet Leber und Nieren und erzeugt keinen Mineralstoffmangel, er ist sogar eine Kaliumquelle. Löwenzahn hat keine toxischen Nebenwirkungen. Am besten eignet sich der frische Saft der Pflanze. Löwenzahn in Kapselform, als Tinktur oder Extrakt bekommt man im Reformhaus. Man kann auch aus mehreren Löwenzahnpflanzen oder zwei Esslöffeln Löwenzahnpulver und zwei Tassen kochenden Wassers einen Tee zubereiten. Den Tee lässt man zwanzig Minuten ziehen, dann abkühlen und gibt dem Hund zwei Esslöffel täglich.

Für einen großen und mittelgroßen Hund dosiert man Kapseln mit 200 bis 500 mg Löwenzahn-Pulver drei Mal täglich, für einen kleinen Hund 200 mg Löwenzahn-Pulver zweimal täglich. Löwenzahn kann eine starke Wirkung auf das Verdauungssystem haben, vor allem auf die Gallenblase, und das kann Durchfall hervorrufen. Man beginnt deshalb mit einem Viertel der empfohlenen Dosis und erhöht sie langsam. Sobald der Darm beeinträchtigt wird, verringert man die Dosis. Genau richtig ist die Dosis, die verhindert, dass der Hund hustet und Wasser einlagert, die aber noch keinen Durchfall auslöst. Wenn eine Tablette täglich ausreicht, braucht man ihm nicht mehr zu geben.

Die Zusammenarbeit mit dem Tierarzt ist wichtig, denn die Kraft eines Hund mit fortgeschrittener Herzinsuffizienz ist schon auf einem niedrigen Niveau.

Das Ausmaß der Herzgeräusche besagt, wie ernst es ist; ein höherer Grad hat das stärkere Geräusch. Die Therapie beginnt man, sobald ein Geräusch auftritt. Die Herzinsuffizienz, bei der die Lunge mit der Flüssigkeit gefüllt ist, die das Herz nicht mehr transportieren kann, entsteht in späteren Stadien. Nahrungsergänzungen, Kräuter und Homöopathie stärken wirkungsvoll das Herzgewebe und helfen, die Gesundheit zu erhalten. Der Hund sollte ein salzfreies Futter bekommen. Im Kapitel „Rezepte für besondere Bedürfnisse" im Hunde-Restaurant findet man Rezepte für Hunde mit Herzproblemen.

Behandlung von Herzproblemen

Während meiner Praxistätigkeit haben sich ganzheitliche Produkte als unermesslich hilfreich und lebensverlängernd erwiesen. Ich habe viele Hunde behandelt, die sich durch natürliche Nahrungsergänzungen und homöopathische Heilmittel in ihrem Futter erfreuten.

Behandlung von Herzgeräuschen und Herzinsuffizienz

Salzfreie Nahrung: Salz (Natrium) sollte vermieden werden, weil es die durch die Herzinsuffizienz verursachte Flüssigstauung weiter verschlimmert

Coenzym Q10: Dieses wunderbare Antioxidationsmittel hilft bei der Synthese des Energiemoleküls Adenosintriphosphat (ATP). Das Herz arbeitet ununterbrochen und benötigt Energiemoleküle für eine wirkungsvolle Arbeit. CoQ10 hilft dem Herzen, gesund zu bleiben und verbessert die Funktion seines Muskelgewebes. Ein kleiner Hund bekommt 30 mg, ein großer 30 – 300 mg ein Mal täglich. Bei sehr fortgeschrittener Herzinsuffizienz verdoppelt man die Dosis.

Omega 3-Fettsäuren: Omega 3-Fettsäuren, Fischöl und Leinöl bekommt man im Reformhaus. Omega 3-Fettsäuren stabilisieren das Gewebe.

Weißdornbeeren (Genus Crataegus): Diese wichtige Pflanze verbessert die Myokardfunktion und ist gut für den Herzmuskel. Der mittelgroße Hund bekommt zwei Mal täglich 500 mg über das Maul verabreicht. Diese Pflanze ist unglaublich nützlich bei Hunden mit Herzproblemen.

Multivitamin/Multimineralstoff-Ergänzungsmittel: Kombinierte Ergänzungen sind eine gute Quelle für Vitamine und Mineralstoffe, die für die Herzfunktion gebraucht werden.

Vitamin E: Der Hund bekommt 400 IE täglich.

Behandlung der Lungenstauung

Ist das Herz geschwächt bis zur Herzinsuffizienz, sammelt sich Flüssigkeit in der Lunge oder in den Gliedmaßen. Sammelt sich Flüssigkeit in der Lunge, hustet der Hund in der Nacht oder am frühen Morgen, nachdem er längere Zeit ruhig gelegen hat.

Zwei Heilmittel helfen, die Flüssigkeit in der Lunge zu vermindern:

Apis mellifica D6 zieht die Flüssigkeit aus der Lunge und wird drei Mal täglich gegeben. Dieses Heilmittel nimmt man spezifisch gegen die Flüssigkeitsansammlung, nicht bei Husten, der nicht durch die Flüssigkeit verursacht wird.

Hydrastis D6 hilft, das Lymphsystem zu drainieren und kann zusammen mit Apis mellifica gegeben werden, um die Flüssigkeit aus dem Körper zu leiten: man gibt es zwei Mal täglich.

Weitere homöopathische Heilmittel für das Herz

Die unten aufgeführten Heilmittel stören den Gebrauch oder die Wirkung von konventionellen Arzneimitteln nicht. Alle können in Form von Globuli gegeben oder kombiniert mit etwas Flüssigkeit verrührt und tropfenweise verabreicht werden. Egal ob als Globuli oder in Flüssigkeit – die Dosierung ist immer zwei Mal täglich, sofern nicht anderes angegeben.

Crataegus C3 ist die homöopathische Form der Weißdornbeere und hilft bei allen Herzproblemen.

Convallaria C3 ist gut bei Arrhythmie oder unregelmässigem Herzschlag.

Digitalis C6 ein wunderbares Heilmittel für das Herz ohne die Nebenwirkungen der konventionellen Arzneimittel gleichen Namens.

Cactus grandiflorus C6 wird empfohlen, wenn der Hund sich unwohl fühlt und es ihm unter den anderen Heilmitteln nicht besser geht.

Calcarea fluorica C6 stärkt das Herzgewebe und wird ein Mal täglich gegeben.

Herzwurm

Die Vorbeugungsmittel gegen Herzwurm kann man täglich oder monatlich verabreichen. Ich bevorzuge die monatliche Variante und verschreibe sie während der Zeit, in der der Hund in Kontakt mit den Moskitos kommen kann. Die meisten Hunde in meiner Praxis bekommen das Mittel von Mai bis Dezember, denn hier, wo ich wohne, wird es kalt, und hier im Nordosten gibt es im Winter keine Moskitos. Die meisten Fälle von Herzwurm-Erkrankungen gibt es in den Südost-Staaten und an der Golfküste.[9]

Die monatliche Gabe der Herzwurmprophylaxe tötet die Larven ab, die den Hund im Vormonat infiziert haben, aber sie schützt nicht vor Infektionen. Die Dosis, die am 1. Mai genommen wird, reicht also für den April und sogar den Maianfang. Die Prophylaxe schützt also noch ausreichend, wenn man sie alle 45 Tage gibt. So wird die Infektion vermieden und der

9 *Anm. d. Übers.: In Deutschland wurde bislang keine Herzwurmerkrankung nachgewiesen, wohl aber in beliebten Urlaubsländern wie Frankreich, Spanien, Schweiz, Italien und nahezu allen östlichen Ländern.*

Hund nicht mehr als erforderlich dem Medikament ausgesetzt. Die Verabreichung der Herzwurmprophylaxe hat zu ein paar arzneimittelbedingten Todesfällen geführt. Ich empfehle keine monatlichen Vorsorgemittel gegen alles Mögliche, weil diese Mittel eine besonders hoch konzentrierte Zusammenstellung toxischer Inhaltsstoffe enthalten. Um die Gefahr einer unerwünschten Reaktion auf Arzneimittel weiter zu reduzieren, verschreibe ich die monatliche Medikation im 45-Tage-Rhythmus.

Hunde mit Leberversagen, Krebs oder anderen ernsten Erkrankungen haben manchmal noch mehr Probleme mit ihrer monatlichen Tablette gegen den Herzwurm, weshalb ich ihre Besitzer gern ermuntere, natürlichere Methoden zum Schutz vor Herzwurm zu verwenden. Wenn die Möglichkeit besteht, dass der Hund mit Herzwurm infiziert ist, muss er außerdem daraufhin untersucht werden, bevor man die Prophylaxe gibt, um unerwünschte Reaktionen zu vermeiden. Die Symptome treten typischerweise erst dann auf, wenn die Infektion schon eine Weile besteht und einigen Schaden angerichtet hat.

Einige Zeichen und Symptome:
- Husten
- Lethargie
- Gewichtsverlust
- Mangelnde Belastbarkeit

Konventionelle Behandlung

Einer der Gründe, warum Tierärzte so großen Wert auf die Verhinderung einer Herzwurminfektion legen, sind die Gefahren und die Toxizität der Behandlung. Das notwendige Arzneimittel kann innere Organe wie Nieren und Leber schädigen und die abgestorbenen Herzwürmer, die aus dem Herzen in die Lunge freigesetzt werden, können Gerinnsel verursachen und verschiedene Organe schädigen.

Das Präparat zum Abtöten reifer Herzwürmer bei Hunden enthält als wirksame Substanz Melarsomin-Dihydrochlorid (Immiticide®). Es wird in zwei oder drei Portionen injiziert. Die Variante mit drei Injektionen ist am besten, denn sie verhindert, dass zu viele adulte Würmer gleichzeitig absterben und einen Kreislaufschock auslösen. Bei der Variante mit drei Injektionen bekommt der Hund zuerst eine Injektion und die anderen beiden einen Monat später.

Während der Behandlung sollte man den Hund einen Monat im Haus halten und jede körperliche Aktivität vermeiden, die den Herzschlag beschleunigt, um die Gefahr einer Embolie zu minimieren.

Entscheidet man sich für die konventionelle Herzwurm-Behandlung des Hundes, empfehle ich eine Nahrungsergänzung zum Unterstützen der Zellen und zum Entgiften. Danach könnte man Mariendistelsamen zum Reinigen und Kräftigen der Leber geben.

Auch Löwenzahn vermindert die Stauung in der Leber und kann sogar bei Gelbsucht helfen. Die Blätter sind ein Kräftigungsmittel für die Leber, die Wurzel reinigt und entgiftet die Leber. Löwenzahn ist auch eine ausgezeichnete Pflanze für die Nierengesundheit. Die Anleitung zum Herstellen des Löwenzahntees findet sich im Abschnitt „Pflanzen als Diuretika". (auf S. 229)

Alternative Behandlung

Vor vielen Jahren lerne ich eine alternative Herzwurm-Behandlung kennen: Man verabreicht die Kombination der Pflanze Schwarze Walnuss mit dem homöopathischen Heilmittel Arsenicum album C6 zwei Mal täglich ein paar Monate lang. Diese Kombination wirkte manchmal und manchmal nicht. Nach meiner Erfahrung ist die Kombination der folgenden homöopathischen Heilmittel, zusammen gemischt und zwei Mal täglich ein paar Monate lang gegeben, viel erfolgreicher: Croton tiglium D9, D20, D30 und D200, Lycopersicum esculentum D9, D20 und D30, Tanacetum D9, D20 und D30, Allium cepa D9, D20, D30 und D200 sowie Allium sativum D9, D20, D30 und D200.

Man mischt diese Heilmittel in den angegebenen Potenzen und gibt ein paar Tropfen ins Maul zwei Mal täglich ein paar Monate lang. Die verschiedenen Potenzen im selben Heilmittel erzeugen einen sogenannten Potenzakkord. Sie arbeiten gleichzeitig auf verschiedenen Heilungsebenen des Körpers und sind dadurch schneller und wirksamer als andere Methoden.

Nach zweimonatiger Einnahme dieser Kombination kann man zwei Mal monatlich einen Test auf symptomlosen Herzwurmbefall beim Tierarzt durchführen lassen, um den Behandlungsfortschritt aufzuzeichnen. Es kann zwei bis fünf Monate dauern, bis der Test negativ wird, aber bei mir war die Behandlung sehr erfolgreich.

Wenn der Hund sehr krank ist

Wenn die Herzwürmer großen Schaden im Herzen des Hundes angerichtet haben, wenn er älter ist oder Leber- oder Nierenprobleme hat, kann man die homöopathische Behandlung zusammen mit Crataegus-(Weißdorn)-Tinktur durchführen, um das Herz zu kräftigen. Einige Tropfen drei bis vier Mal täglich zusammen mit CoQ10 (30–100 mg zwei Mal täglich) fördern den Stoffwechesel des Herzmuskels und entgiftet den Körper.

Homöopathie und Heilpflanzen eignen sich zur gefahrlosen Behandlung des Herzwurms oder auch zum Schutz und zur Entgiftung der Leber und Nieren nach konventioneller Behandlung. Entscheidet man sich für die konventionelle Behandlung, kann man die Heilmittel und Heilpflanzen für bereits existierende Nieren- oder Leberprobleme vor und nach der Behandlung einsetzen, wenn das nötig sein sollte. Man darf nicht vergessen, dass die Herzwurminfektion eine schwere Krankheit ist. Es ist sehr wichtig, einen ganzheitlichen Tierarzt zu finden, der zur Zusammenarbeit bereit ist, sollte man sich für die Option einer alternativen Behandlung entscheiden. Eine Herzwurmbehandlung mit weniger Kollateralschäden an anderen Organen ist möglich.

Husten

Chronischer Husten kann durch Allergien, Bronchitis, Herzerkrankungen, eine kollabierte Luftröhre, Herzwürmer, Lungenkrebs oder Lungenentzündung (Pneumonie) hervorgerufen werden, und das sind nur einige der wahrscheinlichsten Ursachen. Chronischer Husten muss vom Tierarzt abgeklärt werden.

Plötzlicher Husten, besonders, wenn er von Fieber begleitet wird, kann von einer Infektion herrühren. Zwingerhusten ist eine Atemwegserkrankung, die Hunde sich meist in der Gruppenhaltung im Zwinger zuziehen, daher der Name. Die Lungenentzündung ist eine sehr ernste Atemwegserkrankung.

Behandlung

Homöopathische Heilmittel können großartig dabei helfen, den Zwingerhusten schnell zu beseitigen. Drosera C30 vier Mal täglich löst den krampfartigen Husten, der charakteristisch für Zwingerhusten ist. Antimonium tartaricum C30 drei Mal täglich verhindert, dass die Infektion tiefer in die Lunge eindringt und eine Sekundärpneumonie auslöst. Ferrum phosphoricum C30 drei Mal täglich vermindert die allgemeine Entzündung und beugt Verschlimmerungen vor. Bryonia C30 drei Mal täglich besitzt eine hohe Affinität für das Brustfell. Wenn der Hund sich scheinbar ungern bewegt, kann er hiervon profitieren. Spongia tosta C30 drei Mal täglich ist angesagt beim heiseren Hund mit hartem, trockenem Husten. Ist mehr als ein Mittel für den Hund erforderlich, kann man sie kombinieren und drei Mal täglich verabreichen. Eine chinesische Kräutermischung namens Clear Mountain Air wird als Tablette angeboten und ist ebenfalls bei Zwingerhusten hilfreich.

Ein Hund mit Lungenentzüdnung muss unbedingt zum Tierarzt gebracht werden. Ganzheitliche Heilmittel kann man dann zusammen mit Antibiotika und allen anderen Behandlungen verwenden, die der Tierarzt verschreibt. Insbesondere zwei homöopathische Heilmittel sind besonders wirksam: Bryonia C30 und Phosphorus C30. Bryonia ist ausgezeichnet bei linksseitiger Pneumonie, während Phosphorus ein exzellentes allgemeines Heilmittel bei Pneumonie ist. Beide kann man vier bis sechs Mal täglich verabreichen.

I

Insektenbisse und -stiche

Sieht man den Stachel, sollte man ihn entfernen. Dazu drückt man auf beide Seiten des rötlichen Gebietes und zieht den Stachel mit einer Pinzette heraus. Sitzt der Stich im Maul passiert, spült man mit Eiswasser gegen die Schwellung.

Behandlung

Zur örtlichen Behandlung gibt man das Gel aus der Aloe vera-Pflanze auf die Bissstelle. Die Enzyme aus der Pflanze reduzieren die Schwellung und mildern den Schmerz. Ein weiteres Heilmittel ist ein in warmem Wasser angefeuchteter Teebeutel oder ein Mulltupfer mit Apfelessig, den man für ein paar Minuten auflegt. Traumeel-Salbe stoppt sofort Schwellung und Schmerz (und ist ausgezeichnet für die Schmerzbekämpfung bei fast jeder Verletzung).

Homöopathische Heilmittel sind sehr hilfreich dabei, den Schmerz zu mildern und die Symptome des Insektenbisses schnell zu beseitigen. Apis C30 gibt man bis zu sechs Mal jede Viertelstunde. Andere Heilmittel, Ledum C30 und Hypericum C30 zum Beispiel, gibt man bis zu insgesamt sechs Mal jede halbe Stunde.

Bei einer sehr starken Reaktion auf einen Insektenbiss oder -stich schwellen Gesicht und Maul des Hundes an. In diesem Fall kann man als Erste-Hilfe-Maßnahme bis zum Eintreffen beim Tierarzt Apis C30 alle fünf bis zehn Minuten geben. Auch wenn die Schwellung nachlässt, muss man den Hund sorgfältig beobachten, bis sie völlig verschwunden ist.

K

Knieverletzungen

Das Hundeknie ist ein komplexes Gelenk. Starke Bänder, das vordere und das hintere Kreuzband, verlaufen über Kreuz, um dem Gelenk Stabilität zu verleihen. Diese Bänder sorgen gemeinsam mit zwei äußeren faserigen Bändern, den seitlichen Kollateralbändern und der Kniescheibe für die Stabilität des Hundeknies während seiner vielen verschiedenen Bewegungen.

Früher glaubte man, Kreuzbandbeschwerden entstünden durch plötzliche Drehungen oder Sprünge, aber jetzt weiß man: Oft gehen Entzündungen und eine Bänderschwäche einer Verletzung voraus und tragen dazu bei, das heißt der Schaden ist mehr als das Ergebnis eines einfachen Unfalls. Diese neue Theorie wird durch die Tatsache unterstützt, dass die betroffenen Hunde sehr oft irgendwann in ihrem Leben ein Problem mit dem zweiten Knie bekommen. Nur bei einer sehr kleinen Gruppe von Hunden entstehen Kreuzbandverletzungen bei wirklichen Sportunfällen, und dies sind typischerweise die Hunde, die bei der intensiven Ausübung von Extremsportarten an ihre körperlichen Grenzen gehen.

Kreuzbandverletzungen passieren viel häufiger bei übergewichtigen, kastrierten und mittelalten Hunden. Hunde, die älter als vier Jahre und kastriert sind, erleiden viel wahrscheinlicher eine Kreuzbandzerrung als Hunde, die nicht kastriert sind. Man hat festgestellt, dass die frühzeitige Kastration des Hundes die Wahrscheinlichkeit von Kreuzbandbeschwerden erhöht, weil geschlechtsspezifische Hormone an der Entwicklung von Knochen, Sehnen und Muskeln beteiligt sind. Hunde, die langfristig Kortison bekommen, haben ebenfalls häufig Kreuzbandbeschwerden. Man weiß nicht, ob das durch die Gewichtszunahme verursacht wird oder ob Kortikosteroide die Stabilität der Bänder vermindern.

Es ist wichtig, diese Beschwerden zu erkennen. Manche Hunde halten das betroffene Hinterbein in die Luft, aber viele nutzen es auch vorsichtig, gehen nach dem Aufstehen auf Zehenspitzen und bewegen sich dann mit einem schwachen bis starken Hinken.

Bänder sind weiß, weil sie sehr schwach durchblutet sind, und heilen deshalb auch sehr schlecht. Man darf das Knie keiner Belastung aussetzen, so lange es heilt. Nicht-steroidale Entzündungshemmer (NSAID) und Schmerzmittel unterlaufen dies aber, da viele Hunde wegen der Schmerzstillung das verletzte Knie überstrapazieren. NSAID und Steroide verlangsamen die Heilung.

Homöopathie

Ruta graveolens D30 ist das wichtigste homöopathische Heilmittel bei Kreuzbandverletzungen. Es ist spezifisch für Bänderverletzungen und auch für das Kniegelenk. Tritt eine Knieverletzung erstmalig auf, gibt man Ruta graveolens D30 zusammen mit Arnica D30 mehrmals täglich.

Bryonia D30 gibt man drei Mal täglich, wenn der Hund nach einem Spaziergang oder Sport steif ist.

Rhus toxicodendron D30 ist gut, wenn der Hund nach dem Aufwachen oder einer Pause steif ist.

Prolotherapie

Websters Wörterbuch definiert Prolotherapie als „Wiederherstellung einer zerstörten Struktur, wie Band oder Sehne, durch induziertes Wachstum neuer Zellen".

Man spritzt eine spezielle natürliche Mischung in die Bänder um das Gelenk und stimuliert so die Regeneration der Bänder. Bänder haben nach einer schweren Verletzung nur noch einen kleinen Teil ihrer Kraft, aber es kommt nicht selten vor, dass durch die

Prolotherapie die vollständige Kraft wieder hergestellt wird.

Diese Therapie ist der Schlüssel zum Wachstum und zur Reparatur von Kollagen, Bändern und Bindegewebe. Ich selbst habe Hunderte von Patienten mit einer Erfolgsquote über 95 % behandelt. Prolotherapie beschleunigt die Heilung, wobei oft ein oder zwei Anwendungen reichen. Der Schmerz lässt oft nach der ersten Behandlung nach. Der Besitzer muss die Bewegungen des Hundes nicht für lange Zeit einschränken.

Leberprobleme

Auch nach jahrelanger Tätigkeit als praktizierende Tierärztin bin ich immer wieder erstaunt über die Wichtigkeit der Leber und ihre vielen entscheidenden Funktionen. Die „Arbeitsplatzbeschreibung" der Leber liest sich einschüchternd:

> Gesucht wird ein Organ, das eine Vielzahl von Funktionen erfüllt:
> - Den Körper entgiften (Chemikalien, Gifte und überschüssige Hormone herausfiltern),
> - Galle bilden (um dabei zu helfen, Fette zu verdauen, zu speichern und in Stärke umzuwandeln),
> - allergische Reaktionen kontrollieren und stoppen,
> - die Nahrung überprüfen, die den Magen verlässt, bevor sie in das Blut gelangt,
> - etwa 190 weitere lebenswichtige Tätigkeiten übernehmen.

Die Aufgabe der Leber ist, übriggebliebenes Gift aus dem Körper zu entfernen. Läuft der Hund durch Wiesen, die mit Herbiziden und Insektiziden behandelt wurden, ist die Leber dasjenige Organ, das sein System vor den Substanzen schützt, die er berührt oder eingeatmet hat. Nach dem Auftragen von Mitteln gegen Zecken und Flöhe ist es die Aufgabe der Leber, diese Chemikalien aus dem Körper zu entfernen.

Wegen all dieser Gifte, denen der Hund oft ausgesetzt ist, ist die Leber eines der Organe, die am häufigsten geschädigt werden. Und das Problem hört noch nicht bei den Giften auf. Pathogene wie Bakterien, Viren und Mykoplasmen können in die Leber eindringen und sie chronisch infizieren.

Hepatitis und Fibrose

Zwei häufige Leberprobleme sind eine Hepatitis, d. h. eine Entzündung der Leber, und eine Fibrose, d. h. eine Vernarbung der Leber.

Leberprobleme bleiben oft so lange unentdeckt, bis sie schwerwiegend sind. Es ist wichtig, die Leber routinemäßig mit einer Blutuntersuchung zu überprüfen, denn das ist die einzige Art, ein Problem frühzeitig zu entdecken. Ich bevorzuge eine routinemäßige Blutuntersuchung der Hunde besonders dann, wenn sie über sechs Jahre alt sind.

Weiterhin ist sinnvoll, die Leber des Hundes routinemäßig mit Kräutern und homöopathischen Heilmitteln zu reinigen und zu entgiften. Im meiner Klinik reduzieren wir die Anzahl Toxine, denen der Hund ausgesetzt ist, und spülen und stärken die Leber für eine optimale Gesundheit. Das ist wirklich wichtig.

Symptome

In vielen Fällen finden wir ein Leberproblem nur dann heraus, wenn wir eine Blutuntersuchung durchführen. In Frühstadien ist der Hund vielleicht nur müde oder trinkt mehr als sonst. Wenn das durch einen pathogenen Keim hervorgerufen wird, hat er vielleicht Fieber.

In späteren Stadien trinkt und uriniert der Hund übermässig viel, verliert an Gewicht, hat keinen Appetit, Fieber, Verdauungsprobleme und vielleicht Schmerzen im Bereich der Leber. In ganz späten Stadien können die Augen durch Gelbsucht eine Gelbfärbung entwickeln.

Behandlung

Vitamine und Nahrungsergänzungsmittel

Antioxidationsmittel sind sehr wichtig für die Leberfunktion. Die Verstoffwechselung von Toxinen erzeugt unerwünschte Substanzen, die sogenannten freien Radikale.

SAMe, ausgesprochen „Sammy", wird aus S-Adenosylmethionin hergestellt. Dieses Nahrungsergänzungsmittel schützt die Leber vor Toxinen und ist ein Vorläufer des Glutathion, eines der wichtigsten Antioxidationsmittel der Leber. Von SAMe gibt man dem kleinen Hund 400 mg und dem großen Hund 800 mg täglich.

Glutathion ist ausgezeichnet für die Leber, kann aber nicht peroral gegeben werden, da es aus drei Aminosäuren besteht und verdaut wird, bevor es von Nutzen sein kann. Man kann über die Haut wirkende Glutathionsprays und -cremes auf Rezept bekommen, und Tierärzte haben injizierbares Glutathion für die Behandlung ernster Leberschäden parat.

Vitamin C ist ein wichtiges Vitamin, weil es den ganzen Körper zu entgiften hilft. Es fördert auch allgemein einen guten pH des Körpers und aktiviert das Immunsystem.

Leberproblemen vorbeugen

- Eine natürliche, giftfreie Ernährung anbieten,
- Ein bis zwei Mal jährlich eine Entgiftungskur für die Leber durchführen,
- als Trinkwasser gefiltertes Wasser, wenn möglich ohne Fluoride, geben,
- potenziell leberschädigende Erzeugnisse sparsam verwenden. Wie im Herzwurm-Abschnitt erwähnt, verordne ich entweder eine homöopathische Herzwurmprophylaxe oder die konventionelle Herzwurmprophylaxe, aber dann nur alle 45 Tage und nur in den warmen Monaten, in denen es Moskitos gibt bzw. bei Reisen in Länder, in denen Herzwurm nachgewiesen wurde,
- jährliche Blutuntersuchungen beim Tierarzt, besonders, wenn der Hund über sechs Jahre alt ist.

Oscars Geschichte

Auch dem aufmerksamsten Besitzer kann es passieren, dass sein Hund sich mit Xylit vergiftet. Ein kleines Eiweiß namens Glutathion kann Leben retten.

Oscar ist ein kräftiger Rüde, der über fünfzig Kilo wiegt. Er ist ein Schäferhund-Mischling und liebt wie die meisten Hunde seine Spaziergänge. Er durchsucht aber auch den Müll, wenn er Gelegenheit dazu hat. Als er drei leckere kleine Kuchen im Müll fand, schlang er sie hinunter. Leider waren diese geschluckten Küchlein mit Xylit hergestellt.

Xylit ist eine natürlich vorkommende Substanz, die als Zuckerersatz weit verbreitet ist. Chemisch ist es ein Zuckeralkohol und in der Natur in Beeren, Pflaumen, Mais, Hafer, Pilzen, Gemüse, Bäumen und Obst enthalten. Obwohl es seit Jahrzehnten als Zuckerersatz verwendet wird, hat seine Beliebtheit erst in den letzten paar Jahren dramatisch zugenommen. Xylit wird als weißes Pulver gehandelt, das ähnlich wie Zucker aussieht und schmeckt.

Obwohl Xylit für Menschen gut verträglich ist, ist es für Hunde hochtoxisch. Schon kleine Mengen können eine Hypoglykämie (niedriger Blutzuckerspiegel), Krämpfe, Leberversagen und sogar den Tod bei Hunden verursachen. Die häufigste Ursache einer Xylitvergiftung ist gemäß der Giftnotrufzentrale für Haustiere zuckerfreies Kaugummi mit Xylit. Da Xylit an Popularität zunimmt und in immer mehr Lebensmitteln eingesetzt wird, müssen wir auf der Hut sein, weil auch unsere Hunde diese Lebensmittel lecker finden – und ein erheblicher Prozentsatz unsere besten Freunde stiehlt uns das Essen.

Wenn der Hund etwas Xylithaltiges frisst, wird es schnell ins Blut aufgenommen und bewirkt eine starke Insulinausschüttung aus der Bauchspeicheldrüse. Xylit kann einen Hund töten. Wenn sich ein Leberversagen oder eine Blutgerinnungsstörung entwickelt, ist die Prognose im Allgemeinen schlecht. Die meisten Hunde, die ernste Leberprobleme entwickeln, überleben nicht.

Oscars Besitzerin Meredith konnte Oscar sofort in die Notaufnahme bringen. Er kam auf die Intersivstation. Trotzdem schossen seine Leberenzyme in die Höhe. Der Ultraschall zeigte eine Lebernekrose. Kurz danach begannen seine Nieren zu versagen. Kein Zweifel, Oscars Tage waren gezählt. Er hatte keine Kraft mehr zum Aufstehen oder Fressen. Meredith ließ sich telefonisch von mir beraten und wir gingen ans Werk.

Das Wichtigste war, Oscar sofort Glutathion zu geben. Glutathion gibt es in jeder Zelle. Es schützt die kleinen, aber wichtigen Energiemaschinen der Zelle, die Mitochondrien. Glutathion ist das wichtigste, häufigste, aktivste und kräftigste Antioxidationsmittel. Der höchste Glutathiongehalt befindet sich in der Leber. Es ist kein Zufall, dass die Leber als wichtigstes Entgiftungsorgan unbedingt Glutathion benötigt, um gesund zu bleiben. Oscars Leber befand sich in einer Zwickmühle, denn ihre Zellen verfielen und starben und brauchten Glutathion, um sich zu reparieren, aber sie konnte das Glutathion nicht selber herstellen.

Das Problem mit Glutathion ist, dass es so sehr schlecht resorbiert wird, wenn man es oral verabreicht. Eigentlich funktioniert der orale Weg gar nicht. Wir fanden einen Pharmazeuten vor Ort, der eine Glutathionzubereitung für die intramuskuläre Gabe herstellte.

Die Wandlung kam sofort und war dramatisch. Oscar wurde wieder munter und die Leberenzyme normalisierten sich innerhalb von Stunden. Ich gab ihm auch mehrere homöopathische Heilmittel. Für Oscar gab es ein Happy End: Er hat es geschafft und ist weiterhin ein großer, starker und gesunder Hund. Ich kenne Meredith seit vielen, vielen Jahren, und so bin ich bis heute sehr froh, dass sie mich angerufen hat, um Oscars Leben zu retten.

Vitamin C kann Durchfall auslösen, wenn man mit einer hohen Dosis anfängt, also beginnt man mit einer niedrigen Dosis und erhöht sie allmählich, um Durchfall zu vermeiden. Ein kleiner Hund bekommt 250 mg, ein mittelgroßer 500 mg und ein großer bis 1000 mg Vitamin C zweimal täglich. Aber fangen Sie am besten bei einem kleinen Hund mit 50 mg zwei Mal täglich an und geben jeden Tag etwas mehr, bei einem mittelgroßen beginnen Sie mit 100 mg und bei einem großen mit 200 mg.

Pflanzenmedizin

Chlorophyll: Dieser grüne Bestandteil von Pflanzen und Algen ist sehr gut für die Leber. Er hilft auch, die Leber zu spülen und zu reinigen und kann schlechten Atem beseitigen. Hunde bekommen normalerweise sehr wenig Chlorophyll, weil der Durchschnittshund keine grünen Gemüse in seiner Nahrung hat. Man sollte dem Hundefutter gehacktes Bio-Gemüse zufügen oder man gibt Chlorophyll-Tabletten, die im Reformhaus erhältlich sind.

Löwenzahn: Eine phantastische Pflanze zum Reinigen und Entgiften der Leber! Man kauft frischen Löwenzahn oder nimmt den aus dem eigenen Garten, wenn er nicht mit Chemikalien behandelt wurde. Er wird zerkleinert unter das Hundefutter gemischt, damit sein bitterer Geschmack nicht auffällt. Löwenzahn gibt es auch in Form von Kapseln und Tinkturen im Reformhaus. Genau wie bei Vitamin C beschleunigt er die Darmfunktion, deshalb beginnt man mit einer niedrigen Dosis und erhöht sie langsam. Man steigert bis auf eine Kapsel pro Tag für einen kleinen, zwei für einen mittelgroßen und drei für einen großen Hund pro Tag.

Mariendistel (Silybum marianum): Diese Pflanze schützt die Leber, man erhält sie in Tablettenform. Ein kleiner Hund bekommt eine halbe, ein mittelgroßer eine und ein großer Hund zwei Tabletten zweimal täglich.

Homöopathie

Ptelia C30 ist ein bemerkenswertes Heilmittel für die Leber. Es fördert auch den Appetit, ist gut bei den meisten Leberbeschwerden und sollte zwei Mal täglich gegeben werden.

Aesculus hoppocastanum C30 entwässert Leber und Pfortadersystem und ist ausgezeichnet bei Leberfibrose und -zirrhose. Manchmal ist das Leberversagen so extrem, dass sich Flüssigkeit im Bauchraum sammelt, dann unterstützt dieses Heilmittel die Ausscheidung dieser Flüssigkeit. Es hilft auch bei der begleitenden Verstopfung. Die Dosierung ist zwei Mal täglich.

Taraxacum C30 ist das homöopathische Heilmittel aus dem Löwenzahn. Man gibt es drei Mal täglich zum Entwässern der Leber.

Carduus marianus C30: Dieses Heilmittel aus der Mariendistel sollte zweimal täglich gegeben werden. Es wirkt stark entwässernd auf ein einzelnes Organ, ist ausgezeichnet bei Gallensteinen und gut bei Leberbeschwerden.

Chelidonium majus C30 ist wichtig für die Leber und exzellent für die Verdauung. Es kann man auch bei Gelbsucht gegeben werden, ist eine Wohltat für praktisch alle Leberbeschwerden und sollte drei Mal täglich gegeben werden.

Berberis vulgaris C30 entwässert Leber und Nieren und fördert den Gallefluss der Leber. Man kann es auch bei Gelbsucht geben, zweimal täglich.

Gentiana C30, zweimal täglich, fördert die gesunde Leberfunktion und entwässert die Leber. Tiere mit Leberbeschwerden mögen oft nicht fressen und dieses Heilmittel fördert auch den Appetit.

Nux vomica C30, einmal abends vor dem Schlafen genommen, entgiftet den Körper, entwässert die Leber und regt die Verdauung an. Es ist ein exzellentes Heilmittel für generelle Entwässerung und wunderbar bei Verstopfung.

Phosphorus C6, C30 oder C200 ist eines der wichtigsten Heilmittel bei Leberzirrhose. Man gibt es zwei Mal täglich ein paar Wochen lang.

N

Nesselsucht

Nesselsucht verursacht entfärbte rötliche oder lilafarbene Quaddeln auf der Hundehaut. Sie treten innerhalb von Minuten auf und können durch vieles ausgelöst werden. Allergische Reaktionen auf Futter, Pollen und Insektenstiche sind häufig die Gründe für Nesselsucht. Der Hund mit Nesselsucht fühlt sich unwohl und juckt sich viel. Nesselsucht ist nichts Ernstes und verschwindet innerhalb von 24 Stunden. Aber wenn Nesselsucht bei dem Hund ausbricht und er ein geschwollenes Gesicht oder eine erschwerte Atmung hat, liegt ein Notfall vor, und man sollte ihn sofort zum Tierarzt bringen.

Behandlung

Die übliche konventionelle Behandlung sind Antihistaminika vom Tierarzt.

Homöopathische Heilmittel haben sich schon immer als hilfreich bei Nesselsucht erwiesen. Apis C30 gibt man alle halbe Stunde, bis zu zehn Mal. Das Heilmittel Urtica urens C30 gibt man bei Nesselsucht, die sich bei Berühren, Kratzen und Baden verschlechtert. Vermutet man Giftefeu als Ursache, gibt man mehrfach Rhus toxicodendron C30.

Wenn die Nesselsucht nur an manchen Stellen auftritt, kann man sie direkt mit dem Gel aus der Aloe vera-Pflanze behandeln. Tritt die Nesselsucht generalisiert auf, badet man den Hund in Wasser, dem man kolloidales Hafermehl (erhätlich in der Apotheke oder im Drogeriemarkt) zugesetzt hat. Alterantiv kann man auch einfach Haferflocken in ein Badesäckchen geben und dies in das warme Badewasser legen, bis sich die Flocken aufgelöst haben.

Außerdem kann es sich mildernd auswirken, die betroffenen Bereiche mit Hamamelis zu besprühen.

Nierenversagen

Die Nieren sind sehr wichtige Organe, weil sie für die Konzentrierung und Entfernung von Abfallprodukten aus dem Hundekörper und deren Ausscheidung über den Harn zuständig sind. Es sind sehr wirkungsvolle Organe, die ihren Job exzellent erledigen. Man kann eine Niere bei einem Unfall verlieren oder einem Verwandten eine Niere spenden, trotzdem behält man mit der einen verbleibenden Niere eine normale Nierenfunktion. Auch mit einer Niere oder 50 % Nierenfunktion wird der Körper perfekt gereinigt und erhalten. Erst wenn die Nieren zu mindestens 75 Prozent zerstört sind, zeigt sich die Anhäufung von Abfallprodukten (Harnstoff und Kreatinin) im Blut. Diese Anhäufung spiegelt die Unfähigkeit der Niere wider, die Abfallprodukte zu konzentrieren und auszuscheiden. Wenn die Blutuntersuchung eine Schädigung der Nieren feststellt, sind sie bereit ernsthaft geschädigt.

Der Hund versucht, die verminderte Nierenfunktion durch vermehrtes Trinken auszugleichen. Wenn die Nieren die Abfallprodukte nur noch halb so stark wie früher konzentrieren können, trinkt der Hund doppelt so viel wie früher, um das auszugleichen. Das vermehrte Trinken kann schon eintreten, bevor der Bluttest die ersten Zeichen von Nierenversagen anzeigt.

Einige Zeichen von Nierenkrankheiten:

- Erhöhte Wasseraufnahme,
- schlechtriechender Atem,
- vermehrter Urinabsatz,
- wählerisch beim Fressen oder appetitlos durch die vermehrten Abfallprodukte im Körper, die ein Krankheitsgefühl auslösen,
- Erbrechen und Durchfall (in den letzten Stadien).

Die jährliche Untersuchung von Blut und Harn ist wichtig bei Hunden, die älter als sechs Jahre sind, damit man eine Nierenschwäche so früh wie möglich feststellen kann.

Planung einer Nierenschonkost

Bei der Planung einer Nierenschonkost sind der Eiweißgehalt und die Art der Eiweiße wichtig. Typischerweise empfiehlt man für Tiere mit Nierenproblemen eine eiweißarme Nahrung. Aber viele der üblichen kommerziellen Futtermittel enthalten minderwertiges Eiweiß. Es wird entweder nicht gut verdaut oder nicht leicht vom Körper genutzt und deshalb zu einer Belastung für die Nieren. Der Eiweißgehalt der Nahrung für einen Hund mit Nierenversagen sollte niedrig sein und es sollten die am wenigsten nierenbelastenden Eiweiße gewählt werden.

Ein qualitativ hochwertiges verdauliches Eiweiß wird gut vom Körper aufgenommen und belastet die Nieren wenig. Eiweiße aus Milcherzeugnissen und Hülsenfrüchten besitzen eine andere Struktur und sind viel weniger belastend für die Nieren als Muskeleiweiße.

Die Nieren sind für viel mehr verantwortlich als nur dafür, die Ausscheidungsprodukte herauszufiltern. Sie sind mit dem Herzen und dem Kreislaufsystem verknüpft und halten die Mineralstoffe und den pH-Wert des Körpers im Gleichgewicht. Ein alkalischer pH-Wert ist wichtig für die Gesundheit des gesamten Körpers, vor allem für die Gesundheit der Nieren. Beeinträchtigten Nieren hilft ein alkalischer pH-Wert, optimal zu funktionieren. In einer sauren Umgebung arbeiten die Nieren viel schlechter. Die Nierenschonkost soll helfen, die Nieren möglichst gesund zu erhalten.

Eiweiße in der Nahrung bilden Säure. Petersilie bildet Basen und ist deshalb gesund für die Nieren. Andere weit verbreitete Nahrungsmittel zum Erhalten eines Basengleichgewichts im Körper sind Süßkartoffel, Yamswurzel, Radieschen, Miso, Ananas, Wassermelone, Brokkoli und Linsen. Auch Lebensmittel wie Knoblauch, Spargel, Pastinake und Melasse unterstützen das Basengleichgewicht. Spezifisch nierenfreundliche Rezepte findet man im Abschnitt für besondere Bedürfnisse im Hunde-Restaurant.

Behandlung

Hunde mit Nierenproblemen behandelt man mit Akupunktur, Pflanzenmedizin, Homöopathie und Infusionen beim Tierarzt.

Akupunktur

Akupunktur kann sehr gut den Blutdurchfluss und das Qi der Nieren fördern. Ich habe mit Akupunktur und chinesischen Kräutern sehr gute Erfahrungen gemacht. Heutzutage wenden viele zertifizierte Akupunktur-Tierärzte die Akupunktur an, um die Nieren ins Gleichgewicht zu bringen und zu stärken.

Pflanzenmedizin

Löwenzahn ist eine ausgezeichnete Pflanze für die Nierengesundheit. Man bereitet einen Tee aus zwei Esslöffeln Löwenzahnpulver oder mehreren Löwenzahnpflanzen und zwei Tassen kochenden Wassers zu und lässt diesen fünfzehn bis zwanzig Minuten ziehen. Man gibt dem Hund zwei Teelöffel davon und stellt den Rest in den Kühlschrank. Der Hund bekommt jeden Tag zwei Teelöffel davon. Andere nützliche Tees stellt man genauso her und ersetzt Löwenzahn durch Petersilie oder getrocknete Maisseide.

Homöopathie

Homöopathische Heilmittel für Nierenbeschwerden sind schwer auszuwählen, da die Symptome nicht sehr differenziert sind. Es gibt aber homöopathische Heilmittel, die darauf spezialisiert sind, zu entwässern, und besondere Organe wie die Nieren zu behandeln.

Berberis vulgaris D6, C6, D30 oder C30 entwässert und reinigt die Nieren. Es entgiftet auch die Leber. Weil die Leber stärker belastet wird, wenn die Nieren nicht richtig arbeiten können, ist dies ein ausgezeichnetes Heilmittel. Man gibt es drei bis vier Mal täglich.

Helonias D6 oder C6 ist sehr gut bei Nierenversagen mit Eiweiß im Urin und auch gut bei Anämie, die bei chronischem Nierenversagen auftreten kann.

Lycopodium C6 entwässert und stärkt die Nieren. Es unterstützt die Verdauung und die Leberfunktion. Man gibt es zwei Mal täglich.

Solidago C6 kann ein gutes Heilmittel für die Entwässerung der Nieren und die verbesserte Entgiftung sein. Man gibt es ein Mal täglich.

Arsenicum album C6 ist für den Patienten, der die Wärme liebt und häufig kleine Mengen Wasser trinkt. Das Hundefell erscheint trocken mit einigen weißen Schuppen. Dieses Heilmittel gibt man zwei Mal täglich.

Infusionen

In schweren Fällen von Nierenversagen gibt der Tierarzt dem Hund Infusionen. Diese Flüssigkeiten schwemmen das Gift aus dem Körper und das ist erforderlich, damit Behandlungen wie Akupunktur und Homöopathie überhaupt greifen können. In meiner Praxis füge ich den Flüssigkeiten Vitamin C zu, um den Körper ins Gleichgewicht zu bringen und die Entgiftung zu beschleunigen. Intravenöse Flüssigkeiten spülen die Toxine fort, und Akupunktur erhöht den Blutzufluss zur Niere; ich empfehle den hospitalisierten Patienten in meiner Praxis die tägliche Akupunktur.

O

Ohrentzündungen

Ohrentzündungen sieht der Tierarzt oft in seiner Praxis. Allergien und Ohrenentzündungen gehen Hand in Hand. Viele Hunde mit schwach oder stark reagierender allergischer Haut haben immer wieder Ohrenentzündungen, aber jeder Hund kann sie bekommen. Diese Entzündungen lösen Schmerzen und Unbehagen aus. Konventionelle Ohrsalben beseitigen die Symptome, aber die Entzündungen kommen immer und immer wieder. Um eine tiefe und chronische Ohrenentzündung wirklich auszuheilen, ist es meist erforderlich, neben der Behandlung der Ohrenentzündung mit konventioneller aggressiver Medikation die Allergien ganzheitlich zu behandeln.

Das gesunde Ohr des Hundes wird von Bakterien und Hefen besiedelt. Sie leben in einem sensiblen Gleichgewicht und halten sich gegenseitig in Schach. Wenn eine Art die andere überwuchert, entsteht eine Infektion. Üblicherweise bildet sich zuerst die nach Hefe riechende, dunkelbraune Entzündung. Diese Hefeinfektion kann lange anhalten und oft wiederkehren. Nach einiger Zeit wird die Hefeinfektion von einer Bakterieninfektion abgelöst. Später wer-

Im Inneren des Ohres

Der Gehörgang beim Hund besteht aus einem langen vertikalen und einem kurzen horizontalen Abschnitt, ähnlich dem Buchstaben „L". Üblicherweise können wir nur das erste Drittel des vertikalen Teils einsehen. Nach der konventionellen Behandlung kann der oberste Teil des Gehörgangs gesund und sauber aussehen, während im unteren Abschnitt die Infektion noch besteht. Nach kurzer Zeit bricht sie wieder aus und rächt sich.

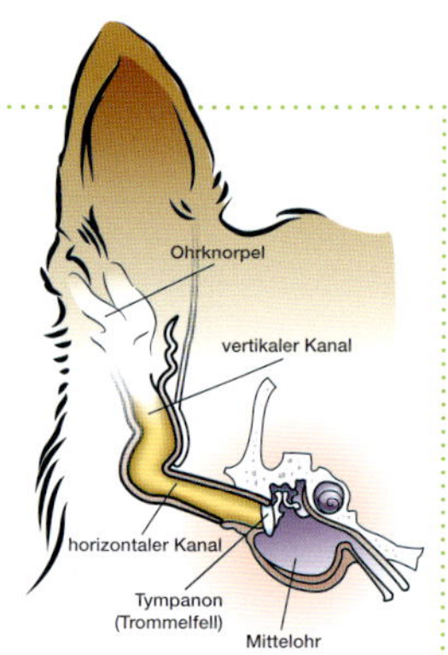

den die Bakterien, die das Ohr besiedeln, resistent gegen die meisten Antibiotika. Proteus und Pseudomonas sind die beiden häufigsten Bakterien, die resistent gegen Antibiotika werden, und diese beiden erzeugen einen sehr üblen Geruch, der leicht erkennbar ist.

Es ist wichtig zu wissen, dass dieses Szenarium der häufigen Reinfektion daher kommt, dass eine Entzündung nie richtig abheilt. Hefen oder Bakterien bleiben im unteren Teil des Ohrkanals, deshalb ist die „wiederkehrende" Infektion in Wirklichkeit nie ausgeheilt gewesen.

Zeichen und Symptome einer Ohrenentzündung:

- Mit dem Kopf schütteln und winseln.
- Kratzen im und um das Ohr.
- Brauner, wachsartiger Ausfluss, der süß, muffig, hefig riecht und zwar nicht schmerzhaft ist, aber Juckreiz verursacht.
- Eitriger, faulig riechender, gelber oder grünlicher Ausfluss, der eine bakterielle Infektion anzeigt.

Behandlung der Hefeinfektion

Eine Hefeinfektion ist die Art von Ohrenentzündung, die am einfachsten zu behandeln ist. Man reinigt das Ohr mit einer Mischung aus gleichen Teilen Wasserstoffperoxid und Wasser; warmes Wasser ist angenehmer für das Hundeohr. Die Ohren werden hiermit zwei Mal wöchentlich gereinigt und die Lösung spült den Schmutz aus den Tiefen des Ohres.

Man kann im Ohr auch unverdünntes Wasserstoffperoxid verwenden. Dazu träufelt man etwa einen Teelöffel mit einer Tropfflasche in das Ohr und massiert den Ohrgrund, um die Flüssigkeit tief ins Ohr zu bringen. Nun darf der Hund den Kopf schütteln und den Schmutz hinausschleudern. (Reinigen Sie die Ohren im Freien oder dort, wo keine Wände und Möbel bespritzt werden). Den Rest reinigt man mit Wattestäbchen. Dies reinigt nur die Ohren, man muss die Ohren aber beständig weiter behandeln, um der Hefen Herr zu werden. Man kann enzymhaltige Ohrlösungen (mit und ohne Kortison) kaufen, die gut bei einer Hefeinfektion im Ohr wirken. Wenn sich der Hund sehr unwohl fühlt, startet man mit der Dexamethason-Lösung und geht später zur steroidfreien Variante über. Es gibt auch ein Rezept für eine selbst herstellbare Lösung:

„Wunderlösung" für Hefeinfektionen

- 120 g Isopropanol
- 1 Teelöffel Borsäure
- 4 Tropfen Gentianaviolett (1 % Lösung)

Die Zutaten werden in einer Tropfflasche gut geschüttelt und gemischt. Nicht verwenden bei Geschwüren und Entzündungen der Ohren. Wenn der Hund sich nach der Anwendung unwohl fühlt, verwendet man die Lösung nicht weiter. Man gibt über eine Woche zwei Mal täglich eine halbe Pipette ins Ohr, danach für weitere 1–2 Wochen ein Mal täglich 1 Pipette. Danach verwendet man die Lösung zwei Mal wöchentlich zwei bis drei Monate lang, um die Infektion tief unten im Ohr zu beseitigen.

Behandlung der Bakterieninfektion

Bakterielle Infektionen treten oft später und als Folge chronischer Reinfektionen auf. Oft müssen konventionelle Antibiotika oral und lokal im Ohr zur Kontrolle der Infektion und Linderung der starken Schmerzen angewendet werden, unter denen der Hund bei einer Bakterieninfektion leidet. Der Tierarzt legt möglicherweise eine Kultur und ein Antibiogramm an, um die Bakterienart und das wirksamste Antibiotikum zu finden. Es gibt viele chinesische Kräuter und Kombinationen von Heilpflanzen, die beim Aufbau des Immunsystems helfen und so die Widerstandskraft des Hundes stärken, um auch dieses Problem zu bekämpfen.

Homöopathie

Hepar sulfuris C30 hilft bei schmerzenden und eiternden Ohren, drei Mal täglich verabreichen.

Kalium muriaticum C6 mildert die Entzündung, drei Mal täglich verabreichen.

Belladonna C6 vermindert Rötung und Entzündung im Ohr, drei Mal täglich verabreichen.

Anmerkung: *Diese drei genannten Heilmittel kann man kombinieren und bei schmerzhaften, infizierten und entzündeten Ohren verwenden.*

Mercurius solubilis C30 ist ein gutes Heilmittel für Infektionen mit grünem Ausfluss und muffigem Geruch, zwei Mal täglich verabreichen.

Mercurius corrosivus D6 ist gut bei Ohrentzündung mit blutigen Geschwüren, zwei Mal täglich verabreichen.

Hypoallergene Nahrung bei Hefeproblemen

Dies ist eine gute Mahlzeit für einen Hund mit Hefeproblemen:

- 3 Tassen gewürfelte Kartoffeln
- 1 Tasse Rind, Huhn, Fisch oder Lamm (für allergische Hunde nimmt man Tilapia oder einen anderen neutralen Weißfisch)
- 1 Tasse gemischtes Gemüse (Blumenkohl, Stangenbohnen, Brokkoli)
- 2 Knoblauchzehen
- 1 Esslöffel Apfelessig
- 1/3 Tasse Olivenöl

Der Knoblauch wird gehackt und ruht, während man die Mahlzeit zubereitet. Die Kartoffeln werden mit wenig Wasser gekocht, bis sie weich sind. Man gibt das gewürfelte Fleisch, Gemüse und Olivenöl dazu und kocht, bis das Fleisch gar ist, etwa zehn Minuten, dann lässt man es abkühlen und gibt Knoblauch und Apfelessig dazu.

P

Pilzinfektionen

Pilzinfektionen gehen auch mit Allergien einher. Pilze wachsen nicht gut unter Laborbedingungen, deshalb werden sie oft nicht erkannt. Bestimmte Rassen wie West Highland White Terrier, Basset, Cockerspaniel, English Springer Spaniel und Shar Pei neigen besonders zu Allergien mit begleitenden Pilzinfektionen. Pilze wachsen langsam und beständig. Eine Pilzinfektion ist schwer zu beseitigen, denn wenn sie sich etabliert hat, bleibt sie sehr hartnäckig.

Malassezia

Hat der Hund eine dicke, dunkle, elefantenartige Haut an Unterarmen, Bauch oder Pfoten, kann er sich einen Hautpilz namens Malassezia zugezogen haben. Dies verkompliziert eine Hautallergie, denn der Pilz verursacht seine eigenen Symptome und Probleme. Die Anwesenheit von Malassezia allein erzeugt starken Juckreiz.

Zeichen und Symptome einer Malassezia-Infektion:

- Elefantenartige, haarlose, verdickte und dunklere Haut,
- Mattweiße, gräuliche Krusten, die sich von der Haut abschilfern,
- Symptome verstärkt an Unterarm und Kehle,
- Muffiger, süßer, hefiger Geruch,
- Juckreiz,
- Keimende Hefezellen in der Hautzytologie,
- Persistierender Juckreiz nach Besserung der Allergie,
- Manchmal begleitet von brauner, süßriechender Ohreninfektion.

Behandlung

Bakterielle Hautinfektionen sind einfach zu erkennen und zu behandeln, Pilz- und Hefeinfektionen bleiben oft unerkannt. Antibiotika wirken etwas gegen Pilze, und Hunden mit Pilz- und Hefeinfektionen geht es scheinbar besser unter einem Antibiotikum, aber ein paar Wochen nach Beendigung der Antibiotikagabe kehrt dann das ganze Problem zurück.

Die meisten Tierärzte verkaufen Anti-Pilz-Shampoos. Arzneimittel wie Nizoral (Ketokonazol) und Sporanox (Itraconazol) verschreibt der Tierarzt bei Pilzproblemen. Außerdem finden Sie in diesem Buch natürliche Erzeugnisse, die ebenfalls antiseptisch auf die Haut wirken sowie Vorschläge für natürliche Spülungen und Sprays.

Ringelflechte

Ringelflechte ist eine Pilzinfektion, die ihren Namen vom Erscheinungsbild bekommen hat. Ein rundes Fellstück verliert die Haare, während sich der Pilz kreisförmig ausbreitet. Der Kreis hat oft einen roten Rand, und manchmal wächst das Fell in der Mitte des Kreises wieder, sodass das Ringmuster entsteht. Durch dieses Erscheinungsbild ist dieser Pilz besonders leicht zu erkennen.

Zeichen und Symptome einer Ringelflechten-Infektion:

- Das Fell sieht mottenzerfressen aus.
- Kreisförmige Läsionen, vor allem auf der Unterseite des Hundes (die wenig der Sonne ausgesetzt ist).
- Manchmal begleitet von einer sekundären Bakterieninfektion im pilzgeschädigten Kreis.

Behandlung

Ein homöopathische Heilmittel für Ringelflechte besteht aus Bacillinum C30, Chrysarobinum C30 und Psorinum C30. Man gibt eine Mischung daraus zwei Mal täglich zwei Wochen lang.

Räude (Sarcoptes)

Die Anfangsstadien der Räude können genau wie eine Allergie aussehen. Räude wird durch Milben (Sarcoptes scabiei) verursacht, die sehr schwer im Hautgeschabsel zu finden sind. Kratzt der Hund sich plötzlich und sehr intensiv und spielt er mit anderen Hunden, die räudig sein können, ist wohl eine Räude verantwortlich. Bekommt man selbst kleine Anhäufungen von juckenden roten Bläschen am Körper, ist das ein guter Hinweis darauf, dass Räude schuld sein könnte.

Die Räudemilben sehen wie mikroskopisch kleine Krebse aus und graben sich tief in die Hundehaut ein. Diese ansteckende Räude geht leicht von einem Hund auf den anderen über. Auch Füchse sind Überträger der Milbe. Wenn die Milben auf Menschen übergehen, können sie juckende, rote Bläschen auf der Haut verursachen. Diese Bläschen jucken sehr stark, besonders bei oder nach dem heißen Baden oder Duschen.

Räude entdecken

Räudemilben sind sehr schwer im Hautgeschabsel zu finden, das der Tierarzt entnimmt, weil sie tief unten in der Haut sitzen. Es ist wichtig zu wissen, dass die Anfangsstadien der Räude genau wie eine Hautallergie aussehen können. Wenn ich Räude bei einem Hund vermute, weiß ich, dass die Chancen sehr gering sind, Milben unter dem Mikroskop zu sehen, deshalb suche ich nach Bläschen auf der Haut des Besitzers und erfrage, ob weitere Hunde im Haushalt sich auch viel kratzen. Wenn sich nur ein Hund von vieren juckt, sinkt die Wahrscheinlichkeit von Räude. Ich überprüfe auch, wie intensiv der Hund sich kratzt. Die meisten Hunde mit Hautallergie kratzen sich am meisten, wenn sie sich langweilen, aber ein Hund mit Räude hört urplötzlich mit dem Spielen oder der Jagd nach einem Eichhörnchen auf und kratzt sich. Ein Hund mit Räude hat oft sehr trockene, schuppende und juckende Stellen an den Ohrenrändern. Dies ist auch ein wichtiger Befund.

Gute detektivische Fähigkeiten sind ein essenzieller Teil der Räudediagnose. Räude im späten Stadium löst das ganz besondere Bild einer weißen dicken Kruste an den Ohrenrändern aus. Viele Hunde haben diese Kruste noch nicht in den Anfangsstadien, weil sie sich nur langsam entwickelt. Liebevolle Hundebesitzer pflegen ihren Liebling manchmal so gut, dass die typischen Räudezeichen gar nicht erst sichtbar werden.

Oft wird der tierärztliche Hautspezialist den Hundepatienten einer Räudebehandlung unterziehen, um sicherzugehen, dass sie nicht übersehen wird. Wenn es dem Hund dann besser geht, war es Räude.

Einige Zeichen und Symptome von Räude:

- Heftiges Kratzen, vor allem, wenn der Hund Tätigkeiten unterbricht, um sich zu kratzen,
- andere Hunde im Haushalt kratzen sich auch,

- Kontakt mit unbekannten Hunden oder einem Fuchs,
- rote Bläschen bei Menschen im Haushalt,
- trockene verkrustete Stellen an den Ohrrändern,
- Aussehen ähnlich der Hautallergie (allergische Dermatitis).

Räude behandeln

Der Tierarzt wählt aus den folgenden Behandlungen die beste für Ihren Hund aus:

Mehrere orale Dosen von **Ivermectin**: Dies wird vom Tierarzt verschrieben und hat den Vorteil, dass es schnell wirkt und leicht zu verabreichen ist. Bei einem gesunden Tier ist es relativ ungiftig, aber bei manchen Rassen ist es kontraindiziert (also den Tierarzt fragen).

Spot-on Behandlung mit dem Wirkstoff **Selamectin**.

Verdünnte **Schwefelkalklösung** ist ebenfalls ein bewährtes Mittel gegen Räude, hat aber den Nachteil, stark nach faulen Eiern zu riechen. Sie wird beim Hund als Spülung verwendet und trocknet auf der Haut. Man wendet sie mehrmals im Abstand von einer Woche an. Sie ist sehr sicher und kann bei Hunden jeden Alters verwendet werden, aber besonders im Winter stören sich die Besitzer sehr am Geruch.

Selsun Blue Anti-Schuppen-Shampoo kann bei ganz milden Fällen zweimal wöchentlich zwei Wochen lang verwendet werden.

Anmerkung: *Unabhängig von der Art der Behandlung sollte man die Kissen des Körbchens waschen und überall nach jeder Behandlung gründlich staubsaugen. Alle Hunde mit Räude sollten gleichzeitig behandelt werden.*

Reaktionen auf Impfungen

Homöopathische Heilmittel nach der Impfung

Hypericum D30 verwendet man, wenn die Injektionsstelle schmerzhaft und geschwollen ist.

Ledum D30 ist wie Hypericum gut bei Unbehagen nach kleinen Stichwunden wie Impfinjektionen. Man kann sie zusammen verabreichen.

Belladonna D30 gibt man bei Fieber oder nur leicht erhöhter Temperatur nach der Impfung drei Mal täglich einen oder zwei Tage.

Ferrum phosphoricum D30 kann man eine Woche lang nach der Impfung geben, wenn das Tier irgendwie kränkelt. Es ist gut bei leichten Entzündungen, weil es den Körper wieder ins Gleichgewicht bringt.

Apis D30 nimmt man bei Schwellungen, entweder an der Impfstelle oder im Gesicht. Bei Schwellungen an der Impfstelle gibt man drei Dosen an einem einzigen Tag. Bei Schwellungen im Gesicht, an den Wangen oder Augen

gibt man es alle halbe Stunde und beobachtet den Hund sorgfältig. Geht die Schwellung nicht zurück, gibt man das frei verkäufliche Benadryl. Besteht die Schwellung weiterhin, muss man den Hund sofort zum Tierarzt bringen.

Thuja D30 ist eines der wertvollsten Heilmittel in der Tiermedizin. Man gibt es zwei Mal täglich einen Monat lang, um Probleme mit chronischen Impfreaktionen oder Überimpfungen zu beseitigen.

U

Übergewicht

Heutzutage neigen viel zu viele Menschen zu Übergewicht – und ihren Haustieren geht es genauso. Hunde, die lebenslang von kommerziellem Futter gelebt haben, haben wohl eine bessere Entschuldigung für ein paar Kilos extra. Denn obwohl es nicht wirklich nährstoffreich ist, tragen der hohe Fettgehalt und die Zusammensetzung wahrscheinlich zum erheblichen Taillenumfang des tierischen Kameraden bei. Außerdem bekommen die meisten Hunde längst nicht so viel Bewegung, wie gut für sie wäre, weil ihre Besitzer nicht genug Zeit für sie haben. Wie gesagt ist es eine ungesunde Situation, die wie beim Menschen auch zu vielen medizinischen Problemen führen kann.

Wenn man sich um das Gewicht seines Hundes Sorgen macht, besonders dann, wenn er relativ wenig frisst und trotzdem mollig ist, rate ich dazu, zunächst seine Schilddrüse überprüfen zu lassen, denn eine Schilddrüsenunterfunktion kann zu Übergewicht bei Hunden beitragen.

Wenn Schilddrüsenprobleme ausgeschlossen sind, lautet meine nächste Empfehlung, den Hund auf Diät zu setzen. Das Rezept für mollige Hunde im Abschnitt für besondere Bedürfnisse im Hunde-Restaurant ist eine Gesundheitskur, die ich vielen übergewichtigen Hunden verschrieben habe. Ich habe selten gehört, dass sie nicht anschlägt, denn sie besteht aus Futter, das den Hunden schmeckt und ihnen ermöglicht, auf natürliche Weise Gewicht zu verlieren.

Bei dieser Diät darf der Hund so viel gekochtes oder gedünstetes Gemüse fressen, wie er mag. Wenn Gemüse nicht zu seinen Lieblingsgerichten zählt, wird es in Fleischbrühe gekocht oder mit Knoblauch und etwas Olivenöl oder einer kleinen Portion Butter gewürzt. Eine tiefgefrorene Gemüsemischung ist eine gute, zeitsparende Alternative.

Die empfohlene Nahrungsmenge hängt von der Größe des Hundes ab – ein kleiner Hund bekommt weniger und ein großer mehr. Der Hund sollte immer Zugang zu frischem, sauberen Wasser haben. Ein Multivitamin/Multimineralstoffgemisch der Spitzenklasse ist eine wichtige Nahrungsergänzung. Der Hund sollte genau beobachtet werden. Neben dem Gewichtsverlust sollte er vermehrt Energie haben und Haut und Fell sollten besser aussehen. Wirkt er lustlos, bringt man ihn zur Untersuchung zum Tierarzt.

Verdauungsprobleme

Verdauungsprobleme beim Hund sind unter anderem Durchfall, Erbrechen und Verstopfung. Manche Hunde bekommen Verdauungsprobleme nach dem Wühlen im Abfall, andere haben ein so empfindliches Verdauungssystem, dass jede Änderung in ihrem Futter ihnen tage- oder wochenlang Schwierigkeiten bereitet. Kennt man die Ursachen der Probleme seines Hundes und ein paar schnelle, einfache und praktikable Lösungswege, kann man sich viel zusätzliche Putzarbeit und Gassigehen ersparen.

Durchfall

Durchfall ist eines der häufigsten medizinischen Probleme des Hundes. Wenn der Hund in der entferntesten Ecke des Hofes sein Geschäft verrichtet, könnte Ihnen das Problem entgehen. Ganz offensichtlich wird es aber natürlich, wenn ein Missgeschick im Haus passiert. Hunde mit Durchfall haben einen weichen, oft wässrigen Kot. Der Kot kann Schleim und manchmal etwas Blut enthalten. Dem sonst stubenreinen Hund können Missgeschicke im Haus passieren oder er möchte öfter als gewohnt vor die Tür gelassen werden. Durchfall kann schnell kommen und gehen, aber er kann auch bleiben und sich verschlimmern.

Der übliche Auslöser für Durchfall ist fast immer ein Ungleichgewicht der Darmflora. Der Darm enthält gute Bakterien, die Vitamine herstellen und helfen, die Nahrung zu verdauen und Vitamine herzustellen. Bakterien, Protozoen und andere Organismen im Darmtrakt leben in einem sensiblen Gleichgewicht. Wenn das Gleichgewicht kippt, kann Durchfall entstehen. Alles, was den Verdauungstrakt durcheinander bringt, kann beim Hund Durchfall auslösen.

Reisbrei mit Ei

Dieses Rezept ist ausgezeichnet für einen Hund mit Durchfall:

- 2 Tassen Basmati-Reis
- 6 Tassen Wasser
- 3 verquirlte Eier

Man kocht 15 Minuten lang zwei Tassen Basmati-Reis in sechs Tassen Wasser. Die Mischung sollte etwas suppig sein, sonst gibt man noch ein wenig Wasser dazu. Die aufgeschlagenen Eier werden schnell untergemischt, dann lässt man auf Raumtemperatur abkühlen, dabei verfestigt sich der Brei. Kalt servieren.

Ungleichgewicht im Darm kommt zustande, wenn der Hund etwas gefressen hat, was nicht gut für ihn war, faules Wasser getrunken hat, einen Markknochen oder einen anderen sehr fettreichen Leckerbissen hatte, sich aus dem Müll bedient hat oder etwas anderes aufgenommen hat, das das Gleichgewicht in seinem Darm stört. Dieses Problem wird oft dadurch gelöst, dass man den Darm mit Probiotika wieder ausbalanciert und Schonkost verabreicht. Die guten Keime überwuchern die schlechten, das korrekte Gleichgewicht stellt sich ein, und das Problem verschwindet. Durchfall ohne Komplikationen ist nicht schwer zu behandeln.

Wenn der Hund nichts Falsches gefressen hat, muss man die Ursache des Problems suchen und korrigieren. Durchfall kann durch eine Nahrungsmittelallergie, einen Reizdarm oder eine parasitäre Infektion wie durch Würmer oder Giardien verursacht sein. Bei Durchfall mit Fieber sucht man am besten notfallmäßig den Tierarzt auf, weil ernste Krankheiten wie Parvovirose und Staupe (manchmal blutigen) Durchfall hervorrufen können. Durchfall mit wiederholtem Erbrechen kann auch eine ernste medizinische Ursache haben, wie zum Beispiel Darmkrebs.

Im Abschnitt „Rezepte für besondere Bedürfnisse" in Teil 4 „Das Hunde-Restaurant" gibt es Rezepte für an Durchfall leidende Hunde. Viele Nahrungsmittel können nützlich sein. Süsskartoffel und Yamswurzel zum Beispiel enthalten eine natürliche Substanz, die Darmentzündungen verringert und sogar besser sein kann als die üblicherweise empfohlenen Gerichte mit Huhn und Reis. Außerdem gibt es verschiedene Behandlungsmöglichkeiten für unkomplizierten Durchfall, die im Folgenden besprochen werden. Hält der Durchfall an, sollte man den Hund zum Tierarzt bringen.

Konventionelle Behandlungen

Kaopektate ist ein frei verkäufliches Arzneimittel aus Drogerien und Supermärkten. Es enthält ein bestimmtes Mineral, das die durchfallverursachenden Bakterien und ihre Toxine im Darm absorbiert. Man gibt dem Hund von einem Teelöffel bis zu einem Esslöffel Kaopektate alle ein bis zwei Stunden, ein paar Stunden lang. Am besten wirkt es, wenn es frühzeitig gegeben wird.

Metronidazol (Flagyl) wird vom Tierarzt abgegeben oder verschrieben. Oft entschärft eine Tablette ganz zu Anfang das Problem. Nach dieser einen Tablette sollte man dem Futter einige Probiotika extra zugeben.

Homöopathie

Homöopathische Heilmittel sind bei Durchfall und Erbrechen ideal. Da sie sich an der Maulschleimhaut auflösen und nicht geschluckt werden müssen, sind sie einfach zu verabreichen. Der Verdauungstrakt kann ruhen, während der Hund gleichzeitig mit sehr wirkungsvoller Medizin behandelt wird. Es ist eine Win-win-Situation. Folgende homöopathische Heilmittel helfen bei der Behandlung des Durchfalls beim Hund.

Podophyllum C30 eignet sich sehr gut für jede Art Durchfall, besonders, wenn er hellbraun oder gelb ist, wie man es sehr häufig bei saugenden Welpen sieht. Es wird vier Mal täglich gegeben. Sobald der Kot fest wird, gibt man es zwei Mal täglich noch zwei bis drei Tage lang, um sicherzugehen, dass das Problem vollständig beseitigt ist.

Aloe C30 ist gut bei Durchfall mit geleeartigem Schleim. Bei diesem Durchfall hört man die Darmgeräusche des Hundes und er hat sehr starken Kotdrang. Es wird vier Mal täglich gegeben, bis der Durchfall vorbei ist. Podophyllum C30 und Aloe C30 kann man mischen und vier Mal täglich geben, die meisten Fälle von unkompliziertem Durchfall verschwinden dadurch schnell.

Mercurius corrosivus C30 gibt man bei schmerzhaftem Durchfall. Der Hund bleibt mehrmals in der Haltung wie zum Kotabsatz stehen und geht dann weiter. Der Durchfall enthält Schleim und sieht schmierig aus. Auf dem Kot befinden sich manchmal rote Blutspritzer. Dieses Heilmittel gibt man drei Mal täglich. Zeigt der Hund diese Symptome und reagiert nicht innerhalb von 24 Stunden auf die Behandlung, misst man seine Temperatur, nimmt eine Kotprobe für die Wurmuntersuchung und vereinbart einen Termin beim Tierarzt.

Arsenicum album C30 ist sehr gut bei Durchfall mit Erbrechen. Der Kot stinkt und der Hund wirkt unruhig. Es hilft auch gut bei Dehydratation. Man gibt es alle ein bis zwei Stunden und reduziert die Frequenz, sobald Besserung eintritt. Man verabreicht es dann weiter zweimal täglich, bis der Normalzustand wieder hergestellt ist. Wenn es nicht anschlägt, bringt man den Hund zum Tierarzt.

China C3 verwendet man bei starkem Flüssigkeitsverlust, es stärkt und stellt das Elektrolyten-Gleichgewicht wieder her. Man gibt es dreimal nur am ersten Tag.

Nux vomica C30 bessert das Unwohlsein. Man gibt es einmal abends vor dem Schlafengehen.

Probiotika und Präbiotika

Das natürliche Darmgleichgewicht wird mit Hilfe von guten Bakterien wie Lactobacillus acidophilus, die man dem Futter zufügt, wieder hergestellt. Joghurt aus dem Reformhaus enthält eine erwünschte Mischung von Kulturen und die benötigten Probiotika. Je nach Größe der Hundes gibt man mehrere Esslöffel oder den gesamten Becher des guten Joghurts als Teil der Mahlzeit in das Futter. Probiotische Kulturen bekommt man rezeptfrei als Pulver, Flüssigkeit, Tablette oder Kapsel in Reformhäusern. Gute Darmbakterien sollten dem Hund im täglichen Futter zugeführt werden, deshalb empfehle ich, die Probiotika auch nach Abheilen des Durchfalls zu geben.

Präbiotika sind Nahrungsmittel, die spezifische gesunde Änderungen hinsichtlich Zusammensetzung und Aktivität der Gemeinschaft der guten Bakterien ermöglichen. Sie sind auch nützlich für Wohlbefinden und Gesundheit des Wirtes. Präbiotika sind unverdauliche Nahrungsbestandteile, die Wachstum und Vermehrung der guten Darmbakterien fördern. Anders ausgedrückt sind Präbiotika gesunde Nahrung für Probiotika. Sie stellen das gesunde intestinale Gleichgewicht schneller her als Probiotika, weil sie den guten Bakterien das benötigte Material für Wachstum und Vermehrung liefern.

Grünkohl, Löwenzahnblätter und Mangold sind gute Beispiele für gesunde Präbiotika, die man jedem Hundefutter beimischen kann. Vielleicht haben Hunde noch ein vererbtes Wissen um die positiven Wirkungen bestimmter unverdaulicher Fasern auf den Verdauungstrakt. Unser Hund kann den Kühlschrank nicht öffnen und Grünkohl herausziehen, deshalb muss er zum Gras als Präbiotikum übergehen.

Chinesische Kräuter

Po Chai ist eine Pille aus gebräuchlichen chinesischen Kräutern, die man in Chinaläden großer Städte oder in Online-Geschäften findet. Es wird meist in Form von zehn oder zwölf kleinen Ampullen verkauft, die mit winzigen Pellets gefüllt sind. Dieses Kraut wirkt Wunder bei Hunden mit Durchfall. Ein großer Hund bekommt eine Ampulle, ein kleiner Hund eine halbe Ampulle drei Mal täglich. Man verabreicht es bis zur Beendigung des Durchfalls.

Pflanzenmedizin

Zwei Substanzen, die glatte Ulme und Johannisbrotpulver, nutzt man bei Durchfall.

Etwas gemahlene Rinde der glatten Ulme bildet in Wasser eine geleeartige Substanz, die den Durchfall verlangsamt. Die typische Dosis sind 1 – 2 Teelöffel drei Mal täglich je nach Größe des Hundes.

Johannisbrotpulver wird auch mit Wasser angesetzt, empfohlen werden ½ bis 1 Teelöffel drei Mal täglich je nach Größe des Hundes. Auch eine Mischung aus 1 Teelöffel glatter Ulme und 1 Teelöffel Johannisbrotpulver ist möglich.

Erbrechen

Viele Hunde fressen gelegentlich Gras und erbrechen sich. Hunde können auch gelegentlich das Futter wieder hochwürgen, vor allem wenn sie schnell gefressen haben. Dieses intermittierende Erbrechen ist nicht besorgniserregend, aber wiederholte Serien von Erbrechen, wenn der Hund nichts bei sich behalten kann, sind eine ernste Sache und müssen vom Tierarzt untersucht werden. Krampfartiges und fortgesetztes Erbrechen bedeutet einen Notfall.

Erste Schritte

Der erste Schritt beim Behandeln des akuten Erbrechens ist, die Fütterung einzustellen und den Hund zwölf bis vierundzwanzig Stunden fasten zu lassen, damit sein Verdauungstrakt zur Ruhe kommt. Er bekommt weder Futter noch Wasser. Wenn er in den nächsten Stunden nicht mehr erbricht, bekommt er Wasser in kleinen Portionen. Wenn man ihm einen großen Napf Wasser hinstellt, trinkt er fast alles aus und erbricht sich wahrscheinlich wieder. Stattdessen bietet man ihm ½ Tasse Wasser jede halbe Stunde an, wenn es ein mittelgroßer Hund ist; die Menge wird an der Größe des Hundes ausgerichtet.

Wenn alles 12 – 24 Stunden ruhig bleibt, bekommt er eine leichte selbstgemachte Speise aus gekochter Yamswurzel, Rührei oder Hühnchen und Reis. Bei fortgesetztem Erbrechen wird er dem Tierarzt vorgestellt. Auch bei erhöhter Temperatur über 39°C muss er zum Tierarzt. Ernste Probleme wie eine Entzündung der Bauchspeicheldrüse verursachen Erbrechen.

Homöopathie

Arsenicum album C30 ist sehr nützlich, wenn der Hund Erbrechen und Durchfall hat. Man gibt es bis zur Besserung alle paar Stunden und danach weniger häufig bis zur Genesung. Beispielsweise verabreicht man es drei Mal im

Stundenabstand, dann zwei Mal im Zweistundenabstand und am nächsten Tag insgesamt drei Mal. Wenn das Problem beseitigt ist, hört man auf. Innerhalb von drei Stunden nach der allerersten Dosis sollte es Wirkung zeigen. Natürlich sollte der Hund in dieser Zeit, wie oben gesagt, nicht fressen oder trinken.

Nux vomica C30 wirkt günstig auf den gesamten Verdauungstrakt. Man verwendet es bei Hunden, die gelegentlich nach Grasfressen erbrechen und ihr Futter hochwürgen. In diesem Fall kann der Hund bald wieder fressen. Man gibt es drei Mal täglich drei Tage lang.

Ipecacuanha C30 kann die Symptome der Erbrechens abmildern. Es ist ein typisches Beispiel für „Gleiches heilt Gleiches“: Die ursprüngliche Substanz löst Erbrechen aus und als homöopathische Arznei behandelt und mil-

Vorbeugung und Behandlung

Kürbis aus der Dose ist ein exzellenter Zusatz zum Hundefutter bei Verstopfung. Man gibt täglich ¼ bis eine Tasse Kürbis aus der Dose zum Hundefutter. Als gute Raufaserquelle funktioniert das fantastisch vor, bei und nach Verstopfung.

Zusätzlich sollte man:

- Den Trinknapf gefüllt halten,
- Mit dem Hund spazieren gehen, längere Wege regen die Darmtätigkeit an,
- Für ausreichend Raufaser im Futter sorgen. Raufaser bindet Wasser im Darm, der Kot wird voluminöser und weicher, das beschleunigt die Darmpassage. Etwas Kleie im Futter liefert ebenfalls Raufaser. Flohsamenschalen und Leinsaat sind auch sehr reich an Raufaser und gut für den Darm. Wenn man Raufaser beifüttert, muss der Hund auch viel trinken.
- Gekochtes Gemüse und frisches Obst zum Futter geben.
- Einige Kochrezepte aus dem Hunde-Restaurant ausprobieren.
- Probiotika (Acidophilus und andere wohltätige Bakterien) zum Hundefutter geben. ½ Teelöffel pro Mahlzeit reicht aus. Probiotika mit Acidophilus und anderen guten Bakterien helfen bei der Bildung der Faeces und bewirken eine normale Kotpassage.
- Verdauungsenzyme zum Hundefutter geben. Dies ist besonders wichtig beim alten Hund, dessen System nicht mehr so viele Verdauungsenzyme herstellt. Zugefügte Verdauungsenzyme lassen ihn sein Futter besser verdauen und resorbieren und sie fördern die Darmpassage. Verdauungsenzyme gibt es als Pulver in Geschäften für Hundebedarf.
- Rohen Knoblauch, der der Verstopfung entgegen wirkt, zum Futter geben.
- Olivenöl zum Futter geben. Abhängig von der Größe des Hundes nimmt man 1 Teelöffel bis 1 Esslöffel.

Laxantien für den Menschen gibt man nur, wenn der Tierarzt das empfiehlt; diese Produkte können Durchfall auslösen und den Darm weiter reizen.

dert sie Erbrechen. Dieses Heilmittel hilft Hunden, die nach Erbrechen keinen Appetit mehr haben; man gibt es drei Mal über einen Tag.

Verstopfung

Ein Hund mit guter Gesundheit entleert seinen Darm ein bis zwei Mal (manchmal häufiger) täglich. Wenn er sich einen Tag oder länger nicht löst, hat er Verstopfung. Andere Symptome der Verstopfung sind verstärktes Pressen mit wenig oder sehr hartem Kot oder die Ausscheidung von sehr wenig Kot.

Eine einfache Verstopfung ist leicht zu verhindern oder zu beseitigen. Tatsächlich hilft beim Hund dasselbe wie beim Menschen. Wenn die Situation sich aber nicht nach der ersten Behandlung ändert und chronisch wird, kann das ein größeres Problem bedeuten.

Ursachen von Verstopfung

Eine der beiden Hauptursachen für Verstopfung beim Hund sind Probleme mit dem Futter. Die meisten käuflichen Futter, auch Einfachqualitäten, sind so zusammengesetzt, dass sie einen normalen, festen und gut aufzuhebenden Kot erzeugen. Die Hersteller wissen längst, dass Hundebesitzer den Kot überprüfen und daraus auf die Futterqualität schließen.

Ein Mangel an Raufaser ist die häufigste Ursache für einfache Verstopfung. Dies gilt besonders, wenn das Futter viel Fett und Fleisch und sehr wenig Raufaser enthält. Im Zutatenverzeichnis des Hundefutters sollte man Wert auf Blaubeeren, Äpfel, rote Bete und Kräuter – alles gute Raufaserquellen – legen und Futter mit viel Raufaser kaufen. Diese Zutaten gibt es meist nicht in den billigen Sorten im Supermarkt.

Die andere Hauptursache für Verstopfung beim Hund ist ein metabolisches oder organisches Problem. Der Dickdarm des Hundes ist der Teil des Verdauungssystems, der Wasser resorbiert. Wenn der Dickdarm zu viel resorbiert, wird der Kot hart, trocken und schwer auszuscheiden. Nieren- oder Herzversagen, Diabetes und anderes kann den Dickdarm durch zu viel Rückresorption von Wasser beeinträchtigen und Verstopfung hervorrufen.

Verstopfung ist beim Hund viel seltener als Durchfall, und sie betrifft eher ältere und träge Hunde. In leichten, kurz anhaltenden Fällen von Verstopfung kann man homöopathische Heilmittel und Kräuter einsetzen. Wenn der Hund sich nicht wohlfühlt, sollte man ihn beim Tierarzt vorstellen. Auch bei langfristiger und hartnäckiger Verstopfung geht man mit ihm zum Tierarzt.

Homöopathie

Nux vomica D6 oder C30 wirkt günstig bei akuter Verstopfung. Es entgiftet und stärkt das Verdauungssystem und ist das Mittel der Wahl bei Verstopfung und trägem Darm. Man gibt es drei bis vier Mal täglich ein paar Tage lang und dann zwei Mal täglich eine Woche lang.

Lycopodium C6 hilft bei chronischer Verstopfung. Der Hund hat dann vermutlich wenig Appetit und ist ein „Kümmerer". Man gibt das Heilmittel zwei Mal täglich zehn Tage lang zum Nutzen des Verdauungstrakts.

Verstauchung und Prellung

Springen, Hüpfen, Anrempeln und Spielen sind übliche Aktivitäten des Hundes, folglich sind Verstauchung und Prellung häufige Verletzungen. Meistens sind seine Aktivitäten ohne Folgen. Der Hund kann täglich eine Stunde lang Frisbee spielen, rennen und springen, aber dann landet er eines Tages falsch und verstaucht sich sein Knie.

Bänder und Sehnen halten die Gelenke zusammen. Eine Verstauchung entsteht durch Überdehnung und Zerrung eines Bandes. Da Bänder langsam heilen, muss der Hund neben der Behandlung auch das betroffene Gelenk ruhig halten. Eine Prellung entsteht durch Überdehnung und Zerrung des Muskelgewebes. Die Symptome sind ähnlich wie bei der Verstauchung: Schwellung, Steifheit, Schmerz.

Behandlung

Viele homöopathische Heilmittel sind bei Verstauchung und Prellung angesagt. Man verwendet sie einzeln oder in Kombination. Ruta C30 ist spezifisch für Bänderverletzungen, vier Mal täglich in der ersten und drei Mal täglich in der zweiten Woche. Bis zur völligen Heilung gibt man es dann ein oder zwei Mal täglich.

Arnica C30 ist günstig in den Anfangsstadien der Verletzung, viermal täglich etliche Tage lang. Das Produkt „Boswellamine" des Herstellers „White Tiger" (in Deutschland nur begrenzt erhältlich) ist ein pflanzliches entzündungshemmendes Heilmittel auf Basis von Glucosaminsulfat, Distelwurzel, Myrrhe und Weihrauch. Für einen großen Hund nimmt man die für einen Menschen gedachte Dosis, für einen mittleren die Hälfte und für einen kleinen oder winzigen Hund ein Viertel dieser Dosis.

Schmerzmittel empfehle ich nicht bei verletzten Bändern. Ich möchte nicht, dass der Hund Schmerzen leidet, aber er soll auch das verletzte Bein nicht belasten, weil es nicht schmerzt und er denkt, er sei gesund. Die oben genannten homöopathischen Heilmittel lindern den Schmerz und beschleunigen die Heilung, aber die Ruhigstellung ist beim Heilen von verletzten Bändern am wichtigsten. Man sollte den Hund auch noch mindestens zwei Wochen ruhig halten, wenn die Verletzung scheinbar verheilt ist. Muskelverletzungen heilen natürlich viel schneller als Bänderverletzungen.

Wunden

Einfache oberflächliche Wunden heilen schnell mit ganzheitlicher Behandlung. Eine große oder tiefe Wunde sollte sich der Tierarzt ansehen, weil sie vielleicht genäht werden muss. Auch wenn die Temperatur des Hundes ansteigt, sollte der Hund zum Tierarzt gebracht werden, weil er vielleicht eine Entzündung hat.

Behandlung

Einfache Abschürfungen spült man mit einer Mischung aus gleichen Teilen Calendula und Salzlösung. Nach dem Lufttrocknen trägt man dort Calendula-Salbe auf. Das wiederholt man zwei bis drei Mal täglich bis zur Heilung.

Stichwunden benötigen eine zusätzliche Medikation, um einer Infektion vorzubeugen.

Wundbehandlung

Vor vielen Jahren kam eine gute Freundin mit ihrem Hund in meine Praxis. Er war draußen herumgerannt, als die Straße gepflastert wurde, und ein LKW mit Schotter war über seine Vorderpfote gefahren. Schotterteilchen und Schmutz waren in das Gewebe gedrückt worden. Ein Stück Haut von etwa 5 x 10 cm Größe war komplett vom Bein abgeschilfert worden, ich konnte die Sehnen und Muskeln wie im Anatomiekurs sehen.

Ich entfernte den Schotter und Schmutz und reinigte das Gebiet mit einer Mischung aus gleichen Teilen Calendula und Salzlösung. Danach tränkte ich mehrere Gazeschwämme in der Lösung und legte eine feuchte Bandage um das gesamte Gebiet an.

Ich wies meine Freundin an, die Bandage zwei bis drei Mal täglich mit frischen, in Calendula und Salzlösung getränkten Gazetupfern zu erneuern. Die Wunde heilte schnell. Als sie nur noch halb so groß war wie zu Beginn, gingen wir zu Calendula-Salbe und trockener Bandage über. Beim ersten Besuch hatte ich geglaubt, der Hund brauche eine Hauttransplantation, weil die Wunde so groß war. Calendula wirkt bakteriostatisch und hilft den Zellen, sich schnell zu regenerieren. Die Wunde heilte vollständig ohne Transplantation und ohne Operation aus.

Ledum C30 und Hypericum C30 gibt man vier Mal täglich in der ersten Woche. Ist die Verletzung durch einen Splitter passiert, entfernt man ihn vorsichtig mit einer Pinzette. Das Heilmittel Silicea C30 gibt man drei Mal täglich zwei Wochen lang, wenn man vermutet, dass Material in der Wunde verblieben ist: Silicea treibt die Fremdkörper aus der Wunde hinaus.

Wird die Wunde von Abschürfungen begleitet, gibt man Arnica C30 vier Mal täglich ein paar Tage lang. Arnica ist ein wunderbares Heilmittel bei Verletzungen des Weichgewebes.

Z

Zahnprobleme

Wenn sich Zahnstein auf den Hundezähnen gebildet hat, kann er mit ein oder mehreren verlässlichen Naturprodukten entfernt werden. Hier ist kein Bürsten erforderlich und es gibt kaum noch oder gar keinen Grund mehr für die teure Zahnreinigung unter Vollnarkose. Wenn aber dem Hund ein Zahn gezogen werden muss oder bei komplizierteren Zahnproblemen wird der Tierarzt eine Anästhesie dabei einsetzen müssen.

Gele oder Sprays mit dem Wirkstoff Citruskernextrakt weichen den Zahnstein auf und entfernt ihn und orale Krankheiten heilen. Man trägt sie mit einer Zahnbürste oder einem warmen Waschlappen auf, am besten vor dem Schlafengehen. Nach ein paar Anwendungen kann man den Zahnstein mit einem Waschlappen entfernen. Auch ein Produkt namens LEBA III ist sehr effektiv beim Entfernen und Vorbeugen von Zahnstein. Beide Erzeugnisse enthalten wirksame Pflanzenextrakte. Wenn sich beim Hund im Handumdrehen wieder Zahnstein bildet, kann das homöopathische Heilmittel Frangaria C6, zwei Mal täglich, das Problem lösen.

Knochen sind nicht nur lecker und gut zu kauen, sondern der Kauprozess stimuliert auch das Zahnfleisch, trainiert den Kieferknochen und – ja – kann die Zähne säubern! Ein guter Knochen macht dem Hund stundenlang Freude und hilft, seine Zähne gesundzuhalten. Aber es muss auch der richtige Knochen sein: Der große Femur oder Beinknochen und Fußknöchel des Rindes, der nicht verschluckt werden oder splittern kann. Trotzdem muss man aufpassen, dass die Knochen nicht zu klein werden. Wenn das der Fall ist, sollte man sie durch neue ersetzen. Wenn der Hund Spaß mit dem Knochen hat, kann man sich entspannt zurücklehnen und sich darüber freuen, dass seine Zähne und Zahnfleisch dadurch umso gesünder werden.

Wenn Sie gegen 18 Uhr den anbetenden Blick Ihres Hundes sehen, wissen Sie sofort, was er fragen möchte: „Was gibt es zu fressen?" Dieses Kapitel hilft Ihnen bei der Antwort. Viele Mahlzeiten, die ich beschreibe, können vorbereitet und bis zu sechs Wochen eingefroren werden. Daher können Sie sie an ruhigeren Tagen zubereiten, um einen Vorrat für hektische Zeiten zu haben. Wenn es Ihnen wie den meisten Menschen geht, sind Sie nicht immer in der Lage, Ihrem besten Freund selbstgemachtes Futter zu servieren; da mag er noch so sehr mit dem Schwanz wedeln. Aber das ist in Ordnung. Versuchen Sie es mit schnellen Mahlzeiten, wie im Kapitel „Schnelle Küche" beschrieben; auf diese Weise können Sie in Minuten nahrhaftes Futter zusammenstellen.

Das Anliegen dieses Buches ist es, sowohl die Gesundheit Ihres Hundes als auch Ihre Beziehung zu ihm zu fördern – und nicht, Ihnen ein schlechtes Gewissen zu machen, weil Sie wenig Zeit haben. Ich habe nur einen Wunsch: Genießen Sie die gemeinsame Zeit mit Ihrem Hund. Erkennen Sie, wann Sie entspannen und wann Sie Hundekoch sein möchten. Wenn Sie einen wählerischen Esser haben, wird nicht jede Mahlzeit ein Hit sein, aber Sie werden sicher einige Rezepte finden, die Ihr Hund liebt.

Teil 4

Das Hunde-Restaurant

!

Die Mengenangaben der Rezepte werden im Original – wie in den USA üblich – in „cups" (Tassen) angegeben. Eine Umrechnung in das metrische System (z. B. Gramm, Milliliter) ist bei vielen verwendeten Zutaten nicht möglich. Da es in den Rezepten aber weniger auf die exakte Menge der Zutaten ankommt als vielmehr auf das Mengenverhältnis der Zutaten untereinander, haben wir bei der deutschen Übersetzung die Originalangaben übernommen. Verwendet man bei der Zubereitung eines Rezepts die gleiche Tasse als Maß für alle Zutaten, gelingt es trotz fehlender Grammangaben wunderbar. Hierzu eine Richtschnur: Die amerikanische „Standardtasse" fasst etwa 250 ml und entspricht einem deutschen Kaffeebecher, während eine deutsche Kaffeetasse nur ca. 125 ml fasst und mit ½ „cup" gleichzusetzen ist.

Im Hunde-Restaurant gibt es viele wunderbare Optionen. Im Kapitel „Toppings" finden Sie viele Rezepte für gesunde, leckere Ergänzungen, die Ihrem Hund als Beigabe zu gutem Trockenfutter schmecken werden. Toppings fügen vielfältige, gesunde, frische Zutaten zur Routineverpflegung hinzu und können leicht im Kühl- oder Gefrierschrank bevorratet werden. Auch Muffins können zerbröckelt und als Topping verwendet werden. Ein Muffin kann außerdem für einen kleinen Hund eine komplette Mahlzeit sein, oder Sie bereiten sie in Mini-Förmchen zu und geben sie einem großen Hund als Snack.

Ohne es zu wissen, habe ich mein erstes Topping als junge Tiermedizinstudentin erfunden. Ich lebte in Philadelphia in einem großen alten Haus mit sieben Zimmern, die ich mit sechs anderen Studenten teilte. Jede Woche buk ich ein nahrhaftes Haferflockengericht, das fertig wie Brot aussah. Ich habe es im Kühlschrank, den ich ebenfalls mit sechs Mitbewohnern teilen musste, aufbewahrt und meinem Hund täglich etwas davon als Belohnung gegeben. Es duftete und sah gut aus, und bevor ich einen Zettel anbrachte („Bitte esst mein Hundefutter nicht!"), hatten meine Mitbewohner es fast so schnell aufgegessen, wie ich es backen konnte!

Seien Sie vorgewarnt, dass Sie sich bei den meisten Rezepten zusammen mit Ihrem Hund die Lippen schlecken werden. Sie duften schon während des Kochens so gut! Mein Mann behauptet, dass nur die Eierschalen, die wir an die „herzhaften Eintöpfe" geben, ihn in Schach halten können!

Gluten- und getreidefrei

Sie können für Ihre Hunde weizen-, gluten- und getreidefreie Mahlzeiten herstellen, indem Sie weizen- und getreidehaltige Produkte in den Rezepten einfach durch die folgenden Zutaten ersetzen. Wir kombinieren verschiedene Mehle, um die Backeigenschaften und Textur von weißem oder Weizenmehl so nahe wie möglich zu simulieren. Sie können auch Reisnudeln statt normaler Nudeln verwenden, um das Rezept glutenfrei (aber nicht getreidefrei) zu machen.

Um Gluten zu vermeiden, ersetzen Sie ein Tasse Weizenmehl durch

- ½ Tasse Kichererbsenmehl + ½ Tasse Mandelmehl
- ½ Tasse Kichererbsenmehl + ½ Tasse Tapiokamehl
- ½ Tasse Bohnenmehl + ½ Tasse Tapiokamehl
- ½ Tasse Kokosnussmehl + ½ Tasse Tapiokamehl
- 1 Tasse Mandelmehl
- ½ Tasse Mandelmehl + ½ Tasse Tapiokamehl
- Tapioka kann durch Kartoffelmehl oder Kartoffelstärke ersetzt werden.
- Naturreismehl, weißes Reismehl, Buchweizenmehl oder Quinoaflocken können für glutenfreie (aber nicht getreidefreie) Rezepte verwendet werden. Nehmen Sie an anstatt 1 Tasse Weizenmehl beispielsweise ½ Tasse Naturreismehl + ¼ Tasse Tapiokamehl + ¼ Tasse weißes Reismehl oder ½ Tasse Naturreismehl + ¼ Tasse Buchweizenmehl + ¼ Tasse weißes Reismehl

Mein Haferflockenbrot aus dem Tiermedizinstudium

- 5 Tassen ungekochte Haferflocken
- ½ Tasse Olivenöl
- ¼ Tasse Milchpulver
- 1 Teelöffel Seetangpulver (Kelp)
- 1 Teelöffel Knoblauchpulver
- ½ Teelöffel gemahlenen Rosmarin
- ½ Tasse Nährhefe

Backofen auf 190 Grad vorheizen. Alle trockenen Zutaten in einer Schüssel mischen. Dann Öl hinzufügen und mit soviel Wasser vermengen, bis ein dicker Brei entsteht. Die Mischung in einer geölten Kastenform ausstreichen und eine Stunde backen. Nach dem Abkühlen in Stücke brechen, die als Belohnung oder Futterergänzung gegeben werden können.

Toppings

Vegetarische Toppings

Raleigh's gesundes und frisches Lieblingstopping

- 2 Tassen gewürfelte Möhren
- 2 Esslöffel gehackte Petersilie
- 2 Tassen gewürfelte Brokkolistiele
  (Ein Brokkolistiel ergibt etwa eine Tasse.)
- 3 Eier (mit Schale)
- 3 Tassen Hühner- oder Rinderbrühe oder Wasser
- 4 Tassen gewürfeltes Weizenvollkornbrot
  (getreidefrei: 4 Tassen gekochte, gewürfelte Kartoffeln)
- 4 Knoblauchzehen in Scheiben
- ½ Tasse Olivenöl

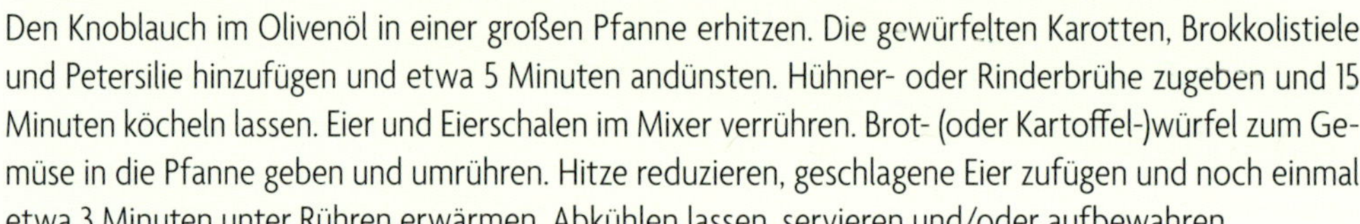

Den Knoblauch im Olivenöl in einer großen Pfanne erhitzen. Die gewürfelten Karotten, Brokkolistiele und Petersilie hinzufügen und etwa 5 Minuten andünsten. Hühner- oder Rinderbrühe zugeben und 15 Minuten köcheln lassen. Eier und Eierschalen im Mixer verrühren. Brot- (oder Kartoffel-)würfel zum Gemüse in die Pfanne geben und umrühren. Hitze reduzieren, geschlagene Eier zufügen und noch einmal etwa 3 Minuten unter Rühren erwärmen. Abkühlen lassen, servieren und/oder aufbewahren.

Blumenkohl-Käse-Topping

- 3 Tassen gewürfelter Blumenkohl
- ¼ Tasse gemahlene Walnüsse (optional)
- ½ Tasse geröstete Weizenkeime (optional)
  (weglassen, wenn es getreidefrei sein soll)
- ½ Tasse geriebener Parmesankäse
- 3 Esslöffel Butter

Den Blumenkohl (nicht zu weich) dünsten, abgießen und in Butter schwenken. Die restlichen Zutaten hinzugeben und vermischen. Abkühlen lassen, servieren und/oder aufbewahren.

Kürbisporridge-Topping

- 3 Butternut- oder Eichelkürbisse
- ⅔ Tassen Olivenöl
- ½ Tasse Hühnerbrühe
- 6 geschlagene Eier
- 1 Teelöffel Knoblauchpulver

Backofen auf 180 Grad vorheizen. Die Kürbisse halbieren und backen, bis sie weich sind (etwa 40 Minuten). Abkühlen lassen, aushöhlen und das Innere zerdrücken. Die Kürbiskerne sind sehr gesund, Sie können sie im Mixer zerkleinern und der Mischung zufügen. Die Eier (Schalen optional), Hühnerbrühe und Knoblauchpulver im Mixer vermischen und mit dem Kürbisbrei (mit oder ohne Kürbiskerne) verrühren. Die Mischung in eine geölte Auflaufform geben und 45–50 Minuten bei 350 Grad backen oder so lange, bis ein in die Mitte gestecktes Messer sauber wieder herausgezogen werden kann. Abkühlen lassen und als Topping servieren.

Knusprige Toppings

Weizen-Knoblauch-Crunch

- 8 Tassen Haferflocken
- 4 Knoblauchzehen
- 1 Tasse Olivenöl

Backofen auf 120 Grad vorheizen. Knoblauch würfeln. Das Öl in einer großen Bratpfanne erwärmen, Knoblauch zufügen und unter Rühren 1–2 Minuten dünsten. Weizenkeime unterrühren und die Pfanne sofort vom Herd nehmen. Die Mischung auf zwei eingefettete Backbleche oder auf Backpapier ausstreichen und unter gelegentlichem Rühren 20–30 Minuten backen. Komplett abkühlen lassen und in einem luftdichten Behälter aufbewahren.

Topping für kräftige Haare

- 6 Tassen Haferflocken
- 2 Tassen Kokosraspeln
- 2 Teelöffel Rosmarin
- ¼ Tasse Olivenöl
- 1 Tasse Weizenkeime (weglassen, wenn es getreidefrei sein soll)

Herd auf 120 Grad vorheizen. Das Öl mit dem Rosmarin in einer großen Pfanne erhitzen. Haferflocken, Kokosraspeln und Weizenkeime einrühren und die Pfanne sofort vom Herd nehmen. Die Mischung auf zwei eingefettete Backbleche oder auf Backpapier ausstreichen und unter gelegentlichem Rühren 20–30 Minuten backen. Komplett abkühlen lassen und in einem luftdichten Behälter aufbewahren.

Pfannkuchen-Topping

Kaufen Sie eine Backmischung für Vollkorn- oder Buchweizenpfannkuchen. Die angegebene Menge Wasser hinzufügen und die Mischung zu einem weichen Teig verrühren. 2 Esslöffel frische gehackte oder 2 Teelöffel getrocknete Petersilie zugeben. Eine große Bratpfanne mit Butter einfetten und vorheizen. Den Pfannkuchenteig in die Pfanne geben und wenige Minuten stocken lassen, anschließend wie Rührei langsam rühren, bis die Mischung gar ist.

Knuspriges Vollkornbrot-Topping

Altbackenes Brot eignet sich gut für diese Rezepte

- 2 Vollkornbrote (glutenfrei: ersatzweise 6 Tassen gekochten Naturreis)
- 1 Esslöffel Knoblauchpulver
- ½ Teelöffel getrockneter Rosmarin
- 1 Esslöffel getrocknete Petersilie
- ½ – 1 Tasse Parmesankäse
- 1 großer Plastikbeutel

Backofen auf 250 Grad vorheizen. Brotscheiben 30 Minuten auf dem Rost rösten. Die gerösteten Brotscheiben in den Plastikbeutel geben und mit einem Nudelholz zerbröseln. Die Brösel mit Knoblauchpulver, Petersilie und Parmesankäse in den Beutel geben und schütteln. Als Topping servieren. Den Rest in einem luftdichten Behälter im Kühl- oder Gefrierschrank aufbewahren. Es taut bei Bedarf schnell auf.

Toppings zum Kauen

Linsen-Überraschung

100 g Linsen enthalten 9 g Protein und haben 100 Kalorien.

- 1 Tasse Linsen
- 3 Tassen Wasser oder Hühnerbrühe (oder 1 salzfreier Würfel Hühnerbrühe)
- 1 Tasse feingehackte Möhren
- 2 Esslöffel Petersilie
- 3 Tassen Brotwürfel (glutenfrei: weglassen oder ersatzweise 3 Tassen gekochten Naturreis oder 3 Tassen gekochte Haferflocken)
- 3 Eier (mit Schalen), im Mixer geschlagen
- 4 Esslöffel Olivenöl
- 2 Knoblauchzehen

Linsen in Wasser oder Brühe aufkochen. Hitze reduzieren und köcheln lassen, bis die Linsen weich sind (etwa 20 Minuten, aber die Garzeit kann je nach Art der Linsen variieren). Karotten und Petersilie zufüngen und weitere 20 Minuten köcheln lassen. Knoblauch und Öl in einer großen Pfanne erhitzen. Linsenmischung hinzugeben und gut umrühren.

Nun zunächst die Brotwürfel zufügen und vermengen, anschließend mit den geschlagenen Eiern bei mittlerer Hitze verrühren. Abkühlen lassen, servieren und/oder aufbewahren. Sie können die Linsen-Überraschung als Topping für Trockenfutter oder als Hauptmahlzeit verwenden.

Hirse-Topping

- 1 Tasse Hirse
- 4 ½ Tassen Wasser
- 1 salzfreier Brühwürfel
- ½ Tasse zerkleinerte Sonnenblumen- oder Kürbiskerne
- ½ Teelöffel Salbei
- ½ Teelöffel Rosmarin
- ½ Teelöffel Thymian
- 1 Teelöffel Knoblauchpulver
- 3 Esslöffel Olivenöl
- 1–2 Tassen gekochte Gemüsereste wie Brokkolistiele, grüne Bohnen, Möhren, Pastinaken oder Kohl

Wasser und Brühe in einem Topf zum Kochen bringen. Hirse unter Rühren zufügen und bei geschlossenem Topf etwa 40 Minuten köcheln lassen oder bis die Flüssigkeit aufgenommen ist. Olivenöl, Kerne und Kräuter/Gewürze unterrühren. Mit dem gekochten Gemüse gut vermengen.

Kürbis-Nussbrot-Topping

- 2 Tassen Vollkornmehl (getreidefrei: ersatzweise 1 Tasse Kokosmehl und 1 Tasse Tapiokamehl)
- 2 ½ Teelöffel Backpulver
- ½ Teelöffel Soda
- 1 ½ Teelöffel Zimt
- 2 Tassen Kürbisfruchtfleisch (aus der Dose oder frisch)
- ½ Tasse Melasse
- ½ Tasse Milch
- 3 Eier
- ¼ Tasse Olivenöl
- 1 Tasse Kürbiskerne, feingehackt (das geht in der Küchenmaschine ganz leicht)

Wenn Sie frischen Kürbis nehmen, backen Sie ihn zunächst mit Samen im Backofen. Geben Sie dann Samen und Kürbis zusammen in den Mixer, statt getrocknete Kürbiskerne zu verwenden.

Backofen auf 180 Grad vorheizen. Mehl, Backpulver, Backsoda, Salz und Zimt vermengen oder zusammen sieben. In einer Rührschüssel oder im Mixer Kürbis, Melasse, Milch, Olivenöl und Eier mixen. Die trockenen Zutaten zu den feuchten Zutaten geben und mit den gehackten Kürbiskernen verrühren. Den Teig in eine Kastenform füllen und 45–55 Minuten backen oder so lange, bis ein Zahnstocher beim Einstechen sauber bleibt. Abkühlen lassen und über Trockenfutter zerbröseln.

Muffins

Muffins lassen sich wunderbar vorbereiten und aufbewahren, besonders für Hunde kleiner Rassen. Sie können auch Mini-Muffin-Förmchen verwenden und diese Rezepts als Snacks verwenden. Hunde sind Rudeltiere und lieben es, mit Ihnen zusammen zu essen. Daher sind einige dieser Rezepte für das Frühstück und andere für das Abendessen gedacht. Backen Sie einige Bleche und frieren Sie sie ein, dann können Sie die benötige Anzahl vor der Mahlzeit auftauen. Ich gebe meinen Hunden ein großes Frühstück, und jeder bekommt ein oder zwei Muffins zum Abendessen. Sie lieben sie!

Hafer-Huhn-Muffins

- 2 ½ Tassen Vollkornweizenmehl (glutenfrei: ersatzweise 1 ¼ Tassen Kicherebsenmehl und 1 ¼ Tassen Mandelmehl)
- 2 Tassen Hafer
- 1 ¼ Teelöffel Backsoda
- ½ Tasse Olivenöl
- 3 geschlagene Eier (Schalen optional; Sie können Eier und Schalen im Mixer aufschlagen)
- 2 ½ Tassen Joghurt oder Buttermilch
- 1 Tasse geschabtes Hühnerfleisch

Muffinteige können auch als Brot gebacken werden oder die Brotteige als Muffins. Die Rezepte sind austauschbar.

Den Backofen auf 150 Grad vorheizen. Hafer, Mehl und Backsoda vermengen. Olivenöl, Joghurt und Eier zusammenmixen. Die feuchten Zutaten zu den trockenen Zutaten geben und mit dem Hühnerfleisch verrühren. Die Mischung in eingeölte Muffinformen füllen und 30 Minuten backen oder bis ein Zahnstocher beim Einstechen trocken bleibt. Überzählige Muffins können bis zu sechs Wochen lang eingefroren werden.

Apfel-Banane-Putenbrust-Muffin

- 1 Tasse Joghurt
- 1 Tasse zerkleinerter Putenbrustaufschnitt
- 3 mittelgroße, sehr reife Bananen
- 2 Teelöffel Backpulver
- 4 Tassen Mehl (getreidefrei: ersatzweise 4 Tassen Kichererbsenmehl, Kokosnussmehl oder Mandelmehl)
- ⅔ Tasse Olivenöl
- 2 Teelöffel Zimt
- ½ Teelöffel Salbeipulver (optional)
- 1 Tasse Hühnerbrühe
- 4 Eier mit Schalen
- 3 mittelgroße Äpfel, geschält und gerieben

Backofen auf 350 Grad vorheizen. Joghurt, Bananen, Hühnerbrühe, Olivenöl und ganze Eier im Mixer zu einem weichen Brei mischen. Mehl, Backpulver, Salbei und Zimt ebenfalls vermengen und unter die Mischung rühren. Putenbrust und geriebenen Apfel zufügen. 30 Minuten backen oder so lange, bis die Oberfläche braun ist und ein Zahnstocher beim Einstechen in die Mitte trocken bleibt.

Fleischmuffin

- 1 Pfund mageres Hackfleisch
- ½ Tasse Milch
- 2 Eier
- ¾ Tasse Vollkornbrotbrösel (glutenfrei: ersatzweise ¾ Tasse Naturreismehl oder gekochten Naturreis; getreidefrei: ersatzweise Mandelmehl)
- 1 Tasse tiefgekühlte Möhren und Erbsen
- 1 Esslöffel italienische Kräuter

Backofen auf 180 Grad vorheizen. Eier mit Milch verrühren, Gewürze und Brot hinzugeben. Fleisch und Gemüse unterheben. 20 – 25 Minuten backen

Gesunde Kleie-Muffins

- 1 Tasse Vollkornweizenmehl
- 1 Tasse Kleie-Frühstücksflocken
- 2 ½ Teelöffel Backpulver
- ½ Teelöffel Backsoda
- ½ Tasse Honig
- ¾ Tasse Joghurt oder Buttermilch
- 1 Ei
- ¼ Tasse Butter oder Olivenöl

Backofen auf 190 Grad vorheizen. Mehl, Backpulver und Backsoda in eine große Schüssel geben. Kleieflocken unterheben. Eier aufschlagen und mit Joghurt (oder Buttermilch), Butter (oder Olivenöl) und Honig vermengen. Feuchte und trockene Zutaten mischen. Teig in gefettete Muffinformen geben und etwa 20 Minuten backen.

Thanksgiving-Muffins

- 2 Tassen Vollkornweizenmehl (getreidefrei: ersatzweise 1 Tasse Mandelmehl und 1 Tasse Tapiokamehl)
- 2 ½ Teelöffel Backpulver
- ½ Teelöffel Zimt
- 4 Teelöffel geriebene Muskatnuss
- ⅓ Tasse Olivenöl
- 2 große Eier
- 1 ¼ Tassen Kürbispürree aus der Dose
- ½ Tasse Milch
- 1 Tasse grob gehackte Putenbrust
- 1 ½ Tassen Cranberries, frisch oder gefroren, grob zerkleinert

Backofen auf 200 Grad vorheizen. Mehl, Backpulver, Zimt und Muskat verrühren. In einer separaten Schüssel Öl, Eier, Kürbis und Milch mischen. Feuchte und trockene Zutaten vermengen und Putenbrust und Cranberries unterheben. In geölte Muffinformen füllen und 20 – 25 Minuten backen.

Allergie-freie Muffins

- 1 Tasse Reismehl
- 1 Teelöffel Backsoda
- ½ Tasse Haferkleie
- 1 Tasse Hirsemehl
- 1 Tasse Ziegenmilch
- ½ Tasse Wasser

Backofen auf 200 Grad vorheizen. Trockene Zutaten mengen. Feuchte Zutaten in einer separaten Schüssel mischen. Beide Mischungen zusammengeben. Teig in geölte Muffinformen geben. 40 Minuten backen.

Fisch-Hafer-Heidelbeer-Muffins

Die Heidelbeeren können Sie auch durch eine Tasse frisches oder gefrorenes Gemüse ersetzen.

- 1 ½ Tassen Vollkornweizenmehl (getreidefrei: ersatzweise 1 Tasse Mandelmehl und ½ Tasse Tapiokamehl)
- 6 Esslöffel Honig
- 1 Esslöffel Backpulver
- 1 ½ Tassen Haferflocken
- 1 Tasse Milch
- 1 großes Ei
- 1 Esslöffel Olivenöl
- 1 Tasse Heidelbeeren, frisch oder gefroren
- 1 Tasse Tilapia oder anderen milden weißfleischigen Fisch, gekocht und grob gehackt oder zerkleinert

Backofen auf 200 Grad vorheizen. Backpulver zum Mehl geben und mit den Haferflocken vermengen. Milch und Eier leicht schlagen, dann Honig und geschmolzene Butter zufügen. Trockene und feuchte Zutaten mischen. Fisch und Heidelbeeren unterheben. 12–15 Minuten backen.

Möhren-Leber-Muffins

- 2 Tassen Weizenvollkornfeinmehl (getreidefrei: ersatzweise 1 Tasse Kokosnussmehl und 1 ¼ Tassen Tapiokamehl)
- ¼ Tasse Weizenkeime (für getreidefreie Muffins weglassen)
- 1 Esslöffel Backpulver
- ½ Teelöffel Muskatnusspulver
- ½ Teelöffel gehackter frischer Ingwer
- ½ Teelöffel Zimt
- ½ Tasse Milch
- ½ Tasse Olivenöl
- ½ Tasse Honig
- 3 Eier
- 1 ½ Tassen gehackte Möhren
- ½ Tasse gekochte kalte Leber, gewürfelt

Backofen auf 400 Grad vorheizen. Ingwer und Zimt mischen. In einer separaten Schüssel Milch, Olivenöl, Honig und Eier verrühren. Beide Mischungen zusammengeben und Möhren und Leber zufügen. Teig in geölte Muffinformen füllen. Normalgroße Muffins 15 Minuten, Mini-Muffins 8 Minuten backen.

Proteinreiche vegetarische Muffins Nr. 1

- 1 ½ Tassen Vollkornweizenmehl
- ½ Tasse Molkepulver
- 1 Tasse Weizenkeime
- 4 Teelöffel Backpulver
- 3 Eier
- ¼ Tasse Oliven- oder Walnussöl
- 1 Tasse Joghurt
- 2 Tassen gehackte Kürbiskerne

Backofen auf 180 Grad vorheizen. Mehl, Molkepulver, Weizenkeime und Backpulver vermengen. Eier, Joghurt und Öl verrühren und zur Mehlmischung geben. Kürbiskerne unterheben. Teig in Muffinformen füllen und 30 Minuten backen.

Proteinreiche vegetarische Muffins Nr. 2

- 1 Tasse Vollkornweizenmehl (getreidefrei: ersatzweise 1 Tasse Mandelmehl)
- 1 Esslöffel Melasse
- ¼ Tasse Sonnenblumenkerne, im Mixer zerkleinert
- 2 Esslöffel Trockenmilchpulver
- 1 Tasse Milch
- 2 Esslöffel Olivenöl

Backofen auf 180 Grad vorheizen. Alle Zutaten vermischen und in eingefettete, mit Mehl bestäubte Muffinformen füllen. 30 Minuten backen, bis die Muffins leicht gebräunt sind.

Aufläufe und Brote

Diese Rezepte riechen im Backofen so gut und sie duften auch noch gut, wenn ich sie zum Abkühlen herausnehmen. Meine Hunde wissen anscheinend, wenn wir für sie kochen, und ihr Gesichtsausdruck sagt: „Ich weiß, dass ich sehr geliebt werde."

Karotten-Erbsen-Puten-Brot

- 4 Tassen tiefgekühlte Karotten und Erbsten
- 4 Tassen gekochter Naturreis
- 2 Tassen zerkleinertes rohes Putenfleisch (ersatzweise Huhn oder Hackfleisch)
- 1 Tasse Vollweizenbrotbrösel
- 4 Eier
- 3 Esslöffel gehackte Petersilie

Backofen auf 180 Grad vorheizen. Alle Zutaten mischen und in eine mit Olivenöl eingefettete Kastenform geben. 45 – 50 Minuten backen.

Brokkoli-Rindfleisch-Auflauf

- 2 Tassen Rinderhack
- 1 Tasse Buttermilch oder Joghurt
- 2 Tassen Brotbrösel (glutenfrei: 2 Tassen gekochter Naturreis)
- 1 Tasse Instant-Haferflocken
- 1 ½ Tassen Brokkolistiele, gehackt und sehr leicht angedünstet
- 3 geschlagene Eier
- 3 Esslöffel Olivenöl

Backofen auf 180 Grad vorheizen. Alle Zutaten mischen und in eine mit Olivenöl eingefettete Kastenform geben. 45 Minuten backen.

Möhrenauflauf mit Kartoffeln und Petersilie

- 2 Tassen gewürfelte Kartoffeln
- 1 Tasse gewürfelte Pastinaken
- 1 Tasse gewürfelte Möhren
- 3 Esslöffel frische, gehackte Petersilie
- 6 geschlagene Eier
- 1 Tasse Joghurt
- 3 Esslöffel Mehl
- ½ Tasse Olivenöl

Backofen auf 180 Grad vorheizen. Kartoffeln, Pastinaken, Petersilie und Möhren 20 Minuten dünsten. Eier, Joghurt, Olivenöl und Mehl im Mixer vermischen. Abgekühltes Gemüse unter die flüssige Mischung geben. Alles in eine gut eingefettete Kastenform geben und 45 Minuten backen. Abkühlen lassen und portionsweise servieren.

Makkaroni-Pudding

- 1 Tasse gekochte Vollweizen-Makkaroni (glutenfrei: ersatzweise 1 Tasse Naturreis-Makkaroni)
- 1 Tasse Vollweizenbrotbrösel (glutenfrei: ersatzweise 1 Tasse gekochter Naturreis)
- 1 ½ Tassen Milch
- 3 geschlagene Eier
- 1 Tasse geriebenen Cheddar-Käse
- 1 Prise Cayennepfeffer
- 2 Esslöffel gemischte frische Kräuter oder 1 Esslöffel getrocknete italienische Kräuter

Backofen auf 160 Grad vorheizen. Brotbrösel in Milch einweichen und Eier und Gewürze zufügen. Makkaroni in eine eingeölte Auflaufform geben und den Käse darüber streuen. Die Brotmischung über Nudeln und Käse füllen, ohne umzurühren. Die Auflaufform im Wasserbad eine Stunde lang backen.

Überbackene Kartoffeln

- 3 Tassen gekochte Kartoffeln, in Scheiben geschnitten
- ¼ Tasse geriebener Käse nach Wahl
- ½ Tasse Hüttenkäse
- 2 Esslöffel zerkleinertes Gemüse nach Wahl
- 1 Esslöffel Nährhefe
- ¼ Tasse Vollmilch

Backofen auf 180 Grad vorheizen. Eine eckige Auflaufform buttern und Zutaten einschichten: eine Schicht Kartoffelscheiben, die Hälfte des Hüttenkäses, eine weitere Schicht Kartoffeln und die zweite Hälfte Hüttenkäse. Mit Milch übergießen und mit Reibekäse und Gemüse bedecken. Etwa 15 – 20 Minuten backen, bis der Käse geschmolzen und leicht braun ist. Abgekühlt servieren. Hält sich zugedeckt im Kühlschrank bis zu 5 Tagen.

Brot für Leber-Liebhaber

- 2 Tassen zerkleinerte Brokkoliröschen und -stiele
- 2 Tassen zerkleinerte grüne Bohnen
- 1 ½ – 2 Pfund Rindsleber
- 1 Tasse Olivenöl
- 4 gehackte Knoblauchzehen
- 3 frische gehackte Salbeiblätter oder ½ Esslöffel Salbeipulver
- 12 Tassen (1 großer Laib) Vollkornbrot in kleinen Stücken (glutenfrei: 12 Tassen gekochter Naturreis; getreidefrei: 12 Tassen ungeschälte, gekochte Bio-Kartoffeln)
- 6 ganze, geschlagene Eier

Backofen auf 180 Grad vorheizen. Gemüse mit Kräutern und Knoblauch vermischen. Leber in kleine Stücke schneiden. Brotstücke (oder Reis oder Kartoffeln) in eine große Schüssel geben und mit Öl und Leber vermengen. Gemüse und Eier unterheben. Mit 1 – 2 Tassen Wasser zu einem feuchten Brotteig kneten. Teig auf zwei Kasten- oder viereckige Auflaufformen verteilen und 1 Stunde backen.

Lachsbrot

- 2 ½ Tassen Vollkornweizenmehl (getreidefrei: ersatzweise 2 ½ Tassen Kichererbsen- oder Tapiokamehl)
- 2 Tassen Haferflocken (getreidefrei: ersatzweise 2 Tassen geröstete, gehackte Mandeln)
- 1 ½ Teelöffel Backsoda
- 3 Tassen Joghurt, Kefir oder Buttermilch
- 1 Teelöffel getrockneten Rosmarin
- 2 Esslöffel frische gehackte Petersilie
- 2 gehackte Knoblauchzehen
- 450 g Lachs (Konserve)

Backofen auf 150 Grad vorheizen. Mehl und Backsoda mischen und Haferflocken (oder Mandeln) zufügen. Mit Joghurt, Kefir oder Buttermilch verrühren. Kräuter, Knoblauch und Lachs unterheben. In eine geölte Kastenform füllen und 45 Minuten backen.

Kräuter-Huhn-Auflauf

- 2 Tassen gewürfeltes Vollkornbrot (getreidefrei: ersatzweise 2 Tassen gewürfelte Süßkartoffeln)
- 1 Esslöffel Petersilie
- 2 gehackte Knoblauchzehen
- 1 Teelöffel getrockneten Estragon
- 2 Tassen gekochtes, gehacktes Hühnchenfleisch
- ½ Tasse Joghurt
- 3 geschlagene Eier
- ⅓ Tasse Olivenöl

Backofen auf 180 Grad vorheizen. Brot, Fleisch und Kräuter in einer großen Schüssel mischen. Eier schlagen und Joghurt sowie Olivenöl hinzugeben. Eiermischung über den Teig gießen und alles vermischen. In einer gefetteten Kastenform 35 – 40 Minuten backen.

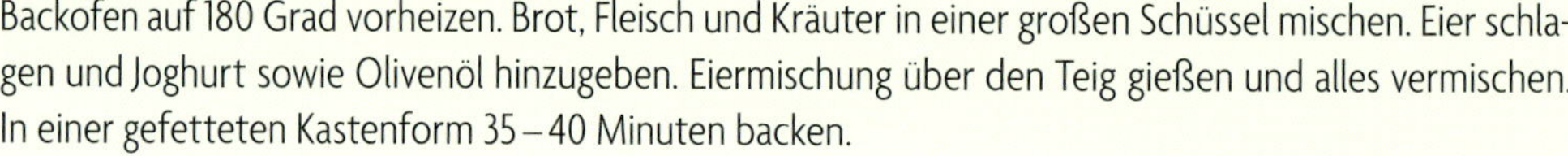

Süßkartoffeln und Eier*

- 4 Tassen Süßkartoffeln oder Yamswurzel
- ½ Tasse Sahne
- 4 geschlagene Eier
- 1 Tasse Vollmilch

Backofen auf 180 Grad vorheizen. Süßkartoffeln oder Yams pellen und bei 200 Grad 60 – 90 Minuten backen oder so lange, bis sie weich sind, dann würfeln. Alle Zutaten in einen Mixer geben und pürieren, bis die Konsistenz Pfannkuchenteig ähnelt. Falls nötig, mehr Sahne und Milch zugeben. Pürree in eine Pfanne (Durchmesser 22 – 33 cm) füllen und 40 Minuten backen. Abkühlen lassen und servieren. Reste halten sich im Kühlschrank zugedeckt bis zu 5 Tagen.

*sehr empfehlenswert für Hunde mit Durchfall

Klassisches Fleischbrot

- 2 Tassen Brokkolistiele, feingehackt
- 2 Pfund Rindergehacktes
- ½ Tasse gehackte, glatte Petersilie
- 1 Teelöffel Knoblauchpulver
- 3 große Eier
- ½ Tasse Milch
- 2 Tassen Haferflocken (glutenfrei: ersatzweise 2 Tassen gekochter Naturreis; getreidefrei: ersatzweise 2 Tassen Mandelmehl)

Backofen auf 180 Grad vorheizen. Fleisch, Brokkoli, Knoblauchpulver und Petersilie in einer großen Schüssel mischen. Eier mit Milch schlagen und zur Fleischmischung geben; gut vermengen. Zum Schluss mit den Haferflocken vermischen. Den Teig in eine Backform (25 – 33 cm Durchmesser) füllen und etwa 50 Minuten backen. Abkühlen lassen und in Scheiben schneiden.

Kartoffel-Käse-Pudding

- 5 mittelgroße Kartoffeln, geschält, gekocht und zerdrückt
- 2 Eier
- 1 Tasse Hüttenkäse
- ¾ Tasse Milch

Backofen auf 180 Grad vorheizen. Eier und Milch im Mixer verrühren. Hüttenkäse hinzugeben und mixen, bis eine glatte Masse entsteht. Diese Mischung mit den zerdrückten Kartoffeln vermengen. Teig in eine geölte Auflaufform geben und eine Stunde backen oder bis die Oberfläche braun ist und ein Zahnstocher beim Einstechen in die Mitte sauber bleibt.

Nudel-Linsen-Gemüse-Brot

- 1⅓ Tassen braune Linsen
- 2 Tassen kleine Vollkornnudeln (glutenfrei: ersatzweise 2 Tassen gekochter Naturreis)
- ½ Tasse Olivenöl
- 3 gehackte Knoblauchzehen
- 1 große gehackte Möhre
- 1 Stange Sellerie, gehackt
- 1 geschlagenes Ei
- 2 Esslöffel frische, gehackte Petersilie

Backofen auf 180 Grad vorheizen. Die Linsen in Wasser in einer großen Kasserolle aufkochen und etwa 40 Minuten ohne Deckel simmern lassen oder bis die Linsen weich sind. Nudeln weich kochen. Olivenöl in einem anderen Topf erhitzen; Knoblauch, Sellerie und Möhren zufügen und leicht dünsten, bis das Gemüse weich ist. Gekochte Linsen, Nudeln, Petersilie und Eier zur Gemüsemischung geben. Alles in eine Kastenform füllen und 40 Minuten lang backen. Abkühlen lassen und servieren.

Leckere Eintöpfe und Suppen

Für diese Gerichte braucht man den Backofen nicht vorzuheizen, weil sie alle auf der Kochplatte zubereitet werden. Und noch besser: Sie brauchen nur einen Topf und müssen nach dem Kochen nur ein Messer und ein Schneidbrett reinigen. Denken Sie daran, die Gerichte nicht zu heiß zu kochen und während des Kochens zu beobachten und umzurühren. Ich bewahre die Stews oft in ihren Kochtöpfen aus rostfreiem Stahl im Kühlschrank auf.

Eintöpfe und Suppen für jeden Tag

Im Mittelalter hing immer ein großer Kochtopf über dem Feuer, der kontinuierlich mit Resten gefüllt und immer wieder aufgekocht wurde. Wir werden nicht so weit gehen, aber die Eintöpfe und Suppen eignen sich für Reste aller Art. Die Hunde werden nicht denken, dass Sie das Rezept ruiniert haben, wenn Sie es durch mehr leckere Sachen ergänzen.

Nuits Lieblingseintopf

- Knochen wie Hähnchenflügel und -hälse oder Suppenknochen
- 2 Pfund Gehacktes von Rind, Pute oder Huhn
- 1 ½ Tassen Basmati-Naturreis
- ½ Tasse Gerste
- Knoblauch (frisch oder Pulver)
- 1 Tasse gehackte Petersilie
- eine 400 g-Packung tiefgefrorenes, zerkleinertes Gemüse Ihrer Wahl, aufgetaut

Aus den Knochen in zwei Litern Wasser eine Brühe kochen. Knochen aus der Brühe nehmen, das Fleisch von den Knochen lösen und zurück in die Brühe geben. Hackfleisch, Basmatireis, Gerste, Knoblauch und Petersilie zufügen und so lange simmern lassen, bis alles weich ist. Falls nötig, Wasser zugeben; der Eintopf sollte saftig sein, aber nicht dünnflüssig. Gemüse unterheben; die Temperatur der Mischung ist hoch genug, um das Gemüse zu kochen. Topf vom Herd nehmen und portionsweise entsprechend Größe und Bedarf des Hundes servieren.

Huhn-Wurzelgemüse-Eintopf (getreidefrei und glutenfrei)

- 3 Tassen Hühnerfleisch ohne Knochen
- 2 Esslöffel Olivenöl
- 4 große Kartoffeln
- 4 große Möhren
- ½ Tasse frischer gehackter Majoran
- 3 große Pastinaken
- 6 Tassen salzarme Hühnerbrühe
- 3 mittelgroße Rüben
- ¾ Tassen Sahne

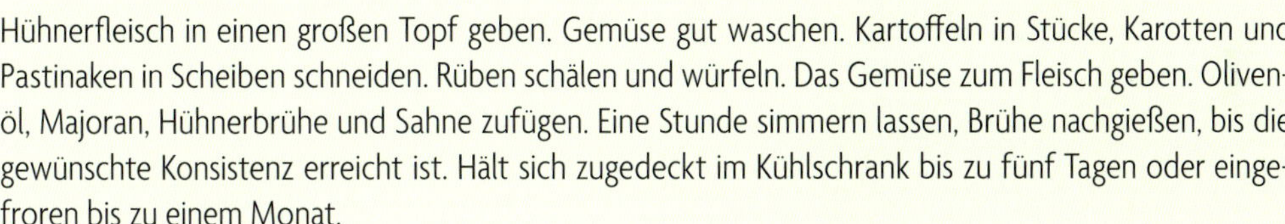

Hühnerfleisch in einen großen Topf geben. Gemüse gut waschen. Kartoffeln in Stücke, Karotten und Pastinaken in Scheiben schneiden. Rüben schälen und würfeln. Das Gemüse zum Fleisch geben. Olivenöl, Majoran, Hühnerbrühe und Sahne zufügen. Eine Stunde simmern lassen, Brühe nachgießen, bis die gewünschte Konsistenz erreicht ist. Hält sich zugedeckt im Kühlschrank bis zu fünf Tagen oder eingefroren bis zu einem Monat.

Rind-Graupen-Gemüse-Eintopf (glutenfrei)

- 2 Tassen Perlgraupen
- 4 gehackte Knoblauchzehen
- 5 Tassen Wasser
- 1 Teelöffel Zitronensaft
- 4 Tassen Rinderbrühe
- 2 Esslöffel Olivenöl
- 1 Pfund Rindergehacktes
- 1 ½ Tassen Tiefkühlerbsen
- 3 Selleriestiele, gehackt
- 2 kleine Lorbeerblätter
- 3 gehackte Möhren

Perlgraupen in einem großen Topf mit 4 Tassen Wasser und 2 Tassen Brühe aufkochen und 1 Stunde simmern lassen. Die restlichen Zutaten (außer Wasser und Brühe) zufügen und weitere 30 Minuten simmern lassen. Wasser und Brühe nachgießen, bis die gewünschte Konsistenz erreicht ist. Nach dem Abkühlen servieren. Hält sich zugedeckt im Kühlschrank bis zu 5 Tagen oder eingefroren bis zu einem Monat.

Reis-Eierblumen-Suppe (glutenfrei)

- 2 Tassen Basmatireis
- 6 Tassen Wasser
- 3 geschlagene Eier

Den Basmatireis in Wasser 15 Minuten bis zu einer suppigen Konsistenz kochen; bei Bedarf mehr Wasser zugießen. Schnell die geschlagenen Eier unterrühren und die Suppe auf Zimmertemperatur abkühlen lassen. Die Suppe sollte beim Abkühlen fester werden. Kalt servieren.

Reis und Bohnen (glutenfrei)

- 1 Tasse gekochte Bohnen (weiße, Kidney- oder Pintobohnen)
- 2 gehackte Knoblauchzehen
- 2 Tassen gekochter Reis (Basmati oder Naturreis; für Extra-Geschmack in Fleischbrühe oder mit einem Brühwürfel gekocht)
- 4 Esslöffel Olivenöl

Den Knoblauch eine Minute im Olivenöl anschwitzen. Die gekochten Bohnen zugeben und unter Rühren erhitzen. Den Reis ebenfalls gut untermischen und erwärmen. Abgekühlt servieren. Hält sich zugedeckt im Kühlschrank bis zu fünf Tagen.

Huhn und Reis (glutenfrei)

- 2 gewürfelte Knoblauchzehen
- 2 Tassen Hühnerfleischstücke ohne Knochen
- 4 Esslöffel Olivenöl
- 1 Tasse gewürfelte Möhren
- 2 Tassen Naturreis
- ½ Tasse gewürfelter Sellerie
- 6 Tassen Wasser oder Hühnerbrühe
- ¼ Tasse gehackte Petersilie

In einem großen Topf den Knoblauch leicht in Olivenöl anschwitzen. Den ungekochten Reis zufügen und sorgfältig umrühren. Wasser oder Brühe angießen und eine Stunde simmern lassen. Mit dem Hühnchenfleisch und Gemüse weitere 20 Minuten köcheln lassen. Wenn nötig, mehr Wasser oder Brühe zufügen, um die gewünschte Konsistenz zu erhalten. Abgekühlt servieren. Hält sich zugedeckt im Kühlschrank bis zu fünf Tagen.

Ungarisches Gulasch

- 2 Pfund Rindfleisch, in Würfel geschnitten
- ½ Tasse Olivenöl
- 450 g gefrorene Möhren und Erbsen
- 2 Tassen Joghurt
- Paprikapulver
- 8 Tassen gekochte Vollweizen-Makkaroni (glutenfrei: 8 Tassen gekochter Naturreis; getreidefrei: 8 Tassen gekochte, gewürfelte Kartoffeln)

Fleisch in einer Kasserolle im Öl anbräunen. Das Tiefkühlgemüse zugeben und zusammen mit dem Fleisch unter Rühren garen. Joghurt und Paprika einrühren. Vom Herd nehmen und abkühlen lassen; zuletzt die Nudeln unterheben.

Deftige Eintöpfe

Diese preiswerten Eintöpfe können auf Vorrat zubereitet werden, wenn Sie mehrere Hunde oder einen großen Hund einige Tage füttern wollen. Sammeln Sie all Ihre gesunden Reste wie beispielsweise Brokkolistiele, Eierschalen, Essensreste der Kinder, Blumenkohlblätter, Möhrengrün, Kartoffelschalen und so weiter. Es macht Spaß, diese deftigen Gerichte zu kochen, weil sie jedes Mal etwas anders ausfallen. Wenn Sie einmal auf den Geschmack gekommen sind, werden Sie selbst neue Rezepte erfinden und Ihr Hund wird Sie um so mehr lieben. Zum Beispiel hatte einer meiner Kunden mehrere Kastanienbäume und verfeinerte seine Eintöpfe im Schongarer gerne mit einige frischen Kastanien.

Diese Rezepte können durch Eierschalen, Gemüsereste und frische Kräuter ergänzt werden. Rohe Kartoffeln und Möhren verwenden Sie bitte ungeschält, weil die Schalen nährstoffreich sind, aber waschen Sie sie vorher gut ab.

Deftiger Schweinefleisch-Eintopf (glutenfrei)

- 3 Pfund Schweinefleisch mit Knochen oder 1 Pfund gewürfeltes Schweinefleisch ohne Knochen
- 5 Knoblauchzehen
- 2 Tassen Pastinaken oder Möhren
- 1 Esslöffel getrockneter Rosmarin oder 3 Esslöffel frischer Rosmarin
- ½ Tasse Olivenöl
- 3 ½ Tassen Naturreis (getreidefrei: 3 ½ Tassen Kartoffeln oder Süßkartoffeln)

Fleisch mit 3 Liter Wasser in einem großen Suppentopf zum Kochen bringen. Fleisch mit Knochen 90 Minuten kochen oder bis das Fleisch sehr weich ist und nach dem Abkühlen vom Knochen lösen. Fleisch ohne Knochen 30 Minuten simmern lassen. Das Fleisch zusammen mit dem Knoblauch, Rosmarin, Olivenöl, Gemüse und Reis (plus Eierschalen oder zusätzlichem Gemüse) in dem Suppentopf aufkochen und 1 1/4 Stunden simmern lassen. Abkühlen und servieren. Den Rest portionsweise in Gefrierbeutel füllen und einfrieren oder im Kühlschrank aufbewahren.

Herzhafter Estragon-Hähnchen-Eintopf (getreidefrei und glutenfrei)

- 1 großes Huhn (oder 12 Hähnchenschenkel oder 7 Hühnerbrüste), tiefgefroren oder frisch
- ¼ Tasse Olivenöl
- 3 Tassen in Scheiben geschnittene Möhren
- 3 Tassen gewürfelte Kartoffeln
- 4 Pastinaken in Scheiben
- 2 Tassen Brokkolistiele in Scheiben
- 6 Knoblauchzehen in Scheiben
- 1 Teelöffel Estragon

Huhn mit zwei Litern Wasser in einem großen Topf zum Kochen bringen, dann die Hitze reduzieren und simmern lassen, bis das Fleisch weich ist. Abkühlen lassen, Fleisch vom Knochen lösen und wieder in den Topf geben. Olivenöl, Möhren, Kartoffeln, Pastinaken, Knoblauch, Estragon und Estragon hinzufügen und weitere 30 Minuten simmern lassen. Vom Herd nehmen, abkühlen lassen und servieren. Den Rest portionsweise in Gefrierbeutel füllen und einfrieren oder im Kühlschrank aufbewahren.

Eintopf „Den Hals riskieren"

- 2 Pfund Hähnchenhälse
- 6 mittelgroße Kartoffeln
- 4 große Möhren
- 3 Tassen Quinoa
- 1 Teelöffel Salbei
- 3 Esslöffel Petersilie

Alle Zutaten in einem großen Topf mit 3 Liter Wasser zum Kochen bringen. Hitze reduzieren und 30 Minuten simmern lassen. Vom Herd nehmen, abkühlen lassen und servieren. Den Rest portionsweise in Gefrierbeutel füllen und einfrieren oder im Kühlschrank aufbewahren.

Deftiger Rindfleisch-Gersten-Eintopf (glutenfrei)

- 1 ½ Pfund Rindfleisch in Würfeln
- 2 Tassen Gerste (getreidefrei: 4 Tassen gewürfelte Kartoffeln)
- 2 Tassen gewürfelte Kartoffeln
- 1 Tasse Möhren in Scheiben
- ½ Tasse Sellerie in Scheiben
- 2 Tassen Mais aus der Dose
- 5 Knoblauchzehen in Scheiben
- ½ Tasse Olivenöl
- 1 Teelöffel Kurkuma

Alle Zutaten in einen großen Suppentopf geben. Mit 3 Liter Wasser auffüllen, zum Kochen bringen, Hitze reduzieren und 70 Minuten köcheln lassen. Vom Herd nehmen, abkühlen lassen und servieren. Den Rest portionsweise in Gefrierbeutel füllen und einfrieren oder im Kühlschrank aufbewahren.

Deftiger Meeresfrüchte-Eintopf (glutenfrei)

- 2 Pfund Tilapia, in Würfel geschnitten
- 1 flaches Blatt Seetang (Kombu)
- 3 Esslöffel Petersilie
- 5 Knoblauchzehen, in Scheiben geschnitten
- 2 Tassen Möhren, in Scheiben geschnitten
- 4 Tassen Basmati oder Jasmin-Reis (getreidefrei: 4 Tassen gewürfelte Kartoffeln)

In einen großen Topf 3 Liter Wasser füllen. Alle Zutaten hineingeben, zum Kochen bringen und 30 Minuten köcheln lassen. Abkühlen lassen, Seetang-Blatt entfernen und servieren. Den Rest portionsweise in Gefrierbeutel füllen und einfrieren oder im Kühlschrank aufbewahren.

Rühren Sie diese Rezepte während des Kochens gelegentlich um und fügen Sie, wenn nötig, Wasser hinzu.

Deftiger Leber-Naturreis-Eintopf (glutenfrei)

- 2 Pfund Leber
- 4 Tassen Naturreis (getreidefrei: 4 Tassen Kartoffeln, in Würfel geschnitten)
- 2 gewürfelte Rüben mit Grün
- 3 Esslöffel frische Petersilie (oder mehr, falls gewünscht)
- 1 Teelöffel Rosmarin
- ⅔ Tassen Olivenöl

Leber in einem großen Topf in Olivenöl leicht andünsten. Restliche Zutaten und 3 Liter Wasser hinzugeben. Zum Kochen bringen und 75 Minuten simmern lassen. Vom Herd nehmen, abkühlen lassen und servieren. Den Rest portionsweise in Gefrierbeutel füllen und einfrieren oder im Kühlschrank aufbewahren.

Haben Sie Geduld – diese großen Töpfe brauchen mehrere Stunden zum Abkühlen. Wenn Ihr Hund es nicht abwarten kann, füllen Sie eine Portion ab und streichen Sie sie auf einem Backblech aus, damit das Abkühlen schneller geht.

Süßer Lammfleisch-Eintopf (getreide- und glutenfrei)

- 2 Pfund durch den Fleischwolf gedrehtes Lammfleisch
- 8 Tassen gewürfelte Kartoffeln oder Süßkartoffeln
- 2 Esslöffel Melasse
- 2 Teelöffel gemahlener Zimt

Alle Zutaten mit 10 Tassen Wasser in einen großen Kochtopf geben, aufkochen und 35–40 Minuten köcheln lassen, bis die Kartoffeln weich sind. Vom Herd nehmen, abkühlen lassen und servieren. Den Rest portionsweise in Gefrierbeutel füllen und einfrieren oder im Kühlschrank aufbewahren.

Schnelle Küche

Wenn Ihr Hund selbstgekochtes Futter mag und Sie mit wenig Aufwand etwas Besonderes zubereiten wollen, sind diese Rezepte richtig. Wenn Sie es eilig haben, können Sie die Kartoffeln durch Nudeln ersetzen.

Fish and Chips (getreide- und glutenfrei)

- 1 Pfund tiefgekühlte, panierte Fischstäbchen
- 8 mittelgroße Kartoffeln (oder Süßkartoffeln)
- ½ Tasse Olivenöl
- 2 Esslöffel gehackte Petersilie

Backofen auf 180 Grad vorheizen. Kartoffeln in schmale Spalten schneiden und auf einem geölten Backblech ausbreiten. Mit Olivenöl und Petersilie besprenkeln. 45 Minuten backen. Währenddessen die Fischstäbchen im Backofen nach Packungsanweisung backen, sodass sie gleichzeitig mit den Kartoffeln gar sind. Aus dem Ofen nehmen, abkühlen lassen und Fisch und Kartoffeln zusammen servieren.

Kartoffeln und Käse (getreidefrei und glutenfrei)

- 2 Tassen gewürfelte Kartoffeln
- 1 Stängel Brokkoli, gewürfelt
- ½ Tasse Ricotta-Käse
- 1 Esslöffel gehackte Petersilie
- ½ Tasse halb Milch, halb Sahne

Kartoffeln 45 Minuten kochen und dann stampfen oder durch ein Sieb pressen. Die restlichen Zutaten zugeben und gut unterrühren. Abgekühlt servieren. Reste halten sich im Kühlschrank bis zu fünf Tage lang.

Yams und Huhn (getreidefrei und glutenfrei)

- 4 geschälte Yamswurzeln
- 3 Tassen Huhn ohne Knochen
- 1 Tasse geraspeltes Gemüse nach Wahl

Backofen auf 200 Grad vorheizen und die Yamswurzeln 60 – 90 Minuten backen oder bis sie gar sind. Huhn in Stücke schneiden und kochen (nicht braten). Die gekochten Yams stampfen und mit Huhn und Gemüse mischen. Abgekühlt servieren. Reste halten sich im Kühlschrank bis zu drei Tage lang.

Lachs und Kartoffeln (getreidefrei und glutenfrei)

- 3 mittelgroße Kartoffeln
- 1 Dose salzarmen Lachs
- ½ Tasse Möhrenraspeln

Kartoffeln kochen. Lachs und Möhren zufügen und alles gut vermischen. Abgekühlt servieren. Reste halten sich im Kühlschrank bis zu drei Tage lang.

Wild und Kartoffeln (getreidefrei und glutenfrei)

- 3 Tassen Kartoffeln, geschält, gewürfelt
- 1 Tasse Wildfleisch, gewürfelt
- 1 Tasse tiefgefrorene Erbsen und Möhren
- ⅓ Tasse Olivenöl
- ½ Teelöffel Rosmarinpulver

Kartoffeln in einen großen Topf geben und mit ungesalzenem Wasser bedecken. Aufkochen und köcheln lassen, bis die Kartoffeln weich sind. Das Fleisch, Rosmarin und Olivenöl zufügen und weitere 10 Minuten simmern lassen. Mit den Erbsen und Möhren noch einmal 10 Minuten köcheln. Vom Herd nehmen, abkühlen und servieren.

Yams und Ingwer (getreidefrei und glutenfrei)

- 2 geschälte Yamswurzeln
- ½ Teelöffel feingehackter Ingwer oder ¼ Teelöffel Ingwerpulver
- 1 Esslöffel Butter

Backofen auf 200 Grad vorheizen und die Yamswurzeln 60 – 90 Minuten backen oder bis sie weich sind. Yams mit Ingwer mischen und die Butter unterrühren. Abgekühlt servieren. Reste halten sich im Kühlschrank bis zu fünf Tage lang.

Kartoffelsalat (getreidefrei und glutenfrei)

- 2 Tassen Kartoffeln in Scheiben
- 3 Eier
- ½ Tasse Mayonnaise

Kartoffeln 45 Minuten kochen. Währenddessen die Eier etwa 20 Minuten kochen. Kartoffeln, Eier (falls gewünscht mit Schalen) und Mayonnaise in einer Schüssel gut vermischen. Abgekühlt servieren. Reste halten sich im Kühlschrank bis zu fünf Tage lang.

Schnelles Lebergericht

- 2 Tassen gewürfelte Leber
- ½ Tasse Olivenöl
- 3 gewürfelte Knoblauchzehen
- 3 Tassen gekochte Vollkornnudeln (getreidefrei: 3 Tassen gekochte Kartoffeln, in Würfel geschnitten)
- 1 Esslöffel italienische Kräutermischung

Das Olivenöl in einer Pfanne erhitzen und Leber und Knoblauch hinzufügen. Mit italienischen Kräutern bestreuen. Etwa 10 Minuten unter Rühren kochen, bis das Fleisch innen hellrosa ist. Anschließend die Mischung unter die Nudeln (oder Kartoffeln) heben und servieren.

Hypoallergene Mahlzeiten

Haferbrei mit Makrele

- 3 Tassen gekochte Haferflocken
- 350 – 450 Gramm Makrele aus der Dose
- 3 Esslöffel frische, gehackte Petersilie oder 2 Teelöffel getrocknete Petersilie

1 Tasse Haferflocken in 3 ½ Tassen Wasser aufkochen und bei sehr geringer Hitze 30 – 40 Minuten köcheln lassen. Regelmäßig kontrollieren und ggf. Wasser zufügen. Den Haferbrei in eine große Schüssel geben, auflockern und etwas abkühlen lassen. Makrele, Petersilie und die restlichen Haferflocken hinzufügen und alles gut mischen. Abkühlen lassen und servieren.

Reis und Lachs (glutenfrei)

- 3 Tassen gekochter Basmatireis
- 1 Dose salzarmer Lachs

Den Lachs unter den gekochten Reis mischen. Abgekühlt servieren. Reste können zugedeckt drei Tage lang im Kühlschrank aufbewahrt werden.

Quinoa, Blumenkohl und leckere Pute

- 1 Tasse Quinoa
- Putenteile (Schenkel und/oder Flügel)
- 1 Tasse gewürfelter Blumenkohl
- 2 Esslöffel frische, gehackte Petersilie
- ⅓ Tasse Olivenöl

Quinoa unter Leitungswasser gründich abspülen, um alle bitteren Spelzen zu entfernen, und beiseite stellen. Putenfleisch mit 4 Tassen Wasser in einem Topf aufkochen und zugedeckt simmern lassen, bis es gar ist. Abkühlen lassen. Die Putenteile entbeinen und das Fleisch wieder in das Wasser geben. Quinoa, Blumenkohl und Olivenöl zufügen, kurz aufkochen lassen und sofort die Hitze reduzieren. Zugedeckt 30 Minuten köcheln lassen. Den Topf vom Herd nehmen, Petersilie unterrühren, abkühlen lassen und servieren.

Quinoa ist ein Getreide mit einem hohen Anteil an komplettem Nahrungsprotein. Es wurde traditionell in den südamerikanischen Anden angebaut.

Tilapia und Kartoffeln (getreide- und glutenfrei)

- 1 Pfund Tilapia oder anderer Weißfisch
- 4 Tassen Kartoffeln, mit Schale in Würfel geschnitten
- 1 Teelöffel getrockneter Rosmarin
- ⅓ Tasse Olivenöl

Kartoffeln mit Rosmarin und Olivenöl in einen großen Kochtopf geben. So viel Wasser hinzufügen, dass die Kartoffeln bedeckt sind. Kochen, bis die Kartoffeln weich sind. Den Fisch in Streifen schneiden, zu den Kartoffeln geben und unterrühren. Zum Kochen bringen und für weitere 10–15 Minuten köcheln lassen oder bis der Fisch gar ist. Topf vom Herd nehmen, abkühlen lassen und servieren.

Reis und Lamm

- Lammfleisch mit oder ohne Knochen
- 1 ½ Tassen Naturreis
- 1 Tasse gewürfelte Möhren
- ½ Teelöffel getrockneter Rosmarin
- ½ Tasse Olivenöl

Lammfleisch, Möhren und Rosmarin in 4 ½ Tassen Wasser kochen. Das Fleisch aus dem Wasser nehmen (falls nötig vom Knochen lösen) und abkühlen lassen. Das Wasser wieder zum Kochen bringen und den Reis zufügen. Zudecken und 75 Minuten bei geringer Hitze simmern lassen. Den Reis abkühlen lassen und anschließend eine Tasse Lammfleisch, die Möhren und das Olivenöl zufügen. Alles gut vermengen.

Kartoffeln und Hüttenkäse

- 4 Tassen ungeschälte Kartoffeln in Scheiben
- 1 Tasse Hüttenkäse
- 1 Tasse zerkleinertes Gemüse (z. B. Grünkohl oder Schnittbohnen)
- ½ Tasse Olivenöl
- 1 Esslöffel italienische Kräuter
- 1 Knoblauchzehe, fein gehackt

Die Kartoffelscheiben in ungesalzenem Wasser kochen, dann abgießen und abkühlen lassen. Das Gemüse leicht dämpfen, ebenfalls Kochwasser abgießen und abkühlen lassen. In einer großen Schüssel Kartoffeln und Gemüse vermischen und Hüttenkäse, Olivenöl, Kräuter und Knoblauch hinzufügen. Alles gut vermengen.

Eier und Omelettes

Hunde bekommen nicht wie Menschen verkalkte und verdickte Arterien. Vielleicht liegt es daran, dass sie im Gegensatz zu Menschen Vitamin C – ein starkes Antioxidans – selbst bilden. Seien Sie versichert, dass Sie Eier bei Ihrem Hund nicht überdosieren können. Eier sind einfach zuzubereiten und Hunde lieben sie.

Eier und Toast – einfach

- 3 Eier
- 3 Scheiben Vollkornbrot (getreidefrei: Kartoffelbrot oder getreidefreies Brot)
- 1 Esslöffel frische gehackte Petersilie

Eier weichkochen. Das Brot leicht antoasten und in einer Schüssel zerkrümeln. Die Eier mit Schale mit einer Gabel zerdrücken und auf dem Brot verteilen. Mit Petersilie bestreuen und abgekühlt servieren.

Eierschalen: Im Mixer mit der Schale geschlagene Eier stellen eine gesunde Kalziumergänzung des Futters dar.

Rühreier und Hüttenkäse

- 1 Esslöffel Olivenöl
- 1 Esslöffel Butter
- ½ Tasse Hüttenkäse
- 2 Esslöffel gehackte Petersilie
- 8 Eier

Butter und Öl in einer Pfanne bei mittlerer Hitze erhitzen. Wenn die Butter geschmolzen ist, den Hüttenkäse zufügen und unter Rühren erwärmen, bis er cremig ist. Die Eier verschlagen, Petersilie unterrühren und die Mischung in die Pfanne geben. Wenn die Eier zu stocken beginnen, die Masse mit einem Pfannenwender rühren, bis sie fest, aber noch feucht ist. Abkühlen lassen und servieren.

Rühreier und Rosmarinreis (glutenfrei)

- 4 Esslöffel Olivenöl
- 4 geschlagene Eier
- 2 Tassen gekochten Naturreis
- ½ Teelöffel Rosmarin

Das Öl in einer Pfanne erhitzen. Die geschlagenen Eier mit Reis und Rosmarin vermischen und die Masse in die heiße Pfanne geben. Bei mittlerer Hitze kochen, bis die Eier gestockt sind. Abkühlen lassen und servieren.

Rühreier mit Fleisch und Spinat (getreide- und glutenfrei)

- 2 Esslöffel Olivenöl
- ½ Tasse Fleisch (Huhn, Steak, Pute, Bacon oder Schinken)
- 8 Eier
- 1 Tasse frischer Spinat, gehackt

Das Öl in einer großen Pfanne erhitzen und das Fleisch darin braten, bis es gar ist. (Wenn Sie zubereitete Fleischreste verwenden, warten Sie und fügen das Fleisch zusammen mit dem Spinat hinzu.) Die Eier verschlagen und leicht mit dem Fleisch verrühren. Den Spinat (und Fleischreste) in die Eiermasse geben und rasch vermengen. Die Mischung solange rühren, bis die Eier gestockt sind. Abkühlen lassen und servieren.

Omelettes

Omelette aus Kartoffeln, Feta und Kräutern (getreidefrei und glutenfrei)

- 2 Esslöffel Olivenöl
- 1 Tasse ungeschälte, gekochte Kartoffeln (gedämpft oder gebacken) in Würfeln
- ½ Tasse zerbröselter Fetakäse (oder jeder andere Käse)
- 5 geschlagene Eier
- ¼ Teelöffel Salbei
- ¼ Teelöffel Thymian

Öl in einer Pfanne erhitzen und Kartoffeln, Salbei und Thymian hinzugeben und alles leicht verrühren. Sofort die geschlagenen Eier zufügen und die Hitze reduzieren. Den Käse über die Masse bröseln und die Pfanne mit dem Deckel verschließen. Die Hitze noch weiter verringern und das Omelett 4–6 Minuten bei sehr geringer Hitze kochen lassen oder bis es gar ist. Abkühlen lassen, in Streifen oder Stücke schneiden und servieren.

Kein Wenden nötig. Der Deckel verhindert, dass Sie das Omelett wenden müssen (außer, Sie möchten es unbedingt!)

Iss Dein Gemüse-Omelette (getreidefrei und glutenfrei)

- 2 Esslöffel Olivenöl
- 1 Tasse Brokkoli, feingehackt
- ½ Tasse Grünkohl, feingehackt
- 1 Knoblauchzehe, gewürfelt oder gehackt
- 1 Esslöffel Petersilie
- 4 geschlagene Eier

Das Öl in einer Pfanne erhitzen und den Knoblauch ein paar Sekunden darin andünsten. Brokkoli, Kohl und Petersilie zufügen und eine Minute leicht braten. Die geschlagenen Eier über das Gemüse geben. Die Pfanne zudecken und bei leichter Hitze etwa 4–6 Minuten garen. Abkühlen lassen, in Streifen oder Stücke schneiden und servieren.

Mahlzeiten aus dem Baukasten

Sie können diese Mahlzeiten frisch oder auf Vorrat zubereiten. Mischen Sie eine Zutat aus Spalte A und eine Zutat aus Spalte B und servieren Sie.

Spalte A

- 2 Tassen zuckerfreie Vollkorn-Frühstücksflocken
- 2 Tassen Vollkornhaferflocken, eingeweicht oder gekocht
- 2 Tassen Süßkartoffeln oder Yams, gekocht
- 2 Tassen Vollkornnudeln
- 2 Tassen Reis
- 2 Tassen zerbröseltes Vollkornbrot
- 2 Tassen gekochte Gerste

Spalte B

- 1 Tasse Buttermilch
- 1 Tasse Naturjoghurt
- 1 Tasse Kefir
- 2 große geschlagene Eier
- 2 große Eier, hartgekocht und mit Schale zerdrückt
- 1 Tasse Hüttenkäse
- 1 Tasse Speisequark
- 1 Tasse Rindfleisch
- 1 Tasse Hühnchenfleisch
- 1 Tasse Lachs
- 1 Tasse Weißfisch
- 1 Tasse Kidneybohnen aus der Dose
- 1 Tasse gekochte Fischstäbchen

Rohfutter

Wenn Sie Rohfutter geben möchten, dann wollen Sie viel Abwechslung auf dem Speiseplan und Ihrem Hund eine ausgewogenes Verhältnis aus Vitaminen, Mineralien und anderen essenziellen Nährstoffen bieten. Balance spielt bei jeder Ernährungsform eine Schlüsselrolle und ich lege bei Rohfütterung besonderen Wert auf einen ausgeglichenen Mineralstoffhaushalt.

Bei rohem Fleisch müssen Sie das Fett nicht entfernen. Gekochtes Tierfett hat negative gesundheitliche Auswirkungen, aber rohes tierisches Fett ist gesund für Ihren Hund. Sie können rohes Fleisch 14 Tage lang einfrieren, bevor Sie es auftauen und servieren, weil das Einfrieren die meisten Parasiten, die sich im Fleisch befinden könnten, effektiv eliminiert.

Studien haben gezeigt, dass einige Rohfutterzubereitungen ein Defizit an Kalzium, Linolsäure und Jod aufweisen. Kalzium ist ein sehr wichtiges Mineral, das dem Rohfutter zugesetzt werden muss. Linolsäure oder Omega-6-Fettsäuren sind in Getreide und Samen enthalten. Kokosnussöl, Walnussöl und Olivenöl enthalten Linolsäure.

Das Kalzium, das dem Rohfutter zugegeben wird, muss bioverfügbar sein. Fleisch enthält viel Phosphor und wenig Kalzium. Das Futter muss durch Kalzium ergänzt werden, um das für Knochenwachstum und Knochendichte korrekte Verhältnis zwischen diesen Mineralien sicherzustellen. Trockenes Knochenmehl ist nicht bioverfügbar. Einige Quellen für gut verfügbares Kalzium sind ab S. 112 dieses Buches aufgelistet. Zusätzlich liefern die beiden folgenden Rezepte mit Eierschalen zwei „heimische“ Möglichkeiten, gesundes, bioverfügbares Kalzium bereitzustellen.

Algen und Algenprodukte sind prall mit Jod gefüllt. Ich serviere gern gekochtes Getreide mit rohem Fleisch, und das Getreide kann mit einem Stück Kombu-Alge gekocht werden, um der Nahrung Jod zuzusetzen. Nori-Algen sind als flache, getrocknete Blätter erhältlich – meine Hunde lieben Nori als Leckerchen. Es gibt Algenprodukte auch in Pulverform.

Einfaches Eierschalenrezept Nr. 1

Die Eierschalen abwaschen, in kleine Stücke brechen und mit Zitronensaft oder Essig bedecken. Lässt man die Schalen einige Tage stehen, lösen sie sich vollständig auf. Die verbleibende Flüssigkeit ist eine ausgezeichnete Quelle für Kalzium, das Ihr Hund leicht aufnehmen kann.

Einfaches Eierschalenrezept Nr. 2: Zitroneneier von Dr. Ian Shillington

Ganze, gewaschene, ungekochte und unbeschädigte Bio- Eier in ein sauberes Glas oder eine Keramikschale legen. Die Eier mit frischem Zitronensaft bedecken (kein Zitronensaftkonzentrat). Die Eier lose zudecken und in den Kühlschrank stellen. Die Flüssigkeit täglich einige Male vorsichtig schwenken. Sobald das Kalzium aus den Schalen in das Wasser übergeht, bilden sich Bläschen um die Eier herum. Etwa 48 Stunden später hört die Bildung von Blasen auf und Sie können die Eier vorsichtig aus der Schüssel nehmen. Die Flüssigkeit in ein Schraubglas geben und gut schütteln.

Huhn-Gersten-Rohfutter

- 1 Tasse rohes Hühnerfleisch
- 2 Tassen gekochte Gerste
- 1 Tasse feingehackte Brokkolistiele
- 1 Esslöffel Kokosnussöl oder 3 Esslöffel Oliven- oder Walnussöl
- 1 Teelöffel gemahlener Leinsamen
- 2 rohe gewürfelte Knoblauchzehen
- 1 Teelöffel Eierschalen-Kalzium oder die entsprechende Menge wasserlösliches Kalzium

Alle Zutaten miteinander mischen und servieren.

Rindfleisch-Haferflocken-Rohfutter

- 1 Tasse Rindfleischstückchen
- 2 Tassen Haferflocken, über Nacht in Wasser eingeweicht
- 1 Tasse Karotten, Kürbis oder Yams
- 3 Esslöffel Olivenöl
- 1 Esslöffel Melasse
- 2 Stück Nori-Alge, in kleine Stückchen gerissen
- 1 Teelöffel Eierschalen-Kalzium oder die entsprechende Menge wasserlösliches Kalzium

Alle Zutaten miteinander mischen und servieren.

Fakten über Rohfutter

- Die Protein- und Getreidequellen können in Rohfutter variieren.
- Mit Ausnahme von Haferflocken muss Getreide gekocht oder als Sprossen verwendet werden.
- Alle Mahlzeiten sollten Olivenöl, Walnussöl oder Kokosnussöl enthalten. (Kokosnussöl hat eine dicke Konsistenz, vergleichbar einem Konzentrat.)
- Das Getreide mit Algen zu kochen oder getrocknete Nori-Algen zuzufügen erhöht den Nährwert der Mahlzeit.
- Besonders gesund ist, Gewürze wie Rosmarin, Knoblauch, italienische Kräuter etc. zum Rohfutter zu geben.
- Rohfutter muss mit Kalzium ergänzt werden.

Brühen auf Vorrat

Man kann Getreide und andere Speisen immer in klarem Wasser kochen, Getreide, das in Brühe gegart wurde, schmeckt besser. Das Kochen in Brühe erhöht auch den Proteingehalt der Nahrung. Bereiten Sie Brühe aus Resten zu, wenn Sie Zeit haben, aber Sie können auch Dosenfleisch oder Hühnerklein verwenden oder einen Bouillonwürfel in Wasser werfen. Vegetarier finden schmackhafte fleischfreie Variationen und Gemüsebrühen sind reich an Mineralien.

Fleischbrühe (ergibt 14 Tassen)

- 12 Tassen Wasser
- 3 Pfund Rind- oder Lammfleisch (mit Knochen)
- 8 lange Petersilienzweige
- 2 Pfund gekochtes Rind- oder Lammfleisch
- ½ Teelöffel getrockneter Thymian
- 4 Möhren
- ½ Tasse Essig
- 3 Stangen Sellerie
- 5 Knoblauchzehen

Die Knochen mit dem Wasser in einen großen Topf geben. Das Fleisch in Würfel, die Karotten und den Sellerie in 2 cm lange Stücke schneiden. Die Knoblauchzehen pellen und die Petersilie hacken. Alles zusammen mit dem Thymian und Essig in den Topf geben und aufkochen. Hitze reduzieren und die Suppe ohne Deckel 1 Stunde simmern lassen. Alle Knochen aus der Brühe entfernen. Wenn Sie möchten, können Sie die Suppe nun sieben und Gemüse und Fleisch zurück in die Brühe geben. Bis zu 1 Woche im Kühlschrank aufbewahren oder bis zu 1 Monat einfrieren.

Hühnerbrühe (ergibt 12 Tassen)

- 10 Tassen Wasser
- 2 ½ Pfund Hähnchenflügel oder -schenkel
- ¼ Teelöffel getrockneter Thymian
- 2 Karotten, grob zerkleinert
- 1 Esslöffel Essig
- 3 Stangen Sellerie, grob zerkleinert
- 4 Knoblauchzehen
- 6 Zweige Petersilie, grob zerkleinert

Die Hähnchenteile mit dem Wasser in einen großen Topf geben. Alle restlichen Zutaten hinzufügen und zum Kochen bringen. Hitze reduzieren und die Suppe ohne Deckel eine Stunde simmern lassen. Alle Knochen aus der Brühe entfernen. Wenn Sie möchten, können Sie die Suppe nun sieben und Gemüse und Fleisch zurück in die Brühe geben. Bis zu einer Woche im Kühlschrank aufbewahren oder bis zu einem Monat einfrieren.

Fischbrühe (ergibt 8 Tassen)

- 8 Tassen Brühe
- 1 Pfund Fischkarkassen von weißfleischigem Fisch
- 12 lange Petersilienzweige, gehackt
- 2 Esslöffel frischer Zitronensaft

Alle Zutaten mit dem Wasser in einem großen Topf aufkochen. Hitze reduzieren und 30 Minuten simmern lassen. Die Brühe durch ein Sieb geben und alle Fischgräten entfernen; nur die gesiebte Brühe verwenden. Bis zu drei Tage im Kühlschrank aufbewahren oder bis zu einem Monat einfrieren.

Obst

Beautys und Coles gefrorene Lieblingsleckerchen

- ausgewählte Früchte, in Stücke geschnitten
- Joghurt oder Kefir
- ausgehöhlte Markknochen, Eiswürfelbehälter oder hohles Spielzeug

Die Früchte mit Joghurt oder Kefir vermengen. Die Masse in saubere ausgehöhlte Markknochen, Eiswürfelbehälter oder hohles Spielzeug einfüllen und einfrieren. Wenn sie gefroren ist, rufe ich: „Wer möchte ein Leckerchen?", und Beauty und Cole kommen angerannt. Sie sind wahre Kenner ihrer gefrorenen Lieblingsleckerchen geworden.

Äpfel, Couscous und Zimt

- 3 Äpfel, geschält, entkernt und gewürfelt
- 2 Tassen trockener Couscous
- ½ Teelöffel Zimt
- 2 Esslöffel Butter

Alle Zutaten mit 5 Tassen Wasser in einem Topf zum Kochen bringen und dann 10 Minuten simmern lassen. Abkühlen lassen und servieren.

Birnen, Honig und Haferflocken

- 3 Birnen, geschält, entkernt und gewürfelt
- 4 Tassen gekochte Haferflocken
- 2 Esslöffel Honig

Die Birnen mit den warmen Haferflocken mischen. Die Masse zum Abkühlen auf Tellern verteilen. Vor dem Servieren einen Klacks Honig zufügen.

Blaubeeren und Müsli

- 3 Tassen einfaches Müsli
- 1 Tasse Blaubeeren
- 1 Tasse Hüttenkäse

Alle Zutaten mischen und servieren.

Snacks und Belohnungen

Was unsere Hundefreunde betrifft, kommen wir nun endlich zum Kern der Sache: Hier und da ein kleiner Imbiss macht aus einem guten Tag einen großartigen Tag! Diese Snacks halten sich gut im Kühlschrank und sind sehr willkommene Überraschungen.

Gebackene Yams-Chips

- 6 biologische Yams oder Süßkartoffeln
- 1 Esslöffel Zimt
- ½ Tasse Olivenöl

Backofen auf 180 Grad vorheizen. Yams oder Süßkartoffeln in dünne Scheiben schneiden und auf ein eingeöltes Kuchenblech legen. Mit Öl beträufeln und mit Zimt bestreuen. Die Chips 35 Minuten backen oder so lange, bis sie gar und ein bißchen knusprig sind. Abkühlen lassen, servieren und lagern.

Alle Hunde lieben Leber-Leckerchen

- 2 Pfund Kalbsleber
- 2 Tassen ungekochte Haferflocken
- 4 Esslöffel Vollkornmehl
- 4 Knoblauchzehen
- 3 Esslöffel gehackte Petersilie
- 4 Eier

Backofen auf 180 Grad vorheizen. Alle Zutaten in den Mixer geben und zu einer glatten Masse zerkleinern. Die Masse in einer gut eingeölten Springform oder auf einem Backblech etwa 1 cm dick ausstreichen und 30–35 Minuten backen oder so lange, bis die Masse fest ist. Abkühlen lassen und in kleine, leckerchengroße Stücke schneiden. Portionsweise einfrieren und bei Bedarf auftauen.

Lachs-Bonbons

- 400 Gramm Lachs aus der Dose, mit Flüssigkeit
- 1 ½ Tassen Hafermehl
- 1 Esslöffel Knoblauchpulver oder -granulat
- 2 Eier, leicht geschlagen
- ½ Tasse geriebener Parmesankäse

Backofen auf 180 Grad vorheizen. Alle Zutaten in einer Schüssel oder in der Küchenmaschine mischen. Auf einem eingeölten oder beschichteten Backblech bis zur gewünschten Dicke aufstreichen und 20 Minuten backen. Mit einem Pizzaschneider Stücke in der geeigneten Größe schneiden.

Würstchenkugeln

- 1 Pfund rohe Würstchen
- 4 Tassen backfertiger Biskuitteig (Backmischung)
- ½ Pfund geriebener Cheddar-Käse
- 2 Esslöffel Petersilie

Backofen auf 180 Grad vorheizen. Alle Zutaten zu einem Teig verarbeiten und Kugeln formen. Die Kugeln auf ein leicht gefettetes Backblech geben und 20 Minuten backen. Einfrieren und bei Bedarf auftauen.

Leichte Bruschetta-Leckerchen

- 4 – 6 Scheiben Vollkorn-Weizenbrot
- 2 Esslöffel Olivenöl
- 1 Esslöffel Bäckerhefe (optional)

Backofen auf 120 Grad vorheizen. Die Brotscheiben leicht mit Öl bestreichen. Falls gewünscht, die Hefe über das Brot krümeln. Die Scheiben in 2 cm breite Streifen schneiden und auf ein Backblech legen. Eine Stunde backen, abkühlen lassen und servieren. Wenn Sie keine Hefe verwendet haben, können Sie für mehr Geschmack etwas gehackte Leber oder Frischkäse auf den abgekühlten Bruschettas verteilen. Im Kühlschrank bis zu fünf Tage lang aufbewahren.

Kräuter-Biscotti (ergibt ca. 30 Stück)

- 2 Tassen Vollkorn-Weizenmehl
- ¼ Teelöffel getrockneter Rosmarin
- 7 Esslöffel kalte ungesalzene Butter
- 1 Teelöffel Backpulver
- 1 Teelöffel getrockneter Thymian
- 1 Teelöffel getrockneter Majoran
- 2 große Eier
- 1 Esslöffel Wasser

Backofen auf 180 Grad vorheizen. Alle trockenen Zutaten in eine große Rührschüssel geben und gut vermengen. Weiche Butter, Eier und Wasser zufügen und alles mit dem elektrischen Mixer zu einem weichen Teig verrühren. Den Teig aus der Schüssel nehmen und auf eine leicht eingemehlte Oberfläche legen. Hinweis: Wenn der Teig klebrig und schwer zu verarbeiten ist, ist er zu weich. Dann den Teig zu einer Scheibe flachklopfen, mit Folie bedecken und mindestens eine Stunde im Kühlschrank aushärten lassen.
Den Teig in drei gleichgroße Portionen teilen. Jede Portion zu einer Rolle von der Länge Ihres Backblechs formen. Zwei Biscotti-Rollen auf ein mit Backpapier belegtes Backblech legen. (Es passen nur zwei Rollen auf ein Blech, weil sie beim Backen aufgehen.) Etwa 30 Minuten backen oder bis sie groldbraun sind. Aus dem Ofen nehmen und etwas abkühlen lassen.
Wenn die Biscotti noch warm sind, mit einem Sägemesser quer in 1 cm breite Streifen schneiden. Die Ofenhitze auf 150 Grad reduzieren und die Streifen erneut auf dem Blech weitere 10-15 Minuten backen. Abgekühlt servieren. Die Biscotti halten sich in luftdichten Dosen bei Zimmertemperatur zwei Wochen oder eingefroren zwei Monate.
Wiederholen Sie die Prozedur mit der dritten Rolle oder verwenden Sie zwei Backbleche, um alle drei Rollen gleichzeitig zu backen.

Haferflockenkekse (ergibt ca. 40 Stück)

- 230 g ungesalzene Butter
- 1 Teelöffel Zimt
- ½ Tasse schwarzer Zucker
- 1 Prise Muskat
- 3 Esslöffel Honig
- 4 Tassen Haferflocken
- 2 Eier
- 1 ½ Tassen Pekannüsse
- 1 ½ Tassen ungebleichtes Mehl

Backofen auf 200 Grad vorheizen. Butter und braunen Zucker in einer großen Rührschüssel schaumig rühren. Mit Honig und den Eiern zu einer glatten Masse mixen. Mehl mit Zimt und Muskat vermengen und in die Buttermischung rühren. Haferflocken und Pekannüsse zugeben und gut mischen. Den Teig zu Kugeln mit etwa 2 cm Durchmesser formen. Die Kugeln auf ein gefettetes Backblech legen, mit einer Gabel flachdrücken und etwa 15 Minuten backen, bis sie leicht braun sind. Abgekühlt servieren. Die Kekse halten sich in einer luftdichten Dose bei Zimmertemperatur bis zu zwei Wochen.

Mandel-Butterplätzchen (ergibt 30 – 35 Stück)

- ½ Tasse Butter
- 1 Tasse Mandelbutter
- ⅔ Tasse schwarzer Zucker
- ½ Teelöffel Backsoda
- 1 Ei
- 1 ½ Tassen ungebleichtes weißes Mehl

Backofen auf 200 Grad vorheizen. Butter und Mandelbutter zusammen weich rühren. Mit dem Zucker schlagen, bis die Masse locker und leicht ist. Sehr gut mit dem Ei mischen. Dann die verbleibenden Zutaten nacheinander unter Rühren zugeben, dabei mit 1 Tasse Mehl und der Backsoda beginnen. Anschließend das restliche Mehl hinzufügen, aber nur so viel, dass der Teig nicht mehr klebrig ist. Den Teig in kleine Kugeln formen, diese auf ein gefettetes Backblech geben, mit einer Gabel flachdrücken und 10 – 12 Minuten backen. Abgekühlt servieren. Die Plätzchen halten sich in einer luftdichten Dose bei Zimmertemperatur bis zu zwei Wochen.

Geflügelgenüsse (ergibt ca. 30 Stück)

Für die Kekse:

- 2 Tassen Vollkornmehl
- 2 Esslöffel Olivenöl
- ⅔ Tasse Maismehl
- ½ Tasse Hühnerbrühe
- ½ Tasse Sonnenblumenkörner oder Sesamsamen
- 2 Eier
- ¼ Tasse fettarmer Joghurt

Für die Eierglasur:

- 1 geschlagenes Ei
- 1 Esslöffel Milch

Ofen auf 180 Grad vorheizen. Alle trockenen Zutaten in einer großen Rührschüssel mischen. Eier und Joghurt in einer separaten Schüssel verschlagen. Anschließend die feuchten Zutaten (Ei-Joghurt-Mix, Öl und Brühe) mit den trockenen vermengen, bis ein fester Teig entsteht. Den Teig 20 Minuten ruhen lassen und dann auf einer leicht gemehlten Oberfläche bis zu einer Dicke von ½ cm ausrollen. Ei und Milch verrühren. Mit einer Plätzchenform Kekse ausstechen, diese mit der Glasur bestreichen und 30 Minuten – oder bis sie goldbraun sind – backen. Abgekühlt servieren. Die Kekse halten sich in einer luftdichten Dose bei Zimmertemperatur bis zu zwei Wochen.

Sesambällchen (ergibt 6 – 8 Stück)

- ½ Tasse Sesambutter
- 1 ¼ Tassen Sesamsamen
- 2 Esslöffel Weizenkeime

Sesambutter, Weizenkeime und ¾ Tassen Sesamkörner zusammenmischen. Kleine, runde Bällchen formen und diese in den restlichen Sesamsamen wälzen. Die Bällchen halten sich zugedeckt im Kühlschrank bis zu 5 Tage oder eingefroren bis zu 6 Wochen.

Johannisbrot-Kaubonbons (ergibt ca. 20 – 25 Stück)

- ½ Tasse Johannisbrotkernmehl
- 1 Tasse Sonnenblumenkerne
- ¾ Tasse Honig
- ½ Tasse Haferflocken
- 1 Tasse Mandel-, Sesam- oder Erdbussbutter
- ½ Tasse Milchpulver

Johannisbrotkernmehl, Honig und Mandel- (oder Sesam- oder Erdbuss-) -butter in einer großen Schüssel gut verrühren. Sonnenblumenkerne und Haferflocken untermengen. Kleine Kugeln formen und in Milchpulver wälzen. Die Bällchen halten sich zugedeckt im Kühlschrank bis zu fünf Tagen oder eingefroren bis zu sechs Wochen.

Schnelle Hühnerhälse

- einige Pfund Hühnerhälse
- Olivenöl
- Knoblauchpulver

Backofen auf 180 Grad vorheizen. Die Hühnerhälse in mundgerechte Stücke schneiden, die zur Größe Ihres Hundes passen. Die Stücke auf eingeölten Backblechen verteilen und mit Öl beträufeln sowie dem Knoblauchpulver bestreuen. Etwa 25 Minuten backen. Abkühlen lassen, servieren und lagern.

Leckere Würstchen

- Puten-, Geflügel- oder Rindswürstchen
- Olivenöl
- gemischte italienische Kräuter

Backofen auf 180 Grad vorheizen. Die Würstchen in mundgerechte Stücke schneiden, die zur Größe Ihres Hundes passen. Die Stücke auf eingeölten Backblechen verteilen und mit Öl beträufeln sowie dem getrockneten Kräutern bestreuen. Etwa 15 Minuten backen. Abkühlen lassen, servieren und lagern.

Fischstäbchen

- einige Pfund gefrorene Fischstäbchen
- Olivenöl
- getrockneter Estragon

Die Fischstäbchen auf eingefettete Backbleche legen und mit Öl und Estragon bestreuen. Nach Herstellerangaben backen. Abkühlen lassen, servieren und lagern.

Gebackene Leber-Leckerei

- 2 Pfund Leber
- ½ Tasse Olivenöl
- Knoblauchpulver
- getrocknete Petersilie

Backofen auf 180 Grad vorheizen. Die Leber in leckerchengroße Stückchen schneiden. Die Stücke auf gut eingeölten Backblechen verteilen und mit Knoblauchpulver und getrockneter Petersilie bestreuen. Etwa 25 Minuten backen. Abkühlen lassen, servieren und lagern.

Simple Plätzchen (ergibt ca. 50 Stück)

- ½ Tasse Olivenöl
- 2 Teelöffel Knoblauchpulver
- 1 ¼ Tassen Roggenmehl
- ¾ Tasse Wasser
- ½ Tasse fettarmes Milchpulver
- 1 geschlagenes Ei
- 2 Tassen Vollkorn-Weizenmehl

Backofen auf 180 Grad vorheizen. In einer großen Schüssel Olivenöl und Mehl vermengen und beiseite stellen. In einer separaten Schüssel das Milchpulver und Knoblauchpulver in dem Wasser auflösen, dann das Ei unterrühren. Nun die Eiermischung langsam zu dem Mehlmix geben und gründlich verrühren. Den Teig auf einer leicht bemehlten Oberfläche etwa 5 Minuten kneten, bis er gut zusammenhaftet und leicht zu verarbeiten ist. Anschließend bis auf 0,5 cm Dicke ausrollen und mit Ausstechern in die gewünschten Formen schneiden. Die Plätzchen auf einem gefetteten Blech 45 Minuten backen. Im Ofen mehrere Stunden abkühlen lassen und bei Zimmertemperatur bis zu vier Wochen lagern.

Zahnsteinkiller (ergibt ca. 60 Stück)

- ¾ Tasse Magermilch
- 1 Tasse Mehl
- ½ Tasse grob gemahlenes Maismehl
- 1 ½ Tassen salzarme Hühnerbrühe
- ¼ Tasse grober Bulgur
- 1 Tasse Haferflocken
- 1 ½ Tassen Vollkornmehl
- 1 geschlagenes Ei

Backofen auf 180 Grad vorheizen. Alle trockenen Zutaten in einer großen Rührschüssel vermischen. Die Hühnerbrühe aufwärmen, die Haferflocken hineingeben und 5 Minuten stehenlassen, dann das geschlagene Ei unterziehen. Die Eiermischung langsam in die trockenen Zutaten einrühren. Den Teig auf einer leicht bemehlten Oberfläche etwa 5 Minuten kneten, bis er gut zusammenhaftet und leicht zu verarbeiten ist. Anschließend bis auf 0,5 cm Dicke ausrollen und mit Ausstechern in die gewünschten Formen schneiden. Die Kekse auf ein mit Folie ausgelegtes Backblech legen und 45 Minuten backen. Im Ofen mehrere Stunden abkühlen lassen und bei Zimmertemperatur bis zu vier Wochen lagern.

Flohschreck-Kekse (ergibt 8 Dutzend)

- 2 Tassen salzarme Rinderbrühe
- 1 Tasse Maismehl
- 1 Tasse Haferflocken
- ½ Tasse Bäckerhefe
- 1 ½ Tassen Mehl
- 3 Esslöffel Knoblauchpulver
- 2 ½ Tassen Vollkornmehl
- ¼ Tasse Möhrenschnitzel
- ½ Tasse Olivenöl
- 1 geschlagenes Ei

Backofen auf 160 Grad vorheizen. Trockene Zutaten in einer großen Schüssel mischen. Langsam das Öl, Ei und Rinderbrühe unter Rühren hinzugeben, bis alles gut vermengt ist. Den Teig auf einer leicht bemehlten Oberfläche etwa 5 Minuten kneten, bis er gut zusammenhaftet und leicht zu verarbeiten ist. Anschließend bis auf 0,5 cm Dicke ausrollen und mit Ausstechern in die gewünschten Formen schneiden. Die Kekse auf ein mit Folie ausgelegtes Backblech legen und 1 Stunde 40 Minuten backen. Im Ofen mehrere Stunden abkühlen lassen und bei Zimmertemperatur bis zu vier Wochen lagern.

Kekse für Fleischfans (ergibt ca. 70 Stück)

- 1 Pfund mageres Rinderhack
- 1 ½ Tassen Haferflocken
- 2 geschlagene Eier
- 1 ½ Tassen Wasser
- 3 Tassen Vollkorn-Weizenmehl

Backofen auf 160 Grad vorheizen. Hack und Eier in einer Schüssel mit den Händen gründlich vermengen. In einer separaten Schüssel Mehl und Haferflocken mischen. Die Fleisch-Eier-Mischung portionsweise zum Mehl-Haferflocken-Mix geben und mit den Händen sorgfältig vermischen. Wasser hinzugeben, bis ein gut zusammenhaltender Teig entsteht. Den Teig auf einer leicht bemehlten Oberfläche etwa 3 Minuten kneten. Anschließend bis auf 0,5 cm Dicke ausrollen und mit Ausstechern in die gewünschten Formen schneiden. Die Kekse auf einem gefetteten Backblech 80 Minuten backen. Im Ofen mehrere Stunden abkühlen lassen und bei Zimmertemperatur bis zu vier Wochen lagern.

Vegetarische Leckerchen (ergibt ca. 100 Stück)

- 1 ¼ Tassen Haferflocken
- 1 geschlagenes Ei
- ½ Tasse Olivenöl
- 1 Tasse Maismehl
- 1 ¾ Tassen heißes Wasser
- 1 ½ Tassen Weizenkeime
- 3 zerdrückte Knoblauchzehen
- 2 Tassen Mehl
- ½ Tasse Vollkorn-Weizenmehl
- ½ Tasse gemahlene Sonnenblumenkerne
- ½ Tasse Magermilchpulver

Backofen auf 160 Grad vorheizen. In einer großen Schüssel die Haferflocken, Olivenöl und das heiße Wasser mischen und 5 Minuten stehenlassen. Den Knoblauch in etwas Olivenöl in einer Pfanne andünsten und zusammen mit dem Milchpulver und dem Ei in die Haferflockenmischung geben und sorgfältig vermengen. In einer Extraschüssel Mehl, Weizenkeime und Sonnenblumenkerne mischen und nach und nach in den Teig rühren, bis alles gut verbunden ist. Den Teig auf einer leicht bemehlten Oberfläche 3 Minuten kneten. Anschließend bis auf 0,5 cm Dicke ausrollen und mit Ausstechern in die gewünschten Formen schneiden. Die Kekse auf ein mit Folie ausgelegtes Backblech legen und 45 Minuten backen. Im Ofen mehrere Stunden abkühlen lassen und bei Zimmertemperatur bis zu vier Wochen lagern.

Geburtstagskuchen

Ich kann mir nichts Schöneres vorstellen, als den Geburtstag meines besten Hundefreundes mit einem Kuchen zu feiern. Wenn Sie nicht wissen, wann Ihr Hund geboren ist, suchen Sie sich einen Tag aus und bleiben dabei. Es macht so viel Spaß und Ihr Hund wird diese besondere Gelegenheit genießen. Laden Sie Freunde zum Mitfeiern ein! Ich schlage vor, dass Sie zusammen mit den folgenden Rezepten auch einen „Menschenkuchen" backen. Hunde lieben diese bewährten hundefreundlichen Rezepte, aber für mich selbst bevorzuge ich Schokoladenkuchen!

Geburtstagskuchen Nr. 1: Möhrenkuchen mit Frischkäseglasur

Kuchen:

- 1 ½ Tassen geschmolzene salzlose Süßrahmbutter
- 3 Teelöffel Backpulver
- 1 ½ Tassen Honig
- 1 Teelöffel Zimt
- 4 Eier
- 2 ½ Tassen Möhren, fein zerkleinert
- 4 Tassen Vollkorn-Weizenmehl
- ¾ Tassen Sesamsamen
- ½ Teelöffel Backsoda

Glasur:

- 450 Gramm weicher Frischkäse
- 230 Gramm ungesalzene weiche Butter

Backofen auf 350 Grad vorheizen. Butter, Honig und Eier in einer großen Schüssel mischen. In einer separaten Schüssel Mehl, Backpulver, Backsoda, Zimt, Möhren und Sesamsamen vermengen. Vorsichtig und langsam die trockenen Zutaten in die Buttermischung rühren; nicht schlagen.
Eine große Form oder zwei Brotformen großzügig buttern und die Kuchenmischung einfüllen. 45 Minuten backen, dann aus dem Ofen nehmen und abkühlen lassen. In einer mittelgroßen Schüssel die Glasurzutaten mischen. Den abgekühlten Geburtstagkuchen glasieren und im Kühlschrank bis zu einer Woche aufbewahren.

Geburtstagskuchen Nr. 2: Johannisbrotkuchen mit Erdnussbutterfüllung

Kuchen:

- ½ Tasse weiche, ungesalzene Butter
- 1 Tasse Honig
- 2 Tassen Vollkorn-Weizenmehl
- ¼ Tasse Wasser
- 2 Teelöffel Backpulver
- ⅔ Tasse Milch, gemischt mit 1 Teelöffel Essig
- 1 Tasse zuckerfreie Erdnussbutter
- 1 Tasse Johannisbrotmehl, gemischt mit ½ Tasse Wasser
- ½ Teelöffel Vanille
- 2 Eier

Glasur:

- 1 Tasse Johannisbrotmehl
- ¼ Tasse Honig
- 1 Teelöffel Vanille
- ⅓ Tasse Vollmilch

Den Backofen auf 180 Grad vorheizen. In der großen Schüssel Butter, Honig, Eier, Wasser, Milch-Essig-Mischung und Vanille verrühren. Separat Johannisbrotmehl-Wasser-Mischung, Mehl und Backpulver mischen. Die trockenen Zutaten langsam unter die feuchten Zutaten geben und mit Knethaken gut vermengen. Den Teig in zwei gut eingefettete Kuchenformen einfüllen und 25 Minuten backen. Abkühlen lassen. Einen Kuchen mit einer Tasse zuckerfreier Erdnussbutter bestreichen und den zweiten Kuchen daraufsetzen, so dass die Erdnussbutter die mittlere Schicht zwischen beiden Kuchen bildet.
Für die Glasur Johannisbrotmehl, Honig und Vanille mischen. Langsam Milch bis zur gewünschten Konsistenz hinzufügen. Den Kuchen glasieren und mit Frischhaltefolie bedeckt in den Kühlschrank stellen.

Rezepte für besondere Bedürfnisse

In diesem Abschnitt finden Sie Rezepte, die speziell für Hunde mit bestimmten medizinischen und emotionalen Problemen entwickelt wurden.

Aufbau-Brühe

Dieses Rezept eignet sich für ein sehr krankes Tier, das nicht frisst. Der kranke Hund trinkt vielleicht Wasser, zeigt aber kein Interesse an seinem Futter. Diese Brühe versorgt ihn mit Nährstoffen. Die Kartoffelschalen sind mineralreich, die Möhren sind vollgepackt mit Vitaminen und die Hähnchenkeulen oder -flügel liefern das benötigte Fett und Protein. Wenn Sie die Knochen aufbrechen, bietet auch das Knochenmark weitere spezielle Nährstoffe.

- 5 Bio-Kartoffeln
- 2 Bio-Möhren
- 6 Tassen Wasser
- 3 Hähnchenkeulen oder -flügel
- 2 zerstoßene Knoblauchzehen

Die Kartoffeln schälen und nur die Schalen verwenden (Sie können die Kartoffeln für eine andere Mahlzeit aufbewahren.) Die Kartoffelschalen in einen großen Topf geben. Die ungeschälten Möhren in Würfel schneiden und hinzufügen. Die Hühnerknochen zerstoßen, dabei die Haut intakt lassen. Die Hühnerteile zusammen mit dem Knoblauch und dem Wasser ebenfalls in den Topf geben. Alles eine Stunde simmern lassen und dann durchseihen. Vergewissern Sie sich, dass alle Hühnerknochen aus der Brühe entfernt sind. Die Brühe abgekühlt servieren. Sie kann im Kühlschrank bis zu einer Woche aufbewahrt werden.

Rezepte für Hunde mit Diabetes

Diabetiker-Rezept Nr. 1

- 2 Tassen gekochtes Hühnchenfleisch
- 2 Tassen gekochte Gerste
- Hühnerbrühe
- 1 Tasse Blumenkohl, gewürfelt
- 1 Tasse Äpfel, gewürfelt
- 1 Teelöffel Zimtpulver
- ½ Tasse Olivenöl

Das abgekühlte Hühnchenfleisch würfeln oder kleinschneiden. Die Blumenkohl- und Apfelwürfel mit dem Zimt mit Brühe bedecken und dünsten. Die Brühe nicht verwerfen, sondern hinterher dazu verwenden, die Hühnermischung bis zu einer Konsistenz zu verdünnen, die Ihr Hund mag. Das Hühnchenfleisch, Blumenkohl und Äpfel mit der gekochten Gerste mischen. Das Olivenöl darüberträufeln und untermischen. Abgießen und vor dem Servieren abkühlen lassen.

Diabetiker-Rezept Nr. 2

- 2 Tassen magere Rindfleischstücke
- 2 Esslöffel frische, gehackte Petersilie
- 2 Tassen leicht gedünsteter Brokkoli
- 2 Tassen Gerste mit 1/2 Teelöffel Kurkuma gekocht
- ½ Tasse Olivenöl

Gersten-Kurkuma-Mischung abkühlen lassen. Die Fleischwürfel in etwas Olivenöl anbraten. Kurz bevor das Fleisch gar ist, die Petersilie hinzufügen und schnell unterrühren. Topf vom Herd nehmen. Den Brokkoli leicht andünsten und mit dem Rest Olivenöl bedecken. Fleisch, Gerste und Brokkoli vermengen und servieren.

Diabetiker-Rezept Nr. 3

- 2 Tassen Tilapia
- 2 gehackte Knoblauchzehen
- 2 Tassen Haferflocken
- 1 Teelöffel Zimt
- 1 Tasse Blaubeeren
- 1 Tasse grüne Bohnen in etwa 2 cm langen Stücken
- ½ Tasse Olivenöl

Tilapa in Olivenöl anbraten. Kurz bevor der Fisch gar ist, Knoblauch zufügen. Haferflocken mit Zimt kochen. Die Bohnen leicht andünsten. Alle Zutaten zusammenmischen, dann die Blaubeeren unterheben und servieren.

Rezept für ein gesundes Herz

Herz-Diät

- 3 Tassen gekochten Natur- oder Basmatireis oder 3 Tassen gekochte Kartoffeln oder Süßkartoffeln, gewürfelt
- 1 Tasse Rindfleisch, Hühnchenfleisch oder Fisch
- 4 Esslöffel frische gehackte Petersilie
- 1 Dose natriumfreie Spargelstücke oder 1 Tasse gekochter, zerkleinerter Spargel
- 1 Esslöffel Löwenzahnblätter, zerkleinert (optional)
- ⅓ Tasse Olivenöl
- 2 Knoblauchzehen

Gekochten Reis oder Kartoffeln zum Abkühlen beiseite stellen. Den Knoblauch fein hacken und 10 Minuten offen stehenlassen. Das Olivenöl in einer Pfanne erhitzen und Fleisch (oder Fisch), Petersilie (und optional Löwenzahnblätter) zufügen. Alles zusammen kochen, bis das Fleisch oder der Fisch gar ist. Den Spargel kochen und zum Abkühlen beiseite stellen. (Wenn Sie Dosenspargel verwenden, die Flüssigkeit aufbewahren.) Alle Zutaten vermengen und servieren.

Rezepte für gesunde Nieren

Biscotti

- 450 Gramm getrocknete rote Bohnen
- 4 große Eier
- 1 Tasse mit den Stielen gehackte Petersilie
- 1 enthäutete Knoblauchzehe
- 4 Tassen Vollkorn-Weizenmehl
- 1 Tasse salzfreie Hühnerbrühe, reduziert, um den Geschmack zu konzentrieren

Die getrockneten Kidneybohnen über Nacht einweichen. Sorgfältig abspülen und abgießen. Backofen auf 180 Grad vorheizen. Ein großes Backblech mit Backpapier auslegen. Den Knoblauch im Mixer zerkleinern. Eier, Hühnerbrühe und abgetropfte Bohnen ebenfalls in den Mixer geben, bis alles gut zerkleinert, aber noch nicht püriert ist. Die gehackte Petersilie unterziehen. Die Mischung in eine große Schüssel geben und nach und nach das Mehl einrühren, bis eine glatte, homogene Masse entstanden ist.

Den Teig in zwei gleich große Portionen teilen. Jede Portion zu einem etwa 30 cm langen und 8 cm hohen Laib formen, dabei die Seiten und die Decke begradigen und glätten. Beide Laibe nebeneinander auf ein mit Backpapier bedecktes Backblech legen. Es müssen zwischen ihnen und zu den Seiten des Blechs einige Zentimeter Abstand sein. Backen, bis die Laibe goldbraun sind und die Oberfläche zurückspringt, wenn sie leicht eingedrückt wird, etwa 30 – 40 Minuten. Die Ofenhitze auf 150 Grad reduzieren. Die Laibe vom Backpapier nehmen und abkühlen lassen, bis sie noch etwas warm, aber noch so weich sind, dass Sie sie in 0,5 Zentimeter dicke Scheiben schneiden können. Sie werden ein scharfes Messer brauchen.

Die Scheiben auf zwei mit Backpapier bedeckte Backbleche verteilen. 40 Minuten backen, dann wenden und noch einmal 30 Minuten backen oder bis die Scheiben knusprig sind. Achten Sie darauf, dass sie langsam backen und während der Backzeit austrocknen. Vollständig abkühlen lassen und in einem geschlossenen Behälter bei Zimmertemperatur bis zu zwei Wochen aufbewahren.

Nierenrezept Nr. 1

- 2 Tassen Hüttenkäse mit hohem Fettgehalt
- 2 Eier, roh oder gekocht
- 3 Scheiben Vollkornweizen- oder Vollkornbrot oder Brot aus gekeimtem Getreide oder in Brühe eingeweichte Haferflocken
- gemischtes gekochtes Gemüse (frisch oder eingefroren)
- rohe, gehackte Niere

Alle Zutaten vermengen und servieren.

Nierenrezept Nr. 2

- 1 Tasse gekochte Linsen
- 1 große Yams oder Süßkartoffel, gekocht
- 1 Tasse Brokkolistiele und -röschen, zerkleinert
- 2 gehackte Knoblauchzehen
- 1 Tasse Basmati-Naturreis, gekocht
- 2 Esslöffel Olivenöl

Alle Zutaten vermengen und servieren.

Nierenrezept Nr. 3

- 2 große, gekochte Yams
- ½ Tasse gewürfelte Ananas
- 1 kleine Banane
- 1 Teelöffel Melasse
- 2 hartgekochte Eier, gehackt

Alle Zutaten vermengen und servieren.

Nierenrezept Nr. 4

- 2 Tassen weichgekochte Kidneybohnen
- 2 Tassen gekochter Natur-Basmatireis
- 2 Knoblauchzehen, feingehackt
- ½ Tasse gekochter Spargel
- 1 Teelöffel gehackte Petersilie
- 1 Esslöffel Olivenöl

Alle Zutaten vermengen und servieren.

Nierenrezept Nr. 5

- ½ Tasse gewürfelte Pastinake
- 1 Tasse Hüttenkäse mit hohem Fettgehalt
- 2 Teelöffel gehackte Petersilie
- 2 Tassen gekochte Nudeln

Alle Zutaten vermengen und servieren.

Nierenrezept Nr. 6

- ½ Tasse gekochtes Hühnerfleisch
- 1 Tasse gekochte Bohnen oder Linsen
- 3 Knoblauchzehen
- 3 Esslöffel Olivenöl
- 1 Teelöffel getrocknete Petersilie
- 2 Tassen Natur-Basmatireis oder Nudeln, gekocht
- ½ Tasse Brokkoli, Spargel oder Pastinake, gewürfelt

Den Knoblauch im Olivenöl andünsten. Gegen Ende die Petersilie schnell untermischen. Alle anderen Zutaten in einer separaten Schüssel vermengen, dann die Knoblauch-Petersilien-Mischung unterziehen und servieren.

Rezept für ein gesundes Gewicht

Futter für pummelige Hunde

Morgenmahlzeit:

- ¼–1 Tasse Haferflocken
- 1 Teelöffel Kokosnussöl, ungekocht
- ½–1 ½ Tassen Gemüse, je nachdem, wieviel Ihr Hund braucht, um satt zu werden.

Abendmahlzeit:

- ¼–½ Tasse fettarmer Hüttenkase, Ricotta oder Quark oder ½ Ei–2 Eier oder ¼ – ¾ Tassen mageres Fleisch oder Geflügelfleisch
- ¼ Tasse–1 ½ Tassen ballaststoffreiche Frühstücksflocken
- Gemüse, soviel der Hund will
- 1 Teelöffel Kokosnussöl, ungekocht

Diät Tipps:
Die Portionsgrößen variieren je nach Größe Ihres Hundes. Vergessen Sie nicht, Ihrem Hund täglich ein hochwertiges Multivitamin-/Multimineral-Präparat zuzufüttern.

Rezept für nervöse Hunde

Beruhigendes Futter

- 2 Tassen gekochtes Putenfleisch
- 2 Tassen Gerste, mit 3 Eierschalen gekocht
- 2 Teelöffel Kamillenblüten, mit ½ Tasse Wasser zu Tee gekocht (oder ½ Tasse starker Kamillentee aus einem Teebeutel gekocht)
- 2 Teelöffel Petersilie
- 2 Tassen gekochte Möhren
- ⅓ Tasse Olivenöl

Alle Zutaten vermengen und servieren.

Dank

Vom ersten Konzept bis zur endgültigen Fassung dieses Buches dauerte es viele Jahre. Erst durch meinen Umzug nach Neuseeland, fernab von meiner voll ausgelasteten Praxis, bekam ich genug Zeit, um der Fertigstellung des Buchs die oberste Priorität einzuräumen. Das Buch ist ein Geschenk an die wunderbaren Menschen, die über so viele Jahre ihre Tiere zu mir brachten. Viele Menschen und viele Hunde und Katzen sind mir ans Herz gewachsen und sie alle zu verlassen, gehört zum Schwierigsten, was ich jemals tun musste. Dieses Buch ist für sie. (Nein, ich habe die Katzen nicht vergessen! Sie sind die Nächsten!) Und für sie bin ich per E-Mail auch in Neuseeland erreichbar.

Mein größter Dank gilt meiner Familie, die mich dabei unterstützt hat, *Natürlich gesund* zu verwirklichen. Mein Mann Monte hat mir die ganze Zeit Liebe und Halt gegeben, und Sie können mir glauben, dass man beim Schreiben dazu neigt, andere immer wieder vor den Kopf zu stoßen. Daher hat er wirklich große Anerkennung verdient. Meine beiden Söhne Ethan und Damien haben mir beim Fotografieren und Korrekturlesen geholfen. Ich möchte mich auch bei meiner verstorbenen Mutter und meinem Vater bedanken, die mich stets ermutigt haben, meinen Träumen zu folgen.

Großen Dank schulde ich auch meiner zweiten Familie: meinen Partnern und Mitarbeitern im Animal Healing Center, das über so viele Jahre ein wesentlicher Teil meines Lebens war. Ich möchte Dr. Sharon Marx, Tina, Tobi und vielen anderen danken, die meine Arbeit unterstützt und mir dabei geholfen haben, die ganzheitlichen Therapieansätze bis zur Perfektion auszufeilen.

Weitere Freunde, die einen großen Beitrag geleistet haben, sind Rosemary Rennicke mit ihren wertvollen Ratschlägen und Nina, Jerry, Dillian, Justie und Spencer, die ich zu meiner erweiterten Familie zähle. Eine meiner engsten Freundinnen, die homöopathische Ärztin Dr. Lucy Nitskansky, hat einzelne Abschnitte sorgfältig redigiert und mir detaillierte Rückmeldungen gegeben.

Natürlich danke ich all denjenigen bei Kennel Club Books und i-5 Press, die dieses Projekt betreut haben. Unter ihnen Andrew DePrisco, Jarelle Stein und Amy Deputato. Herzlichen Dank an Kathy Hall, die mich Andrew vorgestellt hat.

Nicht zuletzt danke ich auch meinen Hunde- und Katzenpatienten und ihren Menschen. Menschen, die mich auch in solchen Fällen um Hilfe baten, in denen es scheinbar kein Licht am Ende des Tunnels gab. Durch sie kam es zu neuen Erfolgen und der Entwicklung besserer Therapien. Beglückende Erfolge, die auch vielen anderen Tieren zu Gute kamen, die meinen Weg kreuzten. Es begeistert mich bis heute, Tiere wirklich gesund machen zu können. Ich liebe es, Tierärztin zu sein, und zu sehen, dass es meinen Patienten gutgeht, macht es noch viel besser.

Zum Weiterlesen

Empfohlene Bücher:

Kapitel 1:

Boone. Allen J.: *Die große Gemeinschaft der Schöpfung: Gespräche zwischen Mensch und Tier.* Reichel Verlag, 2017

Clothier, Suzanne: *Es würde Knochen vom Himmel regnen.* Animal Learn Verlag, 2004.

Fitzpatrick, Sonya und Smith, Patricia Burkhart: *Was mir die Tiere erzählen.* Kosmos Verlag, 1998.

Myers, Arthur: *Zwiesprache mit Tieren.* Kosmos Verlag, 2000.

Smith, Penelope: *Gespräche mit Tieren: Praxisbuch Tierkommunikation.* Reichel Verlag, 2012.

Smith, Penelope: *Tiere als sprechende Gefährten: Tierkommunikation für Erfahrene.* Reichel Verlag, 2017.

Kapitel 2:

Grimm, Hans-Ulrich: *Katzen würden Mäuse kaufen: Wie die Futterindustrie unsere Tiere krank macht.* Knaur Verlag, 2016.

Kapitel 4:

Anson, Suzan: *Kochen für den Hund.* Müller Rüschlikon, 1991.

Behling, Gabriela: *Frisches Futter für ein langes Hundeleben.* Kynos Verlag, 2012.

Schöps, Martina: *Meine Kekse!* Kynos Verlag, 2010.

Kapitel 5:

Billinghurst, Ian: *Give Your Dog a Bone.* Dogwise, 1993 (nur in engl. Sprache.)

Pitcairn, Richard und Pitcairn, Susan H.: *Natürliche Gesundheit für Hund und Katze.* Narayana Verlag, 2012.

Kapitel 6:

Gladstar, Rosemary: *Heilkräuter in meinem Garten.* Narayana Verlag, 2016.

Schwartz, Cheryl: *Traditionelle Chinesische Medizin für Hunde und Katzen.* Sonntag Verlag, 2011.

Treben, Maria: *Gesundheit aus der Apotheke Gottes.* Ennsthaler Verlag, 1995.

Kapitel 8:

Bach, Dr. Edward: *Heile Dich selbst: Die 398 Bachblüten.* Goldmann Verlag, 1998.

Dooley, Timothy R.: *Homöopathie – Der Quantensprung der Medizin.* Narayana Verlag, 2014.

McTaggart, Lynne: *Das Nullpunkt-Feld. Auf der Suche nach der kosmischen Ur-Energie.* Goldmann Verlag, 2007.

Petermann, Uwe: *Kontrollierte Akupunktur für Hunde und Pferde: Praxis-Lehrbuch.* Sonntag Verlag, 2004.

Tellington-Jones, Linda: *Tellington-Training für Hunde.* Kosmos Verlag, 2010.

Wolff, Hans Günter: *Unsere Hunde – gesund durch Homöopathie.* Sonntag Verlag, 2012.

Bildnachweis

Titelbild: Gisela Rau

Shutterstock: Africa Studio, 74, 166, 297; Scisetti Alfio, 94 (links); Hintau Aliaksei, 37; AltedArt, 154; Andresr, 139, 144; AnetaPics, 160; AnikaNes, 14; Ase, 1; AVAVA, 260/261; marilyn barbone, 60, 195; Russ Beinder, 230; bergamont, 156; Javier Brosch, 55, 150; Alena Brozova, 103; Nina Buday, 169; Alessandro Caroli, 136; catolla, 142; Jaromir Chalabala, 53, 205; cooperr, 304; demidoff, 207; dezi, 33, 147; Dionisvera, 97; nancy dressel, 65; EPSTOCK, 116/117; filmfoto, 126, 130; FomaA, 277; fototip, 233; Bozena Fulawka, 267; Golden Pixels, LLC, 13; Dr. Marty Goldstein, 5; Mat Hayward, 43; Jiri Hera, 279 (oben); Alice Mary Herden, 157; hjochen, 71; Brent Hofacker, 272; supakit hongsakul, 294; Idiaphoto, 180; images, 93; In Tune, 212; irin-k, 235; Eric Isselee, 48, 162, 312; Andrea Izzotti, 212; Jagodka, 256; joannawnuk, 278; Evgeny Karandaev, 95 (rechts); Cris Kelly, 76; lenetstan, 56; Christin Lola, 201; Madlen, 217, 253; mariait, 100; Mariontxa, 263, 287; Dorottya Mathe, 155; MilanMarkovic78, 249; mykeyruna, 259, 244; Robert Neumann, 153; Igor Normann, 280; ollegn-stock.adobe.com, 29; Patty Orly, 94 (rechts); otsphoto, 8/9, 121; Alena Ozerova, 188; Peredniankina, 270; Photographee.eu, 175; primopiano, 193; Ksenia Raykova, 38; Renu.M, 86; Lawrence Roberg, 215; RoJo Images, 279 (unten); Piotr Rzeszutek, 257, 283; Susan Schmitz, 265, 303; Elena Schweitzer, 108; Sea Wave, 69; SeDmi, 23; Serg, 176; siloto, 170; Silvy78, 186; sima, 27; Skylines, 112; Joop Snijder Photography, 208/209; solomonjee, 210; Andriy Solovyov, 31; Phil Stev, 18; Swapan Photography, 183; TAGSTOCK1, 99; Barna Tanko, 20, 137; Tim UR, 95 (links); tjasam, 91 ; Maksim Toome, 62; Martin Valigursky, 183; violetblue, 151; vvita, 34; Sally Wallis, 6; wavebreakmedia, 158; Chamille White, 89, 202; Wichy, 293; Matthew Williams-Ellis, 198; Monika Wisniewska, 25 ; Dora Zett, 84

Tim Whittaker Photography, Ltd., 1, 10, 46, 58, 68, 78, 96, 111, 118, 264 (beide), 269, 274, 275, 276, 284, 291, 292, 295, 296, 298, 301, 306, 327

Weitere Fotos mit freundlicher Genehmigung von Ethan Khalsa und Dr. Marty Goldstein

Index

A

B

E

F

G

H

I

J

K

L

M

N

O

P

Q

R

S

T

U

V

W

X

Y

Z

Über die Autorin

Die approbierte Tierärztin Dr. Deva K. Khalsa promovierte an der Universität von Pennsylvania und ist Mitglied mehrerer amerikanischer und internationaler Fachgesellschaften für Tiermedizin, Ganzheitliche Tiermedizin und Tierakupunktur (American Veterinary Medical Association, American Holistic Veterinary Medical Association, International Veterinary Acupuncture Society). Sie hat sich mehr als 30 Jahre lang in der Homöopathie und anderen alternativen Therapien weitergebildet und hält national und international Vor-lesungen über ihren frischen und erfolgreichen tiermedizinischen Therapieansatz. Als Koautorin hat sie an dem Buch *Healing Your Horse: Alternative Therapies* (Howell Book House, 1993) mitgewirkt. Ihre Arbeit beruht auf der Überzeugung, dass es den Tieren am besten geht und sie am glücklichsten sind, wenn sie gesund und natürlich leben. Sie möchte Menschen dabei unterstützen, diesen natürlichen Zustand ihrer Haustiere zu entdecken und zu fördern, damit sie das wahre Wesen der Tiere besser verstehen und eine tiefe-re Beziehung aufbauen können. Online finden Sie Dr. Khalsa unter: www.doctordeva.com.

Anja Halata & Nadine Gelhaus

Gesunder Hund mit Ayurveda

Typgerechte Haltung und Ernährung leicht gemacht

Die jahrtausendealte Lehre der Ayurveda mit ihrer Ganzheitlichkeit liefert bis heute gültiges Wissen rund um Gesundheit, Wohlbefinden, Vorbeugung und Heilung von Krankheiten. Dabei stehen typgerechte Ernährung und ein typgerechter Lebensstil im Zentrum.

Lernen Sie mit Hilfe dieses Buchs, die Grundsituation Ihres Hundes zu bestimmen, seine Fütterung entsprechend zu gestalten und ihn typgerecht auszulasten – legen Sie so den Grundstein für ein langes und gesundes Hundeleben!

Paperback, 144 Seiten
ISBN 978-3-95464-229-8
Preis: 19,95 EUR

Fordern Sie jetzt unseren Katalog mit rund 300 weiteren Hundebüchern an unter:

Kynos Verlag Dr. Dieter Fleig GmbH
Konrad-Zuse-Straße 3
54552 Nerdlen/Daun
Tel.: 06592-957389-0
bestellung@kynos-verlag.de

Oder besuchen Sie unseren Shop: **www.kynos-verlag.de**